AutoCAD 2024 从入门精通到自动化

符 剑 编著

机械工业出版社

《AutoCAD 2024 从入门精通到自动化》是一本全面讲解 AutoCAD 2024 基础操作、进阶技巧及自动化应用的实用指南。本书分为入门篇、精通篇和自动化篇，旨在帮助读者从零基础逐步掌握这款强大的计算机辅助设计软件。

入门篇详细介绍了 AutoCAD 2024 的基本命令和操作技巧，包括图形绘制、图形编辑、图层管理、文字和尺寸标注，以及打印功能和实践绘制案例。通过这部分内容，读者可以熟悉 AutoCAD 的基本界面和操作流程，为后续的深入学习打下坚实基础。

精通篇内容涵盖了初期设定、绘图习惯的培养、模型和布局空间的应用，以及外部参照的使用和 Express Tools 功能活用等，帮助读者提高绘图效率和精度，充分发挥 AutoCAD 的强大功能。

自动化篇专注于 AutoCAD 的高级功能，主要是 AutoLISP 编程语言的应用。通过学习 AutoLISP，读者可以实现绘图操作的自动化，大幅提升工作效率。这部分内容包括 AutoLISP 的基础知识、实际应用案例和编程技巧，帮助读者进一步提高操作技能。

全书内容丰富、结构清晰、由浅入深，适合各个层次的 AutoCAD 用户使用。无论是初学者还是有经验的专业人员，都能从中找到有价值的知识和实用的技巧。书中的每一章节都配有详细的操作步骤和实例，帮助读者更好地理解和应用所学内容。希望通过这本书，读者能全面掌握 AutoCAD 2024，为自己的设计工作提供有力支持。

图书在版编目（CIP）数据

AutoCAD 2024 从入门精通到自动化／符剑编著.

北京：机械工业出版社，2024.12. -- ISBN 978-7-111-77040-4

Ⅰ. TP391.72

中国国家版本馆 CIP 数据核字第 20245L9P23 号

机械工业出版社（北京市百万庄大街 22 号　邮政编码 100037）
策划编辑：周国萍　　　　　　责任编辑：周国萍　刘本明
责任校对：郑　婕　刘雅娜　　封面设计：马精明
责任印制：单爱军
北京虎彩文化传播有限公司印刷
2024 年 12 月第 1 版第 1 次印刷
184mm×260mm・31 印张・748 千字
标准书号：ISBN 978-7-111-77040-4
定价：129.00 元

电话服务　　　　　　　　　网络服务
客服电话：010-88361066　　机　工　官　网：www.cmpbook.com
　　　　　010-88379833　　机　工　官　博：weibo.com/cmp1952
　　　　　010-68326294　　金　书　网：www.golden-book.com
封底无防伪标均为盗版　机工教育服务网：www.cmpedu.com

序

欢迎各位读者翻开《AutoCAD 2024 从入门精通到自动化》一书。作为全球领先的设计软件公司，欧特克（Autodesk）致力于为工程建设、机械制造、传媒娱乐等行业提供创新的技术解决方案。自 1982 年推出 AutoCAD 以来，我们始终致力于不断改进和完善这款软件，以满足广大用户的需求和行业发展的趋势。

AutoCAD 2024 是我们 2023 年春季发布的版本，它不仅继承了之前版本的强大功能，还在用户界面、性能和自动化功能等方面进行了全面升级。我们希望通过这本书，帮助用户全面了解和掌握 AutoCAD 2024 的各项功能，从基础操作到高级应用，实现从入门到精通再到自动化的全面提升。

本书由符剑先生执笔，他是一位拥有二十余年机械设计和工程项目管理经验的欧特克资深用户，同时也是欧特克社区的专家成员。符剑先生在书中结合自身的实践经验，详细介绍了 AutoCAD 2024 的使用技巧和编程应用，旨在帮助读者从零开始逐步掌握这款强大的设计软件。

如果你是初学者，本书的入门篇将带你从最基础的命令和操作开始，逐步熟悉AutoCAD 2024 的界面和功能。你将学会如何绘制和编辑基本图形、管理图层、添加文字和尺寸标注，以及设置打印输出。这些基础知识将为你打下坚实的基础，使你能够顺利进入更高级的学习阶段。

对于已经具备一定基础的用户，精通篇提供了更高层次的指导。你将学到如何进行初期设定、优化绘图习惯、应用模型和布局空间，以及使用外部参照和 Express Tools 等高级功能。这部分内容将帮助你提高绘图效率和精度，充分发挥 AutoCAD 的强大功能，使你的设计工作更加专业和高效。

如果希望进一步提升自己的技能，自动化篇将为大家展示如何利用 AutoLISP 编程语言实现绘图操作的自动化。通过学习 AutoLISP，你将能够编写自己的程序，自动完成复杂的绘图任务，从而大幅提高工作效率。这部分内容包括 AutoLISP 的基础知识、实际应用案例和编程技巧，适合希望进一步提高技能的高级用户。

AutoCAD 在过去的四十多年里，始终引领着计算机辅助设计领域的发展，不断推动设计和工程行业的进步。作为这款软件的开发者，我们深知用户的需求和挑战，始终致力于为用户提供最优质的工具和支持。希望本书能够帮助各位读者全面掌握 AutoCAD 2024，从而在设计工作中取得更大的成功。

感谢符剑先生的辛勤付出和专业贡献，也感谢广大用户一直以来对 AutoCAD 的支持和信赖。希望这本书能够成为你学习和使用 AutoCAD 2024 的良师益友，助你在设计的道路上不断前行。

陈旻

工程建设行业体验设计总监

欧特克中国研究院

2024 年 11 月 10 日

前　言

从 20 世纪 90 年代网络的商业普及开始，到近年来"AI"这样的文字逐渐进入我们普通人的视线，当今社会正在发生着巨大变化。AutoCAD 也是如此，它也正随着这个潮流，在不断发展和完善，并持续影响着我们的工作和生活。AutoCAD 是一款由 Autodesk 公司开发和推出的计算机辅助设计软件。自从 1982 年首次发布以来，它已经成为建筑师、工程师、产品设计师和其他专业人员用于二维绘图和基本三维设计的首选软件。在 AutoCAD 中，掌握基本操作技能至关重要，如使用多段线绘制图形、创建图层，以及结合字段制作块等功能。这些基础技巧在绘图过程中始终如影随形，正如空气是我们的必需品一样，是成功完成设计的关键。

本书主要分为三个部分：入门篇、精通篇和自动化篇。

【第一篇：入门篇】

如果你是第一次接触 AutoCAD，请从入门篇开始。入门篇共有 7 章，它全面讲述了 AutoCAD 的基本命令和操作技能。

第 1 章：介绍了 AutoCAD 2024 的基本操作。在本章中，你将学习 AutoCAD 2024 的界面构成、操作的基本规则、鼠标操作、图纸的制作和文件的管理等基础知识。你还将了解如何设置动态输入、调整命令行窗口宽度，以及利用快捷特性建立自己的工作空间。此外，本章还将介绍状态栏的功能。

第 2 章：介绍了 AutoCAD 2024 的基本命令，包括点和直线、多段线、圆和圆弧、矩形和多边形等绘图命令。这些命令是 AutoCAD 绘图的基础，通过学习它们，你可以开始创建各种图形和对象。此章还介绍了如何删除和恢复图形，以及如何更改图面的大小。

第 3 章：重点介绍了 AutoCAD 2024 中图形的编辑操作。你将学习如何选择和移动图形、复制和旋转图形、缩放图形，以及处理角等。此外，你还将了解如何删除图形，这些编辑技巧对于精确地创建和修改图形非常重要。

第 4 章：介绍了 AutoCAD 2024 中图层的管理和操作。你将了解如何管理图层，包括创建、删除和设置图层属性。还将学习如何在图层之间切换和操作，这对于组织和控制图形元素非常重要。

第 5 章：介绍了 AutoCAD 2024 中的文字和尺寸标注。你将学习如何在模型空间和布局空间中工作，创建和编辑文本，以及设置尺寸线。这些技能对于添加文字说明和尺寸标注至图纸非常关键。

第 6 章：介绍了 AutoCAD 2024 的打印功能。你将学习如何进行打印设定，包括纸张大小和打印范围的设置。此外，本章还介绍了如何使用打印样式来控制图纸的外观和格式。

第 7 章：通过手把手教你绘制一个六角头螺栓，帮你夯实 AutoCAD 2024 的基础技能。

【第二篇：精通篇】

在你对 AutoCAD 的基本操作有了一定的掌握后，阅读以下内容，它会给你带来不一样的惊喜。

第 8 章：在 AutoCAD 的初期设定中，本书介绍了几处我们平时不太注意的地方，不但可以让大家对 AutoCAD 有一个新的认识，更能帮助大家更高效地工作和绘图。

第 9 章：模型空间想必大家都很熟悉，但是 AutoCAD 的布局功能是很多读者经常忽视的功能。这一章围绕布局空间，从最简单的设定到活用它来服务于我们的工作，通过各种案例进行了具体的分析和讲解。

第 10 章：外部参照是 AutoCAD 的一个标准功能，本章给大家介绍怎样使用外部参照来进行文件的管理和保持数据一致性的方法。

第 11 章：Express Tools 是 AutoCAD 中一个强大的工具集。本章将深入探讨几个常用的工具，并结合实例加以说明，帮助读者更好地掌握使用技巧。

【第三篇：自动化篇】

如果你已经熟练地掌握了一定的 AutoCAD 基础操作能力，并希望能进一步提高 AutoCAD 的操作技能，特别是对重复性操作的自动化，结合 AutoLISP 编程将是一个不错的选择。AutoLISP 是 AutoCAD 中内置的一种编程语言，它不但可以帮助我们实现自动化，提高效率，还对团队之间的协调和配合有很大的帮助。通过 AutoLISP，我们可以定制自己的界面，为日常工作流程创建专属的命令，从而提高效率和准确性。

第 12 章：使用 AutoLISP 需要先了解一下它的基本规则。本章通过举例说明来和大家一起认识及使用它。

第 13 章：网络上有大量的免费 LISP 文件可供我们下载使用。本章着重介绍了怎样将 LISP 文件捆绑到 AutoCAD 当中来为我们服务。

第 14、15 章：编者本身也是欧特克社区专家，每天回答各种与 AutoCAD 相关的提问和疑惑。在众多的问题中，怎样通过 LISP 来解决它，以举例说明的形式来和大家一起探讨。

为便于读者学习，本书提供书中讲解到的图纸例题及所有的 AutoLISP 程序，读者可以通过手机扫描下面的二维码下载。

AutoCAD 首次发布至今已经度过了 40 多年的风雨历程，它已经成为广大设计工作者进行机械设计不可或缺的软件工具之一。希望本书的内容能给各位读者带来帮助和启发。本书使用的软件版本为 AutoCAD 2024，编程所使用的计算机操作系统为 Windows 11。关于 AutoCAD 2024 下载以及安装的操作步骤，本书不再叙述，请另行参考欧特克官方的说明。

由于编者水平有限，书中难免有不妥之处，敬请广大读者批评和指正。

符剑

2024 年 6 月

目 录

第三篇　自　动　化　篇

第一篇 入门篇

春秋战国时期的工匠鲁班，被誉为建筑和木工之神。他不仅精通技艺，还发明了许多工具，大大提升了建筑效率。有一次，他受命建造宫殿，但手工测量和切割既耗时又容易出错。鲁班思索如何更快捷精准地完成工作，最终发明了一种自动绘制图纸的工具，精确呈现设计细节，让工匠们按图施工。这个传说中的工具体现了人们对高效设计和精准施工的追求。如今，我们有幸生活在科技高度发达的时代，古代鲁班梦寐以求的工具变成了现实，它就是 AutoCAD。

欢迎来到入门篇。本篇旨在为初学者提供一个全面的、易于理解的 AutoCAD 2024 学习路径。无论大家是刚接触 AutoCAD，还是希望更新自己的技能以适应新版本的新功能，入门篇的内容都将成为你宝贵的资源。

AutoCAD 是目前最先进的计算机辅助设计（CAD）软件之一，它提供了丰富的功能和工具，可以帮助我们在建筑、工程、图形设计等多个领域进行创造和修改。然而，软件的复杂性也可能让初学者感到困惑。正因为如此，我编写了入门篇，旨在以简洁明了的方式呈现软件的关键特性和操作方法。

在本篇中，我将从基本操作开始，详细讲解 AutoCAD 2024 的界面布局、基础命令和鼠标操作等技巧。通过一步一步的学习，大家将学会如何制作和管理图纸，掌握基本绘图命令，如绘制点、直线、圆、圆弧、矩形和多边形。本篇还将探讨图形的编辑技巧，包括选择、移动、复制、旋转和缩放图形。

此外，本篇将深入讲解图层的管理和操作，这是进行有效绘图的关键。文字和尺寸标注的章节将帮助大家学会在模型中添加必要的文本和尺寸信息，使我们的设计更加准确和专业。最后，我将指导大家如何正确设置和使用打印功能，以确保图纸能以最佳质量呈现。

本篇在每一章都包含了详细的说明和示例，帮助读者更好地理解和实践教学内容。此外，为了更有效地学习，建议读者在阅读的同时操作软件，亲自尝试书中的示例和练习。

第1章
AutoCAD 2024 基本操作

《论语》中有这样一句话：工欲善其事，必先利其器。这句话强调了准备工作的重要性，意思是要想做好一件事，必须先准备好所需的工具和条件。我们在探索 AutoCAD 2024 的道路上也是同样的道理。探索 AutoCAD 2024 将意味着我们要进入一个充满无限可能的新领域，本章将作为大家的向导，和大家一起深入这款功能强大软件的核心。首先介绍 AutoCAD 2024 的界面布局，不仅仅是介绍按钮和菜单，更重要的是如何将这些工具转化为创造力。就像艺术家面对空白画布准备下笔一样，你将学习如何在这个数字平台上实现技术构想。

本章还将探索 AutoCAD 2024 的基本操作规则，揭示其既严谨又灵活的特性。每个命令和功能都旨在提升设计的精确度和效率。此外，我们将详细讲解鼠标的操作。这不仅仅是单击和拖动，而是与软件交流、将想法转化为实际设计的关键方式。

进一步，我们会探讨图纸制作和文件管理，这是每位设计师必备的核心技能。你将学习如何有效管理创作，确保它们既有序又易于访问，无论是简单的草图还是复杂的建筑平面图，良好的文件管理都是成功设计的基石。

通过本章的学习，我将和大家一起来逐步建立起使用 AutoCAD 2024 的信心。让我们共同揭开 AutoCAD 2024 的神秘面纱，探索它为你的创意和工作带来的革新。只有在充分掌握了这些基本工具和技能之后，我们才能在 AutoCAD 2024 的世界里游刃有余，实现更高的设计目标。

1.1 认识 AutoCAD 2024

作为本书的第 1 章第 1 节，首先一起认识一下 AutoCAD 2024（图 1.1-1）。

图 1.1-1 AutoCAD 2024

AutoCAD 2024 是 2023 年 4 月份由欧特克（Autodesk）公司发布的一款软件。Autodesk 通常每年发布 AutoCAD 的一个新版本，以方便引入新功能，改进现有工具和提高操作性能，以及解决软件中发现的问题。每个新版本还可能包括对操作系统和硬件的最新支持，以及对行业标准和技术发展的响应。

AutoCAD 有多个版本，以适应不同用户的需求和不同的操作系统。截止到 2023 年，主要版本包括：

【Windows 版】：这是最常见的版本，专为 Windows 操作系统设计。它提供了 AutoCAD 的全部功能，包括 2D 绘图、3D 建模、自定义工具等。

【Mac 版】：专为苹果 macOS 操作系统设计的 AutoCAD 版本。虽然其大部分功能与 Windows 版相似，但用户界面和某些功能可能会有所不同。

【网络版】：英文名称为 AutoCAD Web App。这是一个基于浏览器的 AutoCAD 版本，允许我们在网页浏览器中直接访问、编辑和共享 AutoCAD 绘图。这个版本对于需要在不同设备上访问 AutoCAD 的用户特别有用，因为它不需要安装任何软件。

另外，如果采购了 Windows 版或者 Mac 版的 AutoCAD，网络版将可以免费使用。网络版的访问地址为：https://web.autocad.com/。

【移动版】：英文名称为 AutoCAD Mobile App。这是一个为移动设备设计的应用程序，支持在智能手机和平板计算机上查看、编辑和共享 AutoCAD 绘图。它适合在外工作或需要在移动中访问绘图的用户。

【轻量版】：英文名称为 AutoCAD LT。这个版本省略了 AutoCAD 中的三维建模和渲染功能，主要是为从事二维设计和绘图工作的专业人士设计的。当前 AutoCAD LT 版本已经不再销售。

除了这些主要版本，AutoCAD 还有一些特定行业的工具组合版本，共有 7 个，它们都是在 AutoCAD 的基础上针对特定的行业需求，添加了一些特殊的工具包和性能。

1）AutoCAD Plant3D：专为工厂设计和工程领域打造，提供高级工具用于创建精确的 3D 工厂设计和管道布局。它包括管道规格、结构设计和仪表控制系统的设计功能，可帮助工程师有效地管理和设计复杂的工厂设施。

2）AutoCAD Mechanical：面向机械设计领域，提供专业的机械 CAD 工具。该版本包含标准化的零件库、自动化的机械制图工具，以及用于设计和分析机械组件的功能，可以显著提高工程图纸的绘制效率。

3）AutoCAD Electrical：专为电气工程师设计，提供强大的电气 CAD 功能。它包括电气符号库、自动化的电气布线图工具，以及用于创建和管理电气控制系统设计及文档的功能，可帮助电气工程师快速生成准确的电气图纸。

4）AutoCAD Map 3D：为地理信息系统（GIS）和地图制作专业人员提供的工具，支持空间数据的访问、编辑和分析。它集成了 GIS 功能，允许用户处理地理数据、进行空间分析，以及创建精确的地图和地理模型。

5）AutoCAD MEP：专为机电和管道设计领域设计，提供用于建筑系统设计的专业工具。该版本包含用于机械、电子和管道系统设计的特定功能，可帮助设计师提高项目协调和文档制作的效率，从而优化建筑系统设计流程。

6）AutoCAD Architecture：为建筑师和设计师提供的工具，包含用于建筑设计和文档制作的特定功能。它包括了建筑构件、空间规划工具，以及用于创建建筑平面图、立面图和剖面图的功能，大幅提高了建筑绘图的效率和精度。

7）AutoCAD Raster Design：增强了 AutoCAD 的光栅图像处理能力，允许用户编辑、转换和管理光栅图像（如扫描的地图或绘图）。该版本提供了图像矢量化、图像校正，以及光栅图像与矢量图形的集成功能，使用户能够更高效地处理和利用扫描图像。需要注意的是，AutoCAD Raster Design 并不是独立存在的，而是作为 AutoCAD 的附加模块使用。

这七个工具组合虽然基于 AutoCAD 的核心技术开发，但它们大多数可以作为单独的软件应用来使用，无须依赖标准版的 AutoCAD。只有 AutoCAD Raster Design 是作为附加模块存在的，需在 AutoCAD 平台上运行。

本书采用的软件版本是 Windows 版的 AutoCAD 2024，计算机操作环境则基于 Windows 11 操作系统。

为了确保软件的顺畅运行，AutoCAD 每年的新版本都有对操作系统和硬件的最新要求。欧特克官方对使用 AutoCAD 2024 所推荐的计算机配置见表 1.1-1，请大家各行提前准备。

表 1.1-1　AutoCAD 2024 所推荐的计算机配置

处理器	基本要求	2.5 ～ 2.9 GHz 处理器，不支持 ARM 处理器
	建议	3+ GHz，4+ GHz
内存	基本要求	8 GB
	建议	32 GB
显卡	基本要求	2 GB GPU，具有 29 GB/s 带宽并兼容 DirectX 11
	建议	8 GB GPU，具有 106 GB/s 带宽并兼容 DirectX 12

作为一款功能强大且广泛应用的设计软件，AutoCAD 2024 不仅支持传统的 2D 和 3D 设计，还推出了针对不同操作系统和使用场景的多个版本，以满足不同用户的需求。随着新版本的不断发布，AutoCAD 在功能、性能和兼容性上持续优化，为广大设计师和工程师提供了更加高效和便捷的设计工具。希望大家通过本书的学习，能够充分掌握 AutoCAD 2024 的使用技巧，提升设计效率。

1.2　安装 AutoCAD 2024

AutoCAD 2024 的版本主要包括试用版、教育版和商业版。试用版允许用户在限定时间内（30 天）免费使用所有功能，以评估软件是否满足需求。教育版专为学生和教师提供，通常是免费的，用于教育和学习目的。商业版则是面向专业人士和公司的全功能版本。无论是教育版还是商业版，在使用前均需要获得欧特克的授权许可。而且无论是哪个版本，用户在授权期内都可以享受到软件的更新服务。

接下来，将基于获得欧特克公司授权的教育版和商业版，讲解如何下载和启动 AutoCAD 2024。

1.2.1　注册欧特克账户

无论是试用版、教育版还是商业版，下载 AutoCAD 2024 都需要通过欧特克的官方网站，通常需要用户先注册账户。账户确保用户获得合法的授权并且能够验证使用资格。注册账户后，用户可以享受到软件的更新服务和技术支持，这对于确保软件的正常运行和获取最新功能非常重要。

具体的注册账户方法如下：

STEP01 在欧特克官方网站（https://www.autodesk.com.cn/）页面右上方可以看到"登录"按钮（图 1.2-1），单击进入，

STEP02 单击页面下方的"创建账户"字样，如图 1.2-2 所示。

图 1.2-1　登录

图 1.2-2　创建账户

STEP03 将自己的基本信息填好以后，阅读并同意相关的使用条款及隐私声明，单击下方的"创建账户"按钮来创建自己的欧特克账户，如图 1.2-3 所示。

STEP04 创建好账户之后，返回图 1.2-2 所示的界面，输入自己创建的账户，单击"下一步"按钮，继续输入密码，然后单击"登录"按钮，如图 1.2-4 所示。

如果看到欧特克网站页面右上方原"登录"按钮位置变为了自己注册的头像，到此就登录成功了，如图 1.2-5 所示。

单击自己的账户头像，可以看到里面有"账户"等许多菜单选项（图 1.2-6）。我们从这里也可以下载到试用版。

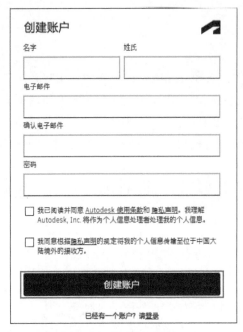

图 1.2-3　填写基本信息

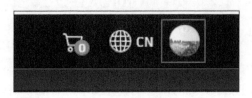

图 1.2-5　登录成功

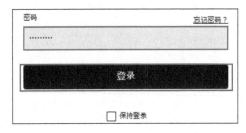

图 1.2-4　单击"登录"按钮

图 1.2-6　账户中的菜单选项

成功注册并登录欧特克账户后，可以自由下载并安装 AutoCAD 2024。

1.2.2　下载 AutoCAD 2024 和更新软件

从 2019 年开始，欧特克改变了软件使用策略，软件的下载、更新补丁和插件等操作需要通过自己的欧特克账户进行。通过登录欧特克账户，用户不仅可以访问并下载 AutoCAD 2024，还能获取最新的更新补丁，选择适合自己的插件和扩展工具。另外，在安装过程中通过账户进行激活和验证，还可以确保软件的合法性和使用权限。此外，用户还可以通过账户管理自己的软件许可证（包括查看有效期、更新授权等），获取技术支持和客户服务，接收欧特克发布的软件更新通知，并及时下载和安装最新版本。

下载的步骤如下：

STEP01 单击自己账户中的"产品和服务"选项，如图 1.2-7 所示。

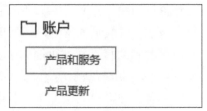

图 1.2-7　产品和服务

图 1.2-8　查看详细信息

STEP02 打开后就可以找到 AutoCAD，然后继续单击下方的"查看详细信息"，如图 1.2-8 所示。

STEP03 这里以计算机系统为 Windows 为例，选择 2024 版之后，单击"直接下载"，如图 1.2-9 所示。

图 1.2-9　直接下载

STEP04 AutoCAD 2024 版的补丁已发布，在"更新"选项卡下可以看到"AutoCAD 2024.1.3 Update 64-Bit"这个文件（图 1.2-10），也一并下载。

STEP05 获得图 1.2-11 所示的 3 个 exe 文件。

图 1.2-10　更新

图 1.2-11　exe 文件

下载的 3 个压缩文件用途见表 1.2-1。

表 1.2-1　下载的 3 个压缩文件用途

下载的软件	用途
AutoCAD_2024_Simplified_Chinese_Win_64bit_dlm_001_002.sfx.exe	AutoCAD 2024 安装
AutoCAD_2024_Simplified_Chinese_Win_64bit_dlm_002_002.sfx.exe	
AutoCAD_2024.1.3_Update.exe	AutoCAD 2024 更新

根据以上步骤就可以成功下载 AutoCAD 2024 及其最新的更新补丁。大家可以看到，通过欧特克账户，我们不仅能确保软件的合法性和使用权限，还可以方便地管理软件许可证和获取技术支持。

1.2.3　安装 AutoCAD 2024

在安装 AutoCAD 2024 之前，请确保已经下载并准备好所需的安装文件。接下来，我们将一步步讲解安装过程。

STEP01 将下载的软件统一放置到一个文件夹，然后以管理员的身份双击下载的软件"AutoCAD_2024_Simplified_Chinese_Win_64bit_dlm_001_002.sfx.exe"，"解压到"对话框将会弹出，如图 1.2-12 所示。

图 1.2-12　解压到

这里需要注意，下载的两个压缩文件"001_002.sfx.exe"和"002_002.sfx.exe"需要放置到同一个文件夹里，解压操作才能成功。整个解压操作需要持续一段时间，如图 1.2-13 所示。

STEP02 压缩的软件解压完成后，将会在 C 盘创建一个"Autodesk"文件夹，如图 1.2-14 所示。

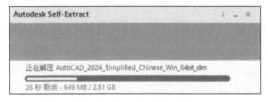

图 1.2-13　正在解压

图 1.2-14　"Autodesk"文件夹

解压之后，一般会自动启动安装程序。双击解压文件夹中的"Setup.exe"文件（图 1.2-15），也可以启动安装程序。

Windows (C:) › Autodesk › AutoCAD_2024_Simplified_Chinese_Win_64bit_dlm		
名称	修改日期	类型
3rdParty	2024/5/16 21:57	文件夹
Content	2024/5/16 21:57	文件夹
manifest	2024/5/16 21:57	文件夹
ODIS	2024/5/16 21:57	文件夹
SetupRes	2024/5/16 21:57	文件夹
x64	2024/5/16 21:58	文件夹
x86	2024/5/16 21:58	文件夹
dlm.ini	2023/2/24 18:32	配置设置
Setup.exe	2023/1/18 17:28	应用程序
Setup.exe.config	2022/10/3 16:26	Configuration 源...
setup.xml	2023/2/8 20:45	Microsoft Edge ...
upi_list.json	2023/2/8 20:45	JSON 源文件
UPI2_BOM.xml	2023/2/8 20:45	Microsoft Edge ...

图 1.2-15　"Setup.exe"文件

STEP03 解压完成后，将会自动跳转到安装程序的界面，如图 1.2-16 所示。

STEP04 阅读法律协议后，勾选下方的"我同意使用条款"选项，单击"下一步"按钮（图 1.2-17）。

STEP05 系统切换到"选择安装位置"界面，一般按照软件指定的默认位置来安装，如图 1.2-18 所示。

STEP06 界面将切换到"正在安装 AutoCAD 2024"（图 1.2-19），另外，在安装过程中，根据计算机系统配置的状况，有时候会要求系统重新启动后才能安装。

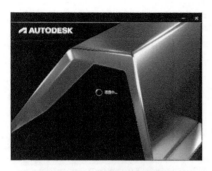

图 1.2-16　安装程序的界面

图 1.2-17　下一步

图 1.2-18　选择安装位置

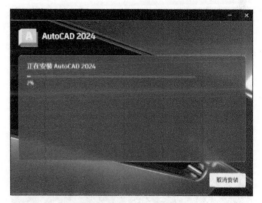

图 1.2-19　正在安装

STEP 07 大概持续几分钟后，计算机界面将会出现"AutoCAD 2024 安装完成"的字样，如图 1.2-20 所示。

如果"安装完成"界面弹出，就说明我们成功安装了 AutoCAD 2024。单击右上角的关闭符号，关闭此界面，如图 1.2-21 所示。

图 1.2-20　安装完成

图 1.2-21　关闭界面

安装后的版本将为 AutoCAD 2024.1，如图 1.2-22 所示。

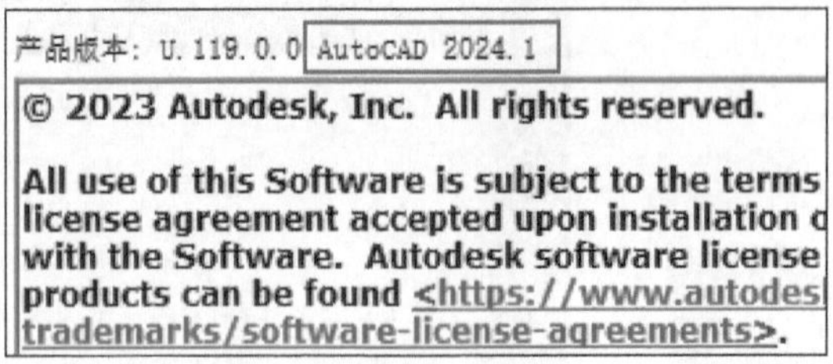

产品版本：U.119.0.0 AutoCAD 2024.1
© 2023 Autodesk, Inc. All rights reserved.
All use of this Software is subject to the terms
license agreement accepted upon installation o
with the Software. Autodesk software license
products can be found <https://www.autodes
trademarks/software-license-agreements>.

图 1.2-22　产品版本

STEP08 安装完 AutoCAD 2024 之后，继续双击“AutoCAD_2024.1.3_Update.exe”，完成补丁的安装。

在开始安装补丁之前，依据大家计算机配置情况的不同，有时候界面会要求系统重新启动后才能安装（图 1.2-23）。

待界面恢复到开始安装的状态后，单击界面右下角的“安装更新”按钮，如图 1.2-24 所示。

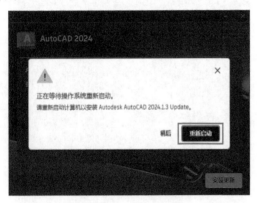

AutoCAD 2024
正在等待操作系统重新启动。
请重新启动计算机以安装 Autodesk AutoCAD 2024.1.3 Update。
稍后
重新启动
安装更新

图 1.2-23　重新启动

AutoCAD 2024
Autodesk AutoCAD 2024.1.3 Update
更新开始后，将无法取消。
安装更新

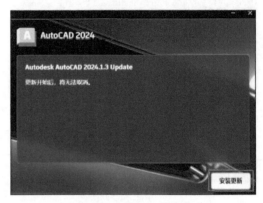

图 1.2-24　安装更新

数分钟后，系统弹出更新成功界面，单击界面右下角的“完成”按钮，如图 1.2-25 所示。

安装后的版本将为 AutoCAD 2024.1.3，如图 1.2-26 所示。

AutoCAD 2024
更新成功
完成

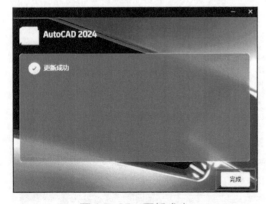

图 1.2-25　更新成功

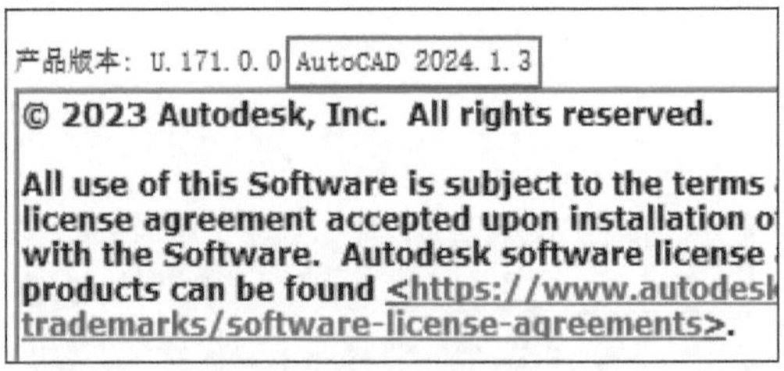

产品版本：U.171.0.0 AutoCAD 2024.1.3
© 2023 Autodesk, Inc. All rights reserved.
All use of this Software is subject to the terms
license agreement accepted upon installation o
with the Software. Autodesk software license
products can be found <https://www.autodesk
trademarks/software-license-agreements>.

图 1.2-26　产品版本

完成以上步骤后，我们就成功安装并更新了 AutoCAD 2024。

1.2.4　登录 Autodesk Access

启动 AutoCAD 2024 之前，我们先启动并登录 Autodesk Access，将会方便账户的认证。在安装 AutoCAD 2024 时，Autodesk Access 也会被自动安装到计算机里（图 1.2-27）。

Autodesk Access 是一款取代了 Autodesk 桌面应用的新软件，主要用于简化桌面上 Autodesk 产品的更新和登录过程。该应用允许用户直接从桌面快速登录并安装更新，确保计算机里的所有欧特克产品拥有最新的功能，无须手动搜索和下载。它既适用于个人用户，也适用于管理员，并提供了管理更新权限的工具，以控制哪些更新被安装。

STEP01 从"开始"菜单里找到并启动 Autodesk Access，如图 1.2-27 所示。

启动后的 Autodesk Access，图标会在计算机的任务栏中显示，如图 1.2-28 所示。

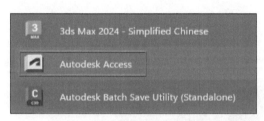

图 1.2-27　Autodesk Access

图 1.2-28　Autodesk Access 图标

STEP02 右击图标，然后单击"打开"按钮，如图 1.2-29 所示。

STEP03 继续单击"登录"按钮，如图 1.2-30 所示，填写自己的账户和密码即可。

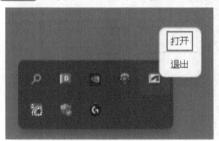

图 1.2-29　打开

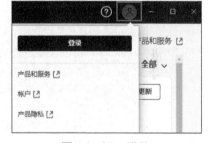

图 1.2-30　登录

完成以上步骤后，就可以成功启动并登录 Autodesk Access。它将使账户认证更加方便，同时确保你始终使用最新版的 AutoCAD 2024 及其他 Autodesk 产品。通过 Autodesk Access，还可以轻松管理软件更新和账户设置，享受更高效的工作体验。

1.2.5　启动 AutoCAD

在登录 Autodesk Access 之后，双击桌面上的 AutoCAD 2024 图标将其启动。如果在计算机中安装有其他版本，"移植自定义设置"界面将会弹出，大家可以根据自己的需要来"选择"或者"清除"移植的对象，然后单击界面右下角的按钮，如图 1.2-31 所示。

接着 AutoCAD 2024 的启动界面就会显示出来，如图 1.2-32 所示。

如果"开始"界面被打开，就说明软件认证成功，如图 1.2-33 所示。

从右上角的"帮助"菜单中可以找到"关于 Autodesk AutoCAD 2024"，由此可以确认当前软件的版本，如图 1.2-34 所示。

图 1.2-31　移植自定义设置

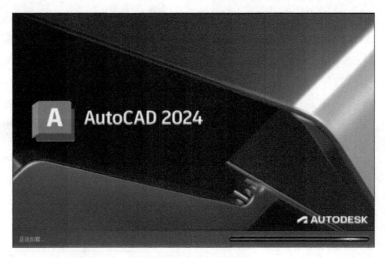

图 1.2-32　启动界面

图 1.2-33　"开始"界面

图 1.2-34　关于 Autodesk AutoCAD 2024

到此本节所有的操作就结束了。

安装 AutoCAD 2024 后，就可以充分利用其强大的功能，提升设计和制图效率。无论是学生、老师，还是专业的设计师，合理选择适合自己的版本并按照上文介绍的步骤进行安装和更新，都能确保软件的正常运行和最新功能的使用。希望本节内容能帮助大家顺利完成 AutoCAD 2024 的安装和启动认证。

1.3　AutoCAD 2024 的界面构成

接下来开始使用 AutoCAD 2024。首先，双击计算机桌面上的 AutoCAD 2024 图标以启动程序。当启动界面出现后，单击"新建"按钮，随意创建一个 DWG 文件，如图 1.3-1 所示。

AutoCAD 2024 操作界面便呈现在眼前，如图 1.3-2 所示。这个界面是进行绘图操作的核心区域，尤其是中央部分的绘图界面区（Drawing Area），它是创作和编辑图纸的主要空间。环绕着这一绘图区，AutoCAD 2024 精心布置了众多与操作相关的功能和工具。

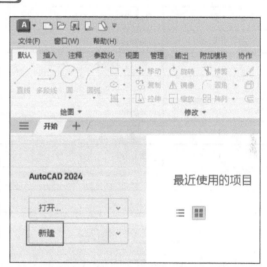

图 1.3-1　新建文件

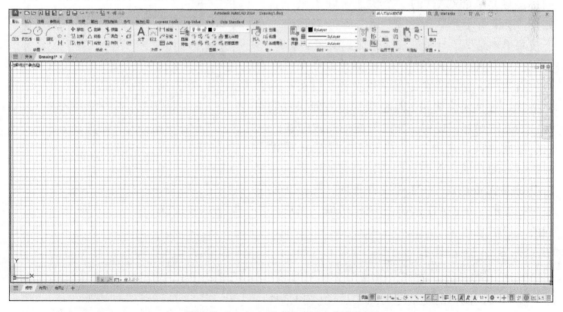

图 1.3-2　AutoCAD 2024 操作界面

为了便于理解，将按从上至下、从左至右的顺序（表 1.3-1），逐一详细解析这些界面元素的构成和功能。

表 1.3-1　绘图界面各元素的功能

序号	功能	相对于绘图界面的位置
1	"A"图标	左上角
2	快速访问工具栏	左上角
3	检索栏	右上角
4	菜单栏	上方
5	选项卡栏	上方
6	操作面板栏	上方
7	文件选项卡栏	左上方
8	视口、视图和视觉控件栏	左上方
9	View Cube	右上方
10	导航栏	右侧
11	UCS	左下角
12	命令行栏	下方
13	布局选项卡栏	左下方
14	状态栏	右下方

1.3.1　功能 1："A"图标

　　首先，让我们关注一下绘图界面左上角的"A"图标，这是 AutoCAD 的一个快速访问工具集合，如图 1.3-3 所示。单击这个"A"图标会弹出一个下拉菜单，提供了一系列快捷操作。在这个菜单中，可以执行多种文件管理任务，如新建绘图文件、打开已有文件、保存当前工作，以及将文件另存为其他格式。这个快速访问工具栏极大地方便了我们对文件的基本操作，使得工作流程更加高效顺畅。

　　除此之外，这个"A"图标下拉菜单还提供了一些额外的功能，例如打印或发布你的绘图，甚至可以访问 AutoCAD 2024 的设置选项。这些功能能够轻松调整 AutoCAD 2024 的工作环境，以适应不同的项目需求。

1.3.2　功能 2：快速访问工具栏

　　紧邻"A"图标的是快速访问工具栏（图 1.3-4），

图 1.3-3　"A"图标

这是 AutoCAD 中一个极为实用的功能。它为我们提供了一种方便快捷的方式来访问最常用的命令，例如保存（QSAVE）、撤销（UNDO）和打印（PLOPT）等。这些功能的图标被排列在工具栏上，使得可以一目了然地找到并使用它们。

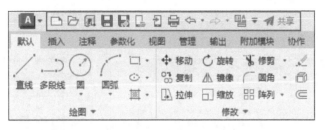

图 1.3-4　快速访问工具栏

此外，这个工具栏是可定制的，用户可以根据需要添加或移除特定的命令，如图 1.3-5 所示。这种定制性意味着每个用户都可以根据自己的工作习惯和需求，调整工具栏，从而创造一个更加个性化和高效的工作环境。

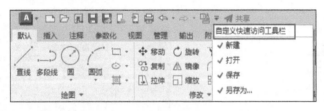

图 1.3-5　自定义快速访问工具栏

1.3.3　功能 3：检索栏

在 AutoCAD 操作界面的右上角，我们可以找到检索栏（图 1.3-6），这是一个功能强大的搜索工具。它使我们能够通过输入关键字来快速搜索命令、文件名，甚至是软件内的帮助文档。这在我们忘记某个特定命令的确切位置或名称时尤其有用，它可以帮助我们迅速定位到所需的功能或信息。

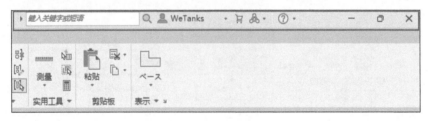

图 1.3-6　检索栏

除了基本的搜索功能，检索栏还提供了一些额外的便利服务。例如，用户可以通过它来检索自己的账户信息（图 1.3-7），这对于管理个人设置和订阅非常有帮助。同时，它还提供了直接链接到欧特克官网的快捷方式（图 1.3-8），方便用户访问最新的产品信息、更新和支持资源。此外，对于需要使用不同语言的用户，检索栏还提供了语言包的下载选项（图 1.3-9），使得 AutoCAD 能够满足不同地区用户的需求。下载并安装完语言包之后，在桌面上将会自动生成所对应的语言的 AutoCAD 2024 图标。图 1.3-10 所示为英文版、中文版和日文版 AutoCAD 2024 的图标，它们可以共存到一台计算机里，甚至可以同时工作，互不干涉。

图 1.3-7　账户详细信息

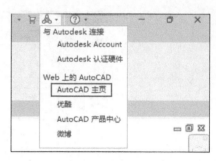

图 1.3-8　AutoCAD 主页

图 1.3-9　下载语言包

图 1.3-10　英文版、中文版和日文版 AutoCAD 2024 的图标

1.3.4　功能 4：菜单栏

在默认的 AutoCAD 设定中，菜单栏不显示。单击快速访问工具栏右边的小三角图标，可以看到"显示菜单栏"（图 1.3-11），单击该选项。

图 1.3-11　显示菜单栏

菜单栏就会显示到快速访问工具栏的下方，如图 1.3-12 所示。

图 1.3-12　菜单栏

菜单栏的命令为"MENUBAR"，它是 AutoCAD 中的一个核心功能区，提供了一个结构化的界面，可以通过它访问软件中各种工具和命令，如文件的新建、打开、保存和打印等，以及复杂的绘图和编辑工具。

菜单栏通常被分为多个部分，每个部分代表一组相关的功能。例如，"文件"菜单包含了所有与文件操作相关的命令，如导出和导入数据；而"编辑"菜单则聚焦于复制、粘贴、删除等编辑操作；此外，还有"视图"菜单，它允许切换不同的视图和视图设置，以适应不同的设计需求和偏好。

总的来说，菜单栏在 AutoCAD 中起到了桥梁的作用，它缩短了我们与软件强大功能之间的距离。通过直观的布局和易于访问的命令集合，菜单栏不仅提高了操作效率，还帮助大家更容易地管理和执行复杂的设计任务。

如果想在启动 AutoCAD 后让菜单栏一直处于打开状态，请参阅本书自动化篇 13.2 节的介绍，我们通过 AutoLISP 的自动加载功能可以实现。

1.3.5　功能 5：选项卡栏

选项卡栏位于绘图界面的上方（图 1.3-13），是 AutoCAD 2024 中一个非常重要的工具。它可以实现对不同功能和工具集的快速访问，极大地提高了工作效率。每个选项卡都包含了一组相关的工具和命令，这些工具和命令被精心组织和分类，以方便我们根据当前的工作需求快速找到所需的工具。

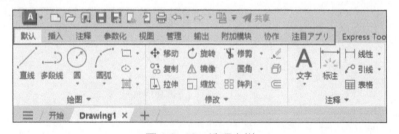

图 1.3-13　选项卡栏

例如，"绘图"选项卡包含了各种绘图工具和命令，适用于创建和编辑图形；"插入"选项卡提供了插入图块、参照等功能；"注释"选项卡集中了添加文本、尺寸标注和其他注释元素的工具。此外，还有专门的选项卡如"参数化"和"视图"，它们分别提供了创建参数化图形和管理不同视图的工具。

1.3.6　功能 6：操作面板栏

紧邻选项卡栏的是操作面板栏（图 1.3-14），它是 AutoCAD 中一个非常实用的操作界面。它提供了一系列特定的绘图和编辑工具，这些工具被细分为不同的面板，每个面板都针对特定的绘图或编辑任务。例如，有专门的面板提供绘制线条、形状的工具，而另一个面板则可能集中了测量和标注工具。

图 1.3-14　操作面板栏

当进行绘图工作时，可以直接从操作面板栏中选择合适的工具，这大大提高了工作效率。这些面板的设计考虑到了用户的操作习惯和逻辑流程，使得从一个任务切换到另一个任务变得非常顺畅。例如，如果你正在绘制一个复杂的图形，可能需要频繁地切换不同的绘图和修改工具，操作面板栏使这一过程变得更加简单快捷。

此外，操作面板栏的布局也是可定制的。读者可以根据需要添加或移除特定的面板，甚至可以调整面板中工具的排列顺序。

1.3.7　功能 7：文件选项卡栏

文件选项卡栏是一个专门汇总文件的区域，用于管理和访问所有打开的绘图文件（图 1.3-15）。大家可以在此轻松切换不同的文件、新建文件，甚至可以执行"全部保存"（SAVEALL）和"全部关闭"（CLOSEALL）命令，如图 1.3-16 所示。

文件选项卡栏的命令为"FILETAB"。如果此区域因为某种原因没有显示出来，只需通过命令行输入"FILETAB"命令后按回车键，即可将其调出。

图 1.3-15　文件选项卡栏

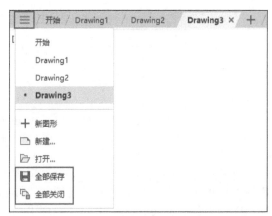

图 1.3-16　全部保存和全部关闭

1.3.8　功能 8：视口、视图和视觉控件栏

视口、视图和视觉控件栏在文件选项卡栏的正下方（图 1.3-17），用于对绘图视图进行全面控制。我们可以通过这个栏目调整视口设置，切换不同的预设视图（如平面视图、等

轴测视图），以及调整视觉样式（如线框、隐藏线或真实感渲染）。

　　视口的命令为"VPORTS"，AutoCAD 2024 新建文件默认的状态是单一视口，通过单击视口的图标来切换显示的视口配置，如图 1.3-18 所示。

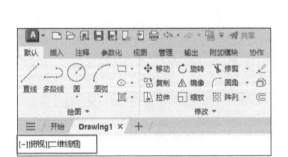

图 1.3-17　视口、视图和视觉控件栏　　　　　　　图 1.3-18　切换视口配置

　　视图的命令为"VIEW"，AutoCAD 2024 默认的视图状态为俯视（Top），总共有 10 种视图状态可供切换，见表 1.3-2。

表 1.3-2　视图名称

视图	英文名称
俯视	Top
仰视	Bottom
左视	Left
右视	Right
前视	Front
后视	Back
西南等轴测	Swiso
东南等轴测	Seiso
东北等轴测	Neiso
西北等轴测	Nwiso

　　视觉样式的命令为"VSCURRENT"，AutoCAD 2024 默认的视觉样式有 10 种，见表 1.3-3。

表 1.3-3 视觉样式

中文名称	英文名称
二维线框	2D Wireframe
概念	Conceptual
隐藏	Hidden
真实	Realistic
着色	Shaded
带边缘着色	Shaded with Edges
灰度	Shades of Gray
勾画	Sketchy
线框	Wireframe
X 射线	X-ray

我们可以通过命令来控制视图和视觉样式。另外，也可以通过 AutoLISP 方便快捷地控制它们。

1.3.9 功能 9：ViewCube

ViewCube 是一个交互式三维导航工具，它处于绘图界面右上方（图 1.3-19）。ViewCube 显示当前视图的方向，并允许用户快速切换到不同的视角。在进行三维建模时，可以使用 ViewCube 快速定位到所需的视角，例如从俯视图切换到前视图，只需单击 ViewCube 的"前"这个面即可。

由于"二维线框"的视觉风格主要适用于二维平面，因此在二维线框模式下展示 View Cube 并不特别有意义。要调整这一设置，可以进入"选项"（OPTIONS）面板，在"三维建模"选项卡中找到"在视口中显示工具"设置区域（图 1.3-20）。在这里，可以选择让 ViewCube 在二维线框视图中不显示。

图 1.3-19 ViewCube

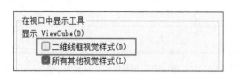

图 1.3-20 二维线框视觉样式

1.3.10　功能 10：导航栏

　　导航栏位于绘图界面的右侧，在 ViewCube 的下方（图 1.3-21）。它提供了各种导航工具，如缩放、平移和旋转视图的工具。这些工具对于在复杂的绘图中快速导航至特定区域非常有用。

　　键入"NAVBAR"命令，在命令行窗口处输入"ON"或者"OFF"可显示或者关闭导航栏，如图 1.3-22 所示。

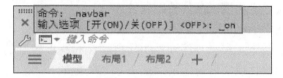

图 1.3-21　导航栏

图 1.3-22　"NAVBAR"命令

1.3.11　功能 11：UCS

　　AutoCAD 中的用户坐标系统（UCS）是一个非常强大的工具，尤其是在进行复杂的三维设计和建模时，更能体现出它的价值。UCS 通常位于绘图界面的左下方（图 1.3-23），以显示当前的 UCS 状态。通过 UCS，能够确认当前坐标的状态，并可以通过它来定义和操作自己的工作平面和方向，这在三维空间中尤为重要。另外，使用 UCS 可以轻松地旋转、平移和倾斜工作平面，以适应设计的需求。

图 1.3-23　UCS

　　UCS 的灵活性使得在不同的视图和平面中工作变得更加容易。例如，可以将 UCS 设置为特定的面或者边，以便更准确地放置和对齐对象。此外，还可以保存和恢复 UCS 配置，这在处理复杂项目或需要在多个不同配置之间切换时非常有用。

　　AutoCAD 还提供了一系列的命令和工具来管理 UCS，包括快速旋转 UCS 到特定的平面或轴，或者根据选定对象自动调整 UCS。这些工具大大提高了工作效率，尤其是在进行三维建模和复杂构造时。通过有效地使用 UCS，设计师可以更灵活地控制自己的设计空间，从而实现更精确和高效的设计过程。

1.3.12　功能 12：命令行栏

　　命令行栏在 AutoCAD 安装完成后默认的状态是悬浮在绘图界面中，但是对于大多数人来说，将它固定到绘图界面的下方是一个常用的手法（图 1.3-24）。

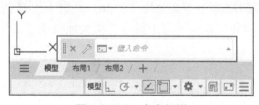

图 1.3-24　命令行栏

AutoCAD 中的命令行栏是一个极其强大的工具，它不仅仅是命令输入的地方，还是与程序交互的主要界面。虽然 AutoCAD 2024 提供了丰富的图形界面和工具栏，但许多绘图专业的朋友仍然习惯通过命令行栏来快速执行操作和访问功能。例如直线的命令为"LINE"，圆的命令为"CIRCLE"，可以直接在命令行栏输入这些命令来快速创建或修改图形。这种方法对于希望高效率绘图的用户来说是非常有效的，因为它减少了对鼠标操作和界面导航的需求。

此外，命令行栏也提供了丰富的信息。当输入命令时，它会显示相关的选项和提示，帮助你精确地控制命令的行为。例如，当输入一个绘图命令时，它可能会要求你输入额外的参数，如尺寸、角度或其他特定属性。

对于熟悉 AutoLISP 编程的用户来说，命令行栏更是一个强大的资源。通过它，用户可以输入复杂的脚本和命令序列，实现自动化和高度定制的操作。这对于自动化重复任务、批量处理图形数据或实现特定的绘图需求至关重要。

显示命令行栏的命令是"COMMANDLINE"，关闭命令行栏的命令是"COMMANDLINEHIDE"。这两个命令的快捷键均为 Ctrl+9。通过连续按下快捷键，可以方便地打开或关闭命令行栏。

1.3.13 功能 13：布局选项卡栏

布局选项卡栏位于绘图界面的左下方（图 1.3-25）。布局选项卡栏可以高效地管理和切换不同的布局视图，每个布局都可以包含特定的视口配置和打印设置。这意味着可以为同一个项目创建多个布局，每个布局都有其独特的视图和比例，非常适合准备多种打印格式或展示材料。

图 1.3-25　布局选项卡栏

布局选项卡栏的灵活性体现在其对视口的管理上。在每个布局中，可以设置多个视口，每个视口都可以展示模型的不同部分或不同视角。这对于展示复杂项目的不同方面非常有用，比如建筑设计中的不同楼层或房间。此外，每个视口都可以有独立的比例和绘图设置，这让你能够在同一张图纸上展示不同比例的视图，非常适合细节和总体设计的并置展示。

在布局选项卡栏中，还可以设置打印相关的参数，如纸张大小、打印比例、图纸边界等。这大大简化了从设计到打印的过程，确保输出的质量符合专业标准。你可以轻松地为客户演示设计，或将工作以高质量的格式输出。

命令"LAYOUTTAB"用于控制布局选项卡栏的显示或隐藏。通过切换其变量值，用户可以根据需要快速访问或隐藏布局选项卡栏，这对于想要最大化绘图区域的用户特别有用。这种可定制性保证了 AutoCAD 可以适应不同用户的工作流程和偏好。

1.3.14 功能 14：状态栏

状态栏位于绘图界面的底部右下方（图 1.3-26）。它不仅提供了关于当前绘图状态的重要信息，还允许快速访问和切换多种常用设置，极大地提高了工作效率和操作的便捷性。

图 1.3-26　状态栏

状态栏功能的显示可以通过图 1.3-27 所示的图标来控制，单击该图标，可选择自己需要的功能。

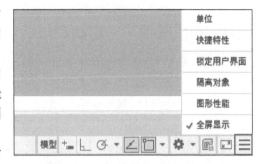

图 1.3-27　状态栏功能的显示

状态栏显示了许多关键的绘图和编辑功能的状态，如网格状态、正交模式、对象捕捉（Object Snap，OSNAP）设置等。例如，用户可以一眼看到是否启用了网格，这对于精确绘图非常有帮助；正交模式使得绘制垂直和水平线变得简单；而对象捕捉功能则是精确定位对象关键点（如端点、中点、圆心等）的强大工具。

状态栏的命令为"STATUSBAR"，通过它可以切换是否显示状态栏。

以上关于界面构成的介绍就结束了。AutoCAD 2024 操作界面功能齐全，布局合理，提供了高效、便捷的绘图环境。主要界面元素如"A"图标、快速访问工具栏、检索栏、选项卡栏和状态栏等，可以快速找到所需工具并提高工作效率。熟悉这些元素能更好地利用 AutoCAD 2024 的强大功能，提升设计质量和效率。

1.4　使用 AutoCAD 2024 的习惯

在熟悉了 AutoCAD 2024 的用户界面之后，理解并掌握其操作习惯及规则成为一项关键任务。我曾记得在 2012 年，有一位日本企业家分享了一段话，这段话至今仍深刻地影响着我的生活和职业哲学：

> 人由三个要素构成：身体、头脑和内心。
> 身体不断运作，以维持生存；
> 头脑永不停息地思考，策略连连，以确保我们的存活；
> 而内心，则致力于追求更高的目标，比如完善一项工作，或是帮助他人。

在学习 AutoCAD 进行绘图操作时，同样的道理也适用。我们应当努力培养良好的习惯，让自己的身体自然而然地适应这些操作。本节中介绍的基本操作规则，旨在帮助大家养成良好的操作习惯。无论你是设计领域的初学者还是经验丰富的专业人士，精通这些基本规则将极大提升工作效率，帮助你少走弯路、减少错误，从而在设计领域取得更加卓越的成就。

本节主要和读者一起探讨表 1.4-1 所列的内容。

表 1.4-1　探讨的内容

内容	对应的命令
图层的使用	LAYER
命令行的使用	COMMANDLINE
块的使用	BLOCK
定期保存和备份	QSAVE
理解模型空间与布局空间	MODEL, LAYOUT
快捷键的使用	

1.4.1 图层的使用：LAYER

图层（LAYER）是 AutoCAD 中最重要的功能之一。合理使用图层可以帮助大家有效组织绘图，轻松控制不同元素的显示和隐藏。

在开始绘图时，第一步需要学会创建图层。新建一个 DWG 文件，默认的图层只有一个，就是"0"图层，但是当我们在图层中使用了标注功能时，就会自动出现另一个默认的图层："Defpoints"图层（图 1.4-1）。"Defpoints"图层用于放置标注尺寸的定义点，在默认的设定中，"Defpoints"图层上的所有对象将不会被打印，如图 1.4-2 所示。

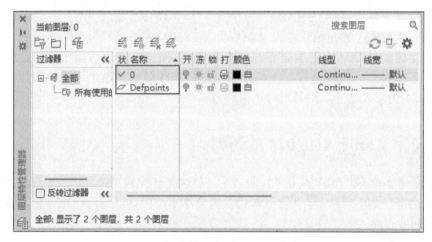

图 1.4-1 "0"图层和"Defpoints"图层

这意味着，尽管可以在绘图界面上看到在"Defpoints"图层上添加的任何对象，但这些对象在打印输出时将不会出现。这一特性的巧妙运用，可以为我们在处理打印输出时提供极大的便利，特别是在进行绘图设计和布局时，它允许我们在不影响最终输出的情况下，自由地添加辅助性图形和注释。

图 1.4-2 "Defpoints"图层的非打印

许多初学者在开始绘图时，往往直接着手绘制，而不加区分地将所有对象和图形放置在默认的"0"图层上。这实际上是一种不太理想的做法。有效地使用图层，通过在绘图前仔细规划，决定哪些对象应该放置在哪个图层，对提高操作效率和绘图组织性有着显著的影响。

创建和管理图层的方法有多种。可以利用"图层特性管理器"来手动创建图层，也可以通过预设的"模板"（Layout）来实现，甚至可以使用小程序（如 AutoLISP）来进行批量和自动化图层创建。这些方法将在本书后续部分进行更详细的阐述和说明。

1.4.2　命令行的使用：COMMANDLINE

笔者在欧特克社区为 AutoCAD 用户解答疑惑时，发现很多朋友不使用命令行，有些人甚至命令行栏都没有显示出来。虽然图形界面上的各种图标直观易用，但熟练使用命令行可以显著提高工作效率。我们一定要养成使用常用命令快捷键的习惯，并尝试用命令行输入命令来绘图，以逐步提高熟练度。

我们一般将命令行栏放置在绘图界面的下方（图 1.4-3），它可以悬浮在绘图界面中，也可以吸附到绘图界面的边框上。

图 1.4-3　命令行栏

随着对命令行的熟悉，你将发现许多复杂操作可以通过简短的命令迅速完成，大大节省时间。此外，使用命令行还能实现更精确的控制和更灵活的操作，特别是在处理复杂的绘图任务时。可以通过自定义命令和脚本（AutoLISP）来进一步提升工作效率。

1.4.3　块的使用：BLOCK

块（BLOCK）是绘图软件中一项非常实用的功能，它允许用户创建可重复使用的图形组合。这对于提高绘制效率极为重要。例如，如果需要经常绘制某些特定的符号或图形，就可以将这些元素创建为块。创建块后，就可以在不同的绘图中重复使用这些块，而不必每次都重新绘制。

为了有效使用块功能，建议在绘图的过程中养成为常用元素创建块的好习惯，并将这些块存储在一个易于访问的库中。这样，每当需要这些元素时，就可以快速地从库中选择并插入到绘图中，而不是浪费时间重新创建它们。这种方法不仅可以节省时间，还能确保绘图中这些元素的一致性。此外，如果需要修改这些元素，只需修改库中的块，所有使用该块的绘图都会自动更新，这为保持工作的一致性和准确性提供了很大的便利。

在 AutoCAD 2024，在"视图"选项卡的"选项板"面板里，可以找到"块"选项板图标（命令为"BLOCKSPALETTE"），如图 1.4-4 所示。

图 1.4-4　"块"选项板图标

单击此图标，AutoCAD 2024 中的一个全新的用户界面将会展开（图 1.4-5）。这个界面提供了一个直观、易于操作的块管理系统。在这个界面中，可以看到所有已创建和导入的块的预览图。通过这些预览图，不仅可快速识别各个块，还可以更容易地管理和组织这些块。

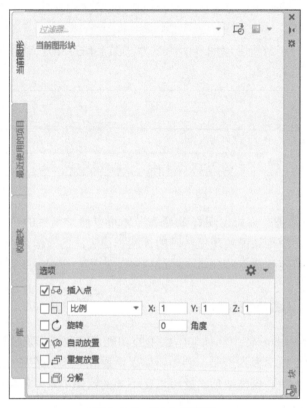

图 1.4-5 "块"选项板

在"块"选项板中，可以执行多种操作。例如，大家可以通过简单地拖放来将块插入当前的绘图中。这个功能使得在绘图过程中快速添加和使用块变得非常方便。此外，还可以对块进行编辑和修改。如果想改变一个块的属性或者更新它的设计，只需在选项板中选择相应的块，然后单击"编辑"按钮，即可对其进行修改。

1.4.4 定期保存和备份：QSAVE

在使用 AutoCAD 进行绘图工作时，定期保存（QSAVE）和备份绘图文件是预防数据丢失的至关重要的步骤。尽管 AutoCAD 提供了便利的自动保存功能，但养成手动保存的习惯同样重要。此外，将工作文件定期备份到云端或外部存储设备，是保护数据不受意外损失的良好措施。

为了设置和优化这些安全措施，在 AutoCAD 中，可以通过在命令行栏输入"OPTIONS"命令来打开"选项"对话框。在打开的对话框中，选择"打开和保存"选项卡，找到名为"文件安全措施"的区域（图 1.4-6）。在这里，读者可以根据需要调整自动保存的时间间隔，确保文件在一定时间内自动保存，从而降低数据丢失的风险。

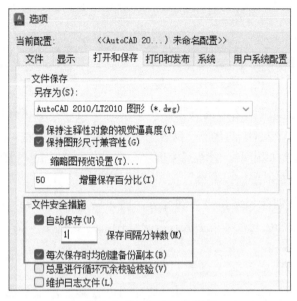

图 1.4-6　文件安全措施

　　此外，在"文件安全措施"区域，还可以设置 AutoCAD 在每次保存操作时创建备份副本（BAK 文件）。这意味着执行保存操作时，AutoCAD 都会生成当前文件的副本，并将其存储在指定的位置。这样，即使原始文件出现问题，也可以方便地恢复到最近的版本。使用系统变量 ISAVEBAK，也可以设定保存文件时是否创建副本。

　　AutoCAD 默认将备份文件保存在当前文件的同一个文件夹中。我们可以使用"MOVEBAK"命令修改路径，将它保存在自己常用的文件夹中。

　　在此给大家再次强调一下，虽然自动保存功能非常有用，但它绝不能替代手动保存和定期备份。因此，建议读者在重要的工作阶段或在工作结束时养成手动保存的习惯，并定期将文件备份到不同的存储介质，以确保数据的安全和完整性。

1.4.5　理解模型空间与布局空间

　　在 AutoCAD 中，理解并正确使用"模型空间"（MODEL）和"布局空间"（LAYOUT）是制作专业设计图纸的关键。模型空间是用于创建和编辑设计的主要工作区域。在这个空间中，我们可以绘制二维和三维模型，它为我们提供了一个无限的绘图区域，让我们可以在真实的比例和尺寸下进行设计，不受任何限制。请大家一定要记住，模型空间就是 1:1 的空间。

　　布局空间是用于组织和展示设计的区域。在布局空间中，我们可以设置视图窗口（VIEWPORTS），这些视图窗口可以帮助我们显示模型空间中的特定部分。布局空间也是打印图纸时的工作区域，它允许我们在此设置视图的比例、尺寸、标题块和其他打印相关的元素。布局空间允许我们以不同的比例和视角展示同一个模型，这对于展示复杂设计的不同视角非常有用。

　　一个 DWG 文件只有一个模型空间，但是根据需要最多能够生成 255 个布局空间。单击布局选项卡栏最右边的加号，可以快速创建布局空间，图 1.4-7 所示。

图 1.4-7　模型空间和布局空间

　　理解模型空间和布局空间之间的关系非常重要。我们要养成这样的习惯，就是在模型空间中所有的设计工作均按 1:1 的比例，以确保绘制的模型精确无误。而当转到布局空间时，重点则转变为如何展示这些模型。在布局空间中，我们根据自己的需要设置正确的视图和比例，以确保打印出来的图纸清晰、准确。

　　总之，模型空间是创建和编辑设计的地方，而布局空间则是展示和打印设计的地方。我们只有合理使用这两个空间，才能大大提升设计图纸的专业度和效率。

1.4.6　快捷键的使用

　　AutoCAD 的快捷键是提高绘图效率的关键工具。虽然初学者可能需要一段时间适应，但一旦熟练，快捷键将大大提升工作效率。为了最大限度地利用这些快捷键，建议大家制作一份快捷键清单，并将其放在手边或计算机屏幕旁，以便随时参考。定期练习这些快捷键的使用，可以帮助大家更快地记住它们，并在实际工作中更加自如地应用。

　　AutoCAD 2024 中，除了快捷键，还可以为命令定义"别名"。例如"修剪"命令为"TRIM"，它的默认别名为"TR"；"镜像"命令为"MIRROR"，它的别名为"MI"。这些"别名"可节省命令输入时间，大大提高操作效率。可以在"管理"选项卡"自定义"面板中找到"编辑别名"这个图标（图 1.4-8），单击此图标可对所有别名进行编辑。

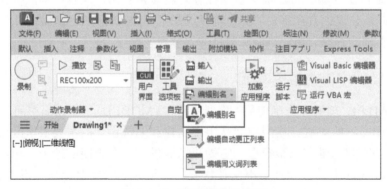

图 1.4-8　"编辑别名"图标

　　进行上述操作后"acad.pgp"将会被打开（图 1.4-9），在这里可以查看 AutoCAD 2024 默认的所有别名。当然也可以修改和自定义新的别名。建议在修改和自定义之前，备份"acad.pgp"这个文件。

　　为了让本书的内容更易于理解，在解说过程中将不再区分"快捷键"和"别名"，两者将统称为"快捷键"。例如，"直线 LINE 命令的别名 L"，本书将简单地称为"直线的快捷键为 L"。统一术语有助于大家更清晰、快速地掌握 AutoCAD 的操作方法。

图 1.4-9　acad.pgp

1.5　鼠标的操作

在使用 AutoCAD 进行高效绘图时，鼠标的作用不容小觑。虽然我们可以通过键盘在命令行中输入指令来进行绘制，但鼠标在 AutoCAD 中扮演着至关重要的角色。特别是当我们通过"CUI"命令将特定的功能绑定到具备宏功能的鼠标上时，其带来的便捷性和效率提升将具有成倍效应。

首先需要了解鼠标在 AutoCAD 2024 中的一些常规操作和技巧。本节将会详细讲解表 1.5-1 所列的鼠标操作。

表 1.5-1　鼠标的操作

单击	按鼠标的左键一次	
双击	按鼠标的左键两次	
右击	按鼠标的右键一次	
中键	按鼠标的中键一次	
双击中键	按鼠标的中键两次	
拖动	按住鼠标的左键移动	

1.5.1 单击

使用鼠标的左键，单击对象一次后立刻松开，本书将这种鼠标操作称为"单击"。比如说命令图标的选择、文件的选择等都是使用单击，它也是我们使用最普遍和频繁的一种操作方式。

按住键盘的 Shift 键来进行"单击"动作，可以帮助我们进行"反向选择"。那么，什么是"反向选择"呢？举个例子，假设有四个图形对象：圆形、矩形、圆弧和椭圆形。当前这四个对象都处于被选中的状态，如图 1.5-1 所示。

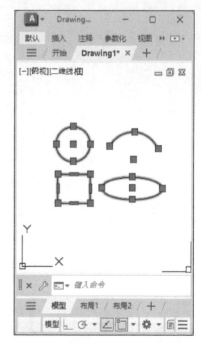

如果想将圆形排除在当前选择的范围之外，没有必要取消当前的操作再去重新选择其他三个图形。只需要按住键盘的 Shift 键，然后对圆形进行单击即可（图 1.5-2）。

图 1.5-1 对象都处于被选中的状态

这就是"反向选择"的魅力所在。在图形操作的过程中，这样的场景会经常遇到。掌握了"反向选择"的操作技巧，不仅可以提高工作效率，还能使我们的操作更加灵活和高效。这种技巧在处理复杂的图形或大量对象时显得尤为重要，它能显著减少重复性的选择动作，从而节省大量的时间和精力。

当然，除了与 Shift 键结合以外，与 Ctrl 键结合"单击"也为我们的操作带来了多样性。例如，假设只想选择一个矩形或多段线中的特定部分，而不是整个图形（图 1.5-3），在这种情况下，只需轻按住 Ctrl 键，然后"单击"希望选中的那一段线条即可。

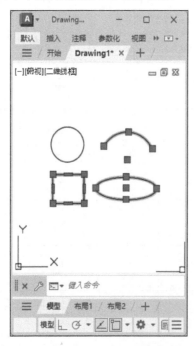

图 1.5-2 将圆形排除在当前选择的范围之外

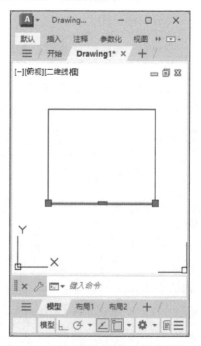

图 1.5-3 选择一个矩形的特定部分

这样的操作不仅精准，而且高效，允许我们在复杂的图形中轻松选取细节部分，而无须重新绘制或分割对象。这种方法在进行精细调整或编辑复杂图形时尤为有用，使得我们的工作流程更加流畅和直观。

关于"单击"的操作技巧，在 AutoCAD 中还有许多精妙之处，在此就不一一详述了。实际上，最佳的学习方式是在日常绘图操作中逐渐探索和体验。随着经验的积累，你会发现更多有用的技巧，这些技巧将会在不经意间提升工作效率。

1.5.2　双击

使用鼠标左键快速单击对象两次，我们称为"双击"。在 AutoCAD 2024 的默认设定中，对象不同，"双击"动作所触发的操作也不一样。下面是一些常用"双击"动作的效果（表 1.5-2）。

表 1.5-2　常用"双击"动作的效果

对象	双击后的操作
文字和标注尺寸	双击后打开"文字编辑器"功能
直线、圆、圆弧	双击后打开"快捷属性"对话框
多段线、矩形	双击后打开"编辑多段线"功能
块文件	双击后打开"编辑块定义"对话框
组文件	双击后打开"快捷属性"对话框

关于 AutoCAD 2024 中默认的"双击"动作，我们打开"自定义用户界面"（CUI）后，可以看到其所有的设定（图 1.5-4）。

另外，系统变量 DBLCLKEDIT 可以控制"双击"动作的执行（图 1.5-5），默认变量为 1。我们通过命令行将它改为 0，双击后 AutoCAD 将不会执行任何操作。

图 1.5-4　"双击"动作

图 1.5-5　DBLCLKEDIT

1.5.3 右击

按鼠标的右键一次后立刻松开，本书将这种鼠标操作称为"右击"。我们在"单击"选择对象后，就会很频繁地使用"右击"来选择各种编辑功能。也就是说，大部分的"右击"操作，都是和"单击"相结合使用的。

另外，与 Shift 键结合使用来进行右击，可以在绘图过程中启动"对象捕捉设置"，以精准找到需要的点。

如图 1.5-6 所示，有斜线 AB 和点 C，希望从点 C 绘制一条直线与斜线 AB 垂直。首先，启动 LINE 命令，在点 C 处单击第一点（图 1.5-7）。

在指定直线的第二点之前，按住 Shift 键，在界面的空白处右击之后，就可以看到在十字光标处弹出对象捕捉设置窗口，选择"垂直"（图 1.5-8）。

将十字光标放置到斜线 AB 上，沿着斜线慢慢移动，一个绿色的"垂直"捕捉标记会显示出来（图 1.5-9）。

在绿色的"垂直"捕捉标记显示时，对鼠标执行单击操作，垂线就会自动被创建出来（图 1.5-10）。

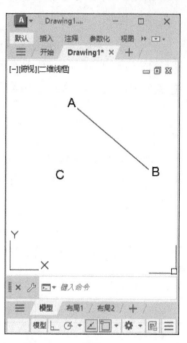

图 1.5-6　斜线 AB 和点 C

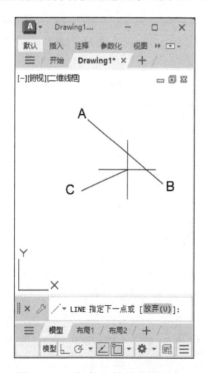

图 1.5-7　在点 C 处单击第一点

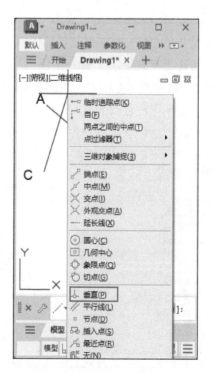

图 1.5-8　对象捕捉设置的窗口

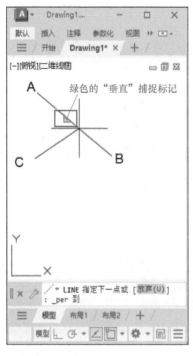

图 1.5-9　绿色的"垂直"捕捉标记

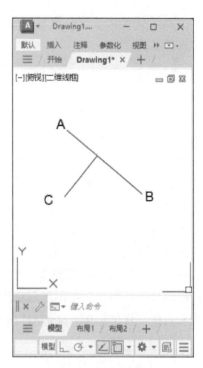

图 1.5-10　垂线创建成功

Shift 键 + 右击是一个经常使用的操作，对提高操作效率有很大的帮助，大家一定要活用它。

1.5.4　中键

使用 AutoCAD 来绘图，请一定要选择有中间滚轮的鼠标。比如视图的放大和缩小操作经常使用 ZOOM 功能，如果鼠标没有中间滚轮，操作起来将会非常不方便。

本书将单击中间滚轮的操作称为"中键"。中键最常用的操作除了上面说的滚动缩放外，在界面空白处按住中键来拖动鼠标，对象将会一起移动，也就是说"中键"可以平移视图。这在查看大型图纸或需要在不同区域间快速移动时非常有用。

1.5.5　双击中键

在操作界面快速按中间滚轮两次，整个界面将会迅速将所有的对象物体显示出来。这就是 AutoCAD 最常用的一个操作"双击中键"。

这时我们查看一下命令行记录，就可以看到"双击中键"这个动作所实施的命令为 ZOOM 里的"范围"（图 1.5-11），是一个非常实用的操作。

```
命令: '_.zoom
指定窗口的角点，输入比例因子 (nX 或 nXP)，或者
[全部(A)/中心(C)/动态(D)/范围(E)/上一个(P)/比例(S)/窗口(W)/对象(O)] <实时>: _e
▣▾ 键入命令
```

图 1.5-11　ZOOM 里的"范围"

这种方法不仅优化了操作流程，还大大减少了重复性工作，使得设计人员可以更加专注于创造性的部分。

1.5.6 拖动

前面介绍中键时已经提到了"拖动"（DRAG）。在 AutoCAD 中，用鼠标左键按住对象移动的操作通常被称为"拖动"。这是一种基本而常用的操作，用于移动或重新定位图形和对象。当选中一个或多个对象进行"拖动"时，所选对象会随着鼠标的移动而移动，直到释放鼠标左键，对象会放置在新的位置。

这种拖动操作在 AutoCAD 中用于各种场景，如调整对象位置、改变对象布局、对齐元素等。它是进行图形编辑和布局调整时一个非常基础的操作。

到这里我们共介绍了"单击""双击""右击""中键""中键双击"和"拖动"六个操作。熟练掌握鼠标的这些操作，无疑将会大幅提高 AutoCAD 的操作灵活性和效率。而且这种技能的提升，不仅让绘图过程更加顺畅，也能帮助我们更快地实现设计目标。因此，不断探索和实践，将使你在 AutoCAD 的使用上更加得心应手。

1.6 图纸的打开和保存

在了解了 AutoCAD 界面布局和基本操作规则之后，我们将进一步探讨如何在 AutoCAD 中高效进行文件管理。AutoCAD 中的图纸操作包括"新建""保存""打开""刷新"和"删除"等。

1.6.1 新建图纸

要着手进行一个新的设计项目，第一步便是创建一张 DWG 图纸。在 AutoCAD 2024 中，为了适应不同用户的需求，提供了多种新建图纸的方法。这里给大家介绍两种最常用的方法。

第一种：开始界面

双击计算机桌面的 AutoCAD 2024 图标后，在开始界面中可以找到"新建"按钮（图 1.6-1），这是新建 DWG 图纸最常用的方法。

第二种：文件选项卡栏

还有一种常用的新建图纸的方法，就是单击文件选项卡栏中的"+"按钮（图 1.6-2），它可以快速创建图纸。

此外，单击绘图界面左上角的"A"图标，或者在选项卡栏中选择相应的功能，也可以轻松地开始新建图纸。受篇幅所限，具体的操作细节建议大家自己尝试和探索。不仅限于图标操作，还可以使用快捷键"Ctrl+N"，或者在命令行栏中输入"QNEW"命令来快速创建新的图纸。

随着在绘图操作上逐渐熟练，你可能会发现这些基础的创建方法无法完全满足需求。这时可阅读本书第 8 章有关"模板"的内容。通过"模板"来创建图纸将为绘制工作带来更多灵感和便利，为大家开启一种全新的工作体验。

图 1.6-1　"新建"按钮

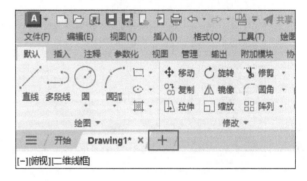

图 1.6-2　文件选项卡栏中的"＋"按钮

1.6.2　图纸保存

最常用的图纸保存方法是单击快速访问工具栏中的"另存为"（SAVEAS）图标（图 1.6-3）。

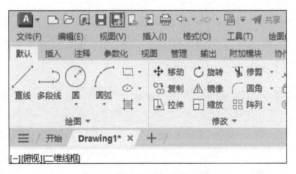

图 1.6-3　"另存为"图标

此时系统弹出"图形另存为"对话框。选择好保存的地点，填写好文件名，然后单击"保存"按钮就可以将 DWG 文件保存到指定位置（图 1.6-4）。

在这里，我想特别强调两个关键点：首先，在图 1.6-4 中，请特别注意文件应保存为".dwg"格式，以避免任何可能的混淆；其次，考虑到文件的兼容性，尤其是为了确保低版本的 AutoCAD 也能顺利打开由 AutoCAD 2024 创建的图纸，建议在保存文件时选择"AutoCAD 2010/LT2010 图形 (*.dwg)"作为文件类型。

在使用 AutoCAD 进行绘图时，定期保存至关重要，这可以确保设计数据安全无误。

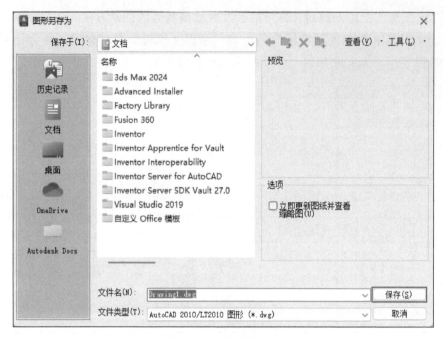

图 1.6-4　图形另存为

最后，我想再次重申：在绘图设计过程中，请务必定期保存。尤其是在进行重大更改之后，立即实施保存动作是非常必要的，它可以确保我们的工作成果不会因为计算机或者软件的原因而丢失。

1.6.3　打开图纸

理解了如何在 AutoCAD 2024 中保存文件后，学习打开文件就显得非常直观。在软件界面上方的快速访问工具栏中，可以找到"打开"（OPEN）图标（图 1.6-5）。单击这个图标后，就可以浏览并打开相应的 AutoCAD 绘图文件。

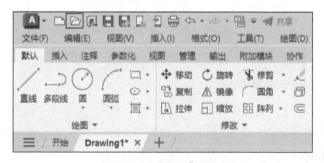

图 1.6-5　"打开"图标

此外，AutoCAD 2024 引入了一些便捷功能，进一步简化了文件管理过程。单击软件界面左上角的"A"图标，会看到两个小图标（图 1.6-6），左侧图标代表"最近使用的文档"，右侧图标则代表"打开文档"。这两个选项为我们提供了快速访问最近编辑过的文件或打开新文件的途径，大大节省了寻找时间。

图 1.6-6　两个小图标

　　这些功能不仅提高了工作效率，也使得文件管理变得更加直观和方便。无论是回到之前的工作，还是开始新的项目，AutoCAD 2024 的这些工具都能帮助你快速定位并打开所需文件，确保设计流程连贯且高效。

1.6.4　刷新图纸

　　在绘图时，如果文件选项卡栏图纸名称的右上方出现星形"*"标志（图 1.6-7），就说明当前图纸发生变动但是处于没有被保存的状态。

　　在快速访问工具栏中找到"保存"（QSAVE）图标（图 1.6-8），单击此图标就可以刷新当前的图纸。这时星形标志消失了。

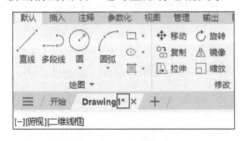

图 1.6-7　星形标志

图 1.6-8　"保存"图标

　　另外，在长时间编辑过程中，图纸显示有时可能会出现延迟或不同步的现象。这时，可利用"刷新"命令（REGEN）来更新图纸视图，确保所看到的内容是最新的。这个简单的步骤有助于保持工作流的流畅性和准确性。但是，"REGEN"命令只能刷新当前图纸视图的状态，并没有实行保存动作，如果想保存图纸就需要使用"QSAVE"命令。

1.6.5　全部保存和全部关闭

　　在 AutoCAD 2024 中，当打开多个文档时，可以使用两个非常有用的命令来管理它们：全部保存（SAVEALL）和全部关闭（CLOSEALL）。单击文件选项卡栏最左侧的▤图标可以找到它们（图 1.6-9）。

　　【全部保存】：这个命令允许一次性保存所有当前打开的文档。这是一个非常实用的功能，特别是在处理多个文件时，可以确保所有更改都被安全地保存，而无须逐个手动保存每个文件。

　　【全部关闭】：此命令用于一次性关闭所有当前打开的文档。如果已经使用了"SAVEALL"命令保存了所有文件，那么使用"CLOSEALL"命令可以快速清理工作区，让 AutoCAD 界面变得整洁，为下一步的工作做好准备。

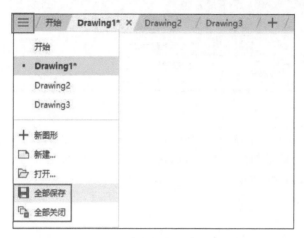

图 1.6-9　全部保存和全部关闭

这两个命令对于提高工作效率非常有帮助，尤其是在处理大量文件时。通过使用"SAVEALL"和"CLOSEALL"，我们可以更加专注于设计工作，而不是文件管理。另外，为了更方便地使用这两个命令，可以通过 AutoLISP 编程的方法来实现一次性全部保存文件并全部关闭文件，也就是说无须再操作两次就可以把所有的图纸一次性保存和关闭。感兴趣的读者请参阅本书第 14 章中相关程序的介绍。

另外，在 Express Tools 工具集里，"QQUIT"命令可以关闭所有图形并退出 AutoCAD。

1.7　新建图形向导: STARTUP

我们可以从"新建图形向导"开始创建图形。新建图形向导是由系统变量"STARTUP"来控制的。STARTUP 的默认值为 3，需要将数值改为 1 之后才能使用（图 1.7-1）。

使用新建图形向导的意义在于，它能够简化图形创建过程，确保各项设置的准确性，从而提高绘图效率和质量。通过这一方法，可以快速配置符合项目需求的参数，节省时间并减少人为错误。

具体的创建步骤如下：

STEP01 将 STARTUP 的数值改为 1 之后，在绘图界面的左上角单击"A"图标，然后依次单击"新建"→"图形"（图 1.7-2）。

STEP02 系统弹出"创建新图形"对话框。在"默认设置"区域选择"公制"选项（图 1.7-3）。

图 1.7-1　STARTUP

图 1.7-2　新建图形

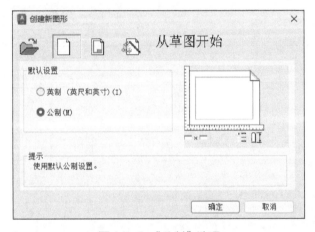

图 1.7-3　"公制"选项

STEP03 单击"使用样板"图标，可以看到系统提供的多个样板。建议大家参阅本书第 8 章 8.3 节所介绍的样板制作方法，创建适合自己的样板。本节为解说方便，选择"Acadiso.dwt"样板（图 1.7-4）。

STEP04 单击"使用向导"图标，选择"高级设置"（图 1.7-5），然后单击"确定"按钮。

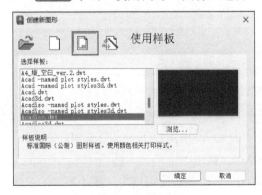

图 1.7-4　使用样板

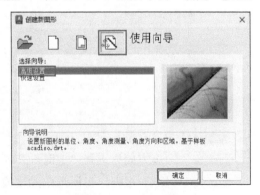

图 1.7-5　高级设置

STEP05 "单位"设置为"小数"（图1.7-6），单击"下一页"按钮。

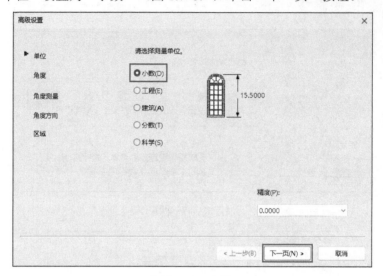

图1.7-6　小数

STEP06 "角度"选择"十进制度数"（图1.7-7），单击"下一页"按钮。

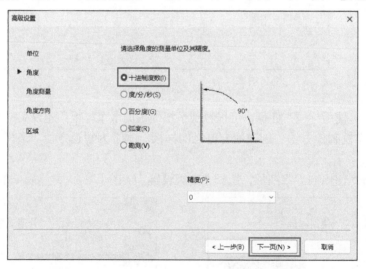

图1.7-7　十进制度数

STEP07 "角度测量"起始方向选择"东"（图1.7-8），单击"下一页"按钮。

STEP08 "角度方向"选择"逆时针"（图1.7-9），单击"下一页"按钮。

STEP09 "区域"根据自己所选定的模板中设置的纸张大小数值来填写（图1.7-10），单击"完成"按钮结束操作。

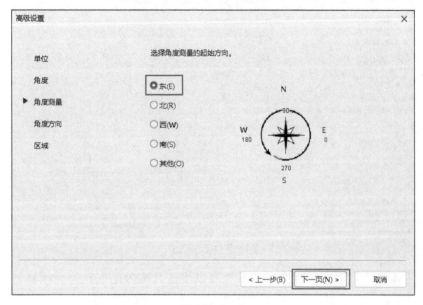

图 1.7-8　东

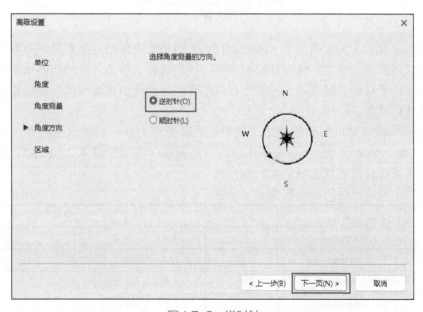

图 1.7-9　逆时针

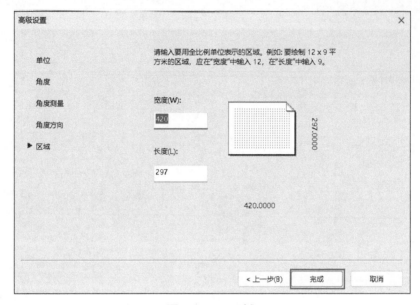

图 1.7-10　区域

通过上述步骤，利用"新建图形向导"可以快速且高效地创建符合项目需求的图形。这一向导工具不仅简化了创建过程，还能确保各项参数的准确设置，为后续的绘图工作打下坚实的基础。

在本章中，我们为大家介绍了 AutoCAD 2024 的基本操作和界面布局，并着重说明了如何有效利用软件的强大功能。特别针对初学者，我们强调了熟悉鼠标操作的重要性，探讨了图纸制作和文件管理的关键技巧。初学者在使用时应注意逐步探索和练习各项功能，不要被软件的复杂性所吓倒。

我建议初学者从简单的操作开始，逐渐熟悉命令和工具，同时保持耐心，因为熟练掌握 AutoCAD 是一个渐进的过程。希望本章内容能为初学者铺平进入 AutoCAD 2024 世界的道路，帮助大家在设计领域迈出坚实的第一步。

下面是第 1 章中出现的命令和变量一览表。

章节	命令	快捷键	功能
1.3.2	QSAVE		快速保存当前图形文件
1.3.2	UNDO	U	撤销上一个操作
1.3.2	PLOPT		打印图形或将图形输出为文件
1.3.4	MENUBAR		显示或隐藏菜单栏
1.3.7	SAVEALL		保存当前文件选项卡打开的所有图纸
1.3.7	CLOSEALL		关闭当前文件选项卡打开的所有图纸

（续）

章节	命令	快捷键	功能
1.3.7	FILETAB		显示或隐藏文件选项卡
1.3.8	VPORTS		创建和管理视口
1.3.8	VIEW		创建、管理和切换视图
1.3.8	VSCURRENT		设置当前的视觉样式
1.3.10	NAVBAR		显示或关闭导航栏
1.3.11	UCS		管理和设置用户坐标系
1.3.12	COMMANDLINE	Ctrl+9	显示命令行窗口
1.3.12	COMMANDLINEHIDE	Ctrl+9	隐藏命令行窗口
1.3.13	LAYOUTTAB		控制布局选项卡的显示或隐藏
1.3.14	STATUSBAR		切换状态栏的显示和关闭
1.4.1	LAYER	LA	显示图层特性管理器
1.4.3	BLOCK	B	创建块定义
1.4.5	MODEL		切换到模型空间进行绘图
1.4.5	LAYOUT		切换到布局视图进行图纸管理和打印设置
1.4.5	VIEWPORTS		创建和管理视口（与 VPORTS 相同）
1.6.1	QNEW	Ctrl+N	创建新图形文件
1.6.2	SAVEAS		另存为图形文件
1.6.3	OPEN		打开现有图形文件
1.6.4	REGEN	RE	重新生成图形，更新视图
1.6.5	QQUIT		关闭所有打开的图形然后退出
1.7	STARTUP		新建图形向导。设置启动选项，控制启动时显示的对话框

思　考　题

1. 请描述 AutoCAD 2024 的主要界面构成，并解释如何通过界面上的各个元素进行基本绘图操作，以及为什么了解界面布局对初学者来说是重要的。

2. 在 AutoCAD 2024 中，如何高效使用图层和命令行？请举例说明图层管理和命令行输入对绘图工作的影响和优势。

3. 请详细说明单击、双击、右击、中键和拖动等鼠标操作在 AutoCAD 2024 中的应用场景，以及这些操作如何帮助用户提高绘图效率和精确度。

第 2 章
AutoCAD 2024 绘图命令

在老子的《道德经》里有这样一句话：千里之行，始于足下。他告诉我们做任何事情都需要从小处着手，一步一步地积累，最终才能实现大的目标。这个道理也适用于对 AutoCAD 的学习。在这个技术日新月异的时代，掌握软件工具已成为开启创新与效率大门的关键。本章将详细讲解 AutoCAD 2024 的基本命令，这不仅是学习的基石，更是我们进入精确设计世界的钥匙。在本章中，将集中讨论软件的基础操作，涵盖从创建简单的点和直线到更为复杂的图形，如圆、圆弧、矩形和多边形。每个部分都经过精心设计，希望无论是初学者还是巩固基础的资深用户，都能从中受益。

我们不仅会深入探讨每个命令的功能和实际应用，还会确保读者能够熟练掌握这些工具，为学习更高级操作打下坚实的基础。此外，本章还涵盖了关于图形的删除与恢复，以及如何调整界面大小等重要技能，这些都是设计过程中不可或缺的。通过清晰的教学和实践操作示例，读者将能够理解并应用这些命令，从而提高工作流程的效率和精确度。

希望大家通过本章的学习，不仅能获得 AutoCAD 操作的基础知识，还能激发灵感，开启创造潜能的大门。

2.1 绘图操作的基本规则

AutoCAD 作为一款绘图软件，有其独特的操作规则和流程。掌握这些规则，对于用户来说至关重要，不仅能提升工作效率，还能减少操作错误。本节将和大家来谈一谈这些规则和具体的操作方法。

2.1.1 基本规则

无论是通过单击操作面板中的图标，还是在命令行栏中直接输入命令来进行绘图，我们其实都是在与 AutoCAD 进行一种"对话"。在这个过程中，需要不断地确认这些交互，同时执行操作。这就是绘图操作的一个基本规则。

上面的话可能有些抽象，我们来举个例子。比如绘制一条直线有两种方法：一种是直接单击操作面板中的直线命令图标（图 2.1-1），另一种是直接用键盘输入"LINE"直线命令的快捷键"L"（图 2.1-2）。

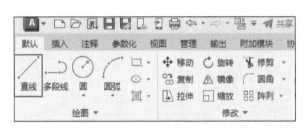

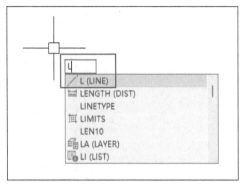

图 2.1-1　直线命令图标

图 2.1-2　直线命令的快捷键"L"

无论使用哪种方法，都会得到 AutoCAD 给我们的反馈信息（图 2.1-3），可一边确认这些信息，一边继续下一步的操作。按照信息的指示，在空白处单击指定第一个点。

这时新的信息又指示移动鼠标来指定第二个点（图 2.1-4）。

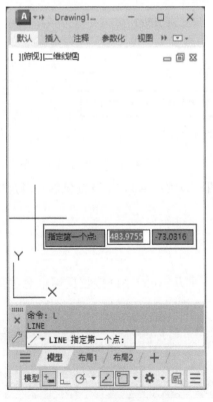

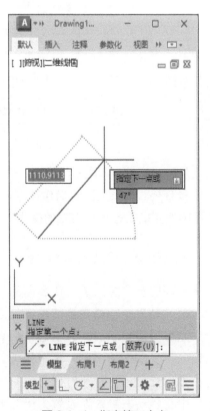

图 2.1-3　指定第一个点

图 2.1-4　指定第二个点

单击指定第二个点之后，如果想结束直线绘制的操作，右击选择"确认"即可（图 2.1-5）。

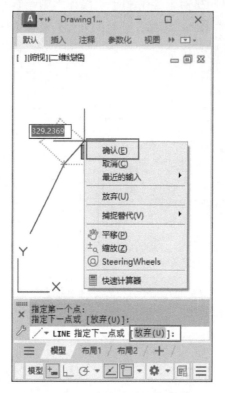

图 2.1-5　右击选择"确认"

我们总结一下上面的操作，具体如图 2.1-6 所示。

【输入命令】 → 【确认反馈信息】 → 【继续操作】 → 【结束命令】

图 2.1-6　绘图基本操作的总结

这便是 AutoCAD 绘图操作中的一个核心原则，对于初学者尤为关键。面对众多尚未熟悉的操作和命令，按照上面的操作规则，一边绘图一边关注 AutoCAD 提供的即时反馈，这样就可以确保正确执行每一步骤的操作。

2.1.2　动态输入：DYNMODE

可能有些朋友注意到了，在前面的例子中，我们从 AutoCAD 接收反馈信息主要通过两个途径：一是命令行栏显示的反馈信息，二是十字光标旁边显示的即时信息。后者与"动态输入"（DYNMODE）紧密相关。如果希望在光标处显示这种即时信息，则需要在状态栏中将"动态输入"设置为"开启"状态（图 2.1-7）。

图 2.1-7　动态输入开启

如果将"动态输入"设定为"开启"后光标处仍没有显示即时信息，则需要确认"草图操作"的设置。将光标移到"动态输入"图标，右击后选择"动态输入设置"，弹出"草图设置"对话框（图 2.1-8），在这里就可以设置动态输入的开启和关闭。

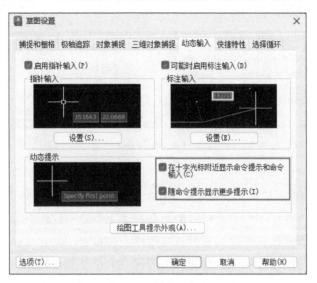

图 2.1-8　动态提示

对于初学者而言，开启"动态输入"（即将其设为"ON"状态）将对 AutoCAD 2024 的学习和操作有极大的帮助。鼓励大家亲自尝试并体验其便利性。本书后续所有的操作解说，都是在动态输入处于开启的状态下来进行的。另外，键盘上的 F12 键是控制"动态输入"的快捷键。按 F12 键，就可以轻松地开启或关闭"动态输入"功能。

2.1.3　对象捕捉：OSNAP

除了动态输入，在开始讲解基本命令的操作之前，还有一个不得不说的设定就是"对象捕捉"（图 2.1-9）。它的命令为"OSNAP"，快捷键为键盘的 F3 键。

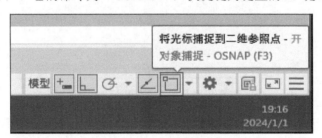

图 2.1-9　对象捕捉

"对象捕捉"是绘图中一项重要的功能，它可以精确定位图形中的特定点，如端点、中点、圆心等。在绘制或者编辑图形时，利用对象捕捉可以对齐图形的元素，提高绘图的准确性和效率。当鼠标的十字光标靠近一个可被捕捉的点时，图面上会显示与这个点相关的标记或提示，表明可以捕捉到这个点。这时，在这个标记显示的同时，单击即可精确地选中该点。这就是对象捕捉的用处。

"对象捕捉"需要提前设定。将光标放置在状态栏对象捕捉图标上方右击后，再单击"对象捕捉设置"（图 2.1-10）。

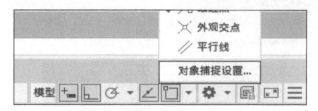

图 2.1-10　对象捕捉设置

当"草图设置"对话框被打开后，会看到"对象捕捉"的相关选项（图 2.1-11）。对象捕捉功能提供了 14 种不同的模式供选择。然而，如果一次性激活所有模式，在处理复杂图形时，可能会发现光标经常不自主地被吸附到各种点上，这不仅影响操作节奏，也可能降低工作效率。因此，一般建议在初次设置时，只激活五种最常用的模式：端点、中点、圆心、节点和交点。这些是绘图过程中最频繁使用的捕捉点。至于其他模式，则可以根据绘图的具体需要，在操作过程中适时激活，以确保灵活性和效率的平衡。

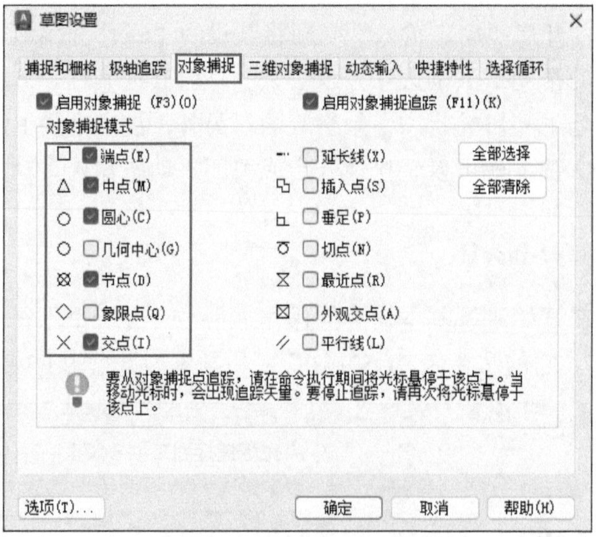

图 2.1-11　对象捕捉模式

了解和熟练使用对象捕捉设定，对于进行精确的图形设计和绘图操作至关重要。有效利用这一功能，可以大幅提升工作效率和绘图质量。

关于动态输入和对象捕捉，也可以通过 AutoLISP 来设置，在本书的自动化篇 14.2 节有详细的程序介绍和使用方法，感兴趣的朋友可参阅和体验。

掌握 AutoCAD 的基本操作规则和技巧，如动态输入和对象捕捉，可以显著提高绘图效率和准确性。无论是通过面板图标还是命令行输入，与 AutoCAD 的"对话"是关键中的关键。希望这些技巧能帮助大家在 AutoCAD 的学习和使用中取得更好的成果。

2.2　点和直线

在 AutoCAD 中，"点"和"直线"是最基础且最重要的图形元素，它们在基本图形绘制中占据着核心地位。理解它们的使用和重要性对于掌握 AutoCAD 的操作至关重要。在绘图区域上方"默认"选项卡的"绘图"面板里，可以找到它们的图标（图 2.2-1）。

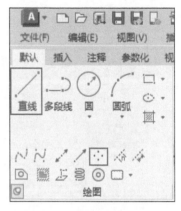

图 2.2-1　点和直线的图标

2.2.1　点：POINT

点的命令为"POINT"，快捷键为"PO"。点是构成所有其他图形的基础。在 AutoCAD 中，无论是复杂的设计图还是简单的草图，都是从点开始构建的。点在 AutoCAD 中常用于标记位置、作为参考和测量时的关键定位工具。它们可以精确地确定其他图形元素的位置。

点的操作非常简单。任意新建一个 DWG 文件，单击"点"的图标，或者直接输入点的快捷键"PO"，在绘图界面空白处任意单击即可生成点（图 2.2-2）。

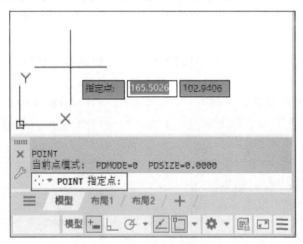

图 2.2-2　点

但是默认样式的点肉眼很难看清楚，这里可以通过点样式管理面板来切换样式，以方便确认。

在默认选项卡里找到"实用工具"面板，可以看到"点样式"图标，它的命令为"PTYPE"。单击"点样式"（图 2.2-3）。

在"点样式"对话框中可以看到 20 个点样式，直接单击这些样式的图标即可切换点的外观。点的大小也可以设定（图 2.2-4）。

如果频繁地切换点的显示样式或者点的大小，每次都启动点样式管理面板操作将会很烦琐。本书自动化篇 14.3 节介绍了通过 AutoLISP 编程来实现点样式快速切换的方法，感兴趣的读者可参阅和尝试。

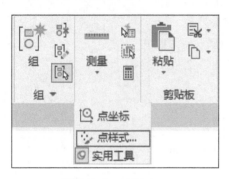

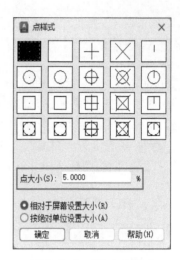

图 2.2-3　点样式　　　　　　　　　　　图 2.2-4　20 个点样式

2.2.2　直线：LINE

直线的命令为"LINE"，快捷键为"L"。直线是最基本的绘图工具之一，它用于构建几乎所有类型的几何形状和设计，是构成图形和模型的基石。直线在 AutoCAD 中的应用极其广泛，从简单的草图绘制到复杂的结构设计，都依赖于直线。另外，直线的使用使得精确绘图成为可能。

下面演示在"动态输入"（DYNMODE）开启的前提下，使用直线命令绘制一个闭合四边形的步骤。

新建任意一个 DWG 文件后，输入"L"（图 2.2-5），按回车键。

在绘图界面的任意空白处单击指定第 1 点，然后移动光标，界面信息提示指定下一点（图 2.2-6）。

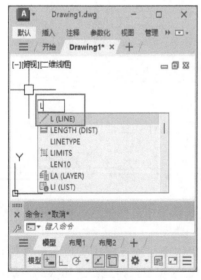

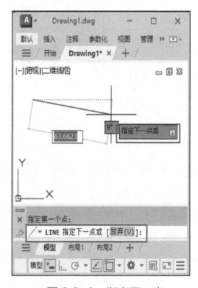

图 2.2-5　键盘输入"L"　　　　　　　　图 2.2-6　指定下一点

单击界面指定第 2 点之后，继续移动光标，界面提示继续指定第 3 点的位置（图 2.2-7），重复上面的操作，按照界面反馈的信息，继续单击界面来指定第 4 点（图 2.2-8）。

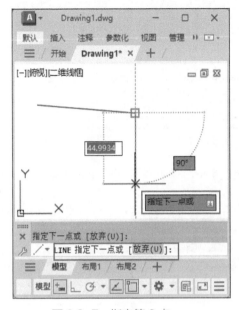

图 2.2-7　指定第 3 点

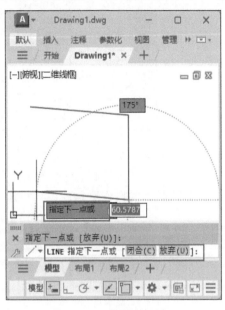

图 2.2-8　指定第 4 点

到此，需要再次指定第 1 点来完成四边形。这时在命令行栏里可以看到"闭合（C）"这个选项，单击此选项（图 2.2-9），直线会自动将终点指定为第 1 点（图 2.2-10），到此四边形的绘制就结束了。

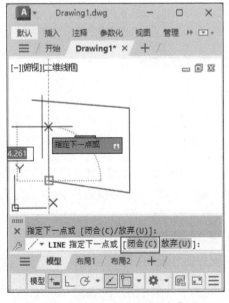

图 2.2-9　单击"闭合（C）"选项

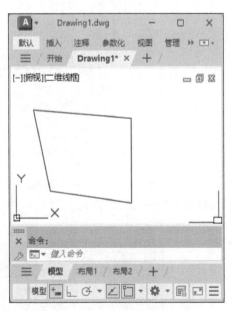

图 2.2-10　完成四边形的绘制

按照 2.1 节所讲的操作规则，一边确认反馈信息一边绘图，既顺利完成了图形的绘制，又降低了出错的概率。

如果想绘制一个水平垂直的四边形，我们在右下角的状态栏里可以找到"正交限制光标"（图 2.2-11），它的命令为"ORTHOMODE"，快捷键为 F8，一般称之为"正交模式"。

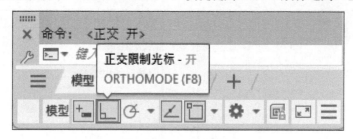

图 2.2-11　正交模式

在开启"正交模式"的状态下，再重复上面的操作，就可以得到一个水平垂直的四边形（图 2.2-12）。具体的操作这里就不再重述。

图 2.2-12　水平垂直的四边形

除了"正交模式"，AutoCAD 2024 还准备了"极轴模式"（图 2.2-13），它的快捷键为 F10。极轴模式和正交模式是互斥的，当选择了极轴模式，正交模式就会自动变为关闭状态。

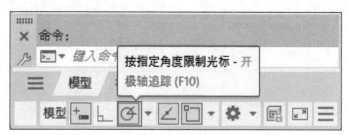

图 2.2-13　极轴模式

利用极轴模式可以绘制出带角度的斜线。比如要绘制一条斜线，它的长度为 50mm，它相对于水平线的角度为 30°，使用极轴模式就可以非常方便地绘制出来。

首先按 F10 键，切换到极轴模式。然后用键盘输入直线的快捷键"L"，按回车键，在绘图区域单击第 1 点（图 2.2-14）。

这时不需要单击第 2 点，首先输入"50"（图 2.2-15），设定斜线的长度。

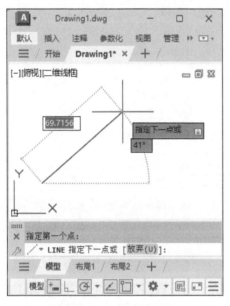

图 2.2-14　单击第 1 点

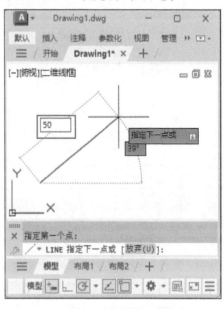

图 2.2-15　键盘输入"50"

然后按键盘的 Tab 键，再继续输入"30"（图 2.2-16），确定斜线的角度。

到此一条长度为 50mm、与水平线的夹角为 30°的斜线就画好了（图 2.2-17）。但是"LINE"命令还没有结束。

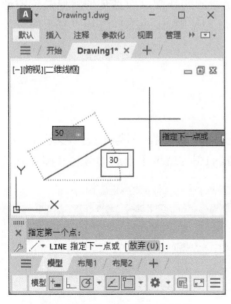

图 2.2-16　键盘输入"30"

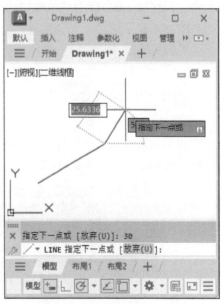

图 2.2-17　完成斜线的绘制

右击，选择"确认"（图 2.2-18）来结束直线命令，这样斜线的绘制工作就完成了（图 2.2-19）。

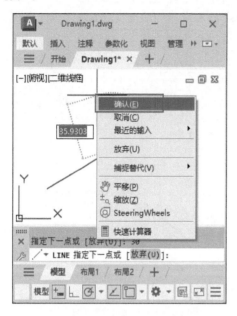

图 2.2-18　单击"确认"

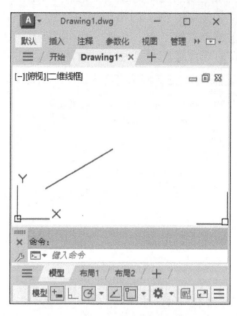

图 2.2-19　完成斜线的绘制

在 AutoCAD 中，关于角度的设定有一个重要的规则需要注意。当开始绘制一条直线时，其第一个端点被视为角度的起始点。从这个起始点出发，如果绘制方向是逆时针，则该角度被定义为正值，否则被视为负值。这一规则对于精确控制图形的旋转方向和角度尤为重要，特别是在进行复杂设计或几何计算时。理解并正确应用这一规则，将有助于提高绘图的准确性和效率。

总的来说，在 AutoCAD 中，点和直线不仅是绘图的基础，而且是理解更复杂图形和高级功能的基础。掌握了这两个元素的使用方法，就为使用 AutoCAD 进行更复杂的设计和建模打下了坚实的基础。

2.3　多段线：PLINE

上一节我们对"直线"（LINE）进行了介绍，说起直线，不得不提"多段线"。多段线的命令为"PLINE"，快捷键为"PL"。多段线的图标就位于直线的旁边（图 2.3-1）。

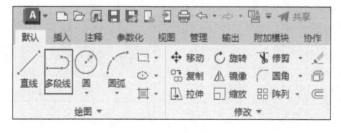

图 2.3-1　多段线

虽然"多段线"绘制出来的外观和"直线"一样，但是两者有以下几个关键的区别：

首先，"直线"命令创建的是两点之间的单一线段，而"多段线"命令允许创建由多个直线或曲线段组成的连续线条。这意味着多段线可以是一系列线段和弧线的组合，形成一个单一的、连续的图形，具有一个统一的属性。

其次，多段线可以作为一个整体进行编辑和修改。这意味着可以对整个多段线施加属性（如宽度、颜色、线型等），而这些属性会应用于组成多段线的所有部分。相比之下，使用"直线"命令创建的每个线段是独立的，需要分别编辑它们的属性。

另外，多段线提供了更高级的编辑功能，如曲线顶点的添加、顶点的编辑和移动、线的粗细、圆弧的绘制等，这在单独的直线中是无法实现的。总的来说，多段线在创建复杂图形和需要灵活性的场合非常有用，尤其是在需要绘制连续、可变形状的线条时。

下面是"点"（POINT）、"直线"（LINE）和"多段线"（PLINE）这三个命令以及快捷键的总结（表 2.3-1）。对于初学者来说，这三个命令非常基础，但它们在绘图过程中扮演着重要的角色。了解这些命令的功能和区别对于有效使用 AutoCAD 是至关重要的。

表 2.3-1　点、直线和多段线命令及快捷键

名称	命令	快捷键	功能	区别
点	POINT	PO	创建单独的点	仅创建一个点
直线	LINE	L	创建两点之间的直线段	每条直线是一个独立的对象
多段线	PLINE	PL	创建一系列相连的线段	可以创建一系列连接的线段和圆弧，并且作为一个整体具有属性

AutoCAD 提供了多种创建"多段线"的方法和手段。除了标准的"多段线"命令以外，其实"绘图"面板中的"矩形"（RECTANG）、"多边形"（POLYGON）（后续章节将会有关于矩形和多边形的详细介绍），以及平时并不太常用的"圆环"（DONUT）和"三维多段线"（3DPOLY）（图 2.3-2），这些都属于"多段线"。单击它们的图标后就可以直接创建多段线。

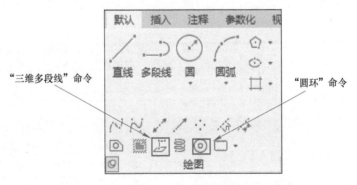

图 2.3-2　"圆环"和"三维多段线"的图标

另外，还有几种间接创建"多段线"的方法。

2.3.1　编辑多段线：PEDIT

"编辑多段线"的命令为"PEDIT"，快捷键为"PE"，它的图标在"修改"面板中可以找到（图2.3-3）。这个功能非常重要，因为它允许对多段线进行各种修改和调整。

使用"PEDIT"命令可以执行多种操作，如将单独的线条或曲线转换为单一的"多段线"（图2.3-4），或者对现有的"多段线"进行编辑。这包括添加或删除顶点、编辑顶点的位置、转换线段为曲线或反之，以及其他多种编辑功能。"PEDIT"命令是处理多段线的一个强大工具。

图2.3-3　"编辑多段线"命令的图标

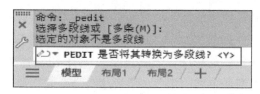

图2.3-4　通过"PEDIT"命令转换为多段线

2.3.2　编辑样条曲线：SPLINEDIT

"编辑样条曲线"的命令是"SPLINEDIT"。AutoCAD的默认设定中它没有快捷键。它的图标在"修改"面板中（图2.3-5）。这个命令专门用于编辑和调整样条曲线，也就是通过控制点定义的平滑曲线。

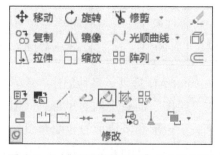

图2.3-5　"编辑样条曲线"命令的图标

使用"编辑样条曲线"命令，可以对样条曲线进行多种编辑操作，例如调整控制点的位置、增加或减少控制点数量，或者修改样条曲线的曲率。此外，一个重要的功能是可以将样条曲线转换为多段线（图2.3-6）。这种转换在需要将平滑的曲线转换为由直线段和弧线段组成的多段线时特别有用，是制图中一个非常实用的工具。

图2.3-6　转换为多段线

2.3.3　编辑图案填充：HATCHEDIT

"编辑图案填充"的命令是"HATCHEDIT"，它的图标在"修改"面板中可以找到（图2.3-7）。"编辑图案填充"命令允许对已经应用到图形中

图2.3-7　"编辑图案填充"命令的图标

的填充图案进行编辑和调整。

　　启动"编辑图案填充"命令后，弹出"图案填充编辑"对话框。在这个对话框中，可以执行多种操作，如更改填充图案的类型、调整图案的尺寸和角度，以及修改图案的颜色和透明度等。其中一个重要的功能是在"重新创建边界"部分，可以允许选择创建"多段线"（图 2.3-8）。这意味着可以基于现有的填充图案边界创建一个新的"多段线"对象，这对于进一步的绘图和编辑非常有用，尤其是在需要精确控制填充边界的情况下。

图 2.3-8　图案填充编辑

2.3.4　合并：JOIN

　　"合并"的命令是"JOIN"，快捷键为"J"。它的图标在"修改"面板中（图 2.3-9）。

　　"合并"命令能将多个图形元素，比如直线、曲线或者圆弧等，合并成为一条连续的多段线（图 2.3-10）。这个过程对于简化图形结构和减少元素数量非常有帮助。打个比方，如果有一系列紧密相连的直线和弧线，使用"JOIN"命令可以轻松地将它们合并成一个单一的、更易于管理和编辑的"多段线"对象。这对于绘图整洁度和效率提升都是极为重要的。

图 2.3-9　"合并"命令的图标

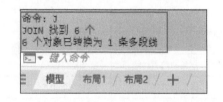

图 2.3-10　通过"JOIN"命令合并为多段线

2.3.5　边界：BOUNDARY

　　"边界"命令为"BOUNDARY"，它的快捷键是"BO"。它的图标在"绘图"面板中（图 2.3-11）。

　　"BOUNDARY"命令能创建一个封闭的区域。这个功能特别有助于识别和标记由现有图形元素围成的空间。这个封闭区域可以是"面域"（REGION），也可以作为"多段线"生成（图 2.3-12）。在"边界创建"对话框中，边界可通过"对象类型"进行设定。

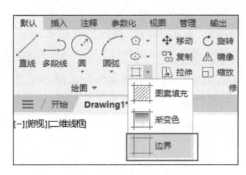

图 2.3-11 "边界"命令的图标

图 2.3-12 边界创建

"边界"命令在多种场景下都非常有用。比如在进行建筑绘图、机械设计或地图制作时，需要经常从复杂的图纸中提取一个外围的轮廓来使用，通过"边界"命令可以轻松搞定。

以上就是创建多段线的几种方法。表 2.3-2 列出了 AutoCAD 2024 中可以生成多段线的所有方法，方便读者学习和查阅。

表 2.3-2 AutoCAD 2024 生成多段线方法一览表

序号	名称	命令	快捷键	备注
1	多段线	PLINE	PL	直接创建多段线
2	矩形	RECTANG	REC	创建矩形（多段线的一种）
3	多边形	POLYGON	POL	创建多边形（多段线的一种）
4	椭圆	ELLIPSE	EL	PELLIPSE 变量设定为 1 后，创建的椭圆将是多段线
5	圆环	DONUT	DO	创建圆环（多段线的一种）
6	三维多段线	3DPOLY		创建三维多段线（多段线的一种）
7	编辑多段线	PEDIT	PE	可以将非多段线的对象转换为多段线
8	编辑样条线	SPLINEDIT		可以将样条曲线转换为多段线
9	编辑图案填充	HATCHEDIT		可以选择生成的填充边界为多段线
10	合并	JOIN	J	多个图形合并后将成为多段线
11	边界	BOUNDARY	BO	可以选择生成的边界为多段线
12	样条曲线手画线	SKETCH		从"类型"里面，可选择为多段线
13	徒手画修订云线	REVCLOUD		不闭合时，将生成为多段线
14	创建特征线	BREAKLINE		创建含有特征线符号的多段线
15	分解文字	TXTEXP		将文字或多行文字分解为多段线
16	编辑多段线	MPEDIT		PEDIT 的加强版

2.4 圆和圆弧

在"绘图"面板中可以看到圆和圆弧的图标（图 2.4-1）。"圆"的命令为"CIRCLE"，"圆弧"的命令为"ARC"。

图 2.4-1　圆和圆弧的图标

在使用绘图软件时，圆和圆弧是两个常用的基本图形。它们不仅用于创建简单的形状，还能通过组合和变形生成复杂的设计和结构。熟练掌握这些工具对提高绘图效率和准确性非常重要。接下来将介绍如何使用圆和圆弧工具，以及它们在实际操作中的应用。

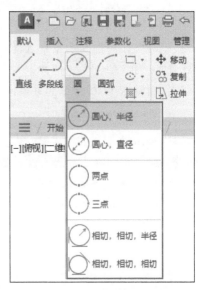

图 2.4-2　创建圆的六种方法

2.4.1　圆：CIRCLE

在 AutoCAD 2024 中，"圆"命令"CIRCLE"（快捷键为"C"）提供了六种不同的方法来创建圆（图 2.4-2），读者可以根据具体的设计需求来选择最合适的方法。这些方法包括：

1. 圆心，半径：CIRCLE

这是最直接也是使用最多的方法。它操作起来非常直观，适用于已经知道圆心位置和半径的情况。只需单击确定圆心的位置，然后输入半径值，AutoCAD 会立即绘制出圆形。这种方法非常适合快速绘制标准圆形，常用于工程图纸和基础图形设计中。

2. 圆心，直径：CIRCLE D

当知道圆心，但是更方便确定其直径而非半径时，这种方法非常有用。例如，在需要根据已知的跨度或直径限制创建圆时，这种方法可以实现精确控制。

3. 两点：CIRCLE 2P

这种方法适用于已经知道圆必须通过两个特定点的情况。AutoCAD 会自动计算并创建一个恰好通过这两点的圆。这在对称设计或需要通过特定点创建圆时非常有用。

4. 三点：CIRCLE 3P

如果有三个点，并且需要绘制一个恰好穿过这三点的圆，这个方法非常实用。AutoCAD 会计算并绘制出一个唯一的圆，这在复杂的几何设计和构造中是一个非常有价值的功能。

5. 相切，相切，半径：CIRCLE TTR

当在绘图设计中需要创建一个圆，并且该圆需与两个已知对象相切，并具有特定的半径时，这种方法就非常适合。这在机械设计和建筑布局中非常常见，例如创建轮廓或管道接口。

6. 相切，相切，相切：CIRCLE TAN

这种方法用于创建一个同时与三条边相切的圆。在复杂的设计任务中，如确保三个不同元素之间的精确对接和协调，这种方法将尤其有用。

2.4.2 圆弧：ARC

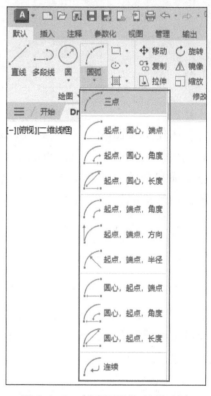

在 AutoCAD 2024 默认的环境中，"圆弧"命令提供了 11 种不同的方法创建圆弧（图 2.4-3），读者可根据具体的设计需求和场景来选择最适合的绘制方法。圆弧的命令为"ARC"（快捷键为"A"）。

下面是这 11 种方法的具体说明：

1. 三点：3-Point

这种方法要求指定三个点，AutoCAD 将根据这三个点创建一个圆弧。这种方法在知道圆弧必须经过特定点时非常有用。通过这三个点，AutoCAD 能够计算出唯一的圆弧，使其准确地穿过指定的三个位置。这种方法特别适用于几何图形的精确设计和需要特定圆弧形状的场景。

2. 起点，圆心，端点：Start,Center,End

图 2.4-3　创建圆弧的 11 种方法

首先指定圆弧的起点和圆心，然后指定终点。这种方法适用于已知圆弧的中心位置和起始、结束边界时。使用这个方法，可以在设计中精确控制圆弧的开始和结束位置，确保圆弧在特定的中心点围绕。

3. 起点，圆心，角度：Start,Center,Angle

这种方法需要指定圆弧的起点和圆心，然后通过输入角度来确定圆弧的终点，适用于角度参数已知的情况。通过输入准确的角度值，可以精确地控制圆弧的弯曲程度。该方法适合需要特定角度的设计任务。

4. 起点，圆心，长度：Start,Center,Length

首先指定圆弧的起点和圆心，然后输入圆弧的弧长来确定圆弧的形状。这在需要精确控制圆弧长度的设计中特别有用。通过这种方法，可以确保圆弧具有特定的长度，适用于需要特定弧长的工程图纸和设计项目。

5. 起点，端点，角度：Start,End,Angle

指定圆弧的起点和终点，然后输入圆弧的夹角。该方法适用于用户知道圆弧的两个端点和夹角的情况。通过输入夹角，可以精确控制圆弧的弯曲方向和程度。

6. 起点，端点，方向：Start,End,Direction

这种方法需指定圆弧的起点和终点，以及圆弧的方向，在方向或倾斜度是设计关键因素时特别有用。通过指定方向，可以确保圆弧朝向特定的方向弯曲，适用于需要特定倾斜度的设计任务。

7. 起点，端点，半径：Start,End,Radius

指定圆弧的起点和终点，然后输入半径。这种方法适用于已知圆弧的端点和半径大小的情况。通过输入半径值，可以精确控制圆弧的弯曲半径。

8. 圆心，起点，端点：Center,Start,End

先指定圆心，然后指定起点和终点。这种方法适用于已知圆弧中心和边界点的场景。通过指定圆心，可以确保圆弧围绕特定的中心点弯曲。

9. 圆心，起点，角度：Center,Start,Angle

指定圆弧的中心点和起点，然后通过输入一个角度来确定圆弧的终点。这在角度是主要设计因素的情况下很有帮助。

10. 圆心，起点，长度：Center,Start,Lenght

在这种方法中，先指定圆弧的中心点和起点，然后输入圆弧的长度。该方法适用于需要精确控制圆弧长度的设计。

11. 连续：Continue

这种方法允许从现有的圆弧、线段或多段线的端点开始绘制一个新的圆弧。这是在连续绘图过程中非常有用的功能，可以确保圆弧之间的平滑过渡。通过这个方法，可以轻松连接不同的图形元素，确保设计的连续性和一致性。

2.4.3　多段线创建圆弧

2.3 节介绍的多段线（PLINE）功能也可以创建圆弧。在绘制多段线时，可以在命令行栏看到有创建圆弧来继续设计的选项（图 2.4-4），也就是说，可以从"直线"直接切换到"圆弧"模式继续设计工作。这样既不影响绘图效率，又可以实现直线和圆弧之间的圆滑过渡，保证了设计的流畅性和美观性。

使用"多段线"来创建"圆弧"的操作过程比较简单，在此不做详细说明。建议在实际操作中尝试和体验这一功能，以便很好地掌握其精髓。

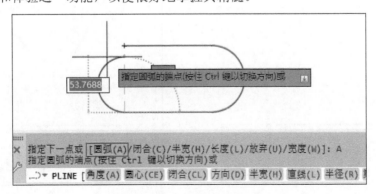

图 2.4-4　多段线创建圆弧

2.4.4 光顺曲线：BLEND

"修改"面板中的"光顺曲线"命令（BLEND）（图 2.4-5）虽然生成的不是圆弧，但是在某些场合，能解决"圆弧"相关的问题。

比如说，对于图 2.4-6 中的任意两条曲线，如果想将其光滑地连接起来，使用"BLEND"命令将会比"圆弧"命令简单且快捷。

"光顺曲线"命令没有快捷键，直接在命令行里输入"BLEND"命令（图 2.4-7），按回车键。

先选择任意一条斜线，再选择另一条斜线（图 2.4-8），就可以很快实现两者光滑连接。

图 2.4-5 "光顺曲线"命令图标 　　　　　图 2.4-6 任意两条曲线

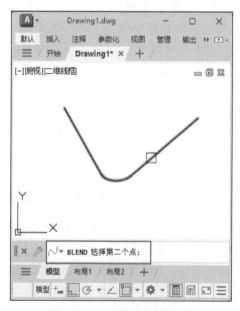

图 2.4-7 输入"BLEND"命令 　　　　　图 2.4-8 先后选择两条斜线

2.5　矩形和多边形

"矩形"的命令为"RECTANG"，"多边形"的命令为"POLYGON"。在"绘图"面板可以找到它们的图标（图 2.5-1）。

在绘图设计中，矩形和多边形是常用的绘图工具。它们分别用于创建四边形和多边形图形。下面分别介绍。

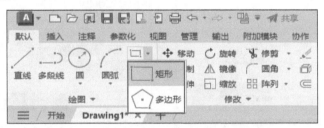

图 2.5-1　"矩形"和"多边形"命令的图标

2.5.1　矩形：RECTANG

矩形工具在 AutoCAD 中扮演着一个极为重要的角色，它的命令为"RECTANG"，快捷键为"REC"。使用这一工具的过程非常简单而且直观：首先单击"矩形"图标，接着在绘图区域内选择两个点，便能轻松创建出矩形。这两个点实际上是矩形对角线的端点，这种方法使得在设计和绘图阶段的布局与构图更加简便且精确。

除了通过对角线的两个端点来建立矩形以外，AutoCAD 2024 默认使用"面积"来创建矩形。

例如，需要创建一个面积为 100mm^2、边长为 10mm 的矩形，首先任意新建一个 DWG 文件，输入"REC"命令，按回车键后，在界面的空白处任意单击一点（图 2.5-2）。

当界面提示指定对角线的另一个端点时，右击界面，然后选择"面积（A）"（图 2.5-3）。

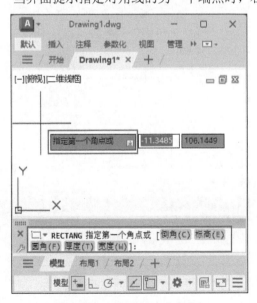

图 2.5-2　指定第一个角点

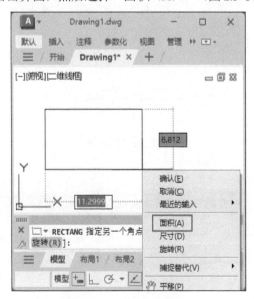

图 2.5-3　选择"面积（A）"

这时会要求输入面积，输入"100"后按回车键（图 2.5-4）。

界面提示选择"长度"（图 2.5-5）或者"宽度"。长度是 X 轴方向的尺寸，宽度是 Y 轴方向的尺寸。这里选择"长度"。

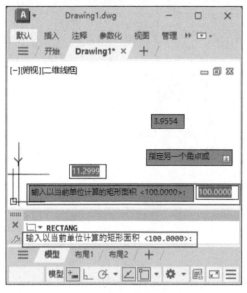

图 2.5-4　输入面积数值

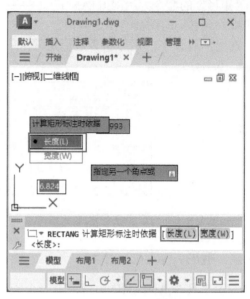

图 2.5-5　选择"长度"

输入数值"10"（图 2.5-6）后按回车键。

你会发现矩形已经创建好（图 2.5-7）。这个方法无须计算就可以根据面积来准确创建矩形。在实际工作中，这种通过面积和边长创建矩形的方法不仅提高了效率，还确保了设计的精确性。希望读者有机会尝试一下。

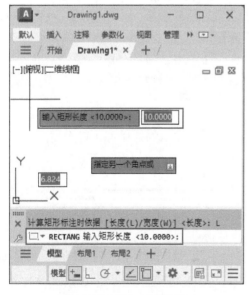

图 2.5-6　输入长度数值

图 2.5-7　矩形绘制完成

通过上面的讲解，读者可以看到它的操作并不复杂。相信即便是初学者，按照上面的步骤也可以快速掌握和熟练使用。AutoCAD 的这种友好性确保了无论经验及水平如何，都能充分利用这些强大的工具。而且无论是在建筑设计、机械制图还是其他类型的工程制图中，这些基础操作是必不可少的元素。

2.5.2 多边形：POLYGON

"多边形"的命令为"POLYGON"，快捷键为"POL"。"多边形"允许创建具有任意多个边的闭合图形。这个工具特别适用于需要精确绘制正多边形的情况，比如建筑设计、机械制图等。

使用"多边形"来绘图的方法很简单。首先，输入"POL"后按回车键，然后界面提示输入多边形的侧边数（图 2.5-8）。这一步是关键，因为它决定了多边形的具体形状。例如，输入"5"将创建一个五边形，输入"6"则会创建一个六边形。

这里以五边形为例，输入"5"之后按回车键，界面提示指定多边形的中心点（图 2.5-9）。

图 2.5-8　输入侧边数

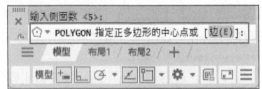

图 2.5-9　指定多边形的中心点

然后需要选择是绘制一个内接于圆的多边形还是外切于圆的多边形，这里选择"内接于圆"（图 2.5-10），接着需要指定圆的半径，这里输入"50"（图 2.5-11）。

图 2.5-10　选择"内接于圆"

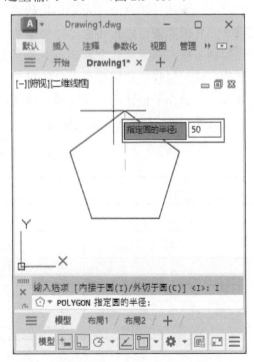

图 2.5-11　指定内接圆的半径

到这里，就完成了一个内接于半径为 50mm 圆的五边形（图 2.5-12）。

除了指定内接圆的半径，还可以通过指定多边形的边长来创建多边形（图 2.5-13）。这里不再举例，读者操作一下就可以理解。

多边形工具的一个重要优点是：它可以创建完美的正多边形，每个边长和角度都完全相等。这在手工绘图中是很难实现的，尤其是边数较多的情况下。因此，这个工具在需要高精度和对称性的设计中非常有价值。

总的来说，多边形工具是一个强大且灵活的功能，它为设计师创建复杂和精确的几何图形提供了极大的便利。无论是在专业的工程图纸制作，还是在日常的图形设计中，它都可以发挥重要的作用。

另外，活用多边形的这些特性，可以通过 AutoLISP 来创建连续数字的三角形标记，感兴趣的读者可以参阅第 14 章的介绍。

到这一节为止，总共介绍了表 2.5-1 所列的六个基本的绘图命令。无论你是从事建筑设计、机械制图，还是其他各种类型的工程图绘制工作，掌握这几个基础命令是至关重要的。默记这些工具的命令不仅能提高工作效率，还确保了设计的精确性和专业性。另外请记住，我们没有必要去记忆这些命令的全称，只需要记住快捷键即可。

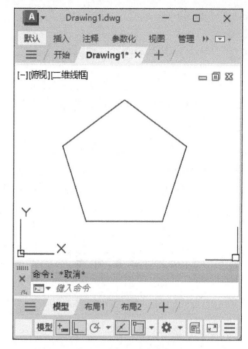

图 2.5-12 完成五边形

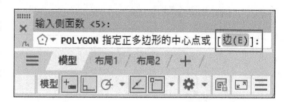

图 2.5-13 通过边长创建多边形

表 2.5-1 六个基本的绘图命令

名称	命令	快捷键
点	POINT	PO
直线	LINE	L
圆	CIRCLE	C
圆弧	ARC	A
矩形	RECTANG	REC
多边形	POLYGON	POL

2.6　图案填充和云线

图案填充和云线功能（图 2.6-1）能够更好地呈现和编辑图形。

图案填充功能允许将特定的图案填充到闭合的区域内部，这些图案可以是线条、点、文本或自定义的图案。通过图案填充，可以给不同的区域添加不同的纹理或标识，使得图形更加生动和易于理解。

云线功能允许创建自由曲线形状，常用于标注和突出显示特定区域。云线可以是任意形状，通过简单的绘制操作即可创建出符合需求的曲线。通过云线功能，读者可以在图纸中添加注释、高亮显示重要区域或者划分不同的区域，从而使得图纸更加清晰易读。

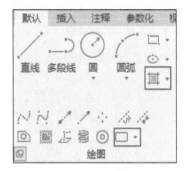

图 2.6-1　"图案填充"和"云线"命令的图标

2.6.1　图案填充：HATCH

"图案填充"的命令为"HATCH"，快捷键为"H"（图 2.6-2）。使用图案填充的前提是必须要有一个封闭的区域。

利用图案填充功能，在机械制图中，最常见的应用之一是用于展示被剖切的区域。通过将特定的图案填充到这些区域内部，能够清晰地表达出零件的内部结构和构造。而在绘制室内的平面图形时，利用图案填充来呈现各种材质的纹理也是一种常用的技巧。通过选择适当的图案和调整参数，可以生动地展示出地板、墙壁、家具等不同材质的特征，使平面图更加真实和具有立体感。

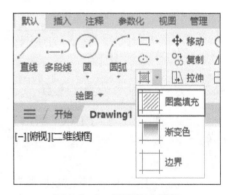

图 2.6-2　图案填充图标

图案填充有两种设置方式：单击"图案填充"图标，然后在闭合区域内单击，将会出现图案填充专用的操作选项面板（图 2.6-3）。

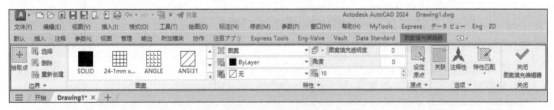

图 2.6-3　图案填充选项面板

或者在命令行里单击"设置"（图 2.6-4），弹出"图案填充和渐变色"对话框（图 2.6-5），也可以对图案填充进行设置。

图 2.6-4　设置

图 2.6-5　图案填充和渐变色

2.6.2　云线：REVCLOUD

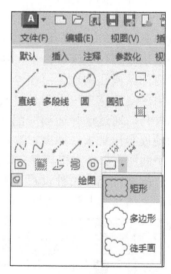

"云线"的命令为"REVCLOUD"，它没有快捷键（图2.6-6）。一般在命令行栏输入"REV"就可以全部显示出它的全称。

云线功能主要用于在图纸上高亮和标记特定区域，通常用于审阅和修改图纸时标注需要更改的部分。云线通过绘制不规则的波浪形线条将区域围起来，使其在图纸上更加明显。此功能在工程、建筑和机械制图中广泛使用，有助于确保所有变更和注释都清晰可见并容易识别。

可以通过命令行或工具栏中的图标来启动"云线"命令。启动命令后，可以选择手动绘制云线，也可以选择围绕已有对象自动生成云线（图2.6-7）。云线的大小和样式可以在命令选项中进行调整，以满足不同的标注需求。

图 2.6-6　"云线"命令图标

图 2.6-7　"云线"命令功能

通过调整云线的弧度和长度参数，可以自定义云线的外观，使其适应各种绘图要求。在图纸审阅过程中，使用云线可以显著提高标注效率和精确度，有助于团队协作和沟通。

2.7　图形的删除、清理与撤销

在图形绘制的过程中，难免会出现错误。这就需要学会使用 AutoCAD 的删除功能。AutoCAD 2024 既允许一个一个单独删除，又可以批量删除选择的对象。最常用的命令有删除命令"ERASE"、清理命令"PURGE"和撤销命令"UNDO"这几种。这一节就和读者聊一聊这几个命令。

2.7.1　删除：ERASE

"删除"命令为"ERASE"，快捷键为"E"。它的图标在"修改"面板可以找到（图 2.7-1）。当需要从绘图界面移除某一部分图形时，就可以使用这个命令。单击"删除"命令图标，然后选择需要删除的对象，再按回车键即可。"删除"命令和键盘上的 Delete 键（有的键盘只显示"DEL"字样）具有相同的功能。

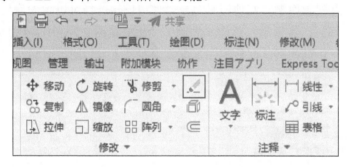

图 2.7-1　"删除"命令图标

要想有效地使用 AutoCAD 中的"删除"命令，掌握不同的"选择"操作至关重要。以下是几种常用的选择方法：

【单一选择】：通过鼠标直接单击，可以轻松选择所需的单个对象。这种方式适用于精确选择特定的对象。

【批量选择】：鼠标框选是选择多个对象的便捷方法。"从右下到左上"的框选操作可以选择任何接触到框线的对象；而"从左上到右下"的框选，则要求对象必须完全位于框选范围内才能被选中。这种方法特别适用于选择一组紧密排列的对象。

【L 选择】：AutoCAD 能够帮助我们记忆最后绘制的那个图形。在"ERASE"命令行选择"L"选项可以立即选择该图形，这对于快速修改最近的绘图非常有效。也就是说，当想"删除"最后绘制的图形时，单击"删除"图标，然后输入"L"，AutoCAD 就会找到最后一个绘制的图形。

【P 选择】：同样，AutoCAD 也能记忆上一次操作过的选择集。通过输入"P"，可以重新选择之前选定的一组对象，这在批量编辑时非常有用。

关于"L 选择"和"P 选择"，在"删除"命令行选项中可以看到（图 2.7-2）。"L 选择"和"P 选择"不仅可以应用于"删除"操作，在其他编辑工具的操作中也频繁出现，在第 3 章的 3.1 节将会详细讲解。

图 2.7-2 "L 选择"和"P 选择"

除了上面几种常规的"选择"以外，还有一种不为很多人所知的"反转选择"技巧，它可以在处理复杂图形时更加高效地进行选择和删除操作。

【反转选择】：在处理复杂或大型图形时，如果需要删除大量对象，使用传统的删除命令来框选不太现实，而且可能会出现人为的失误。此时可通过"反转选择"来实现高效删除。

什么是"反转选择"呢？"反转选择"是 AutoCAD 中一种高效的选择和操作技巧。当需要从大量对象中选择特定的一部分来执行操作时，这个功能尤其有用。比如，在删除操作中，如果想保留某些对象而删除其他所有对象，使用反转选择可以大大简化这一过程。

为了方便读者理解，这里举一个简单的例子。比如在图 2.7-3 中，我们怎样使用"反转操作"来实现只留下中间的圆，其他的图形都删除？

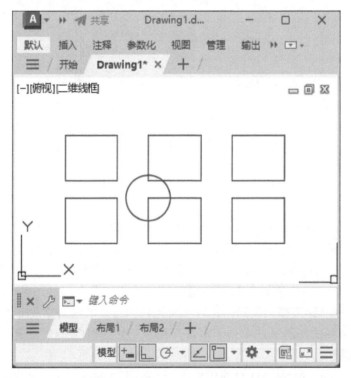

图 2.7-3 反转选择举例

操作步骤如下：

首先通过键盘输入删除命令"ERASE"的快捷键"E"，按回车键，接着继续输入"all"（代表全部选择）（图 2.7-4）。

图 2.7-4　输入 "all"

按回车键后，会看到整个界面上的所有图形都
被选中，而且图形会变淡（图 2.7-5）。此时输入
"r"（代表 "Remove"，即反转选择），然后用
光标选择想要保留的圆。

这时会发现界面中的圆图形变亮（图 2.7-6），
而其他没有选择的图形还是处于淡色的状态。

最后，再次按回车键。除了圆形之外，其他
所有的图形都被删除（图 2.7-7）。

图 2.7-5　输入 "r"

图 2.7-6　单击需要保留的图形

图 2.7-7　反转删除结束

这一技巧尤其适用于清理复杂的绘图，因为它可以迅速识别并清除那些可能被忽略的
小对象。通过反转选择，能够确保只有真正需要的元素被保留下来，从而提高绘图的质量和
整体的视觉清晰度。

"反转选择"是笔者在绘图过程中经常采用的一种高效手法。在绘制图形时，常常会无
意间产生许多不易察觉的"垃圾"元素，例如微小的线段碎片或不必要的标记，这些细小的

元素往往难以用肉眼直接识别。使用"反转选择"来执行删除操作，可以有效地清除这些隐蔽的多余元素，从而使图纸显得更加整洁。为了方便"反转选择"的使用，笔者还特意将其程序化，使用起来更方便，有兴趣的朋友请参阅本书 14.4 节的介绍。

在 AutoCAD 中，熟练运用这些选择技巧是非常重要的，因为它们不仅可以提高工作效率，还能确保在使用"删除"命令时的精确性。需要注意的是，在进行删除操作之前，最好确认所选对象是正确的，以避免意外删除重要元素。

2.7.2 清理：PURGE

除了图形的删除以外，在绘图界面左上角的"A"图标→"图形实用工具"中，可以找到"清理"命令图标（图 2.7-8）。它的命令为"PURGE"，快捷键为"PU"。

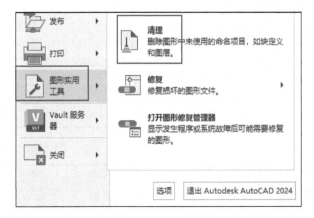

图 2.7-8 "清理"命令的图标

"PURGE"命令可以清理未使用的对象、未命名的对象或未使用的数据（图 2.7-9），例如块定义、图层、文字样式等，从而提高绘图的效率和减小文件的存储体积。

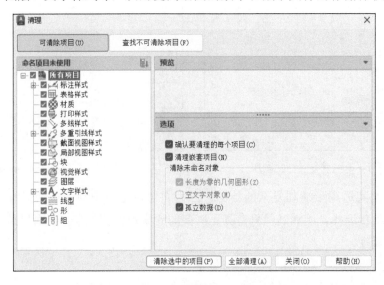

图 2.7-9 清理未使用的对象和数据

"PURGE"命令在 AutoCAD 中是一种非常有用的工具，特别是在处理较大或复杂的绘图时。它不仅能清理未使用的对象和数据，还能优化绘图的整体性能。例如，在一个包含多个块和图层的复杂绘图中，可能会有一些元素在设计过程中不再被使用。使用"PURGE"命令，可以有效地移除这些冗余的块和图层，使文件更加干净和有序。

此外，"PURGE"命令对于管理绘图资源也非常重要。当从其他绘图导入块或对象时，可能会带入一些不需要的额外数据。通过定期使用"PURGE"命令，可以确保绘图文件只包含必要的元素，从而避免文件过度膨胀和管理混乱。

需要注意的是，使用"PURGE"命令时应谨慎，因为一旦清理了某个元素，就无法恢复。因此，在执行清理操作之前，建议先备份重要的绘图文件。

2.7.3　撤销：UNDO

既然介绍了"删除"，那"撤销"命令也是必不可少的。"撤销"命令的图标在快速访问工具栏（图 2.7-10）。"撤销"命令为"UNDO"，快捷键为"U"。

图 2.7-10　"撤销"命令的图标

"UNDO"命令与键盘快捷键"Ctrl+Z"功能相同，在 AutoCAD 中输入"UNDO"命令或者按下"Ctrl+Z"快捷键，都会撤销最近的一次操作。这是大多数软件中通用的撤销功能，能快速回退或取消不需要的操作。

但是，"UNDO"命令的功能可以通过不同的选项进行扩展。例如，可以撤销多个步骤，或者撤销到特定的操作点。也就是说，"UNDO"命令在 AutoCAD 中比单纯的"Ctrl+Z"快捷键提供了更大的灵活性，使其在复杂的绘图操作中更加实用和强大。为了更好地利用"UNDO"命令，了解其各个选项是非常重要的。常用的选项（图 2.7-11）主要有以下几种：

图 2.7-11　"UNDO"命令的选项

1）后退（B）：撤销最近的一次操作，这是最常用的撤销方式。

2）控制（C）：设置撤销操作的步数或时间点。例如，输入"UNDO 5"可以一次性撤销最近的五个操作步骤。

3）开始（BE）和结束（E）：将多个操作步骤视为一个整体，方便一次性撤销。例如，在进行一系列复杂操作前，输入"UNDO Begin"，完成后输入"UNDO End"，如果操作出错，可以一次性撤销所有步骤。

4）标记（M）：在特定操作点进行标记，然后根据需要回退到该标记点。例如，输入"UNDO Mark"设置标记点，后续操作中如果需要，可以输入"UNDO Back"回退到标记点。

2.8　图面表示的缩放

1.3 节讲解了模型空间的概念，这是一个按照 1:1 比例绘制图形的空间。然而，当所处理的图形尺寸极大时，就会引发界面缩放的需求。这是因为计算机屏幕大小是有限的，无法展示过大的图形。对初学者来说，这个可能是一个令人头痛的问题。下面将为读者介绍 3 种方法来根治这一问题。

2.8.1　方法 1：ZOOM+A

在使用 AutoCAD 进行图纸浏览时，最常用的一组键盘命令便是视图比例中的"ZOOM+A"了（图 2.8-1）。"ZOOM"是 AutoCAD 的缩放命令（快捷键为"Z"），"A"是"ZOOM"命令中显示"全部"的指令，英文全称为"All"。

图 2.8-1　ZOOM+A

这组命令在查看图纸的细节时发挥着关键作用。通常可利用鼠标的滚轮来放大或缩小视图，这样就能仔细观察图纸的特定部分。然而，当需要回到图纸的全局视图时，笔者几乎是下意识地敲击键盘上的以下键序：先是"Z"（ZOOM），紧接着按下回车键，然后是"A"，最后再次按下回车键，一气呵成来实现全局视图的展示，如图 2.8-2 所示。

| ZOOM | → | 回车键 | → | A | → | 回车键 |

图 2.8-2　全局视图展示流程

这一流程不仅高效而且直观。通过这种方式，我能够迅速从局部细节切换到整体视图，极大地提升了工作效率。在处理复杂的图纸或进行长时间的绘图工作时，这种快捷命令的便利性尤为明显。它不仅帮助我节省了宝贵的时间，而且减少了频繁切换工具的操作，以让我能够更加专注于设计和图纸的阅读。希望读者也能养成键盘输入"ZOOM+A"这样的好习惯。

另外，通过 AutoLISP 编程，可以将上面的步骤自动化，实现高效率操作，具体内容参见本书 14.5 节的介绍。

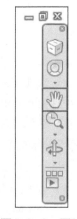

2.8.2　方法 2：PAN

"平移"（PAN）功能是阅读图纸所使用的一个基本且非常重要的功能，它允许在绘图区内移动视图，且不会改变图纸的显示比例。这个功能对于查看大型或详细的图纸尤其有用。

可通过导航栏中的图标激活平移功能（图 2.8-3），按 Esc 键即可退出。

图 2.8-3　平移

激活平移功能后，会注意到光标由原先的十字形变为一只张开的手掌（图 2.8-4）。在按住鼠标左键并移动鼠标时，这只手掌的五指会合拢，模拟手部移动的自然动作（图 2.8-5）。

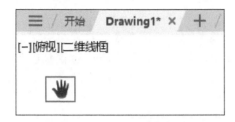

图 2.8-4　张开的手掌

图 2.8-5　合拢的手掌

平移功能在 AutoCAD 中扮演着不可或缺的角色。它不仅提升了用户在浏览和编辑复杂图纸时的效率，而且提高了操作的准确性。无论是对于宏观的大范围浏览，还是微观的特定细节聚焦，平移功能都能提供一个灵活且直观的视图控制体验，极大地促进在图纸处理上的灵活性和便捷性。

另外，在 1.4 节中介绍的按住鼠标中键滑动的功能，其效果与"平移"功能完全相同。

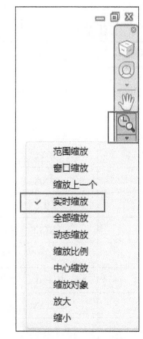

图 2.8-6　实时缩放

2.8.3　方法 3：实时缩放

AutoCAD 2024 还准备了"实时缩放"功能。它可以精确控制缩放的程度。这是鼠标滚轮所无法实现的。可以通过导航栏来激活"实时缩放"功能（图 2.8-6）。当"实时缩放"被激活后，十字光标会变成放大镜的图标（图 2.8-7）。若想退出"实时缩放"功能，按两次键盘左上角的 Esc 键即可。

使用"实时缩放"非常简单直观。当它被激活后，可以通过鼠标滚轮来放大或缩小视图。这个过程是平滑和连续的，并且允许详细观察图纸的特定部分。这对于精确绘图和细节修改尤为重要。

图 2.8-7　放大镜的图标

"实时缩放"功能可以快速在整个图纸的不同部分之间切换视角，无须通过传统的缩放和平移工具逐步进行，使设计流程更加流畅。

本 章 小 结

到此本章的内容就介绍完毕了。我们探讨了几项关键的绘图命令。在篇幅有限的情况下，尽管还有许多其他与绘图相关的命令值得一起学习和探索，但本章内容聚焦于那些在日常使用中最为常见和实用的命令。这些命令不仅构成了 AutoCAD 绘图的基础，也是提高绘图效率和质量的关键工具。

理论知识是基础，实践才是提高技能的关键。笔者鼓励读者不仅仅满足于理解这些命令的功能和应用，更要亲自动手尝试，通过实际操作来深化对它们的理解和运用。在实践的过程中，可能会遇到一些挑战或者困惑，但也正是这些经历将会使你成为一名熟练且有经验的高手。

下面是本章出现的命令和变量一览表。

章节	命令	快捷键	功能
2.1.2	DYNMODE	F12	控制动态输入的开关状态
2.1.3	OSNAP	F3	设置对象捕捉模式以精确选择特定点
2.2.1	POINT	PO	绘制点，创建点对象
2.2.1	PTYPE		设置点对象的显示样式
2.2.2	LINE	L	创建直线段
2.3	PLINE	PL	绘制多段线
2.4.1	CIRCLE	C	绘制圆
2.4.2	ARC	A	绘制圆弧
2.4.4	BLEND		创建两条对象之间的平滑曲线
2.5.1	RECTANG	REC	绘制矩形
2.5.2	POLYGON	POL	绘制多边形
2.6.1	HATCH	H	创建填充图案或渐变
2.6.2	REVCLOUD		创建或编辑修订云线
2.7.1	ERASE	E	删除选定的图形对象
2.7.2	PURGE	PU	清理未使用的对象和定义
2.7.3	UNDO	U	撤销上一个操作
2.8.1	ZOOM	Z	改变视口的显示比例
2.8.2	PAN	P	平移视口以查看不同部分的图形

1．如何在 AutoCAD 2024 中使用动态输入（DYNMODE）和对象捕捉（OSNAP）来提高绘图的精度和效率？请举例说明这两个功能的具体应用场景。

2．点（POINT）、直线（LINE）、多段线（PLINE）、圆（CIRCLE）、圆弧（ARC）、矩形（RECTANG）、多边形（POLYGON）等基本绘图命令在 AutoCAD 2024 中的使用方法有哪些？如何组合这些命令来创建复杂的图形？

3．在 AutoCAD 2024 中，图面缩放（ZOOM）、平移（PAN）和实时缩放等功能如何帮助用户更有效地查看和编辑图纸？这些快捷操作在实际绘图工作中的重要性是什么？

第 3 章

AutoCAD 2024 绘图编辑

在 AutoCAD 的世界中，精湛的技艺源于不断的练习，而成功的设计则依赖于每一个细节的完美处理。第 2 章详细介绍了图形绘制的基本命令。接下来，将深入探讨绘图编辑的技能，这些技能对于任何希望在 AutoCAD 中高效率绘图的技术人员来说都是必不可少的。

本章将从图形的选择和移动开始，介绍如何准确地选择和有效地移动图形，这是确保设计精准和高效的基础。接着还将学习到关于图形复制与旋转的技巧，这些技巧可以帮助读者创造更加复杂和动态的设计。随后会讲解如何有效地缩放图形，控制设计的比例和尺寸。

此外，圆角和倒角处理不仅可以提高设计的美观性，还能增强实用性，本章将详细探讨如何在 AutoCAD 中应用这些功能。最后会介绍 UCS 操作技巧，这些技巧使你能够精细调整设计，提高工作效率和灵活性。

通过本章的学习，读者将掌握使用 AutoCAD 2024 进行绘图编辑的所有基本技能，为设计项目打下坚实的基础。现在，让我们一起开始这段探索 AutoCAD 2024 强大功能的旅程！

3.1 图形的选择和移动

在 AutoCAD 的编辑操作中，"移动"是一个核心工具，它与"复制""旋转"和"缩放"一样，是不可或缺的。这些工具共同构成了 AutoCAD 编辑的基础，能够精确地修改和调整设计内容。而"选择"工具则像空气一般，无处不在，它渗透在编辑操作的每一个细节中，更是实现高效编辑的关键。无论是进行细微调整，还是进行大规模的设计更改，"选择"工具可以精确地选择和操作对象，来完成自己的创作。

在本节中，将首先探讨"选择"工具，它与后面将要介绍的"移动""复制"等操作紧密相关。为了达到更佳的学习效果，不需要严格遵循顺序，而是可以同步进行这些操作的学习。

3.1.1　选择：SELECT

"选择"功能的命令是"SELECT"，它没有快捷键，也没有图标。一般都是通过鼠标和键盘来操作这个命令。在 2.5 节介绍"删除"命令（ERASE）时，已经简单提到几种常用的选择方法在删除命令中的应用。输入"SELECT"命令，然后继续在命令行栏输入"？"后按回车键，会看到多个选项（图 3.1-1）。在实际绘图的过程中，经常用到的是单个（单一选择）、框（批量选择）、上一个（L 选择）和前一个（P 选择）这四种情况。

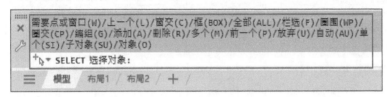

图 3.1-1　"SELECT"命令的功能

【单一选择】：单一选择的操作很简单，使用鼠标直接单击对象即可。这是 AutoCAD 中最频繁的操作。输入"SELECT"后按回车键，会发现十字光标变为方框（图 3.1-2），此时单击需要选择的对象即可。

【批量选择】：批量选择和框选的操作方法一样。可以一个一个地单击对象来实现多选，但是在实际绘图操作中更有效率的方法就是实施"框选"。

框选有两种方式：一种是"从右下到左上"的框选，被称为"窗交选择"；另一种是"从左上到右下"的框选，被称为"窗口选择"（图 3.1-3）。这两种方式所实现的效果也是不一样的。为了区分这两种选择方式，从颜色到线型，AutoCAD 都做出了详细的设定（表 3.1-1）。

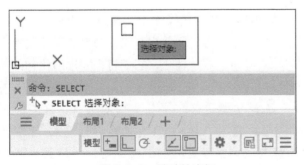

图 3.1-2　移动的光标

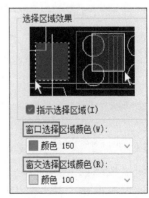

图 3.1-3　选择区域效果

表 3.1-1 窗交选择和窗口选择的对比

名称	鼠标动作	区域颜色	区域外框
窗交选择	从右下到左上	100	虚线
窗口选择	从左上到右下	150	实线

窗交选择可以实现选择到任何接触到框线的对象。例如，在图 3.1-4 中，我们对 A、B、C、D 这四个对象实施"从右下到左上"的窗交选择，对象 D 当前处于完全框选的范围内，但是对象 A、B 和 C 没有完全在框选的区域范围之内，只是部分被窗交的外框所触及，即使在这种情况下，对象 A、B、C、D 仍然都会被选中（图 3.1-5），这就是窗交选择。

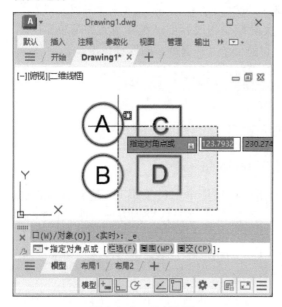

图 3.1-4 窗交选择

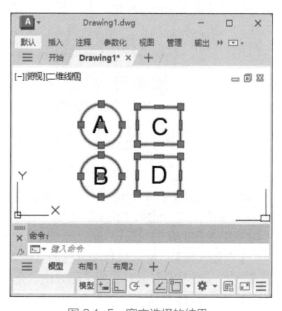

图 3.1-5 窗交选择的结果

窗口选择则要求对象必须完全位于框选范围内才能被选中。同样的对象 A、B、C、D，对它们实行"从左上到右下"的窗口选择，对象 A 完全处于被框选的状态，对象 B、C、D 都只有部分被框选到（图 3.1-6），这样操作的结果就是只有对象 A 处于"选中"的状态（图 3.1-7），这就是窗口选择。

窗交选择和窗口选择在绘图操作中频繁出现，是绘图操作中非常重要的工具。灵活使用这两种方法，在处理大量或重叠的对象时能显著节省时间并提高工作效率。尽管读者一开始可能需要一些练习来熟练和掌握它，但一旦习惯了这些技巧，它们将极大地简化你的绘图流程。

【L 选择】：在 AutoCAD 中，"L"选择功能是一个极其实用的工具。它能够帮助读者快速地回溯并选中最后一次操作的图形。输入"SELECT"命令后再输入"L"，就可以选中该图形。这一功能在进行快速修改或调整最近完成的绘图时显示出其高效性和便利性。

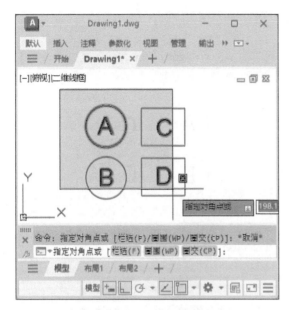

图 3.1-6　窗口选择

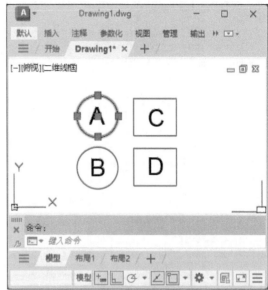

图 3.1-7　窗口选择的结果

　　仍然以对象 A、B、C、D 为例。矩形 D 是最后一个被创建的对象，如果想"移动" D，可以输入"移动"命令的快捷键"M"，按回车键后再输入"L"（图 3.1-8），对象就会自动被选中（图 3.1-9），而无须手动去选择对象 D。

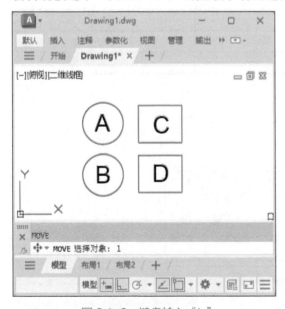

图 3.1-8　键盘输入"L"

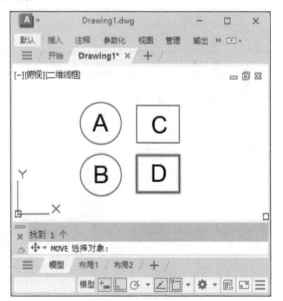

图 3.1-9　对象 D 被选中

　　【P 选择】：相对于"L"选择，"P"选择则可以实现重新选中上一次的选择，可以是单一对象也可以是多个对象。这个功能在需要对之前选中的多个对象再次执行相同操作时将非常有用。

　　还是以对象 A、B、C、D 为例。B 和 D 是由 A 和 C 复制过来的。输入移动命令"M"，然后输入"P"（图 3.1-10），按回车键之后你会发现对象 A 和 C 将处于被选中的状态（图 3.1-11）。

图 3.1-10 键盘输入"P"

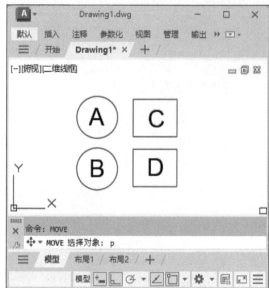

图 3.1-11 对象 A 和 C 被选中

活用"L 选择"和"P 选择"对绘图的操作有很大的帮助。以下是这两个"选择"功能的对照表（表 3.1-2）。

表 3.1-2 L 选择和 P 选择功能对照

功能	实现的效果	特点
L 选择（LAST）	选择最后的操作图形	只能是单一对象
P 选择（PREVIOUS）	重新选中上一次的选择集	可以是多个对象

3.1.2 移动：MOVE

"移动"命令可以对图形进行重新定位。它是一项基本的编辑功能。移动命令为"MOVE"，快捷键是"M"。它的图标如图 3.1-12 所示。

图 3.1-12 "移动"命令的图标

使用"移动"命令可以选择一个或多个对象，然后指定一个基点和目标点以完成移动。这个过程允许使用对象捕捉的各种模式来精确地将对象从一个位置转移到另一个位置，无论是在小范围内的微调，还是在整个图纸中的大范围移动。

比如需要将图 3.1-13 所示矩形从点 A 移动到点 B 处，首先用键盘输入"移动"命令的快捷键"M"，按回车键之后，界面提示选择对象，"从左上到右下"窗口选择所有移动的对象（图 3.1-14）。

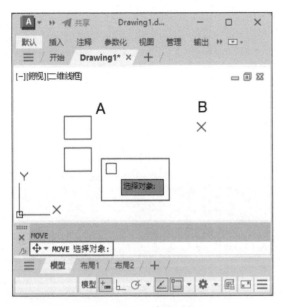

图 3.1-13　选择对象

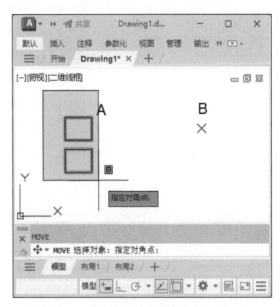

图 3.1-14　窗口选择所有移动的对象

　　下一步，命令行提示指定基点（图 3.1-15），单击端点 A，这时界面提示指定第二个点，慢慢移动鼠标，会看到窗口选择的所有对象都会跟着鼠标移动（图 3.1-16），将鼠标移动到 B 点处单击，就完成了从 A 到 B 的移动（图 3.1-17）。

　　以上就是"移动"命令的基本操作。即使是初学者，相信通过反复的练习也可以熟练掌握。另外，前面我们讲到的"P 选择"和"L 选择"在"移动"命令中也是可以使用的（图 3.1-18），读者可以自己去尝试一下。

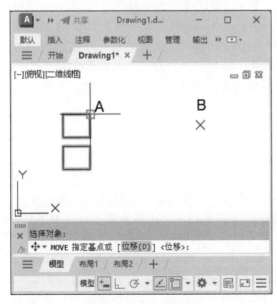

图 3.1-15　指定基点

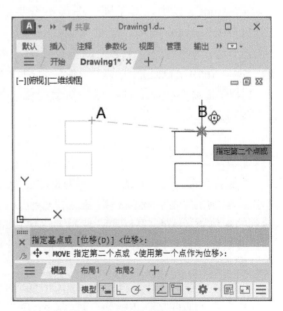

图 3.1-16　指定第二个点

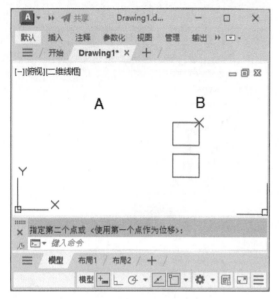

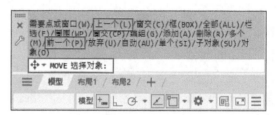

图 3.1-17 完成移动　　图 3.1-18 "移动"命令中的"P 选择"和"L 选择"

　　"MOVE"命令的灵活性和简便性使它成为日常绘图工作中不可或缺的工具。它不仅适用于简单的对象移动，还可以配合其他命令，如复制、旋转等，实现更复杂的图形操作。此外，"MOVE"命令还可以通过指定精确的坐标点来实现更为精确的对象定位，这对于要求高精度设计的项目尤为重要。

3.2　图形的复制

　　在 AutoCAD 中，对于同一图形不需要重复绘制。通过高效的"复制"功能，可以轻松地再次利用已有图形，这是 AutoCAD 的显著优势之一。复制功能不仅允许快速重用相同的图形，从而避免了不必要的重复劳动，而且特别适用于创建重复模式或对称结构。更进一步，AutoCAD 还能实现"镜像"复制、"偏移"复制和"带基点"复制，将极大地提升设计的准确性和灵活性。这些复杂而强大的复制功能，使得 AutoCAD 成为一个极具效率和创造力的绘图工具。

3.2.1　复制：COPY

　　"复制"命令为"COPY"，快捷键为"CO"。"复制"命令使用起来很简单，首先选择需要复制的对象，然后指定基点和目标点。基点是用于参照的点，而目标点则是对象复制到的新位置。AutoCAD 允许使用"COPY"命令创建对象的一个或多个副本，直至按 Esc 键后复制命令才得以中止。所以它非常适合于重复图形元素的布局。"复制"命令图标的位置见图 3.2-1。

　　"复制"命令和计算机操作中"Ctrl+C"所实现的功能是一样的。但是，"复制"命令只能在一个 DWG 文件内操作，而"Ctrl+C"可以实现跨文件复制，也就是说它可以粘贴到另外一个 DWG 文件内。

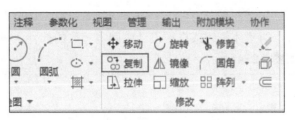

图 3.2-1　"复制"命令的图标

3.2.2　镜像：MIRROR

AutoCAD 还准备了"镜像"复制功能。它的命令为"MIRROR"，快捷键为"MI"。"镜像"命令的图标如图 3.2-2 所示。

图 3.2-2　"镜像"命令的图标

"镜像"命令允许创建选定对象的镜像副本，非常适合创建对称图形。使用"MIRROR"命令时，首先选择需要进行镜像复制的对象，然后指定两个点来定义镜像线。这条线就是对象被镜像时的对称轴。可以自由设定镜像线的方向和位置，以达到所需的镜像效果。此外，"镜像"命令还允许选择在执行镜像操作时是否保留原始对象（图 3.2-3），这一功能在进行复杂布局设计时尤为有用。

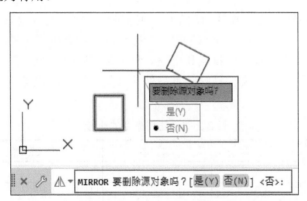

图 3.2-3　是否保留原始对象

3.2.3　偏移：OFFSET

除了"镜像"复制，在"修改"面板中还有一个"偏移"复制图标，它的命令为"OFFSET"，快捷键为"O"。"偏移"命令在设计工作中极其有用，它允许根据指定的距离，在原有对象（比如直线、圆或矩形等）的旁边创建一个精确的平行副本。使用这个命令时，首先需要指定想要的偏移距离。完成这个步骤后，选择你想偏移的对象。然后，系统会根据你在屏幕上单击的点来决定偏移的方向，从而在指定方向上生成平行的新对象。这个命令非常适合创建平移的对象，例如建筑图纸中的墙体轮廓或机械设计中间隔一致的部件。而且其操作简单直观。"偏移"命令的图标如图 3.2-4 所示。

图 3.2-4 "偏移"命令的图标

另外，在"Express Tools"（扩展工具）选项卡中，AutoCAD 为我们准备了加强版偏移工具 EXOFFSET，感兴趣的读者可以阅读本书 11.6 节的内容。

3.2.4 带基点复制：COPYBASE

另外 AutoCAD 还准备了"带基点复制"（COPYBASE）（图 3.2-5），顾名思义，使用这个功能进行复制，基点被一起复制到剪贴板里。

图 3.2-5 "带基点复制"命令的图标

在表 3.2-1 中，对比了这几种复制命令：普通复制（COPY），镜像复制（MIRROR），偏移复制（OFFSET），带基点复制（COPYBASE）以及计算机通用的复制命令。通过这一比较，可以清楚地看到它们各自的特点和用途。特别是"带基点复制"命令，它不仅允许用户设定复制的基点，还支持跨文件粘贴，集另外几种复制操作的优点于一身，这使得它成为一个极其实用的功能。

表 3.2-1 复制命令的比较

复制名称	命令	快捷键	是否可以设定基点	是否支持跨文件粘贴
普通复制	COPY	CO	是	否
镜像复制	MIRROR	RO	否	否
偏移复制	OFFSET	O	否	否
带基点复制	COPYBASE	Ctrl+Shift+C	是	是
通用的复制		Ctrl+C	否	是

在使用 AutoCAD 中的"带基点复制"（COPYBASE）功能时，还有一个地方需要特别注意。这个功能可以将选定的内容保存到 AutoCAD 的剪贴板中，但是在执行粘贴操作时，如果使用计算机通用的"Ctrl+V"快捷键，那么粘贴出的对象将保持为普通图形。然而，如果读者使用 AutoCAD 2024 的快捷键"Ctrl+Shift+V"，粘贴出的对象会自动转换为块

文件（Block）。

在 AutoCAD 2024 中，使用快捷键"Ctrl+Shift+V"会触发"PASTEBLOCK"这个命令。这个命令的作用是将之前复制或剪切的对象作为块（Block）粘贴到图形中。这种方法特别适用于需要将单个或多个图形元素作为一个整体（即块）快速插入到绘图中的情况。它为高效地管理和重复使用图形元素提供了便利。根据笔者的经验，这个方法是将图形转换为块的最简单的操作了。

综上所述，读者在掌握了各种"复制"命令的同时，希望也能一并记住并熟练掌握"Ctrl+Shift+C"和"Ctrl+Shift+V"这两个快捷键的使用，它们一定会提高你的工作效率。

3.3　图形的旋转和对齐

AutoCAD 中的"旋转"功能可在二维空间内自由调整图形的角度，这对于优化布局方向或创建动态视觉效果至关重要。结合使用"对齐"功能，不仅可极大地提升绘图效率，而且增强了设计过程的灵活性。在这一节中，将和读者探讨 AutoCAD 中的"旋转"与"对齐"功能，并了解它们如何活用于设计过程。

3.3.1　旋转：ROTATE

"旋转"的命令为"ROTATE"，它的快捷键是"RO"。它允许选取一个或多个对象，并围绕一个指定的基点进行旋转。"旋转"命令的图标如图 3.3-1 所示。

图 3.3-1　"旋转"命令的图标

使用"旋转"命令时，首先选择需要旋转的对象，然后指定旋转的中心点。接着，可以通过输入角度值或通过鼠标拖动来确定旋转的具体角度。"ROTATE"命令支持正负角度值，使得对象可以顺时针或逆时针旋转。所以旋转命令在调整图形方向、对齐对象物或创建对称图形时都非常有用，是绘图和设计过程中一个不可或缺的工具。

其实"旋转"命令也是移动的一种，甚至可以称之为"旋转移动"。在使用旋转命令时，可以选择"复制"功能和"参照"功能（图 3.3-2）。也就是说，除了简单地旋转一个对象，还可以复制对象，旋转到新的位置。这种复制并旋转的操作非常有用，尤其是在需要创建多个相同但方向不同的对象时。此外，"参照"功能允许我们定义一个特定的旋转角度或参考线，使得旋转更加精确和一致。通过这些功能，AutoCAD 的旋转命令不仅可改变对象方向，它还能有效地在设计中复制和精确定位对象。

图 3.3-2　旋转命令中的复制和参照

3.3.2　对齐：ALIGN

另外，AutoCAD 2024 还有一个"对齐"功能，它的命令为"ALIGN"，快捷键为"AL"。

"对齐"命令的图标如图 3.3-3 所示。

"对齐"命令是一个非常强大的工具，它可以同时完成"旋转""移动"等一系列的动作。使用"对齐"命令的操作也很简单，只需选择两组点，AutoCAD 会自动调整对象，使第一组点与第二组点对齐（图 3.3-4）。

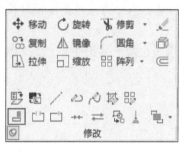

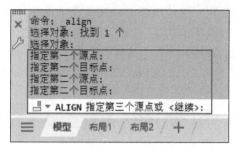

图 3.3-3 "对齐"命令的图标　　　　图 3.3-4 "对齐"命令的两组点

也就是说，如果需要将一个对象的特定部分与另一个对象的特定部分对齐，只需简单选择这些部分，AutoCAD 就会自动处理剩下的工作。这在复杂布局或设计对齐时尤为有用。例如，在建筑设计中，可能需要将门的位置与窗户的位置对齐；或者在机械设计中，需要将一个零件的孔与另一个零件的轴对齐。使用"ALIGN"命令，这些任务可以快速、精确地完成，极大地提高了工作效率和精度。"对齐"命令也是笔者最喜欢的命令之一。另外，在第 15 章有关于活用"对齐"命令的 AutoLISP 程序，可以大大提高操作效率，感兴趣的朋友可以尝试和体验。

"复制"命令的多样化（普通复制、镜像复制、带基点复制），能满足大家在不同场景下的各种需求；"旋转"功能为图形的方向调整和布局提供了无限可能；"对齐"命令则可以进一步简化复杂设计中的对齐和定位任务。

3.4　图形的缩放

图形的缩放是图形编辑的关键部分，因为它涉及如何精确调整图形的大小和比例。在本节中，将专注于介绍几种核心的图形缩放功能：SCALE（缩放）、EXTEND（延伸）和STRETCH（拉伸）。这些技术不仅是 AutoCAD 中的基础操作，也是提高绘图效率和精确性的重要工具。

3.4.1　缩放：SCALE

"缩放"的命令为"SCALE"，快捷键为"SC"。使用此命令，可以方便地放大或缩小选定的对象，以适应不同的设计需求。"SCALE"命令的灵活性在于它允许指定一个缩放中心点和缩放因子，从而可以精确控制对象的最终大小。这项功能在调整图形比例、适应特定空间或与其他图形元素对齐时尤为重要。它的图标位置如图 3.4-1 所示。

在"缩放"的过程中，能够同时缩放多个对象，以及"复制"缩放后的对象（图 3.4-2）。这一功能特别适用于需要保留原始尺寸的同时创建一个不同比例的副本的情况。例如，在设计时，可能需要创建同一图形的不同尺寸版本，以用于不同的设计场景。

图 3.4-1　"缩放"命令的图标

图 3.4-2　复制功能

此外，"SCALE"命令还允许使用参照缩放。这种方法通过指定一个参照长度和目标长度来缩放对象，使得缩放过程更加直观和精确。这在确保对象尺寸与实际物理尺寸相符或与其他图元保持比例一致时非常有用。

总的来说，"SCALE"命令是 AutoCAD 中一个强大而多用途的工具，无论是在初步设计阶段还是在最终细节调整中，都发挥着关键作用。掌握了它，就能在多种设计情景中灵活应用，有效提高工作效率和设计质量。

在 Express Tools 工具集中，"MOCORO"命令将到目前为止介绍的"移动"命令（MOVE）、"复制"命令（COPY）、"旋转"命令（ROTATE）和"缩放"命令（SCALE）等集于一身，在一个命令执行的过程中即可实现各种操作。读者有机会可以尝试一下。

3.4.2　延伸：EXTEND

"延伸"命令为"EXTEND"，快捷键为"EX"。它在 AutoCAD 中用于将线条、弧线或其他几何图形延伸至与另一个图形相交。这个命令非常有用，特别是在处理复杂图纸和精确对接不同的图形元素时。使用"延伸"命令时，可以选择一个或多个需要延伸的对象来同时进行延伸，被延伸的对象将沿着其原始路径增长，直到遇到边界。在 AutoCAD 2024 中已经无须去指定延伸边界作为终点。"延伸"命令的图标和所在位置如图 3.4-3 所示。

图 3.4-3　"延伸"命令的图标

这个命令在图形对齐时尤其重要。例如，在设计建筑平面图时，可以用"延伸"命令精确地连接墙角或其他结构元素。此外，这个命令也支持多种选项，如延伸至最近点、延伸至特定对象等，增加了操作的灵活性和准确性。

"延伸"命令和后面我们将要介绍的"修剪"（TRIM）命令，在执行过程中可以通过 Shift 键进行相互切换，也就是说，当启动"延伸"命令后，如果按住 Shift 键，此时的"延伸"命令将变为"修剪"命令，而无须中止此命令去启动"修剪"命令。关于 Shift 键的使用技巧，请参阅本章 3.8 节的解说。

3.4.3　拉伸：STRETCH

"拉伸"的命令为"STRETCH"，它没有快捷键。"拉伸"命令允许我们通过拉伸的形式来改变图形的尺寸和形状，是一个非常方便的功能。这个命令可以用来选择一个图形区域，并在保持一部分不变的情况下移动或扩展另一部分。在执行拉伸操作时，只需要定义一个拉伸框来选择需要改变的对象部分，然后指定拉伸的方向和距离即可。在我的经历中，很多使用 AutoCAD 多年的技术人员，往往忽略了这一命令的存在。"拉伸"命令的图标如图 3.4-4 所示。

图 3.4-4　"拉伸"命令的图标

"拉伸"命令可以轻松地调整图纸中的特定部分而不影响整体布局。例如，在建筑设计中，如果需要改变房间大小或延伸墙壁，"拉伸"命令就非常适合。它不仅节省时间，还确保了精确度和一致性，因为只有选定区域会受到影响。

"拉伸"命令的灵活性使它成为设计师和工程师在进行快速修改和调整时的重要工具。通过对选择的对象进行精确控制，读者可以确保他们的设计既符合功能需求又具有美观性。

在 Express Tools 工具集中，作为"拉伸"命令加强版的"MSTRETCH"命令增加了对多个对象同时拉伸的功能。大家有机会可以一试。

3.5　图形的圆角和倒角

"圆角"（FILLET）和"倒角"（CHAMFER）命令是 AutoCAD 中两个非常实用的功能，它们分别通过创建圆角和倒角来快速修改图形端点的外观。特别是圆角功能，是绘图工作中使用频度很高的功能之一。"圆角"和"倒角"命令的图标如图 3.5-1 所示。

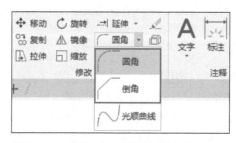

图 3.5-1　"圆角"和"倒角"命令的图标

3.5.1　圆角：FILLET

"圆角"的命令是"FILLET"，它的快捷键为"F"。"圆角"命令用于在两条线、多段线或者矩形之间创建一个平滑的圆形过渡。这个命令可以应用于多种图形元素，包括直线、多边形、多段线以及矩形。在使用"圆角"命令时，首先要指定圆角的半径（图 3.5-2），然后才能继续功能的使用。

图 3.5-2　圆角的半径输入

"FILLET"命令还有一个非常好的功能，就是会自动创建一个圆滑的连接区域，这对于我们的设计非常有帮助。

比方说图 3.5-3 所示任意的两条斜线，现在需要在这两条斜线之间创建一个半径为 30 的圆弧，并且这个圆弧要完全与这两条斜线圆滑过渡。如果没有"圆角"命令，绘制起来将会有些麻烦。下面来看一看运用"圆角"命令是怎样简单而轻松地完成这个设计的。

首先输入圆弧的快捷键"F"，按回车键后，单击"半径"（图 3.5-4）。

然后用键盘输入数值"30"（图 3.5-5）后，按回车键。

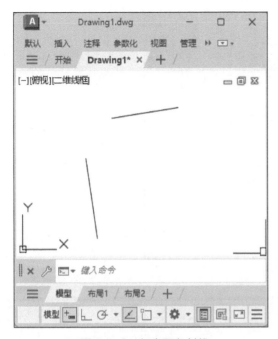

图 3.5-3　任意两条斜线

图 3.5-4　单击"半径"

图 3.5-5　键盘输入"30"

接着界面提示选择第一个对象，单击任意一条斜线（图 3.5-6）。

这时将鼠标轻轻地放置到另外一条斜线上，即使不单击也可以预览到 AutoCAD 已经计算好圆弧的轮廓（图 3.5-7）。

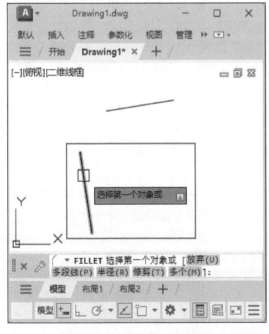

图 3.5-6　单击第一条斜线

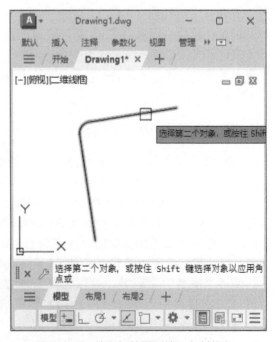

图 3.5-7　将鼠标放置到第二条斜线上

接着单击第二条斜线，"圆角"命令自动结束，绘制完成（图 3.5-8）。

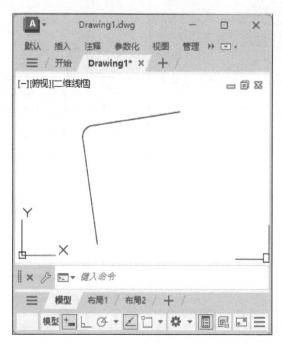

图 3.5-8　圆角绘制完成

　　大家可以看到，一个非常圆滑且与两线相切的圆弧就在两条斜线之间创建完成了。这就是"圆角"命令的强大之处。

　　另外，在 AutoCAD 中，当使用"圆角"命令时，按住 Shift 键会有一个特殊的效果。正常情况下，"FILLET"命令用于创建两个线段之间的圆角，可以设定圆角的半径。但是，如果在执行此命令时按住 Shift 键，设定的圆角半径将暂时失效。这意味着 AutoCAD 会忽略之前设定的半径值，使之成为一个特定的"零半径"的圆角。这个功能对于快速修改设计中的细节非常有用，尤其是在需要创建直角连接时。Shift 键的使用技巧可参阅本章 3.8 节的详细介绍。

3.5.2　倒角：CHAMFER

　　"倒角"的命令是"CHAMFER"，它的快捷键是"CHA"。"倒角"命令主要用于创建两个图形元素之间的斜面过渡。

　　"倒角"命令虽然没有"圆角"命令使用那么频繁，但是它在机械设计中扮演着重要的角色。在机械设计中，倒角主要用于消除锋利的边缘，这有助于减轻应力集中并易于加工。此外，倒角还可以增加零件的美观度和安全性，防止切割和刮伤。AutoCAD 的"倒角"命令可以帮助我们快速、精准地在图纸上创建这种特性。

　　使用"倒角"命令时，可以选择两种方式来定义倒角的大小：一是通过直接输入距离值，二是通过指定两个表面之间的倒角角度（图 3.5-9）。当指定距离时，我们可以输入两个值，分别代表倒角距离对象的两个不同边缘的长度。而当选择角度来定义倒角时，需要指定倒角边缘与原始对象边缘之间的角度值。

　　倒角功能是 AutoCAD 中一个非常实用的工具，更是 2D 草图设计中一项不可或缺的功能。通过灵活运用倒角命令，可以更加高效地进行设计和绘图工作，提升整体设计的质量和安全性。

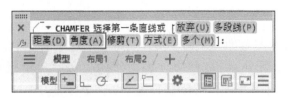

图 3.5-9　倒角的"距离"和"角度"功能

3.6　图形的部分删除

在众多编辑命令中，"修剪"（TRIM）和"打断"（BREAK）是两个常用且强大的工具，它们在建筑设计、机械制图、土木工程，以及其他需要精确图形处理的领域中都非常实用。

3.6.1　修剪：TRIM

"修剪"的命令是"TRIM"，快捷键为"TR"。它的图标如图 3.6-1 所示。"修剪"命令用途广泛，甚至可以说它伴随着我们整个绘图过程，应用于绘图设计中的各个领域。特别是在创建复杂的设计图时，经常需要使用"修剪"命令来移除不必要的线条或图形部分，以清晰展示设计意图。

图 3.6-1　"修剪"命令的图标

使用"修剪"命令时，旧版本需要提前设定一个范围才能修剪，但是在 AutoCAD 2024 中，单击"修剪"图标之后，就可以选择一个或多个对象来直接修剪，无须设定范围。这两种模式在 AutoCAD 2024 中都可以实现并能切换。

在命令行窗口输入"TR"快捷键，按回车键后，单击"模式"（图 3.6-2）。

图 3.6-2　修剪的模式

"快速"模式是 AutoCAD 2024 版本的模式，"标准"模式是 AutoCAD 旧版本的模式（图 3.6-3）。

图 3.6-3　"快速"和"标准"模式

另外，"修剪"命令与前面介绍的"延伸"命令相对应，在命令运行过程中，按 Shift 键可以切换这两个命令，无须退出当前的命令即可使用（关于 Shift 键功能请参阅 3.8 节）。

在"Express Tools"工具集中，AutoCAD 准备了一个修剪工具的扩展命令"EXTRIM"，使用方法请参阅本书 11.7 节的介绍。

3.6.2　打断：BREAK

"打断"的命令是"BREAK"，它的快捷键为"BR"，图标的位置如图 3.6-4 所示。"打断"命令用于创建设计中的间隙，或者在长线段上定义特定的剪切点。

"打断"命令有两个图标："打断于点"（图 3.6-5）允许在直线、多段线、矩形和圆弧上任意创建一个打断点。

"打断"（图 3.6-6）允许在图形上创建任意一段间隙。这在需要插入其他图形元素或在特定位置创建断开的场景中特别有用。例如，在机械设计中，可能需要在一根轴上打断，以插入轴承或其他零件。

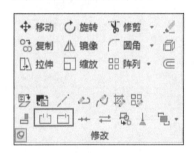
图 3.6-4　"打断"命令的图标位置

图 3.6-5　"打断于点"的图标

图 3.6-6　"打断"的图标

3.7　图形的阵列

在 AutoCAD 中，"阵列"功能（图 3.7-1）是一项非常实用的工具，它可以帮助我们高效且批量地复制对象，并且按照一定的规律来执行。通过使用"阵列"功能，我们可以将单个对象复制为多个，并且这些对象可以按照指定的间距、角度、数量等进行排列。使用"阵列"功能可以大大提高绘图效率，特别是在需要重复绘制相同或相似对象的情况下。此外，阵列对象之间的关系可以保持联动，便于后期修改和调整。

图 3.7-1　阵列

AutoCAD 提供了 3 种不同类型的阵列功能：矩形阵列、路径阵列和环形阵列。各个阵列的命令和主要功能见表 3.7-1。

表 3.7-1　各个阵列的命令和主要功能

类型	命令	功能
矩形阵列	ARRAYRECT	矩形阵列允许用户沿着行和列分布对象，非常适合需要规则排列的设计元素，如窗户、停车位或砖墙。用户可以指定行数和列数，以及对象在行和列中的间距
路径阵列	ARRAYPATH	路径阵列让用户能够沿着任意路径（直线或曲线）复制对象。这种类型的阵列特别适合道路、栏杆、屋顶瓦片或其他需要沿特定轨迹分布的设计元素
环形阵列	ARRAYPOLAR	环形阵列用于沿圆形路径排列对象，适合设计圆形或曲线结构，如旋转楼梯、圆桌周围的椅子等。用户可以设置中心点、填充角度和复制的数量

　　矩形阵列是最常用的一种阵列方式。这里我们以矩形阵列为例，来说明其常规的操作以及变通的小技巧。

3.7.1　常规操作

　　在图形上创建一个长方形，启动"矩形阵列"命令来阵列这个长方形，在菜单处就会出现阵列专用的工具选项卡和面板（图 3.7-2）。

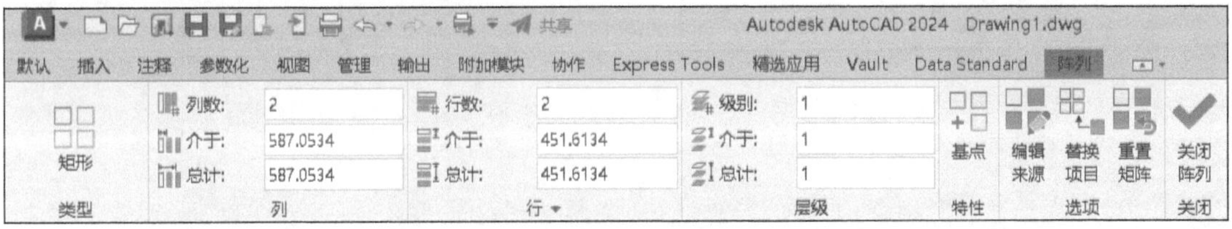

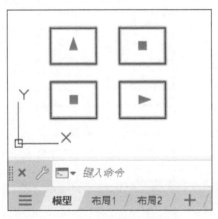

图 3.7-2　阵列专用的工具选项卡和面板

STEP01 通过菜单里的阵列专用的工具选项卡，填写相关的信息可以对长方形进行水平方向或者垂直方向的阵列。但是直接拉拽图形中所显示的"箭头"也可以实现"动态化"的阵列操作（图 3.7-3）。

图 3.7-3　阵列用的箭头

STEP02 拉拽水平方向的箭头，就可以实现对长方形进行水平方向的阵列，也就是说根据拉拽的长度，可以自由控制和调整列的数量（图 3.7-4）。

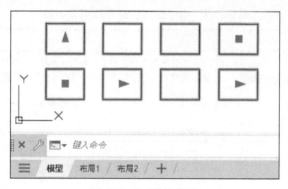

图 3.7-4　列的数量

STEP03 拉拽水平方向的第二个箭头，就可以更改各列之间的间距（图 3.7-5）。

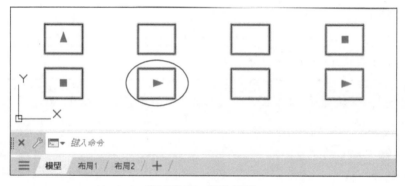

图 3.7-5　修改间距

STEP04 同样的道理，拉拽垂直方向的箭头，就可以实现长方形行的数量控制（图 3.7-6），可以简单地对行进行动态化阵列。

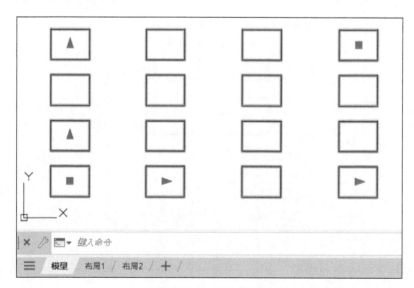

图 3.7-6　行的阵列

STEP05 拉拽右上角的节点，可以同时实现行和列的阵列。

这种"动态化"的操作方法不仅提高了设计的灵活性，而且能够更直观和即时地调整阵列参数，从而快速优化设计过程。

3.7.2　不规则阵列

前面我们介绍了常规的阵列方式。有时，阵列后个别的项目需要调整位置、偏移或者删除，这时 Ctrl 键就会起到很关键的作用。

例如，图 3.7-7 中圈出的长方形，要想改变它与其他长方形的间隔，使之向左偏移一点。

STEP01 在整个阵列被选中的状态下（图 3.7-7），按住 Ctrl 键，单独选择这个长方形（图 3.7-7）。

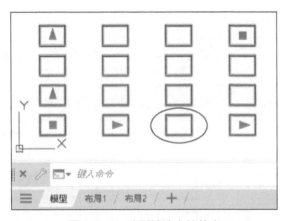

图 3.7-7　阵列被选中的状态

STEP02 这时会看到，此长方形将会处于被单独选中的状态（图 3.7-8）。

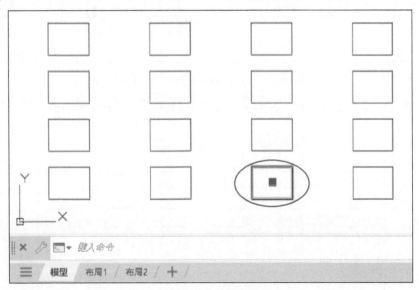

图 3.7-8　单独选中

STEP03 单击这个长方形中间的节点，就可以移动它了（图 3.7-9）。

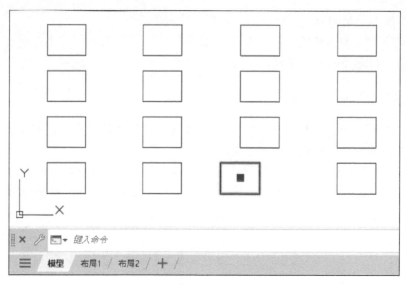

图 3.7-9　移动

STEP04 移动此长方形，不会影响其他长方形阵列（图 3.7-10）。

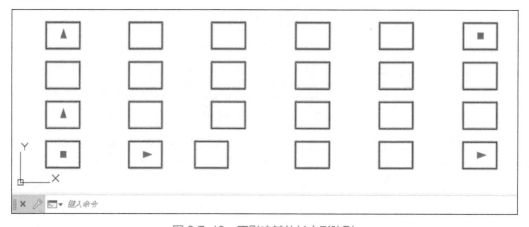

图 3.7-10　不影响其他长方形阵列

STEP05 甚至可以通过这个方法，将某一个长方形删除，而不会影响整个图形的阵列操作（图 3.7-11）。

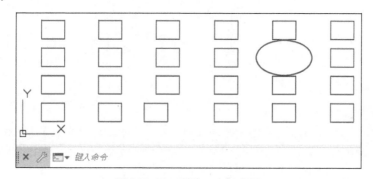

图 3.7-11　删除一个长方形

STEP06 如果想恢复到原来默认的阵列状态，单击"重置矩阵"即可（图 3.7-12）。

上面介绍了"矩形"阵列的不规则阵列方法，它同样适用于"路径"阵列和"环形"阵列，这里就不再举例说明。本节所使用的文件"24-ARRAYRECT.dwg"，扫描前言中的二维码即可下载。

图 3.7-12　重置矩阵

3.8　Shift 键

在前面的章节中，我们已经介绍了 AutoCAD 中的多种绘图命令和修改命令，但可能大家还没有注意到 Shift 键在其中扮演的重要角色。Shift 键不仅仅是一个普通的键盘按键，它在 AutoCAD 中是一个功能强大的辅助工具。本节将详细介绍 Shift 键的各种用途。

3.8.1　切换正交模式：ORTHOMODE

在 AutoCAD 中，"正交模式"（ORTHOMODE）是一个极为重要且实用的功能。这个模式可以通过单击位于界面右下角状态栏中的相应图标来激活或关闭（图 3.8-1）。此外，为了更快速地访问这一功能，用户还可以使用 F8 键作为快捷方式。

图 3.8-1　正交模式图标

当正交模式被激活时，它的主要作用是限制绘图操作仅沿 X 轴或 Y 轴方向。这一限制是极其有用的，特别是在需要绘制垂直或水平线条的场景中。例如，在制作平面布局图或精密机械部件图时，正交模式确保了所有线条的严格垂直或水平对齐，从而极大地提高了绘图的精确性和专业度。此模式不仅适用于直线绘制，还同样适用于多段线、矩形等图形的创建。

绘图过程中，常常需要临时开启或关闭正交模式。AutoCAD 为我们提供了一种便捷的方式来实现这一点：在绘制直线或执行其他命令的过程中，我们可以按住 Shift 键，这样可以临时切换正交模式的开启和关闭。这一快捷操作使得在绘图过程中迅速调整绘图模式成为可能，从而提高了工作效率和灵活性。

使用 Shift 键来开启或者关闭正交模式，可以更加灵活地使用各种命令来绘图，这种操作方法在日常绘图工作中不可或缺。它不仅简化了绘图过程，还保证了绘制出的图形具有高度的准确性和专业水准。

3.8.2 对象捕捉：OSNAP

在 AutoCAD 中，精确地定位和对齐对象是实现高质量绘图的关键。为了实现这一目标，AutoCAD 提供了一个强大的功能——对象捕捉（OSNAP）。它的快捷键为 F3，在状态栏中可以找到它的图标（图 3.8-2）。

图 3.8-2 对象捕捉图标

对象捕捉功能允许精确地捕捉到图形的特定部分，如端点、中点、交点、圆心等，从而实现精确对齐和定位。

在实际操作中，使用 Shift 键结合鼠标右键可极为高效地临时调出对象捕捉对话框。这个快捷方式允许在命令执行过程中迅速更改捕捉设置，而不需要中断当前的操作。比如，在绘制一条线或移动一个对象时，用户可能需要临时改变捕捉点以确保精确对齐。通过使用 Shift+右键的组合，用户可以立即访问并修改对象捕捉设置，而无须离开当前的工作界面。

大家可以根据需要选择适合当前任务的特定捕捉点，例如仅捕捉到端点或中点，或者同时捕捉多个类型的点。这种灵活的配置选项大大提高了工作的精确度和效率。

以上是关于"正交模式"和"对象捕捉"与 Shift 键关系的介绍。其他与 Shift 键有关的功能，比如动态观察（3DORBIT）等，这里就不再一一叙述，读者通过实践会很快掌握。表 3.8-1 是对 AutoCAD 中 Shift 键功能的详细总结。

表 3.8-1 AutoCAD 中 Shift 键功能一览表

序号	名称	命令	使用 Shift 键后的效果
1	正交模式	ORTHOMODE	打开或者关闭正交模式
2	极轴模式	—	与正交模式相互切换
3	对象捕捉	OSNAP	Shift+右键启动对象捕捉功能
4	选择	SELECT	从已经选定的对象组中移除对象
5	修剪	TRIM	将转换为"延伸"命令
6	延伸	EXTEND	将转换为"修剪"命令
7	圆角	FILLET	设定的半径将失效，为 0
8	倒角	STRETCH	设定的切割距离将失效，为 0
9	动态观察	3DORBIT	Shift+中键启动动态观察功能

3.9　坐标系统

在 1.2 节中，提及了界面左下角存在的坐标系统（图 3.9-1）。这个坐标系统是绘图设计过程中不可或缺的一环，不管是无意识还是有意识，都需要用到它。在 AutoCAD 软件中，主要有两种坐标系统：世界坐标系统（WCS）与用户坐标系统（UCS）。这一节将详细介绍。

3.9.1　世界坐标系统：WCS

世界坐标系统是 AutoCAD 中的默认坐标系统，也可以称其为"绝对坐标"（图 3.9-2）。它有一个原点（0,0,0），所有图形的坐标点都相对于这个原点来确定，并且这个原点在整个绘图过程中是固定的，不会改变。WCS 为所有对象提供了一个全局参照，确保不同的绘图和项目可以在统一的空间参考框架内进行交互。这一点在第 9 章介绍的使用外部参照来绘图时尤其重要。

图 3.9-1　坐标系统

图 3.9-2　WCS

3.9.2　用户坐标系统：UCS

用户坐标系统也可以称为"相对坐标"。可以创建并激活自己的 UCS，以便根据需要自定义坐标来绘制对象（图 3.9-3）。在 UCS 中，可以移动原点、旋转坐标轴等，这使在特定角度或位置工作变得更加方便。例如，如果正在绘制一个斜置于默认平面的对象，就可以将 UCS 调整至该对象的对齐方向，使绘图更为直观和方便（本书 15.8 节就是使用这个方法来编写程序）。UCS 的这种相对坐标原点可以根据用户的需求移动到任何位置，使得在复杂的设计中工作变得更加灵活。

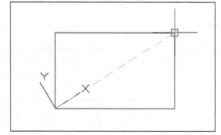

图 3.9-3　自定义坐标

3.9.3　坐标的输入

在 2.1 节讲述动态输入时，如果在绘图过程中启动了"矩形"命令，在界面上任意确定第一个角点之后，动态输入所显示的数值（图 3.9-4）就是相对于第一个角点的用户坐标系统（UCS）所得到的数值。

如果此时想让第二个角点为相对于世界坐标的"0，0"所对应的数值，就必须先输入绝对坐标的前缀"#"（图 3.9-5），AutoCAD 会从默认的相对坐标系转换为绝对坐标系。

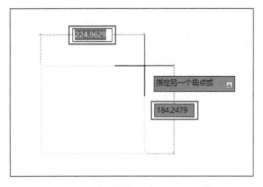

图 3.9-4　动态输入所显示的数值

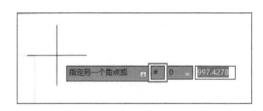

图 3.9-5　绝对坐标的前缀"#"

另外，从绝对坐标转换为相对坐标的前缀为"@"。因此，虽然 WCS 的原点是固定不变的，UCS 的原点却可以根据需要移动。通过调整 UCS，就可以更加自如地在三维空间内定位和操作对象，无须改变整个模型的位置或方向。

3.9.4　动态输入和坐标系

在这里请大家注意，"#"和"@"与"动态输入"有着密切的关系，理解这一点对于使用 AutoCAD 尤为重要。

当"动态输入"功能关闭时，AutoCAD 系统默认采用绝对坐标值输入方式。在这种模式下，输入坐标时不需要添加前缀"#"，直接输入 X 数值、Y 数值即可。相反，当"动态输入"功能开启时，AutoCAD 系统则默认采用相对坐标值输入方式。在这种情况下，输入坐标时无须添加前缀"@"。也就是说，大家只需输入 X 数值、Y 数值即可。

表 3.9-1 简洁地总结了这两种情况。

表 3.9-1　动态输入和坐标系

坐标系	"动态输入"开启	"动态输入"关闭
绝对坐标	#X 数值，Y 数值	X 数值，Y 数值
相对坐标	X 数值，Y 数值	@X 数值，Y 数值

对于初学者来说，理解这一点可能有一定难度。因此，建议读者通过反复尝试和操作来逐渐理解和掌握这一概念。需要再次说明，本书所有的示例操作均在"动态输入"开启的状态下进行。建议读者从这一点出发，在实际工作中慢慢熟悉其他操作方式。

3.10　坐标与数值的输入

上一节说明了 UCS 系统以及 "#" 和 "@" 的区别，它们对使用键盘输入坐标的数值来精确控制点有很重要的帮助。除了大家所熟悉的水平数值（X 坐标）和垂直数值（Y 坐标）来进行坐标的数值输入以外，AutoCAD 2024 还允许以 "极轴坐标" 的形式来进行数值的输入（图 3.10-1）。它的正式名称为 "按指定角度限制光标"，本书称它为 "极轴坐标"。

图 3.10-1　极轴坐标

极轴坐标通过 "距离" 和 "角度" 来控制点的位置（图 3.10-2）。

关于角度可参阅 1.7 节的内容，系统默认的角度为逆时针，以东方（E）为起点（图 3.10-3）。

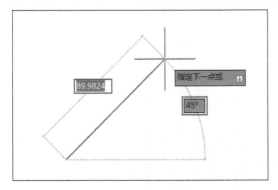

图 3.10-2　距离和角度

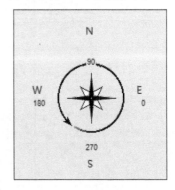

图 3.10-3　系统默认的角度

键盘直接输入极轴坐标的方式为 "距离＜角度"，根据 "动态输入" 是否开启，输入的方法也有所区别，见表 3.10-1。

表 3.10-1　动态输入与坐标系

坐标系	"动态输入" 开启	"动态输入" 关闭
极轴坐标	距离＜角度	@距离＜角度

在今后实际的绘图操作中，读者可以按照下面的步骤，根据自己的偏好来修改初始设定。

在右下角的状态栏里，右击 "动态输入" 图标，然后单击 "动态输入设置"（图 3.10-4）。

图 3.10-4　动态输入设置

再继续单击启用 "指针输入" 区域的 "设置" 按钮（图 3.10-5）。

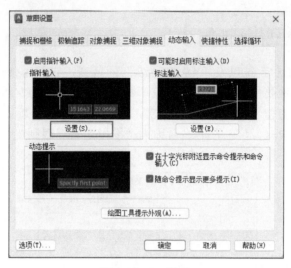

图 3.10-5 设置

在"指针输入设置"对话框（图 3.10-6）中可以对第二个点的默认设置进行修改。

图 3.10-6 指针输入设置

极轴坐标和正交坐标是不能同时开启的。例如，在 3.7 节讲到 Shift 键的功能时，在命令执行的过程中，根据极轴坐标和正交坐标的状态，按 Shift 键所得到的结果也不一样（表 3.10-2）。

表 3.10-2 坐标状态和 Shift 键效果

坐标状态	按 Shift 键效果
极轴坐标为开启、正交坐标为关闭的状态	切换到正交坐标
正交坐标为开启、极轴坐标为关闭的状态	关闭正交坐标
极轴坐标和正交坐标都为关闭的状态	开启正交坐标

掌握这些基本操作，读者可以根据具体需求灵活地输入坐标，从而提高绘图的效率和精确性。

到此，本章一共讲解了 19 个与编辑相关的命令，希望读者多实践、多练习，能够熟练地应用这些命令，将它们融入 AutoCAD 工作流程中，以提高绘图效率和精度。

本章出现的命令和变量一览表如下：

章节	命令	快捷键	功能
3.1.1	SELECT		选择
3.1.2	MOVE	M	移动
3.2.1	COPY	CO	复制
3.2.2	MIRROR	RO	镜像
3.2.3	OFFSET	O	偏移
3.2.4	COPYBASE	Ctrl+Shift+C	带基点复制
3.2.4	PASTEBLOCK	Ctrl+Shift+V	粘贴为块
3.3.1	ROTATE	RO	旋转
3.4.1	SCALE	SC	按比例缩放选定对象。
3.4.2	EXTEND	EX	延伸对象至指定边界。
3.4.3	STRETCH		拉伸选定对象的部分。
3.4.3	MSTRETCH		多段拉伸选定对象。
3.5.1	FILLET	F	创建两条线段之间的圆角连接。
3.5.2	CHAMFER	CHA	创建两条线段之间的斜角连接。
3.6.1	TRIM	TR	修剪选定对象至指定边界。
3.6.2	BREAK	BR	在指定点处断开对象。
3.7	ARRAYRECT		创建矩形阵列。
3.7	ARRAYPATH		沿路径创建阵列。
3.7	ARRAYPOLAR		创建极轴阵列。

1．在 AutoCAD 2024 中，如何高效地选择（SELECT）和移动（MOVE）图形？请结合实际操作步骤和使用场景，说明这些技巧对提高工作效率的作用。

2．使用 AutoCAD 2024 中的"旋转"（ROTATE）和"对齐"（ALIGN）命令时，如何精确调整图形的位置和角度？这些操作在绘图过程中有哪些实际应用？请提供具体示例。

3．如何使用"圆角"（FILLET）和"倒角"（CHAMFER）命令对图形进行圆角和倒角处理？这些处理方法在设计中有何重要性？请解释其在不同设计场景中的应用。

第 4 章
AutoCAD 2024 图层管理和操作

本章将和读者一起探讨 AutoCAD 2024 中图层的管理和操作。这是该软件中的一个核心功能，对于提高设计效率和确保项目组织性至关重要。通过本章的学习，希望读者能够理解图层的概念，掌握如何有效地管理和操作这些图层，以优化设计流程。

在图层管理方面，从基本的图层创建和删除，到更高级的图层属性设置和管理策略，将为读者提供必要的知识和技巧，以便在复杂的项目中保持良好的组织结构。图层的操作包括但不限于图层的显示/隐藏、锁定/解锁，以及颜色和线型的调整。这些操作对于控制设计中的不同元素至关重要，有助于增强设计的可读性和美观性。

4.1 图层的管理

磨刀不误砍柴工，相信大家都知道这个谚语。花时间磨刀不会耽误砍柴，反而会使砍柴更有效率。图层管理就像磨刀一样，虽然需要花费一些时间来设置和管理，但可以大大提高绘图的效率和精确度，使整个绘图过程更加顺畅。

在 AutoCAD 的绘图过程中，图层管理是一个不可或缺的环节。图层不仅仅是绘图的一种工具，更是确保设计有序性和可操作性的关键。通过有效地管理图层，能够更好地组织、编辑和控制绘图中的各个元素，提升设计效率，确保项目的顺利进行。

4.1.1　图层是什么：LAYER

在 AutoCAD 软件中，"图层"可以被比喻成一堆叠加在一起的透明纸张，每张纸都是轻薄无厚度的。当开始绘图时，首先需要选定一个图层（就像选择一张透明纸），将其设为当前工作图层，然后在其上进行绘制。每个图层就像一张独立的纸，可以单独编辑、显示或隐藏，而且这些操作不会干扰到其他图层上的内容。这个过程就像在不同的透明纸上画出不同的设计元素，然后将它们叠加在一起，这样就可以一目了然地看到整个设计的综合效果。这种方式使得管理复杂图纸变得更加简单和直观。

"图层"这样的概念在许多其他 CAD 软件中也是常见的。可以把"图层"理解为一种组织和管理设计元素的工具，它允许将不同类型的信息、设计图形甚至视图来分开管理。在不同的 CAD 软件中，这种概念可能有不同的名称或略有不同的实现方式，但基本的功能和目的通常是相类似的。例如，在一些流行的 CAD 软件如 SolidWorks、Revit、SketchUp 中，都存在类似的机制来管理和区分设计的不同元素。

相信通过这样的解释，读者的脑海里应该对图层有了一定的理解。"图层"这样的工具对于复杂设计工作将非常有用，因为它可以有效地管理不同的设计元素，简化检索和查看的步骤、时间。通过使用图层，可以轻松地显示或隐藏特定的设计部分，进行更精确的编辑，以及更好地控制最终输出的外观。另外，"图层"还能把复杂的绘图工作分解成更容易管理和操作的部分。例如，在建筑设计中，不同的系统如电气、管道、结构等可以被分配到各自的图层。这样的做法不仅方便专注于绘图的某个特定部分，还便于之后的修改、检查和浏览。

图层的操作命令为"LAYER"，其快捷方式为"LA"。在操作面板中可以找到图层专用的面板（图 4.1-1）。

图 4.1-1　图层专用的面板

自 AutoCAD 诞生以来，"图层"的概念就被引入，是一个标准的功能。随着版本的更新，这个功能也逐渐变得更加完善和强大，以适应不断增长的需求和设计的复杂性。

在 AutoCAD 的绘图过程中，有效地使用图层将是至关重要的。本书将"图层"作为专门的一章来讲解，就是希望读者能尽快适应"图层"这个概念，以最快的速度将它应用于设计工作。

4.1.2　依赖于图层的绘图习惯

在使用 AutoCAD 进行绘图时，培养一种有效利用图层的习惯是非常重要的。这种习惯不仅可以提高工作效率，还能确保绘图的有序性和管理的便捷性。以下是本书推荐的绘图流程：

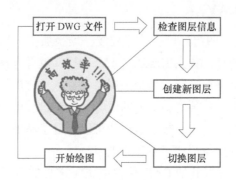

【打开 DWG 文件】：首先，打开或新建一个 DWG 文件，准备开始绘图工作。通过选择模板来创建文件也是一个很好的工作习惯（在本书 8.3 节有详细介绍）。如果读者是在现有项目上继续工作，还需要仔细检查文件的版本和兼容性，以方便团队之间的交互。

【检查图层信息】：通过"图层特性管理器"来查看当前文件的现有图层，详细了解每个图层的命名规则、颜色、线型以及其他属性。这一步骤关键在于识别哪些图层可以被重用，哪些可能需要修改，从而确保我们的绘图工作能够顺利进行，同时避免重复创建相似的图层，降低文件的复杂性。

【创建新图层】：如果现有图层中有符合绘图需求的图层，那么可直接进入下一步，切换到该图层。如果没有符合需求的图层，那么就开始创建新图层。创建新图层时，自定义其名称、颜色、线型和线宽等属性，这有助于后续的管理和识别。另外，创建新图层时，应遵循一致的图层命名规则，这有助于未来的管理和维护。比如，可按照材料类型、绘图类型或其他相关标准来创建图层，这样做可以提高工作的效率和文件的可读性。

【切换图层】：在找到合适的图层后，需要将这个图层设置为当前图层（置为当前图层的方法请参阅 4.2 节）。这一步骤看似简单，它是防止在错误的图层上进行绘图的关键，并确保了绘图内容的正确归类和后续编辑的便利性。

【配置图层】：在开始绘图之前，根据需要可以调整选定图层的设置，如线型比例、透明度等，以确保绘制的内容以期望的方式显示。当然这一步如果在创建图层时已经设置完成，此时可以忽略。

【开始绘图】：在所有准备工作完成后，就可以在选定的图层上开始绘图了。一般情况下，在绘图的过程中，将会尝试切换视觉表现、打印样式等来确认当前的绘图内容，结合上一步配置图层的操作，对提升绘图的清晰度和专业性有很大的帮助。

【保存文件】：在绘图过程中，不要忘记定期保存文件。也可以养成版本控制的习惯，通过保存不同版本的文件，可以在需要时回退到之前的状态，这是防止数据丢失和方便项目管理的有效策略之一。

【复审和调整】：完成绘图后，仔细复审图层内容和整体绘图质量。检查是否所有的对象都放置在正确的图层上，以及图层之间是否有重复的现象等。如果发现问题，及时进行调整或优化。这一步骤是确保绘图结果的准确性和专业性的关键。

通过这样一个有序的流程，大家不仅能确保每部分内容都被放置在适当的图层上，还能在之后的编辑和检查过程中节省大量的时间。

　　此外，良好的图层管理还有助于在团队合作中保持绘图的一致性和清晰度。因此，养成这样的绘图习惯不仅能提升个人的工作效率，更能在团队协作中显著提高整体的生产力。

4.1.3　新建图层：Alt+N

　　创建新图层的步骤很简单。可用键盘输入图层的快捷键"LA"，按回车键启动"图层特性管理器"。单击图 4.1-2 所示图标，就可以很快地创建一个新的图层。另外，按 Alt+N 键也可以实现同样的新建图层的效果。

图 4.1-2　创建新图层

　　新建图层的名称，AutoCAD 默认为"图层 1""图层 2""图层 3"…，需要将它修改为便于管理和识别的名称。在创建新图层时，不仅仅需要修改"颜色""线型"和"线宽"等参数，而且应尽量对图层进行合理的命名（图 4.1-3），以便于管理和识别（参阅 4.2.1 节中的【第三种方法】）。不要小看这一非常基础的操作，它是维持工作流程有序和高效的关键步骤。

图 4.1-3　"名称""颜色""线型"和"线宽"

1. 名称：NAME

　　为每个图层指定一个明确且易于辨识的名称，将有助于快速定位，例如"文字"图层、"辅助线"图层等。在图层处于被选中的状态时，单击 AutoCAD 创建的图层名称"图层 1"，就可以修改其名称（图 4.1-4）。按 F2 键也可以达到同样的效果。

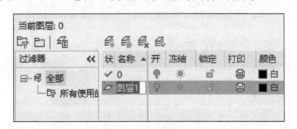

图 4.1-4　图层的名称

　　另外，右击"图层 1"名称，选择"重命名图层"（图 4.1-5），也可以修改图层的名称。

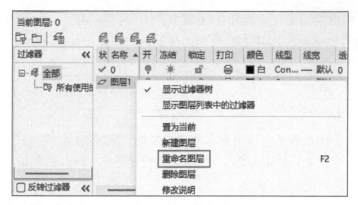

图 4.1-5　重命名图层

2. 颜色：COLOR

单击新建图层的"颜色"（图 4.1-6），可以启动"选择颜色"对话框来切换颜色。

状	名称 ▲	开	冻结	锁定	打印	颜色	线型	线宽	透明度
✓	0	♀	☀	🔓	🖨	■白	Con...	— 默认	0
✏	图层1	♀	☀	🔓	🖨	■白	Con...	— 默认	0

图 4.1-6　图层的颜色

AutoCAD 有 256 种索引颜色（AutoCAD Color Index，ACI）（图 4.1-7），颜色编号 1～255 代表不同的颜色，从基本的红色、绿色、蓝色到各种混合颜色。虽然 ACI 提供了基本的颜色选择，但 AutoCAD 也支持更高级的颜色管理系统"真彩色"和"配色系统"，允许选择更广泛的颜色范围。

在实际的绘图设计中，利用颜色来区分图层也是一种有效的手段。可以为每一个图层选择一种醒目的颜色，这样在众多图层中能迅速辨认出所需图层。

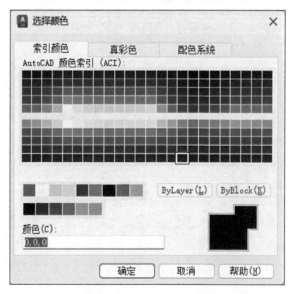

图 4.1-7　256 种 ACI 颜色

3. 线型：LINETYPE

单击图层中线型的名称"Continuous"，可以启动"选择线型"对话框。默认只显示"Continuous"线型，必须单击下方的"加载"按钮才能添加新的线型（图 4.1-8）。

图 4.1-8　选择线型

在"加载或重载线型"对话框中选择可用线型，单击"确定"按钮后可以将其加载进来（图 4.1-9）。

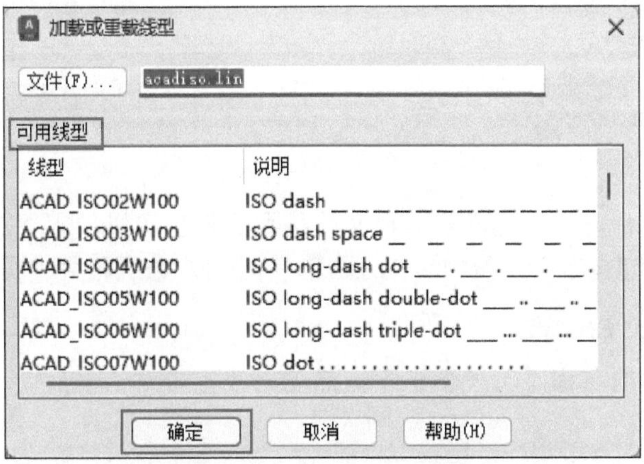

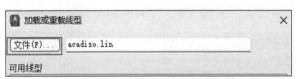

图 4.1-9　加载或重载线型

另外，可以看到线型文件保存在"acadiso.lin"中，这个文件保存在 C 盘 Autodesk 安装目录的"Support"文件夹。单击"文件"按钮（图 4.1-10）。

图 4.1-10　单击"文件"按钮

在打开的"Support"文件夹中可以看到还有一个"acad.lin"线型文件（图 4.1-11）。"acad.lin"和"acadiso.lin"主要区别在于它们所支持的单位和标准不同。"acad.lin"是针对美国标准的线型文件，通常用于支持英制单位的图纸。而"acadiso.lin"则是国际标准化组织（ISO）线型文件，通常用于支持米制单位（如毫米和厘米）的图纸。这两个文件包含了不同的线型定义，以适应不同的绘图标准和单位系统。对于采用米制单位绘图的我们来说，一般使用"acadiso.lin"即可。

图 4.1-11 "Support"文件夹

另外，线型的文件可以自定义，自定义的线型文件也可以放入"Support"文件夹，在加载时切换使用。创建自定义线型的具体方法请参阅 11.3 节的相关说明。

4. 线宽：LINEWEIGHT

单击图层中线宽的名称"——默认"，启动"线宽"对话框后就可以切换当前图层的线宽（图 4.1-12）。

图 4.1-12 图层的线宽

另外，笔者在欧特克社区为客户解答问题时，关于线宽，被问到最多的就是："默认"的线宽是多少（mm）呢？怎样修改它的数值呢？在命令行栏输入变量"LWEIGHT"，启动"线宽设置"对话框（图 4.1-13），在这里可以确认"默认"的线宽以及切换线宽的数值。

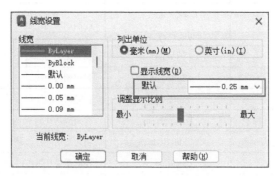

图 4.1-13　"默认"的线宽

新建图层后，这四个设置是使用频率最高的。

除了上面讲到的图层设定的四个基本设置外，图层管理还涉及其他一些有用的功能，比如"锁定"（LOCK）、"冻结"（FREEZE）、"打印"（PLOT），以及"显示"（ON）等。通过这些功能，可以防止意外修改、提高处理大型文件时的绘图速度、快速查找所需图层，以及保持工作的连贯性和效率。

【图层的锁定（LOCK）】：这一功能允许锁定特定的图层，使其上的对象无法被修改或移动，但仍然可见。这对于保护图层上重要、不应被更改的信息非常有用，同时还允许在不影响这些对象的情况下编辑其他图层。

【图层的冻结（FREEZE）】：冻结图层会使该图层上的所有对象在屏幕上不再显示，并且这些对象不会参与到绘图和编辑操作中。这一功能在处理复杂绘图时非常有用，可以提高处理速度并简化视图，因为冻结的图层不会占用计算资源。

【图层的打印（PLOT）】：这一功能控制着图层是否在最终的打印输出中显示。如果关闭了某个图层的打印功能，那么即便该图层在屏幕上可见，它也不会出现在打印的图纸上。这对于创建包含或排除特定信息的打印布局非常有用。

【图层的显示（ON）】：这是最基本的图层控制功能，它决定了一个图层是否可见。当关闭图层显示时，该图层上的所有对象都会从屏幕上隐藏，但与冻结不同，隐藏的图层仍可以参与某些编辑操作。也就是说使用这个功能后虽然看不到隐藏的对象，但它们还是占用着计算机的 CPU 资源。如果想轻量化 DWG 文件，建议使用冻结（FREEZE）功能。

表 4.1-1 是创建图层时生成的特性一览表。

表 4.1-1　图层特性一览表

序号	名称	对应的参数	备注
1	状态	Status	在这里确认哪个图层为当前图层
2	名称	Name	按 F2 键可以修改名称
3	开	On（开） Off（关）	通过开和关，来控制可见和打印

（续）

序号	名称	对应的参数	备注
4	冻结	Freeze（冻结） Thaw（解冻）	冻结后，将减轻文件生成时的负载
5	锁定	Lock（锁定） Unlock（解锁）	控制图层的锁定和解锁
6	颜色	Color	指定图层的颜色
7	线型	Linetype	指定图层的线型
8	线宽	Lineweight	指定图层的线宽
9	透明度	Transparency	有效值从 0 到 90
10	打印样式	Plot Style	指定图层的打印样式
11	打印	Plot	控制图层是否打印
12	新视口冻结	New VP Freeze	在新视口中冻结选定图层
13	说明	Description	显示描述图层的内容

在一个 DWG 文件中，AutoCAD 默认可创建 1000 个图层（图 4.1-14）。虽然可以通过修改变量"MAXSORT"的数值来创建更多的图层，但实际上图层的数量限制取决于计算机的内存和处理能力。在正常情况下，创建几百个图层不会遇到性能问题。然而，过多的图层可能会使文件变得复杂和难以管理，因此建议读者根据实际需求合理地创建和管理图层。

图 4.1-14　图层创建数量的确认

另外，通过 AutoLISP 的编程方式，可以批量且高效地新建图层。具体的说明和程序请参阅第 14 章。

4.1.4　删除图层：Alt+D

如果想删除不需要的图层，单击图层特性管理器中的"删除"图标（图 4.1-15），或者选择要删除的图层对象后，按快捷键"Alt+D"即可。

图 4.1-15　"删除"图标

对于空白的图层，可以立即删除。但是如果图层属于以下几种状态（图 4.1-16），将无法删除或者需要处理后才能删除。

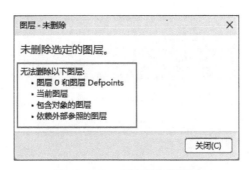

图 4.1-16　无法删除的图层

【图层 0】：这是 AutoCAD 中的一个默认图层，用于创建块和外部参照。由于它在许多操作中起着基础和重要的作用，AutoCAD 不允许删除这个图层。此外，许多 AutoCAD 的功能和命令依赖于"0"图层的存在。

【图层 Defpoints】：这个图层主要用于定义尺寸标注中的点。由于这些点是为了辅助设计而非最终图纸的一部分，AutoCAD 默认为不打印"Defpoints"图层上的对象。这个图层与 AutoCAD 的尺寸功能紧密相关，因此不能被删除。

也就是说，如果希望某些图形不被打印，将它们放置到"Defpoints"图层上是一个很好的技巧。

【当前图层】：AutoCAD 不允许删除当前正在使用的图层。这是为了防止在设计操作时意外删除含有活动对象的图层，从而保护设计数据的安全。要删除当前这个图层，需要先将其置为非当前图层。

置为当前图层的操作，使用图层特性管理器中的"置为当前"图标（图 4.1-17）就可以方便快捷地实现。它的快捷键为"Alt+C"，"C"的含义就是英文 Current。

【包含对象的图层】：如果一个图层包含对象（如线条、形状、文字等），AutoCAD 则不允许直接删除该图层，以防止意外丢失重要的数据。这时需要先移动或删除这些对象，或者将它们转移到其他图层，然后才能删除这些图层。

另外，使用"图层"面板中的"LAYDEL"命令图标（图 4.1-18），可方便地删除包含对象的图层。

图 4.1-17　"置为当前"图标

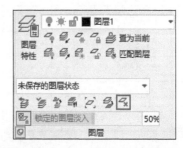

图 4.1-18　"LAYDEL"命令图标

这里以删除一个名称为"图层 1"的图层为例（图 4.1-19），首先单击"LAYDEL"命令的图标，选择要删除的图层上的对象，确定之后，对象将被删除。此时命令行信息询问是否也删除该图层，输入"Y"后按回车键就完成了对"图层 1"的删除。

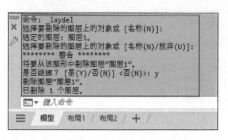

图 4.1-19 执行"LAYDEL"命令删除"图层 1"

【依赖外部参照的图层】：如果一个图层与外部参照（Xref）相关联，它也不能被删除。外部参照是指从其他文件链接或嵌入当前绘图中的数据。删除依赖于外部参照的图层可能导致数据不一致或引用错误。要删除这些图层，需要首先解决外部参照的依赖问题。

综上所述，删除图层是一个需要谨慎操作的过程。使用快捷键"Alt+D"可以删除不再需要的图层，但是对于本节所说明的这些"特殊"的图层需要加以特别的注意。只有了解并遵守了这些规则，才可以确保设计过程的顺利进行以及设计数据的安全。

4.2 图层的基本操作

了解了"图层"的基本特性以及创建图层的方法之后，我们来谈一下与图形相关的另一个至关重要的话题：图层的操作。"图层"工具作为设计工作的基石，提供了无与伦比的灵活性和控制能力，使得复杂设计的实现变得可能。本节将围绕着如何有效地使用图层，并和读者一起探索一系列基本操作技巧。

首先，为了方便理解，先新建好表 4.2-1 所列的 6 个图层，本节的内容将根据这 6 个图层的操作来讲解。

表 4.2-1 新建 6 个图层

名称	颜色	其他
01- 备注	红色	默认
01- 说明	蓝色	默认
01- 文字	洋红色	默认
02- 备注	红色	默认
02- 说明	蓝色	默认
02- 文字	洋红色	默认

4.2.1 图层置为当前：LAYMCUR

"当前图层"切换是图形设计中一个常见的操作。前面 4.1.2 节已经讲到，要养成一种依赖于图层的绘图习惯，这就要求对图层的切换要迅速且准确。特别是在实际的绘图过程中，需要在不同的图层之间快速移动，只有这样才能高效地管理好自己的设计元素。

【第一种方法】：假设当前图层为"0"，想将当前图层切换为"01- 文字"这个图层，单击"图层"面板上方的倒三角形图标（图 4.2-1）。

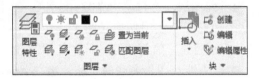

图 4.2-1　单击倒三角形图标

这个时候当前的这个 DWG 文件的所有图层名称就会被下拉显示出来。选择图层"01-文字"，当前图层就从"0"图层切换到了"01- 文字"这个图层（图 4.2-2）。

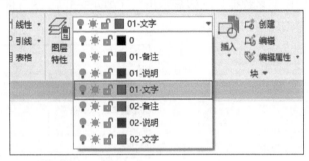

图 4.2-2　切换"01- 文字"图层为当前图层

现在来确认一下。单击"图层特性"图标，启动"图层特性管理器"对话框，会看到"01- 文字"这个图层的前面出现了对号（图 4.2-3），这就说明"01- 文字"这个图层已经被切换为当前图层，现在绘图所制作的图形、文字等都将被放置到"01- 文字"这个图层上。

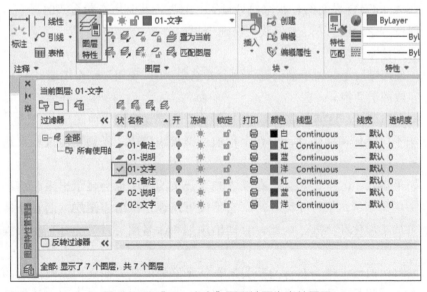

图 4.2-3　"01- 文字"图层被置为当前图层

【第二种方法】：如果在图层中有了已经绘制的图形、文字等对象，也可以借用已经绘制的图形，使用"置为当前"（LAYMCUR）这个命令来切换图层。

比如，当前图层为"0"图层，现在想在"02-文字"这个图层上继续设计工作，需要将"02-文字"这个图层改为当前图层。这时单击"02-文字"这个图层上的任意一个图形，然后再单击"置为当前"这个图标即可实现切换（图 4.2-4）。

【第三种方法】：第三种方法也是笔者强烈建议读者使用的方法。

这是一种特别的方法，它首先涉及图层命名的策略。当在 AutoCAD 中给图层命名时，最好以英文字母或阿拉伯数字作为名称的开头。采用这种命名方式的主要优点是，它极大地便利了我们在工作过程中对特定图层的快速检索和使用（很遗憾，汉字开头的名称无法实现此效果）。例如，当需要找到特定图层时，只需在键盘上输入相应的关键词，比如输入"01"，那么所有包含"01"的图层名称便会立即显示出来（图 4.2-5）。这样的命名规则不仅直观，而且能显著提高我们查询图层的效率。

图 4.2-4 "置为当前"命令图标

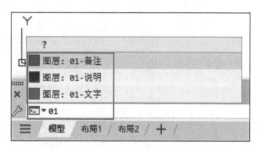

图 4.2-5 在命令行栏输入"01"

为了更形象地解释如何在 AutoCAD 中进行快速切换，以将"01-说明"这个图层切换为当前图层为例，可以按照以下步骤操作：

STEP01 快速定位图层。

首先，在 AutoCAD 界面的任意空白处输入"01"，此时所有包含"01"字样的图层名称会自动出现在命令行栏上方，方便我们快速查找。

STEP02 选择目标图层。

接下来，使用键盘上的向下箭头键，浏览并选中"01-说明"这个图层。

STEP03 完成图层切换。

最后，按下回车键，这样就成功将"01-说明"图层切换为当前图层。

这种方法不仅操作简便快捷，而且全程通过键盘来完成，无须使用鼠标，这将大大提高工作效率。

同理，如果输入"02"，那么所有以"02"开头的图层也会显示出来。这种方法在处理含有大量图层的复杂图纸时尤为有用。它不仅可迅速定位所需图层，而且还使图层的切换管理变得更加条理化和高效。因此，合理地规划和命名图层，对提升工作流程效率非常关键。

另外，以阿拉伯数字作为名称的开头还有一个好处就是方便我们调整图层的顺序。图层名称将会自动按照数字的大小来排序，方便常用图层的控制。单击图层特性管理器"名称"（图 4.2-6），可以切换图层名称的排序方式：从上至下还是从下至上。

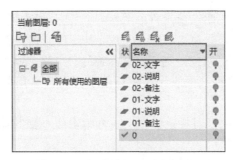

图 4.2-6　名称的排序

4.2.2　图层的非表示：LAYOFF

接下来，谈一谈图层的"表示"和"非表示"，这是控制图层可见性的一种方法。在 AutoCAD 中，控制图层的显示（表示）和隐藏（非表示）是一项基本而重要的功能。这不仅有助于更好地管理和组织图纸，而且还能提高绘图效率。

要控制图层的可见性，首先输入"LAYER"命令打开"图层特性管理器"对话框。例如，假设现在希望将"02- 备注"这个图层隐藏。只需找到"02- 备注"图层，并单击名称后面的"开"图标（黄色图标）（图 4.2-7）。当图标变为绿色时，表示该图层已被隐藏（非表示状态）（图 4.2-8）。若要重新显示该图层，只需再次单击该图标，使其从绿色变回黄色，即可恢复显示状态。这是一个可以循环切换的过程。

状	名称	▲ 开	冻结	锁定	打印	颜色	线型	线宽
✓	0	💡	☀	🔓	🖨	■白	Continuous	—— 默认
🗖	01-备注	💡	☀	🔓	🖨	■红	Continuous	—— 默认
🗖	01-说明	💡	☀	🔓	🖨	■蓝	Continuous	—— 默认
🗖	01-文字	💡	☀	🔓	🖨	■洋	Continuous	—— 默认
🗖	02-备注	💡	☀	🔓	🖨	■红	Continuous	—— 默认
🗖	02-说明	💡	☀	🔓	🖨	■蓝	Continuous	—— 默认
🗖	02-文字	💡	☀	🔓	🖨	■洋	Continuous	—— 默认

图 4.2-7　开

状	名称	▲ 开	冻结	锁定	打印	颜色	线型	线宽
✓	0	💡	☀	🔓	🖨	■白	Continuous	—— 默认
🗖	01-备注	💡	☀	🔓	🖨	■红	Continuous	—— 默认
🗖	01-说明	💡	☀	🔓	🖨	■蓝	Continuous	—— 默认
🗖	01-文字	💡	☀	🔓	🖨	■洋	Continuous	—— 默认
🗖	02-备注	💡	☀	🔓	🖨	■红	Continuous	—— 默认
🗖	02-说明	💡	☀	🔓	🖨	■蓝	Continuous	—— 默认
🗖	02-文字	💡	☀	🔓	🖨	■洋	Continuous	—— 默认

图 4.2-8　关

另外，AutoCAD 2024 还特意准备了两个相关的命令：图 4.2-9 中上方的图标是"LAYOFF"命令，下方的图标是"LAYON"命令。

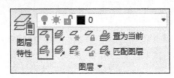

图 4.2-9　"LAYOFF"和"LAYON"命令图标

单击上方的"LAYOFF"图标后，再单击希望非表示的图层上任意的图形，就可以让此图形处于非表示状态；反之，当单击"LAYON"图标后，当前的 DWG 文件所有"非表示"的图层都会转换为"表示"的状态。活用这两个命令，将大大提高工作效率。

这种显示（表示）和隐藏（非表示）图层的功能有什么用处呢？总结起来有以下几个优点：

【减少干扰】：可以专注于对特定的图层进行编辑而不受其他图层的干扰，这对于处理复杂图纸尤为重要。

【提升效率】：另外，隐藏不相关或不需要的图层，可以简化视图，减少视觉混乱，对提高工作效率也非常有益。

【减少失误】：只显示正在编辑的图层，可以减少在错误图层上进行编辑的机会，从而减少错误。

【图纸清晰】：在进行某些特定的演示或打印时，隐藏不必要的图层可以使最终的图纸看起来更加清晰和专业。

4.2.3 图层的隔离：LAYISO

AutoCAD 2024 有两个图层隔离命令（图 4.2-10）："隔离"（上方）和"取消隔离"（下方）。隔离的命令为"LAYISO"，取消隔离的命令为"LAYUNISO"。

图 4.2-10 "LAYISO"命令和"LAYUNISO"命令

在 AutoCAD 中，"隔离"的意思使选定的对象保持可见，同时隐藏其他所有的对象。"LAYISO"命令用于隔离指定的图层，而"LAYUNISO"命令用于取消所有图层的隔离。使用"LAYISO"命令时，选定的图层将保持可见，而其他所有图层将被暂时隐藏。这在处理复杂图纸时非常有用，因为它允许专注于特定的部分，而不被其他图层干扰。相反，使用"LAYUNISO"命令可以恢复所有之前因"隔离"命令而隐藏的图层，从而使整个图纸的所有部分重新变得可见。

使用"LAYISO"命令可以实现两种"隔离"的效果。这两种效果在使用之前需要提前设定，且这两种效果不能用"LAYISO"命令来同时实现。

【第一种效果】：第一种"隔离"的效果，也是 AutoCAD 2024 默认的效果："锁定（Lock）+ 淡入（Transparency）"效果（图 4.2-11）。

图 4.2-11 锁定和淡入

"锁定"就是指对选定图形所在的图层以外的所有图层实施锁定的操作，下图为选择了"0"图层上的图形后单击"LAYISO"命令的效果（图 4.2-12）。

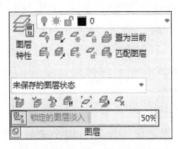

图 4.2-12　锁定

"淡入"就是指对所有锁定的图层设置淡入度，默认为 50%（图 4.2-13）。在命令行栏输入"LAYLOCKFADECTL"系统变量可以更改其数值（图 4.2-14）。

图 4.2-13　锁定的图层淡入

图 4.2-14　"LAYLOCKFADECTL"系统变量

【第二种效果】：使用"LAYISO"命令实现的第二种"隔离"效果为"关闭（O）"效果。要想实现这个效果，需要对"LAYISO"命令提前进行设置。在命令行栏输入"LAYISO"命令按回车键，然后单击"设置"（图 4.2-15）。

图 4.2-15　设置

然后继续单击"关闭"（图 4.2-16）。

图 4.2-16　关闭

接着按回车键就完成了设置（图 4.2-17）。

图 4.2-17　结束设置

图 4.2-18 所示为选择了 "0" 图层中的图形后，单击 "LAYISO" 命令的效果。我们可以看到 "0" 图层以外的所有图层都切换为 "OFF" 状态。

状	名称	开	冻结	锁定	打印	颜色	线型	线宽
✓	0	💡	☀	🔓	🖨	■ 白	Continuous	—— 默认
⬦	01-备注	💡	☀	🔓	🖨	■ 红	Continuous	—— 默认
⬦	01-说明	💡	☀	🔓	🖨	■ 蓝	Continuous	—— 默认
⬦	01-文字	💡	☀	🔓	🖨	■ 洋	Continuous	—— 默认
⬦	02-备注	💡	☀	🔓	🖨	■ 红	Continuous	—— 默认
⬦	02-说明	💡	☀	🔓	🖨	■ 蓝	Continuous	—— 默认
⬦	02-文字	💡	☀	🔓	🖨	■ 洋	Continuous	—— 默认

图 4.2-18 "OFF" 状态

在实际设计工作中，笔者最喜欢的 "隔离" 设定就是 "锁定（Lock）+ 淡入（Transparency）" 效果。将淡入的数值调整为 90% 后，通过 "LAYISO" 命令所选定的图层以外的所有图层将会被大幅度地透明化，只保留 10% 的可见度。这意味着这些图层在屏幕上几乎变得不可见，但并非完全消失。这种方式有助于保持设计全貌的完整性，并同时实现了让我们集中精力于当前正在设计的特定图层。

通过这样的设置，被锁定的图层在视觉上变得非常淡，但仍旧存在于绘图的界面中，这样我们不但可以对照其他图层来定位和比较，也不会被它们分散注意力。此外，即使图层被锁定和淡化，它们仍然可以被参考，这对于确保设计的准确性和一致性非常重要。

4.2.4 图层的冻结：LAYFRZ

"LAYFRZ" 命令可以快速实现冻结选定的对象所在的图层。与其相对的是 "LAYTHW" 命令，它允许解冻当前 DWG 文件中所有被冻结的图层。这两个命令的图标在 "图层" 面板中可以找到（图 4.2-19），上方为 "LAYFRZ" 命令，下方为 "LAYTHW" 命令。

图 4.2-19 "LAYFRZ" 命令和 "LAYTHW" 命令

"LAYFRZ" 这个命令非常有用，比如当需要在复杂的绘图中专注于特定部分时，可以通过冻结不相关的图层来减少视觉干扰。对于冻结的图层，不必打开图层特性面板来一个一个去解冻，使用 "LAYTHW" 命令即可全部解冻。但是，大家需要注意一点，如果图层为 "当前图层" 的状态，则无法使用 "LAYFRZ" 命令来对其进行冻结。

冻结图层（Freeze）和非表示图层（Off），都可以实现对特定图层的非表示，使该图层上的所有对象不会显示在绘图区域，但是它们又各有什么特点呢？

【冻结图层（Freeze）】：冻结图层的重要特点是，它不仅隐藏了图层，而且在图形重生成（如缩放或重绘）时不考虑这些图层。这意味着冻结图层可以提高处理大型文件时的性能。

冻结的图层在图层列表中仍然可见，被冻结的图层将不会参与打印，即它们不会出现在最终的打印输出中。

【非表示图层（Off）】：与冻结图层不同的是，即使图层被设置为非表示，它仍然会参与图形的重生成。这意味着在处理大型文件时，非表示图层不会像冻结图层那样提高性能。

非表示的图层在图层列表中也是可见的，被非表示的图层同样不会出现在打印输出中。

综上所述，如果需要优化绘图性能，特别是在处理包含大量对象和复杂图形的大型文件时，建议大家使用"冻结"（Freeze）功能；如果只是临时隐藏某些图层以便关注其他部分，而对性能影响不太关心，可以选择"非表示"（Off）选项。

在实际应用中，这两种方法可以根据具体需求和绘图的复杂程度灵活运用，以达到最佳的绘图效率。表 4.2-2 对"冻结图层"和"非表示图层"进行了比较，以方便学习和快速查阅。

表 4.2-2　"冻结图层"和"非表示图层"比较

名称	命令	是否显示图层	是否被打印	是否优化 DWG 文件性能
冻结图层	Freeze	否	否	是
非表示图层	Off	否	否	否

4.2.5　图层的锁定：LAYLCK

在绘图设计的过程中，有时需要对某些重要的图层进行保护，以防止误操作。"LAYLCK"命令提供了一种方便的方式来锁定选定对象所在的图层。当图层被锁定后，该图层上的所有对象都将无法被编辑或移动，这对于保持设计的完整性和准确性非常有帮助。相反，当需要对锁定的图形进行修改时，可以使用"LAYULK"命令来解锁这些图层。这个命令将允许大家重新获得对所选图层上对象的编辑控制权。在图 4.2-20 中，上方为"LAYLCK"命令，下方为"LAYULK"命令。

在"图层特性管理器"面板中有图层"过滤"功能（图 4.2-21），可以根据名称、颜色或者属性等来创建过滤条件，以筛选出需要的图层。

图 4.2-20　"LAYLCK"命令和"LAYULK"命令

图 4.2-21　图层"过滤"功能

这时可利用图层"锁定"功能来锁定这些筛选出的图层，防止它们被意外修改或删除。这种结合使用图层过滤器和锁定功能的方法，不仅提高了工作效率，尤其是在处理包含大量图层的复杂图纸时，而且还可以确保处理当前最重要的图层时其他图层不会受到干扰。也就是说，通过图层锁定和图层过滤器的结合使用，可以更有效、更有组织地管理 AutoCAD 中的复杂项目。

另外，"LAYULK"命令只能解锁当前选定的图层，不能批量解锁。关于批量解锁图层的方法，请参阅本书 9.8 节的内容。

4.2.6 图层的切换：LAYCUR

在 AutoCAD 中，如果你需要将已绘制的图形从一个图层切换到另一个图层，可以使用以下四种方法：

1. 第一种方法：图层面板 LAYER

图 4.2-22 所示图形当前处于"0"图层，如果想将它切换到"02"图层，先选择这个圆形，然后单击"图层"面板的倒三角形图标，找到"01"图层并单击它，就可以将当前的圆形从"0"图层切换到"02"图层（图 4.2-23）。

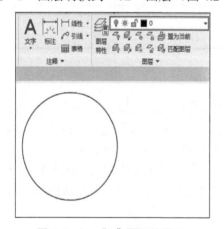

图 4.2-22 "0"图层的圆形

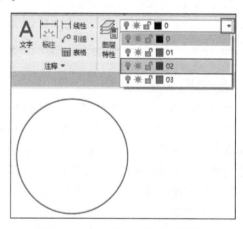

图 4.2-23 切换到"02"图层

2. 第二种方法："特性"工具

还可以通过图形的"特性"面板来进行切换。

关于"特性"工具，AutoCAD 提供了"特性"对话框和"快捷特性"对话框，它们的命令和快捷键见表 4.2-3。

表 4.2-3 "特性"工具

"特性"工具	命令	快捷键
"特性"对话框	PROPERTIES	Ctrl+1 或者 PR
"快捷特性"对话框	QPMODE	Ctrl+Shift+P 或者 QP

【"特性"对话框】：以图 4.2-24 所示圆形为例。在"圆"图形被选择的情况下，我们按键盘"Ctrl+1"后就可以快速启动"特性"对话框（PROPERTIES），然后通过切换"图层"名称，就可以实现对"圆"图形图层的切换工作。

用键盘输入"PR"也可以启动"特性"面板。特性面板是一个非常强大且多功能的工具。它不仅允许快速切换"图层"，还可以调整"颜色""线型"和"线宽"等（图 4.2-25）。

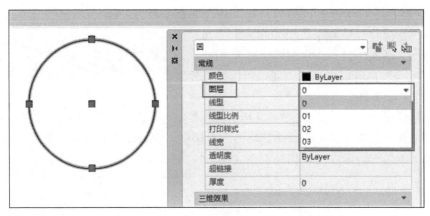

图 4.2-24　"特性"对话框

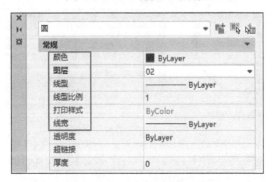

图 4.2-25　特性的功能

　　"特性"面板是图形设计中不可或缺的助手，很多绘图技术人员都有将"特性"对话框一直固定到绘图界面左侧的习惯，如图 4.2-26 所示。

图 4.2-26　"特性"面板

【"快捷特性"对话框】：另外，与"特性"命令类似的还有一个"快捷特性"命令（QPMODE）。在状态栏可以找到它的图标（图4.2-27）。它的快捷键为"QP"，按键盘的"Ctrl+Shift+P"也可以启动它。通过"快捷特性"也可以快速切换所选对象的图层。

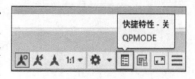

图 4.2-27　快捷特性

除了使用快捷键以外，在1.5节"鼠标的操作"中已经讲到，对"圆""直线"和"圆弧"等图形，双击就可以启动它们的"快捷特性"对话框。它的操作方法和"特性"面板一样，然后再通过"图层"就可以实现切换工作（图4.2-28）。

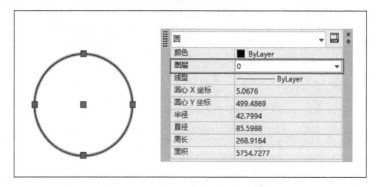

图 4.2-28　"快捷特性"对话框

"快捷特性"是笔者非常喜欢的工具之一。右击状态栏中的快捷特性图标（图4.2-29），就可以启动"草图设置"对话框中的"快捷特性"设置（图4.2-30），勾选"选择时显示快捷特性选项板"，然后在"选项板位置"中选择"固定"，单击"确定"按钮关闭"草图设置"对话框后，不必双击图形，单击就可以实现启动所有图形对象的"快捷特性"对话框。并且此对话框会固定显示在放置的位置。例如在图4.2-31中，笔者将快捷特性面板固定在了绘图界面的右上方，当单击"圆"图形后，圆的"快捷特性"面板就会显示在绘图界面的右上方。

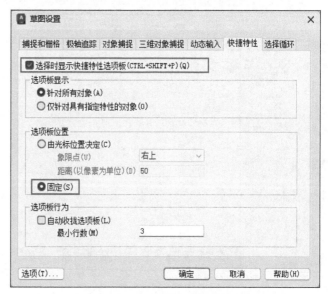

图 4.2-29　快捷特性图标　　　　　图 4.2-30　"草图设置"对话框

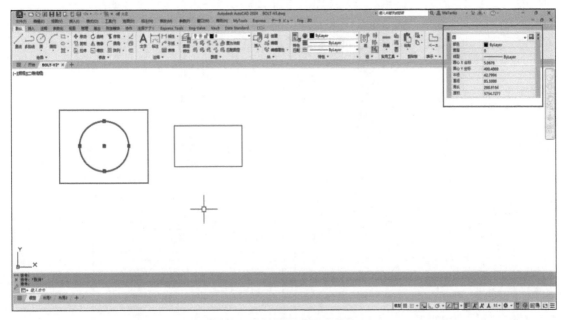

图 4.2-31　固定快捷特性面板

单击矩形，会看到矩形的"快捷特性"面板也同样显示在绘图界面的右上方（图 4.2-32）。

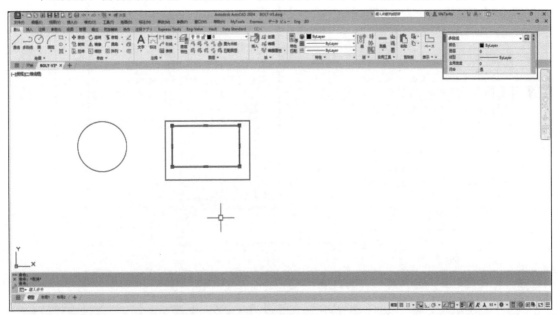

图 4.2-32　快捷特性面板的显示

这也是笔者十几年来所使用的"固定快捷特性面板"的工作流程。这样的习惯，可以方便快速启动"快捷特性"来确认当前图形的各种数据，而且显示的位置固定，对提高效率非常有帮助。

另外，"快捷特性"面板还可以自己来决定显示的内容。单击"快捷特性"对话框右上角处的"自定义"图标（图 4.2-33），弹出"自定义用户界面"对话框（图 4.2-34），与当前图形有关的各种数据全部显示在最右列处，勾选希望显示到"快捷特性"面板的数据选项，再单击最下方的"确定"按钮，就可以将此数据添加到"快捷特性"面板。

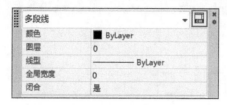

图 4.2-33 "自定义"图标

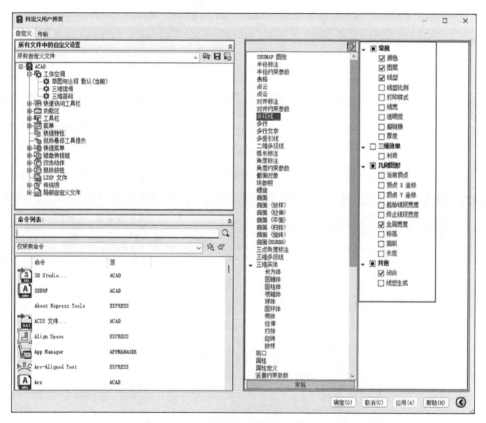

图 4.2-34 "自定义用户界面"对话框

3. 第三种方法：特性匹配 MATCHPROP

特性匹配的命令是"MATCHPROP"，它的快捷键为"MA"。在"特性"面板里面我们可以找到它（图 4.2-35）。

"特性匹配"命令是一个强大的工具，它可以极大地提升工作效率，特别是在处理多个图层和复杂设计时。使用这个命令，可以轻松地将一个对象的特性，如图层属性，复制到另一个对象上。

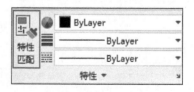

图 4.2-35 特性匹配

例如，在"02"图层中已经有了一个矩形（图 4.2-36），现在想将"0"图层中的圆形移动到"02"图层中，可以首先选择"02"图层中的矩形，然后激活"特性匹配"命令。之后，选择"0"图层中的圆形，命令会自动将圆形的图层属性更改为与矩形相同，即移动到"02"图层。

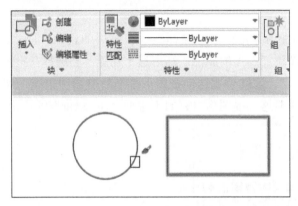

图 4.2-36　匹配圆形

这种方式特别适用于需要统一多个图形属性的场景。比如在创建一致的设计风格时，需要确保所有图形都在相同的图层，或者具有相同的颜色、线型等属性。

除了图层，还可以用"特性匹配"来复制和应用其他属性，如颜色、线型、填充样式等。这意味着如果有一个具有特定样式的图形，可以快速地将这些样式应用到其他图形上，确保整个设计的一致性和专业性。

与"特性匹配"命令相似，在"图层"面板里有一个"匹配图层"命令（LAYMCH）（图 4.2-37），它的使用方法和特性匹配几乎相同，是一个专门用于匹配图层的命令。

另外，在特性面板里还可以看到"颜色""线宽"和"线型"的设置窗口（图 4.2-38）。

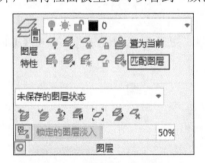

图 4.2-37　"匹配图层"命令图标

图 4.2-38　特性面板

在每个特性里都可以看到"ByLayer"和"ByBlock"（图 4.2-39）。

【ByLayer】：当对象图形的属性设置为"ByLayer"时，这意味着该对象将遵循其所在图层的属性。例如，如果一个线条颜色被设置为"ByLayer"，并且它所在的图层设置为蓝色，那么这个线条将显示为蓝色。如果更改了图层的颜色，属于该图层的所有"ByLayer"属性对象的颜色也会随之改变。这种设置有助于统一管理和修改具有相同属性的多个对象。

【ByBlock】：当对象图形的属性设置为"ByBlock"时，这些属性将在插入块（Block）时采用块插入点的属性。这意味着，当单独查看块定义时，这些"ByBlock"属性的对象可能看起来没有颜色或者是默认颜色。但是，当块被插入图纸中时，这些对象将采用块插入点的颜色和线型。如果块插入点没有指定颜色或线型，这些对象将按默认设置显示（通常是黑色）。这种设置使得块内的对象可以在不同的插入点显示不同的属性，增加了灵活性。

简而言之，"ByLayer"是指对象遵循其所在图层的属性，而"ByBlock"是指对象在成为块的一部分时遵循块插入点的属性。活用这个功能，当选择一批图形之后，如果在特性面板中显示"ByLayer"，这就说明这一批图形都是随着图层来统一切换属性；如果出现空白（图 4.2-40），则说明这一批图形中有的不遵循"ByLayer"的设定。

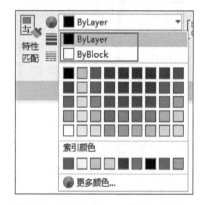

图 4.2-39　ByLayer 和 ByBlock

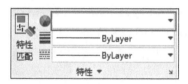

图 4.2-40　空白显示

通过"特性"面板的这一技巧，可以迅速判断当前所选择的图形和图层之间的关系，对统一管理对象图形的属性有很大的帮助。

4. 第四种方法："LAYCUR"命令

图层面板中还有一个可以切换图层的工具，即"更改为当前图层"（LAYCUR）（图 4.2-41），它也是一种高效的图层管理工具。

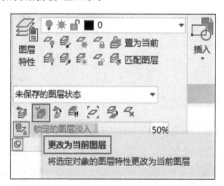

图 4.2-41　"更改为当前图层"图标

使用它很简单，首先在"图层"面板中选择一个目标图层作为当前图层，然后选定希望移动的对象，并激活"LAYCUR"命令。这样，所有选中的对象会自动转移到已设定的当前图层，从而简化了图层的重组和管理。

这个功能特别适合处理复杂的设计工程，因为它允许快速整理和优化图层结构，提升整个设计流程的效率和组织性。

4.2.7　图层的复制：ADCENTER

如果想复制其他 DWG 文件的图层到当前的 DWG 文件，使用"设计中心"命令"ADCENTER"将会非常方便。"设计中心"命令的快捷键为"ADC"，通过"Ctrl+2"也可以快速启动它。另外，在"视图"选项卡"选项板"面板中可以找到"设计中心"的图标（图 4.2-42）。

AutoCAD 的"设计中心"是一个功能强大的工具，它允许浏览、管理以及重用设计内容，可以方便地访问和插入预定义的块、符号、图层和其他标准绘图元素，并且支持拖放操作，可自定义内容库来提高工作效率。

例如，有两个 DWG 文件："DesignCenter-1.dwg"和"DesignCenter-2.dwg"（图 4.2-43）。

图 4.2-42　"设计中心"的图标

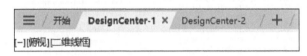

图 4.2-43　两个 DWG 文件

"DesignCenter-1.dwg"中有多个图层（图 4.2-44），而"DesignCenter-2.dwg"中只有"0"图层。现在需要将"DesignCenter-1.dwg"中的所有图层复制到"DesignCenter-2.dwg"，可以这样操作：首先，单击文件选项卡中的"DesignCenter-2"这个图形，将它的界面置为当前可操作的状态（图 4.2-45），这一步操作的目的就是为了后续方便将图层直接拖拽到当前的界面之后，就可以复制到"DesignCenter-2.dwg"文件。也就是说，这一步不可省略。

状	名称	▲	开	冻结	锁定	打印	颜色	线型
✓	0		☀	☀	⌒	🖶	■白	Continuous
⬍	01-DesignCenter		☀	☀	⌒	🖶	■红	Continuous
⬍	02-DesignCenter		☀	☀	⌒	🖶	■蓝	Continuous
⬍	03-DesignCenter		☀	☀	⌒	🖶	■洋	Continuous
⬍	04-DesignCenter		☀	☀	⌒	🖶	□绿	Continuous
⬍	05-DesignCenter		☀	☀	⌒	🖶	□青	Continuous
⬍	06-DesignCenter		☀	☀	⌒	🖶	□黄	Continuous

图 4.2-44　图层一览

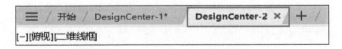

图 4.2-45　置为当前可操作的状态

用键盘"Ctrl+2"启动"DESIGN CENTER"对话框（图 4.2-46），可以看到"打开的图形"目录下"DesignCenter-1.dwg"和"DesignCenter-2.dwg"这两个文件。

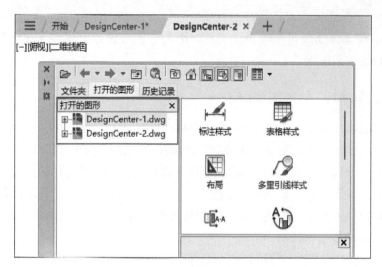

图 4.2-46　启动"DESIGN CENTER"对话框

单击"DesignCenter-1.dwg"文件前面的加号，找到"图层"选项，单击该选项就可以看到这个文件中的所有图层（图 4.2-47）。

然后按住 Shift 键，单击需要复制的所有图层（图 4.2-48）。

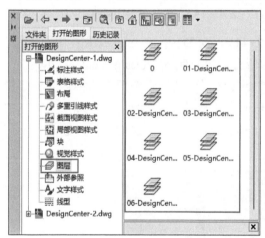

图 4.2-47　"图层"选项

图 4.2-48　单击需要复制的所有图层

然后直接将它们拖拽到当前的界面中来（图 4.2-49）。这时需要确认当前的绘图界面是否为"DesignCenter-2.dwg"文件，如果不是，需要在拖拽之前单击文件选项卡中的"DesignCenter-2"，将其置为当前界面。

图层的复制操作就结束了。打开"DesignCenter-2.dwg"中的"图层"选项，就可以看到图层已经复制进来（图 4.2-50）。

这种方法简单且高效，通过"设计中心"功能，可以自由自在地游走于各个 DWG 文件之间。除了图层，"设计中心"还可以允许复制块（BLOCK）、线型（LINETYPE）、布局（LAYOUT）、文字样式（STYLE）、标注样式（DIMSTYLE）、表格样式（TABLESTYLE）以及外部参照（XREF）等，对提高设计效率，以及保证各个项目之间的标准化、一致性有很大的帮助。

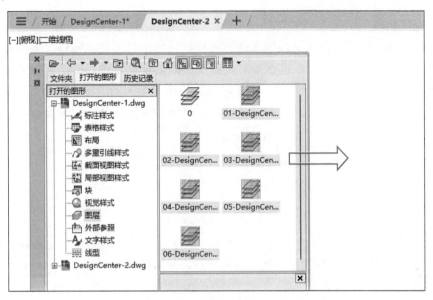

图 4.2-49　拖拽到当前的界面中

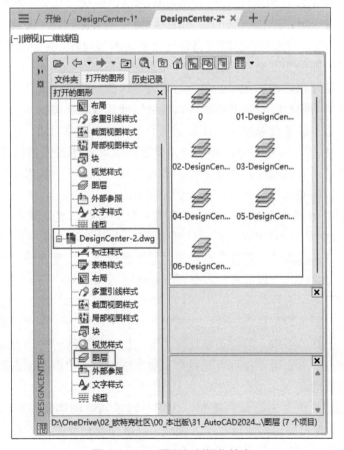

图 4.2-50　图层复制操作结束

4.3　活用图层控制特性

上一节内容探讨了在 AutoCAD 中如何通过默认选项卡栏中的"特性"面板控制图形的颜色、线宽和线型（图 4.3-1）。但在面对复杂项目和大量设计图形时，这种方法往往显得烦琐且效率不高。为了解决这一问题，图层功能的使用显得尤为关键，它不仅提供了一个更为高效和灵活的管理方式，还大大提升了工作的便捷性和项目的整体一致性。

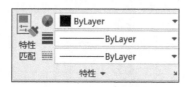

图 4.3-1　特性面板

利用图层可以将不同的设计元素分配至各自的图层，每个图层可设定独特的颜色、线宽和线型。这意味着，要修改设计中某个特定特性，只需调整相应图层的属性，而无须逐一处理每个对象。

例如，现在正致力于一台设备的设计。该项目涉及多个不同的部分，包括结构布局、管道系统等。为了便于修改和管理，可以使用 AutoCAD 的图层功能。我们创建多个图层，每个针对不同的设计部分：结构布局、管道系统。每个图层都设定了不同的颜色、线宽和线型，以便区分。随着设计的进行，当需要调整管道系统的布局时，只需选择管道系统的图层，一次性修改其属性，即可实现对所有管道系统元素的更新。

此外，图层功能还允许控制图形的显示与隐藏，这在处理复杂设计时尤为关键。例如，在复杂图纸中，可能需要暂时隐藏某些部分以便更清晰地查看或编辑其他部分。通过简单切换图层的可见性，这一任务可以轻松完成，无须逐个选择和隐藏对象。

比方说在会议中，为了专注讨论布局结构问题，就可以通过图层的非表示功能暂时隐藏布局结构图层以外所有的图层。也就是说，通过这种简单切换来实现图层的可见性，可以立即让焦点集中于结构布局上，从而使会议更加高效。

尽管特性面板在处理单个对象时提供了高度定制的可能，允许对单个图形进行详细调整，但当处理数量众多的单个图形时，此方法变得烦琐。每个图形都需要单独处理，效率较低。因此，虽然默认选项卡栏里的"特性"面板提供基本的颜色、线宽和线型控制，但图层的使用带来了更高级、更灵活的管理方式。本书强烈建议在 AutoCAD 设计中积极利用图层功能，以提高工作效率和设计灵活性。

然而，当需要对特定对象进行个性化设置时，使用"特性"面板进行调整会更为方便。选择哪种方法取决于具体需求。若你正在处理大型项目，需要统一管理大量对象的属性，使用图层可能更为适宜；而如果工作重点是对个别对象进行精细化调整，直接在"特性"面板中进行设置可能更合适。

通常，结合使用这两种方法最为理想。大部分对象通过图层来管理和切换通用属性，同时利用"特性"面板对特定对象进行个性化调整。这样既充分发挥了 AutoCAD 的灵活性，又保持了项目的整体一致性和易于管理的优势。

4.4　专属图层

在 4.1.4 节已介绍过 Defpoints 图层，它是 AutoCAD 自身创建的尺寸相关元素的图层。这种通过创建一个专用图层来集中管理与尺寸相关的元素，将特定元素划分到一个"专属图层"的做法，非常值得借鉴。这是 AutoCAD 中一种常见的操作策略，也正是 4.1.2 节所讨论的基于图层的绘图习惯的体现。

以在修改和审查图纸时常用的"云线"功能（"REVCLOUD"命令）为例（图 4.4-1），如果将其分类到一个专属图层，能显著提高对云线颜色的修改、批量隐藏等操作的效率。

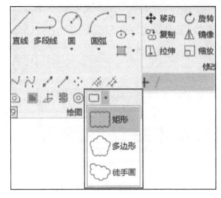

图 4.4-1　"云线"命令

在设计过程中，经常会遇到对同一张图纸进行多轮修改和校正的场景，此时我们就可以为每次修改所使用的云线都设置独立的专属图层（图 4.4-2），这种做法使得通过颜色的变化、图层的显示与隐藏等手段，轻松追踪每次修改的历史和内容，从而大大提升了对整个设计流程的掌控力。

状	名称		开	冻	锁	打	颜色	线型	线宽	透明
✓	0		♀	☀	⬜	🖨	■白	Continuous	—— 默认	0
⊘	Defpoints		♀	☀	⬜	🖨	■白	Continuous	—— 默认	0
✐	修改云线- Rev1		♀	☀	⬜	🖨	■红	Continuous	—— 默认	0
✐	修改云线- Rev2		♀	☀	⬜	🖨	■蓝	Continuous	—— 默认	0
✐	修改云线- Rev3		♀	☀	⬜	🖨	□青	Continuous	—— 默认	0
✐	修改云线- Rev4		♀	☀	⬜	🖨	□绿	Continuous	—— 默认	0
✐	修改云线- Rev5		♀	☀	⬜	🖨	□黄	Continuous	—— 默认	0

图 4.4-2　修改云线专属图层

像云线功能这样，归纳同类元素至特定的专属图层，这一策略极大地优化了文件管理，带来了包括提升绘图效率、改善项目管理以及增强图纸可读性等多方面的好处。以下列出这种操作方法的一些主要优点：

【提高效率】：通过将特定类型的元素放置在独立的图层中，可以更容易地管理和识别这些元素。这在修改、查看或打印特定部分的图纸时特别有用。

【便于编辑】：如果需要修改，比如更新云线或其他特定元素，拥有一个专门的图层可以让这一过程更加简单快捷。可以快速选择整个图层上的所有相关元素，而无须手动挑选单个对象。

【控制可视性】：通过使用专属图层，可以轻松控制哪些元素在特定时刻可见、哪些被隐藏。这在需要强调某些设计方面或在进行某些类型的打印和展示时都非常有用。

【打印和输出控制】：在准备打印图纸时，可以选择只打印特定图层或按图层调整颜色、线型和线宽。这可以帮助创建更为清晰和专业的文档，特别是当需要强调变更或重点区域的时候。

【增强图纸的可读性】：通过将不同类型的信息和设计元素分配到不同的图层，可以使图纸看起来更加整洁和有序。

除了 Defpoints 图层，AutoCAD 默认允许对文字、尺寸、图案填充、参照以及中心线来设置自己的专属图层。详细介绍请参阅 9.4 节的内容。

另外，为了方便读者更高效地设置云线的专属图层，15.8 节专门编辑了高效创建云线专属属性的 LISP 程序，感兴趣的朋友请参阅。

本章通过对 AutoCAD 2024 图层管理和操作的详细讲解，帮助读者了解了图层的概念、使用习惯以及各种图层操作方法。从新建和删除图层，到将图层置为当前、隐藏、隔离、冻结、锁定和切换，每一步操作都提供了灵活而高效的绘图体验。此外，活用图层控制特性和专属图层，更进一步提升了图层管理能力。希望本章的内容能够帮助读者在实际操作中更加得心应手，充分利用图层功能，提高绘图效率。

在本章中出现的命令和变量一览表如下：

章节	命令	快捷键	功能
4.1.1	LAYER	LA	启动或关闭图层特性管理器对话框
4.2.1	LAYMCUR		将选择的对象所在的图层置为当前
4.2.2	LAYOFF		关闭所选择对象所在的图层
4.2.2	LAYON		打开当前 DWG 文件的所有图层
4.2.3	LAYISO		隔离所选择图形以外的所有图层
4.2.3	LAYUNISO		取消图层隔离，显示所有图层
4.2.4	LAYFRZ		对选择图形的图层进行冻结
4.2.4	LAYTHW		对当前 DWG 文件的所有图层解冻
4.2.5	LAYLCK		锁定当前选择的图层
4.2.5	LAYULK		对锁定的图层进行解锁
4.2.6	LAYCUR		将选定图层设置为当前图层（与 LAYMCUR 相同）
4.2.7	ADCENTER	ADC	打开设计中心以管理和插入图块、样板等
4.4	REVCLOUD		创建或编辑修订云线

1．图层是什么？请解释依赖于图层的绘图习惯及其在组织和管理复杂图形项目中的重要性。结合实际应用，说明图层管理对提高工作效率的作用。

2．在 AutoCAD 2024 中，如何使用图层置为当前（LAYMCUR）、图层的非表示（LAYOFF）、图层的隔离（LAYISO）和图层的冻结（LAYFRZ）等命令？请举例说明这些图层操作在不同绘图场景中的实际用途和效果。

3．如何在 AutoCAD 2024 中活用图层控制特性来优化绘图过程？请解释图层的锁定（LAYLCK）、图层的切换（LAYCUR）和图层的复制（ADCENTER）等操作的具体使用方法，并探讨其在复杂项目中的应用价值。

第 5 章

AutoCAD 2024 文字和尺寸标注

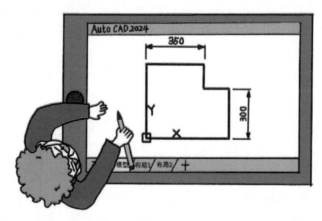

"失之毫厘，谬以千里。"成功与失败往往取决于一些看似微不足道的细节，因为细节处理的恰当与否可以直接影响到整个事情的结果。在使用 CAD 绘图时也一样，文字和尺寸标注是我们不可避免的操作，也是决定成败的关键。

本章将深入探讨 AutoCAD 2024 中的文字和尺寸标注，这是确保技术图纸准确性和专业性的关键环节。本章内容涵盖了模型空间与布局空间的基本概念，以及文字和尺寸线的具体制作方法，为读者提供了全面的指南和技术支持。

首先需要正确理解模型空间与布局空间的概念和它们之间的区别。理解了这些空间的功能和适用场景，对于正确放置和展示文字与尺寸标注至关重要。其次将介绍在 AutoCAD 中文字样式的设定，包括字体选择、大小调整以及文本排版等，以确保设计文档的清晰度和可读性。

尺寸线的设定也是本章讨论的重点，包括尺寸样式的创建、尺寸线的放置技巧，以及与其他图纸元素的协调。准确的尺寸标注对于技术图纸的功能性和信息传达至关重要。

5.1 模型空间与布局空间

在深入探讨文字和尺寸标注之前，重新认识一下 AutoCAD 中的模型空间（MODEL）与布局空间（LAYOUT）的概念是必要的。正如 1.3 节所述，模型空间是一个无限延展的环境，用于按实物的真实尺寸进行绘图，遵循 1:1 的比例原则。这就意味着，无论是手掌大小的手机还是几千米高的建筑设施，都应按实际尺寸绘制，这是使用 AutoCAD 设计的一个基本原则。

当涉及文字和尺寸标注时，情况将有所不同。因为这些元素并没有固定的"自然"大小，它们的尺寸只有在转移到纸张上时才会显得重要。换言之，在模型空间中设置的文字和标注大小，必须与未来布局空间中设置的打印纸张大小相匹配。

例如，假设要使打印出来的图纸上的文字高度统一为 2.5mm。在布局空间中，若一切对象都是按照 1∶100 的比例缩放，则在模型空间中，输入的文字高度应设置为多少呢？答案是 2.5mm×100，即 250mm。这也正是为何我们今天需要在这里重新提及模型空间和布局空间的理由。理解这些元素间的相互关系对于正确使用 AutoCAD 至关重要。

我们进一步考虑，在布局空间中布置的标题栏等也包含文字。在布局空间内的文字大小应设置为多少，才能确保印刷出来的文字大小一致？答案是 2.5mm。因为布局空间类似于印刷纸张，在布局空间直接输入的文字不受比例影响，按照所需纸张的实际大小来设定即可。

虽然在模型空间中设计时不必担心尺寸和比例，但在转到布局空间考虑到打印或展示时，文字的设置就变得极为重要。这也包括在布局空间设置多个视口，因为视口允许设置不同的比例将模型显示到布局空间中，这就要求在设置文字和标注尺寸的大小时，需要考虑保持设计的完整性和精确度。

AutoCAD 还提供了"注释性"功能（图 5.1-1），用以控制文字在模型或布局空间中的显示比例。本书在不使用"注释性"功能的前提下来探讨文字和尺寸标注。

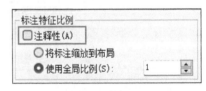

图 5.1-1　注释性

此外，除了标题栏，在布局空间中的其他元素、注释、图纸外框里的文字等，也需要一并考虑，以确保最终输出的图纸清晰且专业。因此，熟练掌握模型空间和布局空间的使用，不仅仅是一个绘图的概念问题，更是将设计理念有效转化为可实施、可打印图纸的一门技巧。

5.2　文字的输入方式

在 AutoCAD 中，文字输入是一个基础而重要的功能，它允许在绘图中添加注释和说明。AutoCAD 提供了三种文字的输入方式：单行文字（TEXT）、多行文字（MTEXT）和字段（FIELD）功能。每种方式都有其独特的应用场景和优势。

5.2.1　单行文字：TEXT

单行文字是最基本的文字输入方式。它的命令为"TEXT"，快捷键为"DT"。单行文字的图标在"注释"选项卡的"文字"面板里可以找到（图 5.2-1）。

"单行文字"每次只能输入一行文本。这意味着编辑时，每个文本实体需要单独处理。如果

图 5.2-1　"单行文字"图标

打算修改一段文本，需要逐行进行。鉴于此，"TEXT"命令尤其适合需要简短标签或注释的场景，比如标题栏等。当你需要在图纸上迅速添加少量文字时，"TEXT"命令提供了极大的便利性。

5.2.2 多行文字：MTEXT

多行文字的命令为"MTEXT"，快捷键为"T"。在"文字"面板中可以找到"多行文字"的图标（图5.2-2）。

图5.2-2 "多行文字"图标

"MTEXT"命令的主要用途是创建一个能够容纳多行文字的文本框。它搭配了一个具有丰富功能的文本编辑器（图5.2-3），可以在其中自由地对文本格式进行设置，如字体选择、大小调整、颜色变更、缩进设置等。

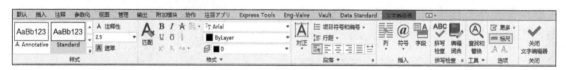

图5.2-3 文本编辑器

当涉及需要输入较长的说明、段落或格式复杂的文本时，"MTEXT"命令显得尤为合适。使用"MTEXT"命令，可以轻松地调整文本框的大小和形状，而文本内容也会根据文本框的尺寸自动进行适当的换行。这样的操作不仅优化了文本的呈现效果，也极大地提升了编辑效率。

多行文字比单行文字属性丰富，很多朋友都喜欢采用多行文字来进行文字输入的操作。另外，在"插入"选项卡的"输入"面板里，可以找到"合并文字"图标（图5.2-4），它的命令为"TXT2MTXT"，这个命令可以简单快捷地将单行文字转换为多行文字。它甚至能将多个文本合并为一个多行文字，希望大家有机会尝试一下。

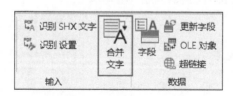

图5.2-4 "合并文字"图标

5.2.3 字段：FIELD

"字段"的命令为"FIELD"，它的图标在"插入"选项卡的"数据"面板里（图5.2-5）。

图 5.2-5　"字段"命令图标

"FIELD"命令在 AutoCAD 中扮演着一个独特而强大的角色，它提供了一种动态的文本输入方式，允许在文本中插入可以自动更新的信息，这些信息可以是日期、图纸属性、尺寸值或其他相关数据（图 5.2-6）。这种自动更新的特性在管理动态信息时尤为重要，尤其是在涉及频繁变更的数据时。

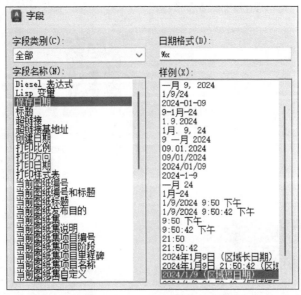

图 5.2-6　"字段"对话框

此外，"FIELD"命令的真正强大之处在于其与 AutoCAD 的脚本和自动化功能的结合。借助这些功能，用户可以批量生成或修改文本，极大地提高工作效率。这对于需要在多个图纸中维护一致信息的项目尤其有价值，例如在一系列设计图纸中统一更新项目名称或修订日期。

除了基本的数据插入功能，"FIELD"命令还支持更高级的应用，如链接外部数据库或自动提取特定参数。这使得使用 AutoCAD 能够创建更加智能和响应式的文档，从而在设计和绘图工作中实现更高水平的自动化。

表 5.2-1 是对这三种文字输入方法的比较。通过熟练使用这三种文字输入方式，我们可以在 AutoCAD 绘图中有效地传达设计意图和详细信息，提高工作效率和绘图质量。这三种方法都有其适用场景，根据具体需求选择合适的文字输入方式，可以使得绘图工作更加高效和专业。

表 5.2-1　三种文字输入方法的比较

名称	命令	属性	是否可动态显示
单行文本	TEXT	简单，仅限单行文本	否
多行文本	MTEXT	丰富，支持多行文本和高级格式化	否
字段	FIELD	可以嵌入 TEXT 或 MTEXT 中，显示动态数据	是

另外，在"Express Tools"工具集中，有很多与文字相关的命令，例如可以让文字沿圆弧排列的"ARCTEXT"命令、将文字分解为多段线的"TXTEXP"命令，都是很实用的工具。感兴趣的朋友可以参阅本书 11.4 节和 11.5 节的相关内容。

5.3 文字的编辑：DDEDIT

单行文字（TEXT）和多行文字（MTEXT）都可以在位编辑。对单行文字，双击后就进入了在位编辑状态（图 5.3-1）。

单行文字的在位编辑功能较少，除了可以修改、删除、添加文字以外，右键单击后还有插入字段、改变大小写等功能（图 5.3-2）。

图 5.3-1　单行文字的在位编辑　　　　图 5.3-2　单行文字的右击

对多行文字双击后也可以启动在位编辑（图 5.3-3），从外观上可以看到，它比单行文字多了许多功能，比如高度、宽度的调整，以及制表样式和首行缩进等。

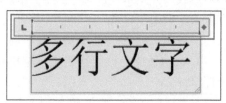

图 5.3-3　多行文字的在位编辑

但是对于多行文字，不但可以在位编辑，还可以通过"文字编辑器"来进行编辑。启动文字编辑器的命令为"TEXTEDIT"，它的快捷键为"ED"。使用旧版本的朋友应该已经习惯了"DDEDIT"这个命令，它与"TEXTEDIT"完全相同，在 2015 版中被替换为"TEXTEDIT"。但是在 AutoCAD 2024 我们输入"DDEDIT"仍可被识别。

"TEXTEDIT"命令在操作面板中没有图标，对多行文字双击后就可以启动它。它和其他命令不同，不会弹出对话框，而是在选项卡栏专门开辟一系列操作面板来供我们使用（图 5.3-4）。

图 5.3-4　文字编辑器

文字编辑器功能非常强大，它分为"样式"面板、"格式"面板、"段落"面板、"插入"面板、"拼写检查"面板、"工具"面板、"选项"面板和"关闭"这几个区域。

5.3.1　样式面板

"样式"面板允许我们自定义和管理文本样式（图 5.3-5）。在这里，可以选择不同的字体、调整大小、改变颜色，甚至可以设置加粗、斜体等样式。关于样式的设定，在本章 5.4 节将会详细介绍。

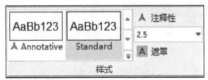

图 5.3-5　"样式"面板

在"样式"面板里面，还可以对文字进行"背景遮罩"（图 5.3-6），这个功能允许为文本添加一个自定义颜色的背景，不仅增强了文本的可读性，也美化了视觉效果。

图 5.3-6　背景遮罩

5.3.2　格式面板

"格式"面板专注于文字的布局和排版（图 5.3-7）。可以在此设置文本的对齐方式、行高和字符间距。这个面板对于确保文本的整洁性和可读性至关重要，尤其是在处理含有大量文字的复杂图纸时。

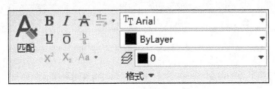

图 5.3-7　"格式"面板

5.3.3　段落面板

"段落"面板提供了高级文本排版功能（图 5.3-8），如段落对齐、缩进、行间距调整。它适用于处理多行文本，能够控制文本块的整体外观，从而增加文档的可读性。

5.3.4　插入和拼写检查面板

"插入"面板用于向文本中添加特殊字符和符号（图 5.3-9）。无论是特殊符号、技术符号还是字段功能（FIELD），都可以通过这个面板轻松添加。这对于需要在图纸中使用特殊标记或说明的技术人员尤为有用。

"拼写检查"面板是一个自动检查文本拼写的工具。它能帮助识别和更正拼写错误，确保文本的专业性和准确性。这对于提高文档的整体质量非常重要，特别是在正式的工程文件中。

图 5.3-8　"段落"面板

图 5.3-9　"插入"面板和"拼写检查"面板

5.3.5　工具和选项面板

"工具"面板提供了一系列文本编辑工具，如复制、粘贴、剪切、撤销和重做（图 5.3-10）。这些工具让文本编辑过程更加高效，特别是在处理大量或复杂文本时。

"选项"面板允许自定义文字编辑器的各种设置，如默认字体、大小和颜色等。通过个性化这些设置，可以优化编辑环境，提高工作效率。

图 5.3-10　"工具"面板和"选项"面板

5.3.6　关闭面板

"关闭"面板用于保存和退出编辑模式（图 5.3-11）。可以在此保存所做的更改，或选择撤销不需要的修改。

图 5.3-11　"关闭"面板

这些面板极大地方便了处理多行文字，使文字的编辑过程更加精确且灵活。无论是简单的文本编辑还是复杂的文本排版设计，这套面板工具都能高效地满足各种需求。

5.4 文字样式的设定：STYLE

　　无论使用"TEXT"命令还是"MTEXT"命令来输入文字，都需要提前创建和设置好"文字样式"。在 AutoCAD 中，文字样式的设定是一个非常重要的步骤，因为它直接影响到绘图中文字的外观和可读性。通过创建和修改文字样式，可以确保图纸中文字的一致性和专业性。文字样式不仅限于控制字体、大小和倾斜度，还包括字符间距、行间距、对齐方式等多种参数。甚至可以指定特定的文字填充颜色或添加边框，从而使得文本更加突出和易于识别。

　　文字样式的命令为"STYLE"，它的快捷键是"ST"。它没有图标，但是单击"文字"面板右下方的斜箭头可以启动它（图 5.4-1）。

图 5.4-1 "文字样式"的图标

用键盘输入"ST"，按回车键就可以启动"文字样式"对话框（图 5.4-2）。

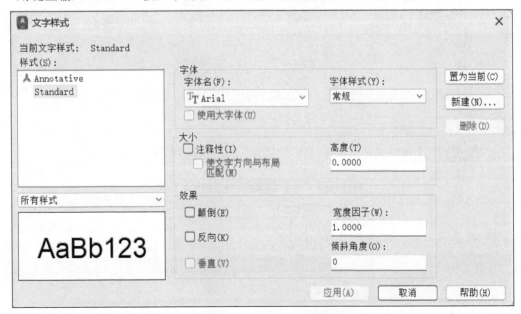

图 5.4-2 "文字样式"对话框

　　从这个对话框里，可以看到文字样式的功能主要包含样式、字体、大小和效果等，读者可以创建、修改和管理文字。这个过程虽然初看有些复杂，但一旦习惯了这种方式，会发现这大大增强了绘图能力，使得自己能够更加自由地表达设计意图。

5.4.1 样式

单击"新建"按钮（图5.4-3），"新建文字样式"对话框就会弹出。保留默认的样式名"样式1"（后续可以根据需要自行修改），单击"确定"按钮，会看到左侧的样式列表中多出一个新的名称"样式1"（图5.4-4）。这就是创建样式的方法。对创建后的样式，通过右边的"置为当前"按钮，可以方便切换样式为当前所使用。

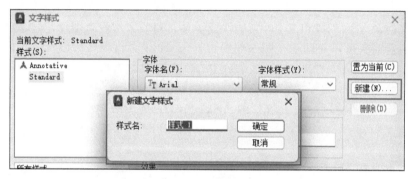

图5.4-3 新建文字样式

图5.4-4 置为当前

把"样式1"置为当前之后，可以在"文字"面板中看到（图5.4-5）。

图5.4-5 "文字"面板

5.4.2 字体

"字体"的选择是文字样式的一个重要工作（图5.4-6）。

图 5.4-6　字体设置

AutoCAD 的字体有 TrueType 字体和 SHX 字体。TrueType 字体是一种标准的字体格式，广泛用于 Windows 和其他操作系统。SHX 字体是 AutoCAD 特有的字体格式，是一种基于矢量的字体，主要用于技术图纸。使用 TrueType 字体可以使文本看起来更加平滑和清晰，尤其是在打印时。这种字体类型也支持更多的字符集，使得其在多种语言环境下都能使用。而 SHX 字体，由于它们的矢量特性，更适合在图纸中进行缩放，而不会失去清晰度。SHX 字体通常用于包含特殊符号和图形元素的技术图纸中。

5.4.3　大小

对于文字大小，通过文字样式面板可以提前定义好它的高度（图 5.4-7）。

图 5.4-7　文字大小

在实际操作中此处可不填，在绘图界面输入文字时再去设定它的高度即可。当然，根据高度的不同，来提前预制文字样式也是一种常用的手法。

5.4.4　效果

在"效果"区域，可以对文字的倾斜角度、宽度等进行设定（图 5.4-8）。

图 5.4-8　效果

通过以上的设定，单击最下方的"应用"按钮，就完成了对文字样式的设置。AutoCAD 默认的文字样式为"Standard"。但是 AutoCAD 允许保存和导入文字样式，这意味着可以在不同的绘图之间复用已经设定好的样式。在模板文件中包含预设的文字样式，新建图纸时无须重复进行样式设置，直接调用模板中的预设样式即可。这种方法不仅节省了时间，还确保了不同项目间风格的统一，特别适用于团队协作和标准化作业。设置好模板后，只需在需要时进行微调，即可快速生成符合要求的图纸，大幅提升整体工作流程的专业性和规范性。

5.5 尺寸线的标注：DIM

在 AutoCAD 中，尺寸的标注是一个很重要的工作，它涉及如何在图纸上准确地将各种数值和公差表示出来。而且尺寸线的设定不仅关乎图纸的准确性，也影响到图纸的可读性及专业度。

新建一个 DWG 文件，在"注释"选项卡中可以看到尺寸标注专用的"标注"面板（图 5.5-1）。

图 5.5-1 "标注"面板

与文字样式的设定一样，进行尺寸标注之前，需要先设定标注样式。单击"标注"面板右下角的图标（图 5.5-2），就可以启动"标注样式管理器"。

图 5.5-2 单击此图标

在一个新创建的 DWG 文件中有三种默认的标注样式："Annotative""ISO-25"和"Standard"（图 5.5-3）。

"Standard"是最基本的标注样式，提供了一个通用的标注设置，适用于大多数人的绘图需求。它通常设定了基本的文字字体、大小和标注线类型，作为一个新项目的默认起点。"Annotative"样式的标注对象（如文字、尺寸线等）能够根据视图的比例尺自动调整大小，并允许单个标注对象在多个比例尺视图中正确显示，无须重复工作。"ISO-25"标注样式则遵循了国际标准化组织（ISO）的标准，一般新建标准样式时，大都在 ISO-25 的基础上复制后进行改造。

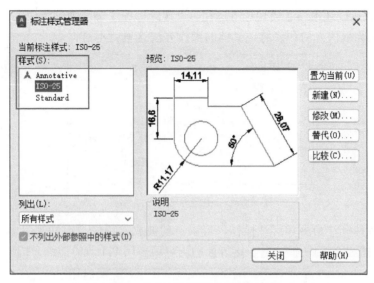

图 5.5-3　标注样式管理器

关于标注样式管理器，在 5.6 节有详细的介绍。这里先介绍一下标注面板里的"标注"命令（DIM）（图 5.5-4）。

"DIM"是一个动态化的命令，只需将光标悬停在将要标注的对象上，"DIM"命令就能够智能地预览并推荐合适的标注类型，以适应不同的绘图需求。也就是说，这个命令提供了一种高效的方式来创建各种类型的标注，只需通过这一个命令即可完成很多标注，包括垂直、水平和对齐的线性标注、坐标标注、角度标注、半径及折弯半径标注、直径标注，以及弧长标注，极大地简化了标注操作。

与动态的"DIM"命令相对应，传统的尺寸标注方式也可以在"标注"面板里找到（图 5.5-5）。线性标注、角度标注、直径和半径标注等都可以同一位置切换使用。

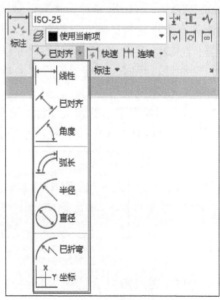

图 5.5-4　"标注"命令　　　　　图 5.5-5　传统的标注方式

另外，AutoCAD 还准备了"快速"标注、"连续"标注等高效的标注工具（图 5.5-6），即使是初学者也会很快入门和熟练，具体的操作方法这里就不再详述。

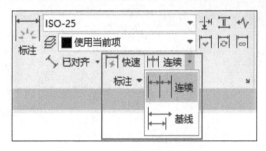

图 5.5-6　快速标注和连续标注

使用过的各种标注命令和标注操作，可以自动被放入预先设定好的图层（图 5.5-7），而无须在绘图过程中来回切换。关于这方面的内容请参阅 9.4 节的详细介绍。

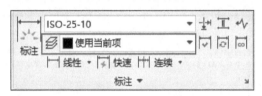

图 5.5-7　标注用图层

以上就是关于标注面板的主要功能。最后再特别强调一下动态的"DIM"命令（图 5.5-4），它大大简化了我们的标注操作，使得即使是初学者也能快速上手。

5.6　标注样式：DIMSTYLE

在 AutoCAD 中，可以用多种方式来定制尺寸线的颜色、图层、线型甚至端点箭头的样式，这使得创建具有个性化特征的尺寸标注成为可能。通过访问"标注样式管理器"，大家可以轻松地设置尺寸线，无论是创建全新的尺寸样式还是调整现有的样式。这一工具支持为各种尺寸线（包括线性、径向、角度等）设置独特的样式，有效地促进了在多样化绘图环境中对适宜尺寸样式的快速识别与应用。

单击"标注"面板右下角的箭头图标（图 5.6-1），就可以启动"标注样式管理器"。另外，在命令行栏输入"DIMSTYLE"命令也可以启动它。

图 5.6-1　标注样式管理器的启动

当前的 DWG 图纸所包含的所有标注样式，都会显示在这个"标注样式管理器"中（图 5.6-2）。通过标注样式管理器可以创建出所需要的新的标注样式。

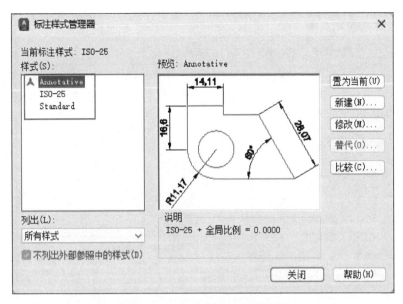

图 5.6-2　标注样式管理器界面

这里以新建一个名称为"副本 ISO-25"的标注样式为例，和大家一起操作一下。

STEP01 任意新建一个 DWG 文件，打开标注样式管理器，在 ISO-25 被选择的情况下，单击右边的"新建"按钮，在"创建新标注样式"对话框中，我们可以看到新的样式名称会自动生成"副本 ISO-25"，另外，"基础样式"显示着"ISO-25"，这就是说创建的新样式是在"ISO-25"这个样式的基础上生成的。单击"继续"按钮（图 5.6-3）。

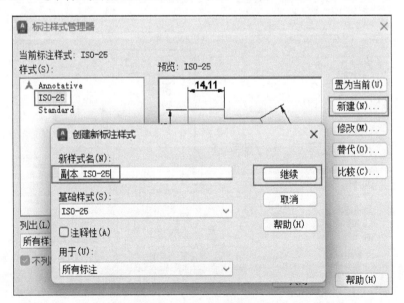

图 5.6-3　新建标注样式

STEP02 在弹出的"新建标注样式：副本 ISO-25"对话框中，"线"选项卡中的参数，可以根据自己的偏好修改，例如将"起点偏移量"修改为"2.5"（图 5.6-4）。

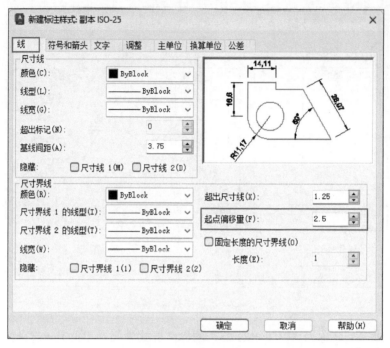

图 5.6-4 线的设定

STEP03 切换到"符号和箭头"选项卡（图 5.6-5），这里将所有的箭头都修改为"打开"，箭头的大小为"3.5"。

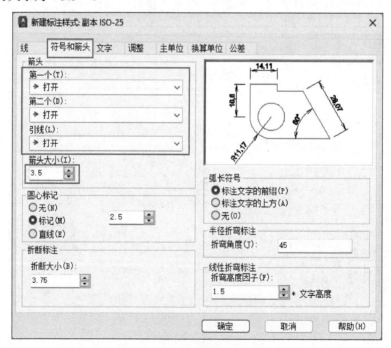

图 5.6-5 符号和箭头设定

STEP04 继续切换到"文字"选项卡（图 5.6-6）。这里修改两处："文字高度"修改为

"3.5"，"从尺寸线偏移"修改为"1.5"。

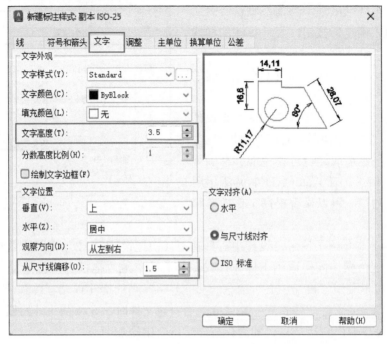

图 5.6-6　文字的设定

STEP05 在"调整"选项卡中，确认一下"使用全局比例"是否为"1"（图 5.6-7）。它影响整个标注样式的比例大小，在下一节将单独说明活用"全局比例"来创建新的标注样式。

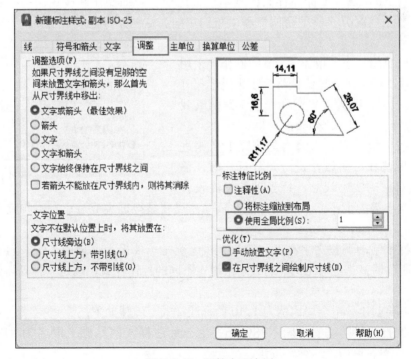

图 5.6-7　调整全局比例

STEP06 "主单位""换算单位""公差"
等处的修改不再详细叙述，当前按默认。最后
单击最下方的"确定"按钮，尺寸标注的样式
就创建完成了。

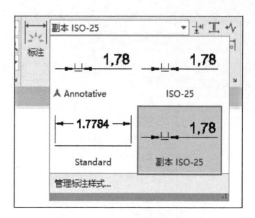

通过"标注"面板就可以看到自己创建的
标注样式（图 5.6-8）。

正确设定尺寸线对于任何技术图纸来说都
是至关重要的。它不仅使图纸看起来更加专业，
而且还确保了在制造或建造过程中能够准确无
误地传达尺寸信息。在 AutoCAD 中灵活运用
尺寸线的设定功能，可以显著提高工作效率和
图纸质量。

图 5.6-8　标注样式创建完成

另外，4.2.7 节介绍了使用"设计中心"功能（快捷键 Shift+2）将图层复制到其他图纸
文件的方法。这个操作同样适用于标注样式。只需简单地"拖拽"，就能复制和再利用标
注样式。读者可以利用"设计中心"的这一功能，将常用的标注样式汇总到一个 DWG 文件
中，将其作为自己的"标注样式库"。这样，当新建文件时，无须从头开始创建标注样式，
只需利用"设计中心"直接从自己的"标注样式库"中添加即可。

5.7　全局比例和模型空间

上一节对 AutoCAD 中标注样式的基本设置进行了详细操作和解说。但在实际操作过
程中，还需要注意区分"模型空间"和"布局空间"这两个概念，正如 5.1 节所详细讲述
的那样。

针对布局空间，建议根据 5.5 节的操作，采用
标注样式的默认设定"全局比例"为 1 来进行尺寸
标注（图 5.7-1），因为布局空间一般都跟随着我
们常用的纸张尺寸大小来设定的。

然而，在模型空间中，因为是按照 1:1 来进
行具体的绘图操作，所以在进行尺寸标注时，需

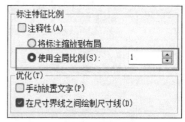

图 5.7-1　使用全局比例

要根据绘制对象的实际尺寸，适当调整标注设置
（如箭头、文字等的大小），否则可能导致标注尺寸显得过大或过小，影响整个图纸的美
观和准确性。

但是每次都手动调整文字高度和箭头大小无疑是一件极为烦琐的工作。为了解决这一
问题，可以通过调整"全局比例"的大小来设定不同的标注样式，这是一种既高效又便捷的
方法。

例如，需要创建一个全局比例为 1:10 的标注样式，步骤如下：

STEP01 在上一节创建的"副本 ISO-25"这一标注样式的基础上取名为"ISO-25-10"
（图 5.7-2），然后单击"继续"按钮。

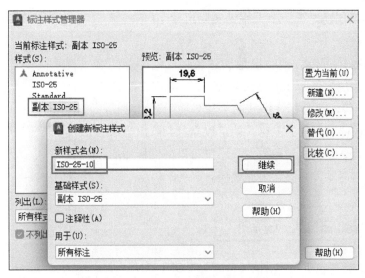

图 5.7-2　新建"ISO-25-10"标注样式

这里需要注意一点：为什么要在上一节创建的标注样式的基础上来新建标注样式呢？这是因为样式标注有"继承"功能，当创建新的标注样式时，只需在已经创建好的标注样式的基础上来修改个别位置即可，无须再进行全面的设定。

STEP02 打开"调整"选项卡，将"使用全局比例"修改为"10"（图 5.7-3），其他设置无须修改，单击"确定"按钮。

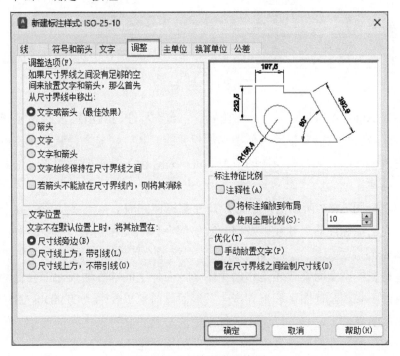

图 5.7-3　使用全局比例

STEP03 这样就创建好了一个大小为实际尺寸 10 倍的标注尺寸（图 5.7-4）。

利用这种方法，可以方便快捷地创建各种比例的标注样式来配合尺寸标注工作，如 ISO-25-100（1：100）、ISO-25-500（1：500）等，而且标注样式的名称也应尽量反映比例大小，这样通过标注样式的名称，就可以立刻判断出当前这个样式的比例大小。通过这种方式，不仅可以确保标注的准确性和专业性，还能大幅提高工作效率。

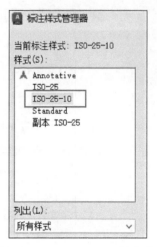

图 5.7-4　ISO-25-10 创建成功

5.8　尺寸标注的关联特性

在 AutoCAD 的"选项"对话框（命令为"OPTIONS"）中切换到"用户系统配置"选项卡，可以看到"关联标注"的设定（图 5.8-1），默认状态为开启。

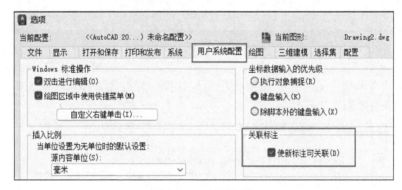

图 5.8-1　关联标注

关联标注是 AutoCAD 中的一个重要功能，它允许标注与其所标注的几何图形之间动态连接。这就意味着当修改或者移动几何图形的尺寸或形状时，与之关联的标注也会自动更新以反映这些更改，可以大大提高绘图的效率和准确性，因为不需要每次在几何对象发生变化后都手动更新标注。

例如，现在有图 5.8-2 所示的多边形，尺寸都标注完成。拖动多边形的各个边，改变它的形状，会发现已经标注的尺寸线以及尺寸数值都会自动发生变化（图 5.8-3）。

以上方法也同样适用于布局空间的标注。在模型空间绘制图形，然后切换到布局空间进行标注，无论在模型空间修改还是移动了图形，布局空间的标注尺寸都会自动关联。

当然，有时不想使几何图形和尺寸产生关联。这时可以使用"DIMDISASSOCIATE"命令（快捷键为"DDA"），它可以快速地打断标注与其关联对象之间的连接。使用这个命令后，即使几何图形的尺寸或形状发生变化，相关的标注也不会自动更新。

在命令行输入快捷键"DDA"，按回车键后系统会提示选择对象（图 5.8-4）。

也可以框选包含尺寸的图形，此命令只会选择框选范围内的尺寸对象，按回车键后就可解除关联（图 5.8-5）。

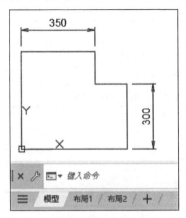

图 5.8-2　多边形

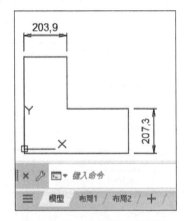

图 5.8-3　尺寸线自动关联

图 5.8-4　选择对象

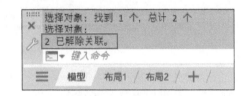

图 5.8-5　解除关联

当然，这个命令也同样适用于标注布局空间中的尺寸。

总的来说，关联标注功能提供了一种高效、自动化的方式来确保绘图中的标注始终反映几何对象的当前状态。利用这个功能，可以在项目设计过程中节省大量的时间和精力。

扫描本书前言中的二维码，可以下载 DDA.dwg 文件来亲自尝试一下本节的例子。

本 章 小 结

本章对 AutoCAD 2024 文字和尺寸标注进行了深入探讨。相信读者在学习本章内容后，已了解了模型空间与布局空间的区别，掌握了单行文字、多行文字和字段的输入方式，并熟悉了文字编辑工具的各个功能面板。此外，本章还介绍了文字样式的设定，以及尺寸线和标注样式的使用方法。通过学习全局比例与模型空间的关系，以及尺寸标注的关联特性，可以更加精准地进行绘图标注。希望本章内容能帮助读者更好地掌握 AutoCAD 2024 中的文字和尺寸标注功能，提高绘图效率和准确性。

下面是本章出现的命令和变量一览表。

章节	命令	快捷键	功能
5.1	MODEL		切换到模型空间进行绘图
5.1	LAYOUT		切换到布局视图进行图纸管理和打印设置
5.2.1	TEXT	DT	创建单行文字对象
5.2.2	MTEXT	T	创建多行文字对象
5.2.3	FIELD		插入自动更新的字段
5.3	TEXTEDIT	ED	文字编辑器，编辑现有文字对象
5.4	STYLE	ST	创建和管理文字样式
5.5	DIM		创建标注对象
5.6	DIMSTYLE	D	创建和管理标注样式
5.8	DIMDISASSOCIATE	DDA	解除标注与几何对象的关联

1. 在 AutoCAD 2024 中，单行文字（TEXT）、多行文字（MTEXT）和字段（FIELD）各有哪些适用场景？请详细说明如何通过"DDEDIT"命令进行文字编辑，包括使用样式面板、格式面板、段落面板、插入和拼写检查面板、工具和选项面板。

2. 在 AutoCAD 2024 中，如何通过"STYLE"命令设置文字样式？请解释文字样式的各个关键参数（如样式、字体、大小和效果）及其在不同绘图项目中的应用和重要性。

3. 如何在 AutoCAD 2024 中进行尺寸线的标注？请详细说明"DIMSTYLE"命令的使用方法以及全局比例和模型空间对尺寸标注的影响，并探讨尺寸标注的关联特性在保持图形一致性和精确性方面的作用。

第6章

AutoCAD 2024 的打印

三分设计，七分实践，学习 AutoCAD 的打印设定更是如此。打印是将电子文档成功转化为纸质输出的关键步骤。打印过程不仅仅是将设计从屏幕转移到现实生活中的纸张上，它还涉及一系列的设置和样式选择，确保最终输出的图纸既精确又符合专业标准。AutoCAD 的打印设置功能很强大，包括选择合适的打印机、纸张尺寸、打印比例以及视图配置。正确的打印设置是确保设计在纸上正确呈现的基础，涉及细节的调整，可以大大影响打印输出的质量和效果。

AutoCAD 提供了丰富的打印功能，其中还包含了打印样式的设定。打印样式在 AutoCAD 中扮演着至关重要的角色，它决定了如何将屏幕上的颜色、线型和其他图形属性转化为打印输出。掌握打印样式的应用，可以帮助大家创建出既符合技术要求又具有视觉吸引力的印刷物。

希望通过本章的学习，大家能熟练掌握打印设置和样式应用，确保每一张输出的图纸都能达到预期的效果。

6.1 关于打印：PLOT

打印的命令为"PLOT"，它没有快捷键。打印的图标在绘图区域左上方的快速访问工具栏（图 6.1-1）。无论在模型空间（MODEL）还是在布局空间（LAYOUT）都可以操作此命令。

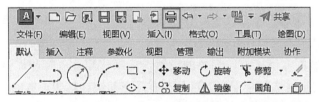

图 6.1-1 "打印"图标

但是在模型空间和在布局空间启动"PLOT"命令，它们是有一定区别的。

6.1.1 模型空间的打印

在模型空间启动"PLOT"命令后，可以看到"打印"对话框左上角显示的是"打印 - 模型"

（图 6.1-2），也就是说，可以从模型空间来直接打印图纸。

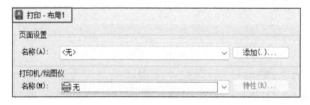

图 6.1-2　打印 – 模型

但是对 AutoCAD 来说，通常这不是首选的打印方法。因为模型空间中的图形按其实际大小显示，没有页面边界或打印比例，所以直接从模型空间打印，需要准备好模型空间用的外框。另外，在模型空间进行的打印设置通常是临时的，不会被保存。这意味着如果在模型空间进行了特定的打印配置（如比例、视图等），这些设置在关闭文件后通常不会被保留。

模型空间更多地用于设计和建模，而不是最终的打印输出，所以打印设置的保存并不是它的主要功能。

6.1.2　布局空间的打印

在布局空间的状态下，启动"PLOT"命令后，"打印"对话框左上角将会显示出布局空间的名称（图 6.1-3）。

布局空间是 AutoCAD 专门为打印而准备的功能。它允许创建一个或多个布局视图（图 6.1-4），每个视图都可以设置不同的视图比例和打印选项。

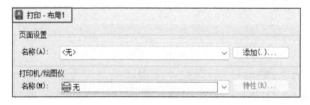

图 6.1-3　打印 – 布局

图 6.1-4　多个布局

在布局空间，可以设置纸张大小、打印比例、视图窗口、打印区域等。这些设置可确保设计以正确的比例和方向打印在纸张上。

另外，在布局空间，所有打印相关的设置，如纸张尺寸、打印比例、边框、标题栏和其他布局元素，都可以在布局中保存。这是在布局空间进行打印设置的一个优势。这使得布局空间成为大多数人打印输出的理想选择，因为我们只需要设置一次，然后在需要时重复使用相同的设置，既方便又可以确保一致性和准确性。

通常，从布局空间打印更受欢迎，因为它提供了更多的控制和灵活性，确保了打印输出的质量和准确性。也就是说，模型空间侧重于设计的创建和编辑，而布局空间则侧重于优化视图进行打印输出。在实际的绘图设计过程中，通常大多数的 AutoCAD 使用者也是按照这个理念，在模型空间中创建和修改设计，然后转到布局空间进行打印布局和设置。这也是本书推荐的工作流程。

6.2　打印的基本设定

从上一节可以看到，无论通过布局空间还是模型空间来打印，都要使用"打印"对话框来完成相关的设定工作（图 6.2-1）。这一节详细介绍"打印"对话框的各个功能。

图 6.2-1　"打印"对话框

首先关于"打印"对话框，需要养成一个小小的习惯，单击对话框右下角的">"按钮（图 6.2-2），使对话框右边一些隐藏的内容都始终保持显示状态（图 6.2-3）。这些被隐藏的部分多是关于打印设置的内容，让它们经常处于显示状态以方便操作。

图 6.2-2　对话框右下角的">"按钮

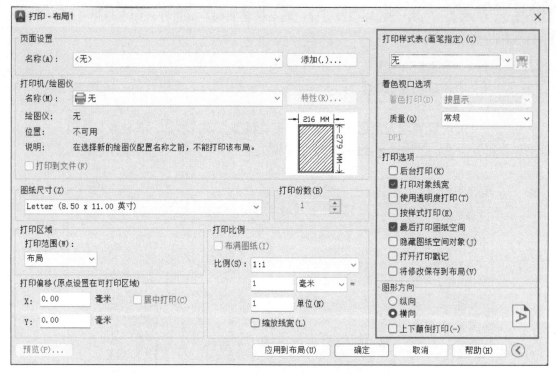

图 6.2-3　打印设定内容全部显示

下面就从对话框从左上角开始，逐步进行讲解。

6.2.1　页面设置：PAGESETUP

"页面配置"可以在"名称"处切换设定好的页面（图 6.2-4），页面设置可以由"页面设置管理器"新建。

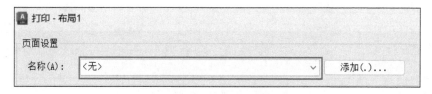

图 6.2-4　页面设置

1）将界面从模型空间切换为任意一个布局空间（图 6.2-5）。

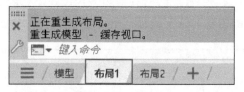

图 6.2-5　布局空间

2）在上方的选项卡栏，你会发现多出一个"布局"选项卡（图 6.2-6）。

图 6.2-6 "布局"选项卡

3）在"布局"选项卡里可以找到"页面设置"图标（图 6.2-7），它的命令为"PAGESETUP"，单击该图标，在打开的"页面设置管理器"对话框中可以"新建""修改"以及"输入"页面设置（图 6.2-8）。

图 6.2-7 "页面设置"图标

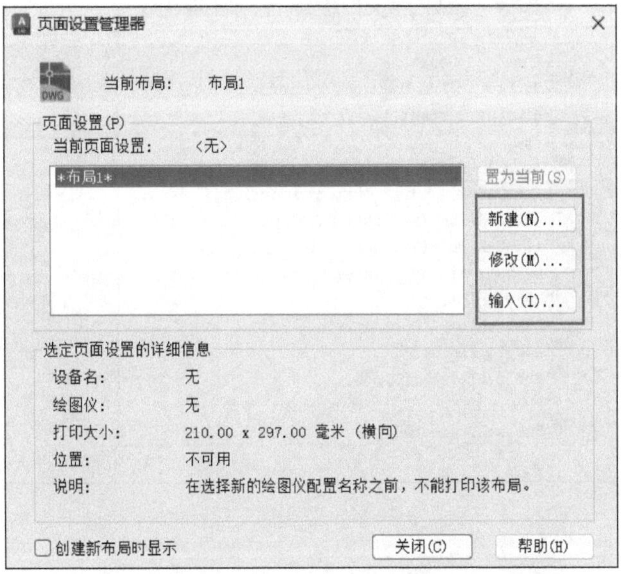

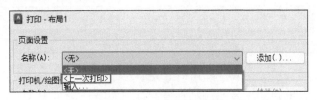

图 6.2-8 "新建""修改"和"输入"页面设置

4）在"页面设置"区域，可通过"名称"列表选择"上一次打印"（图 6.2-9），它可以恢复上一次所使用的打印设置。

图 6.2-9 上一次打印

6.2.2 打印机

打印机是输出数据的渠道，通过"名称"可以选择 AutoCAD 准备好的默认打印机以及计算机已经安装好的打印机驱动（图 6.2-10）。

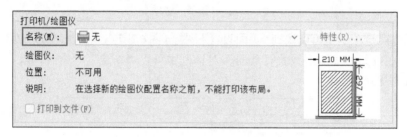

图 6.2-10 打印机的名称

在 AutoCAD 自带的打印机驱动中，使用最多的是与 PDF 相关的驱动（图 6.2-11）。

图 6.2-11 打印机的驱动

6.2.3 图纸尺寸

在"图纸尺寸"下拉选项中，可以设定不同尺寸的图纸（图 6.2-12）。

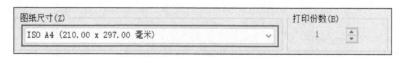

图 6.2-12 图纸尺寸的选择

这些尺寸有 ISO 标准尺寸也有美国的标准尺寸。具体内容见表 6.2-1。

表 6.2-1　图纸标准

标准	图纸名称
ISO 标准 A 系列	A0、A1、A2、A3、A4 等
ISO 标准 B 系列	B0、B1、B2、B3、B4 等
美国标准	Letter、Legal、Tabloid、ANSI A、ANSI B、ANSI C、ANSI D、ANSI E 等
建筑行业标准	Arch A、Arch B、Arch C、Arch D、Arch E 等

此外，AutoCAD 还支持自定义尺寸，可以根据特定的需要设置图纸尺寸。图纸尺寸是必须进行的打印设定。事先将定义好的"尺寸"以及打印机都预埋到页面设置中将会非常方便，可实现效率化打印。

6.2.4　打印区域

打印区域的主要用途是设定一个打印范围（图 6.2-13）。

如果从模型空间打开"打印"对话框，有"窗口""图形界限"和"显示"三种打印范围可供选择（图 6.2-14）。

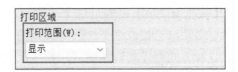

图 6.2-13　打印范围

但是如果从布局空间打开"打印"对话框，打印范围将会多出一个"布局"选项，有四种供选用（图 6.2-15）。

图 6.2-14　模型空间的打印范围

图 6.2-15　布局空间的打印范围

6.2.5　打印偏移

打印偏移主要用于微调图纸在最终打印输出时的具体位置，以确保它们正好位于合适的位置。这里的"偏移"实际上就是指在水平（X 轴）和垂直（Y 轴）方向上移动图纸的过程（图 6.2-16）。

关于偏移的原点，在"选项"（OPTIONS）对话框的"打印和发布"选项卡中，可以找到"指定打印偏移时相对于"来对原点进行设定（图 6.2-17），默认选项为"可打印区域"。

图 6.2-16　打印偏移

图 6.2-17　可打印区域

举个简单的例子，如果想让图纸在打印时向右移动 1.5mm，并向上移动 2.5mm，在 X 偏移框中输入 1.5，在 Y 偏移框中输入 2.5 即可。这样，图纸就会在打印出来的纸张上相对于原点的位置向右上方移动。

6.2.6　打印比例

打印比例的选项允许以两种主要方式来控制图纸的打印输出："布满图纸"和"按比例缩放"（图6.2-18）。此外，还可以选择是否对"线宽"进行缩放，这些设置共同决定了最终打印出的图纸的外观和精确度。

图 6.2-18　打印比例

【布满图纸】：选择这个选项时，AutoCAD 会自动调整图纸的尺寸，使图纸上的绘图内容完全填满打印纸张的可使用区域。但是这种方式不保证绘图的比例尺寸，因为它会根据纸张大小来伸缩图纸的内容。

这个选项适合在不需要保持图纸的实际比例，只希望最大化地利用纸张空间时使用。

【按比例缩放】：通过这个选项，可以设置一个具体的缩放比例，例如 1:10、1:20 等。这意味着图纸会按照这个比例精确地缩放，以确保打印出的图纸在尺寸上与原始设计保持一致。这种方式对于需要精确展示绘图比例的工程图纸、建筑平面图等非常重要。

对于自定义比例的添加，我们需要切换到布局空间，然后再选择"模型"，可以看到"选定视口的比例"，单击后选择"自定义"（图6.2-19），"编辑图形比例"对话框就会启动起来（图6.2-20）。

图 6.2-19　自定义

另外，直接输入"SCALELISTEDIT"命令，也可以启动这个对话框。

在这个对话框里，可以"添加"和"编辑"图形比例。比如想添加一个"1:15"的比例，单击图6.2-21 右侧的"添加"按钮，弹出"添加比例"对话框（图6.2-21），输入名称"1:75"，"图形单位"填写"75"，单击"确定"按钮，关闭此对话框。

图 6.2-20　编辑图形比例

图 6.2-21　添加比例

在比例列表中可以看到"1:75"已经添加进来。单击"确定"按钮关闭此对话框（图 6.2-22），返回"打印比例"就可以看到"1:75"的比例被反映出来（图 6.2-23）。

图 6.2-22　添加 1:75

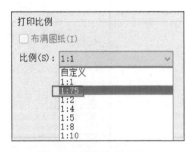

图 6.2-23　打印比例

【缩放线宽】：无论是选择"布满图纸"还是"按比例缩放"，都可以决定是否启用线宽缩放。如果启用，线宽将根据图纸的缩放比例相应调整，以保持视觉上的一致性。如果不启用，无论图纸如何缩放，线宽都将保持其原始大小。对于需要展示不同线宽以区分不同元素或层次的图纸来说，正确的线宽设置非常关键。

选择正确的打印设置对于保证最终输出的质量至关重要。这不仅影响图纸的可读性，也可能影响到设计和建造过程中的精确度和效率。

6.2.7　打印样式表

AutoCAD 的打印样式表是用来定义如何在打印或绘图时显示对象的一系列参数（图 6.2-24）。它们控制着绘图输出时的颜色、线宽、线型等属性。在 AutoCAD 中，有两种类型的打印样式表供选择：第一种是颜色相关打印样式表（Color-Dependent Plot Style Tables）一般称为 CTB；另一种是命名打印样式表（Named Plot Style Tables），一般称为 STB。

CTB 样式表基于对象的颜色来控制打印输出的样式。每种颜色都可以指定不同的打印属性，比如线宽和线型。这意味着如果你在绘图中使用了不同的颜色来表示不同的信息，可以通过调整 CTB 文件来控制这些颜色在打印时的外观。在 AutoCAD 的早期版本中，唯一可用的打印样式表就是 CTB。

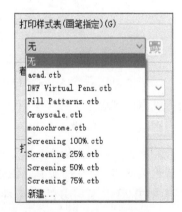

图 6.2-24　打印样式表

STB 样式表不是基于颜色，而是基于名称的样式。这意味着可以为绘图中的不同对象分配具体的样式名称，然后在 STB 文件中定义这些样式的打印属性。它提供了更高级别的自定义，因为它不依赖于对象的颜色。使用STB文件时，绘图中的颜色更多地用于视觉区分，而打印样式可以独立于颜色进行管理。

单击操作界面左上角的"A"图标，再依次单击"打印"→"管理打印样式"（图6.2-25）。

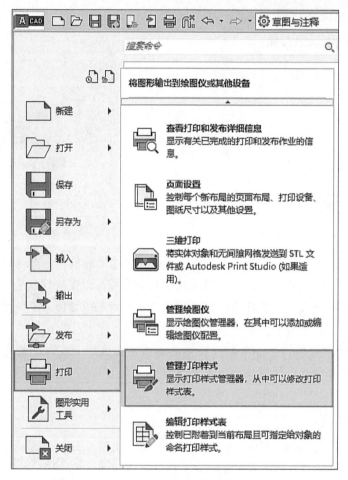

图6.2-25　管理打印样式

在这里可以看到AutoCAD准备的CTB和STB打印样式（图6.2-26）。自定义的打印样式，也可以添加到这个文件夹中。

在AutoCAD中，可以通过"打印样式管理器"创建和编辑打印样式表。即可以从头开始创建新的样式表，也可以修改现有的样式表。另外，AutoCAD提供了将CTB文件转换为STB文件的工具，以便于用户从基于颜色的样式表迁移到基于名称的样式表。尽管STB提供了更多的灵活性，但AutoCAD依然支持CTB文件，以确保与早期绘图兼容。

打印样式表是AutoCAD绘图和打印过程中非常重要的组成部分，能够确保绘图的打印输出符合预期的视觉标准。理解和合理利用打印样式表，可以显著提高工作效率和输出质量。

名称	修改日期	类型	大小
acad.ctb	2023/2/19 10:51	AutoCAD 颜色相...	5 KB
acad.stb	2023/2/19 10:51	AutoCAD 打印样...	1 KB
Autodesk-Color.stb	2023/2/19 10:51	AutoCAD 打印样...	1 KB
Autodesk-MONO.stb	2023/2/19 10:51	AutoCAD 打印样...	1 KB
DWF Virtual Pens.ctb	2023/2/19 10:51	AutoCAD 颜色相...	6 KB
Fill Patterns.ctb	2023/2/19 10:51	AutoCAD 颜色相...	5 KB
Grayscale.ctb	2023/2/19 10:51	AutoCAD 颜色相...	5 KB
monochrome.ctb	2023/2/19 10:51	AutoCAD 颜色相...	5 KB
monochrome.stb	2023/2/19 10:51	AutoCAD 打印样...	1 KB
Screening 25%.ctb	2023/2/19 10:51	AutoCAD 颜色相...	5 KB
Screening 50%.ctb	2023/2/19 10:51	AutoCAD 颜色相...	5 KB
Screening 75%.ctb	2023/2/19 10:51	AutoCAD 颜色相...	5 KB
Screening 100%.ctb	2023/2/19 10:51	AutoCAD 颜色相...	5 KB
添加打印样式表向导	2024/1/14 16:24	快捷方式	2 KB

图 6.2-26　默认的打印样式

6.2.8　着色视口选项

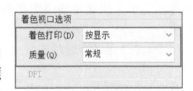

图 6.2-27　着色视口选项

"着色视口选项"允许我们在打印绘图时控制视口内的着色和渲染效果，有"着色打印"和"质量"两个选项（图 6.2-27）。这些选项对于在打印输出中精确呈现设计非常重要。

这里简要介绍这两个选项的含义和作用。

【着色打印】：这个选项只能在模型空间打印时可以使用。"着色打印"选项决定了视口中的对象在打印时是否应用着色，默认为"按显示"。我们也可以选择将视图以"线框""隐藏""真实"或"概念"等视图样式打印（图 6.2-28）。这意味着在打印输出中可以包含或排除着色效果，如材质、光照和阴影等。这些选项对于展示设计的视觉效果非常重要，尤其是在需要向对方或者团队成员展示具有更高视觉冲击力的设计时。

表 6.2-2 是各个选项的含义。

图 6.2-28　着色打印

表 6.2-2 "着色打印"中各个选项的含义

选项	含义
按显示	这个选项让大家可以按照在模型空间中所看到的那样来打印设计，包括所有的颜色和样式
传统线框	无论设计在屏幕上看起来如何，这个选项都会以最基本的线条形式打印出来，就像一个简单的线条图一样
传统隐藏	这个选项在打印时会去除那些在实际模型中被其他部分遮挡的线条，让打印结果看起来更清晰
概念	使用概念风格打印，适用于展示设计的初步概念
隐藏	去除被遮挡的线条，使设计看起来更整洁
真实	按照真实视觉样式打印，使设计看起来更生动、更真实
着色	按照着色视觉样式打印，增加颜色区分，使设计更易于理解
带边缘着色	除了着色外，还强调了边缘，使对象更加突出
灰度	使用灰度风格打印，通过不同的灰度层次表现深浅和阴影，适用于强调形状和深度
勾画	以勾画风格打印，给人一种手绘的感觉，适用于更有艺术感的展示
线框	以基本线条形式打印，但保持设计结构清晰
X 射线	以 X 射线风格打印，能看到对象的内部结构，适合展示复杂构件的内部细节
渲染	这个选项允许按照渲染后的效果来打印设计，无论它在屏幕上如何显示，都可以得到高质量的视觉效果

【质量】：这个选项控制着色和渲染效果的质量。在打印时，可以选择不同的质量设置（图 6.2-29），以平衡打印速度和输出质量之间的关系。较高的质量设置会提高输出的视觉效果，但可能会增加打印时间和所需的处理能力。高质量设置适用于最终呈现或客户演示，而较低质量的设置可能适用于快速草稿或内部确认使用。默认为"常规"选项。

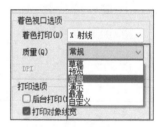

图 6.2-29 质量

表 6.2-3 是各个选项的含义。

表 6.2-3 "质量"中各个选项的含义

选项	含义	DPI 最大值
草稿	这个设置会把模型打印成线框图，这基本上意味着我们只会看到模型的轮廓。这个模式适合初步检查设计，因为它打印速度快，但细节较少	
预览	这个选项将打印的分辨率设置为当前设备分辨率的四分之一。这意味着打印的质量比草稿好，但仍然适合快速预览，而不是最终展示	150
常规	选择这个选项会将打印分辨率设置为设备分辨率的一半。这是一个中等质量的设置，适合日常使用，提供了合理的细节，同时打印速度也比较快	300
演示	这个设置会使用设备的完整分辨率打印。这提供了更高的细节和清晰度，非常适合正式的演示或需要展示细节的情况	600
最高	这个选项将打印分辨率设置为设备的最大分辨率，没有上限。这是所有选项中质量最高的，适用于需要非常高质量打印输出时	无上限
自定义	如果以上预设选项都不满足需求，我们可以选择自定义分辨率。这允许你根据具体需要设置任何分辨率，直到设备支持的最大分辨率	自由定义

"DPI"是 Dots Per Inch（每英寸点数）的缩写，它是衡量打印或图像分辨率的一个单位。DPI 值越高，意味着每英寸中包含的点（或像素）越多，因此图像的细节和清晰度也越高。在打印时，高 DPI 设置可以产生更细腻、更平滑的图像和文本。但是高 DPI 的打印，所花费的时间增长，对打印机的要求更高，而且对打印所使用的墨粉、墨水等原料也消耗更多，所以在选择打印分辨率时，需要根据实际需求和打印设备的能力进行权衡。

在使用 AutoCAD 进行打印配置时，通过适当调整这些选项，可以确保打印输出既满足视觉展示的需求，也考虑打印效率和资源利用。调整着色视口选项时，建议进行几次试打印，以找到最适合当前项目需求的设置组合。

6.2.9　打印选项

"打印选项"提供了很多选择，最常用的就是"打印对象线宽"和"按样式打印"（图 6.2-30），默认的状态下这两项处于选中状态。这里需要注意，"打印对象线宽"只适用于布局空间的打印。

具体各个选项的含义见表 6.2-4。

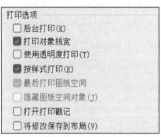

图 6.2-30　打印选项

表 6.2-4　"打印选项"中各个选项的含义

选项	含义
后台打印	这意味着在打印时，我们可以继续在 AutoCAD 中工作，而打印任务会在后台运行
打印对象线宽	这个选项让大家决定是否要按照我们为图形对象和图层设定的线宽来打印。如果你选择了这个选项，打印出来的图形会更贴近你在屏幕上看到的样子
使用透明度打印	如果图形中包含透明效果，这个选项允许我们决定是否在打印时包含这些透明效果。默认情况下，这个选项是关闭的，因为打印透明效果可能会减慢打印速度
按样式打印	这意味着打印时会考虑到应用于对象和图层的打印样式，这些样式可能会改变颜色、线宽等属性
最后打印图纸空间	通常，图纸空间（包含注释和边框的部分）会先打印，然后是模型空间（你的实际设计）。这个选项可以改变这个顺序
隐藏图纸空间对象	如果大家不想在图纸空间视口中显示某些对象，可以选择隐藏它们。这个选项决定了是否隐藏这些对象，但只在打印预览中看得到，不会影响你的实际布局
打开打印戳记	这个功能允许我们在打印的图纸上添加一个"戳记"，可以包含图形名、日期时间、打印比例等信息。这对于跟踪打印文件的版本非常有用
将修改保存到布局	如果我们在打印对话框中做了一些设置更改，这个选项可以让你选择是否要将这些更改保存到布局中。这样，下次打印相同的图纸时，就会自动应用这些设置

简而言之，这些选项让读者可以更细致地控制 AutoCAD 中的打印过程，从而确保打印结果尽可能接近在屏幕上看到的设计。

6.2.10　图形方向

当准备打印图形时，可以选择图形的方向（图 6.2-31），这就像是决定把一张纸竖着还是横着放在打印机里。

这里一般使用下面这两个选项：

【纵向】（Portrait）：想象一下，拿着一张纸，使得

图 6.2-31　图形方向

较短的边处于水平位置，就像大多数书籍和文档那样自然地打开。

【横向】（Landscape）：现在，将这张纸旋转90°，使得较长的边处于水平位置。这种方式使纸张的宽度大于高度，适合打印宽幅图形或表格。

简而言之，纵向是通常看到的文档方向，横向则是为了展示更宽的图表或图形而选择的方向。选择哪种取决于你的图形或设计最适合哪种布局方式。

6.2.11　预览：PREVIEW

在"打印"对话框的左下角，有一个预览功能（图6.2-32），它的命令为"PREVIEW"。在实际打印输出之前，可以通过"预览"功能来预先确认一下再打印。

打印的设定需要多次尝试预览，反复操作才能得到想要的结果。

图 6.2-32　预览

6.2.12　应用到布局

在"打印"对话框的右下方，有"应用到布局""确定"和"取消"按钮（图6.2-33），完成所有的设定，如果需要保存，就单击"应用到布局"按钮以方便下次使用。单击"确定"按钮则表示按照现在的设定开始打印，如果打印有问题，在操作界面右下角将出现"发现错误和警告"的提示（图6.2-34）。

如果正常完成了打印，则出现"未发现错误或警告"的提示（图6.2-35）。

图 6.2-33　应用到布局

图 6.2-34　发现错误和警告

图 6.2-35　未发现错误或警告

以上就是关于"打印"对话框的全部介绍。

关于打印的这些设定，可以保存到模板中，重复使用。根据需要提前将模板制作好，共享给整个团队，不但能统一模板，对防止人为的错误和提高打印效率都是必不可少的。本书8.3节对模板的制作有详细的介绍，另外本书制作的模板也可以扫描前言中二维码下载。

6.3　PDF 文件的打印

英文里有"trial and error"的说法，它是我工作中的座右铭。这句话也非常适合我们对打印设定的学习。打印的设定繁多，需要耐心。多次和反复"尝试错误"之后，你才能理解到它的内涵，找到一个适合自己的打印设定。

笔者建议大家在进行 AutoCAD "打印" 时，先将 "打印机" 设定为输出 PDF 文件，确认没有问题之后，再打印成纸张。这样既环保又节约。

PDF 文件格式是可以在多种平台上查看的压缩电子文档格式。AutoCAD 2024 也准备了多种可以输出 PDF 文件的打印选项（图 6.3-1）。

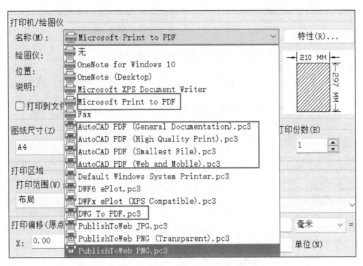

图 6.3-1　PDF 文件的打印选项

各个 PDF 打印机的功能见表 6.3-1。

表 6.3-1　PDF 打印机的功能

序号	选项	功能
1	Microsoft Print to PDF	这是 Windows 操作系统内置的一个功能，允许用户将几乎任何可以打印的文档转换成 PDF 格式。这个功能从 Windows 10 开始被引入，作为一个虚拟打印机存在
2	AutoCAD PDF (General Documentation).pc3	这也是一个通用驱动程序，但它适用于大多数情况。如果你不确定选择哪个驱动程序，这是个不错的起点
3	AutoCAD PDF (High Quality Print).pc3	如果你需要将设计打印到纸上，并且希望保持最高的图像质量，可选择这个驱动程序。它会生成优化了的 PDF 文件，以确保打印出来的图纸尽可能清晰和准确
4	AutoCAD PDF (Smallest File).pc3	这个选项在生成 PDF 文件时会尽量减小文件的体积，非常适合需要通过电子邮件发送或在线共享设计文件时使用，因为较小的文件更容易传输和下载
5	AutoCAD PDF (Web and Mobile).pc3	如果你打算将 PDF 文件在网页上展示，或是在移动设备上查看，这个驱动程序会生成一个特别优化的 PDF，以支持超链接和确保兼容性最佳
6	DWG To PDF.pc3	这是一个通用的驱动程序，适用于 AutoCAD 2015 及更早版本。你可以用它来将你的设计转换成 PDF 格式，适用于各种标准需求

当选择上面几个 "打印机" 来打印文档时，AutoCAD 就会生成一个 PDF 文件，而不是在纸上打印出来。AutoCAD 为不同的使用场景提供了多种 PDF 转换选项，可以根据需要进行选择。

另外，在使用 PDF 打印机时，有以下两点需要和读者详细说明。

6.3.1　创建书签和图层目录

在 PDF 文件的创建过程中，如果选择"AutoCAD PDF"（图 6.3-2 所示四种"打印机"），再单击"PDF 选项"按钮（图 6.3-3），使"包含图层信息"和"创建书签"这两项处于选中状态，制作的 PDF 文件将不仅包括便于导航的书签，还能将图层信息整合至 PDF 中。这一特性极大地增强了文件的可用性和互动性。

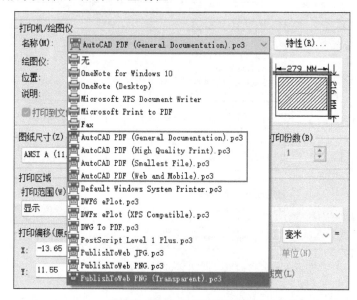

图 6.3-2　AutoCAD PDF

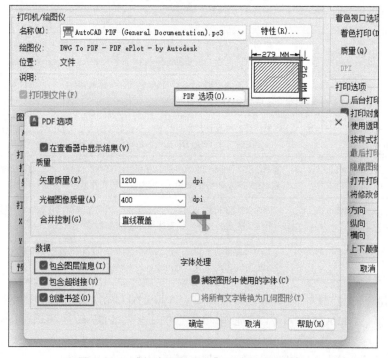

图 6.3-3　"包含图层信息"和"创建书签"

这意味着，即便在没有安装 CAD 软件的情况下，仍能通过 PDF 阅读器来控制图层的显示或隐藏。这一功能对使用 PDF 文件来工作的读者显得尤为重要，如在客户现场进行演示时，可以便捷地展开图纸，利用图层的隐藏或显示功能来更有效地传达设计意图和技术细节。这不仅提高了演示的专业度，也使得交流过程更加流畅和高效。

6.3.2　PDF 文件中线粗的显示

在 6.2 节关于"打印选项"的设置中，探讨了如何通过选择"打印对象线宽"选项，将 AutoCAD 绘制线条的粗细准确地反映在 PDF 文件中。然而，在实际操作中常常会发现，即便采取了相同的设置，输出的 PDF 文件在不同计算机上显示的线条粗细仍有所不同。这一现象引起了许多读者的困惑和不便。

值得指出的是，这一问题并非源自 AutoCAD 的打印设置。实际上，它与查看 PDF 文件的软件有关，尤其是广泛使用的 Acrobat Reader。为了解决这一问题，需要深入了解 Acrobat Reader 的相关设置。

图 6.3-4　首选项

1）打开 Acrobat Reader 软件，单击左上角的"菜单"按钮，从下拉菜单中选择"首选项"（图 6.3-4）。

2）在弹出的"首选项"对话框中找到"页面显示"设置项。在此处，有两个重要的设置选项："平滑线状图"和"增强细线"（图 6.3-5）。这两个选项对 PDF 文件中线条的显示粗细有着显著的影响。

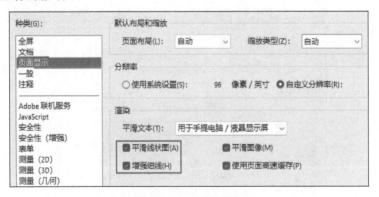

图 6.3-5　页面显示

"平滑线状图"选项旨在通过算法处理，减少线条在屏幕上显示时的锯齿状边缘，使线条看起来更加平滑。而"增强细线"选项则专门用于改善细线条的显示效果，通过调整其显示粗细，使其在屏幕上更加清晰。调整这两处设置，可以显著改善 PDF 文件中线条的显示效果，尤其是当文件被放大查看时，细节处理的优劣尤为重要。

因此，当遇到 PDF 文件中线条显示粗细不一致的问题时，不妨检查一下 Acrobat Reader 设置。通过微调上述两个选项，往往可以获得更加满意的显示效果。这样不仅可以保证 PDF 文件在不同计算机上的显示一致性，也能提高工作效率，避免不必要的误解和重复劳动。

6.4 批处理打印：PUBLISH

在使用 AutoCAD 的过程中，读者会发现批量打印图纸是一个常见的需求。本节将介绍如何在 AutoCAD 中利用"PUBLISH"命令实现批量打印，并提供相关的操作技巧和注意事项。"PUBLISH"命令是 AutoCAD 中用于批量打印图纸的重要工具。相比于单张打印的"PLOT"命令，"PUBLISH"命令可以同时处理多个图纸文件，提高了效率。该命令可通过单击"A"图标→"打印"→"批处理打印"（图 6.4-1）执行。

扫描本书前言中的二维码，可以下载 PUBLISH-1.dwg 和 PUBLISH-2.dwg 这两个 DWG文件。本节以这两个文件为例介绍怎样使用"PUBLISH"命令来批量打印。

STEP01 打开 PUBLISH-1.dwg，在命令行中输入"PUBLISH"后按回车键，即可打开PUBLISH 命令的"发布"对话框（图 6.4-2）。在这个对话框中，可以看到当前所有打开图纸的模型和布局空间都被添加到了打印列表中。

STEP02 默认的设置是将所有的模型空间和布局空间都放置到当前的对话框里。可以通过单击"+"按钮添加更多未打开的文件，或者通过"−"按钮删除不需要打印的文件（图 6.4-3）。在打印列表中，可以使用 Shift 键或者 Ctrl 键进行复数选择，并进行相应操作，如设置页面设置或删除。

STEP03 在"发布为"这一项（图 6.4-4），默认为"页面设置中指定的绘图仪"，表示使用每个 DWG 文件中所指定的打印机进行打印。也可以选择输出为 DWF/DWFx/PDF格式，此时会忽略原文件的打印机设置，直接输出为对应格式的文件。也就是说，在这里将所有的文件输出为 PDF 将非常高效。

图 6.4-1　批处理打印

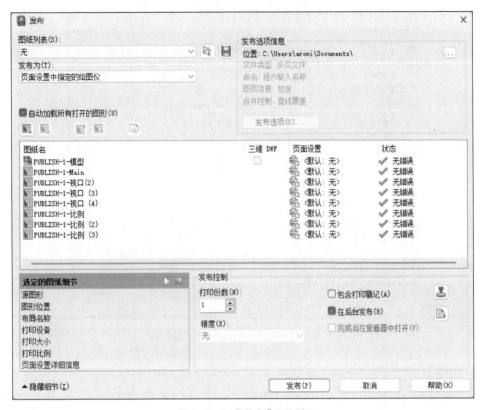

图 6.4-2　"发布"对话框

图 6.4-3　添加或删除文件符号

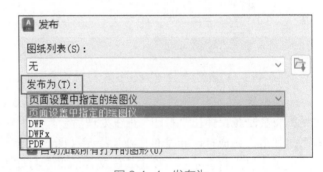

图 6.4-4　发布为

　　当选择输出为 PDF 格式时，可以单击"发布选项"按钮进行设置。这些设置包括单页或多页输出、是否包含图层信息等（图 6.4-5）。如果激活"多页文件"，所有的对话框里的所有图纸，都将会创建一个多页 PDF 文件；如果将"多页文件"的功能关闭，对话框里的所有图纸将会生成一张一张的单页 PDF 文件。

　　在这里特别建议，在"数据"区域，选择激活"包含图层信息"和"创建书签"这两个选项（图 6.4-6），后续所创建的 PDF 将会生成书签（图 6.4-7），给浏览批量的 PDF 文件带来方便。

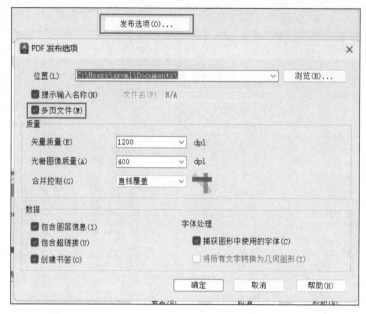

图 6.4-5　发布选项

图 6.4-6　包含图层信息和创建书签

图 6.4-7　生成带有书签功能的 PDF

STEP04 确认一下"在后台发布"是否被激活（图 6.4-8），然后单击"发布"按钮，"发布"对话框将会隐藏，弹出"打印 - 正在处理后台作业"对话框，如图 6.4-9 所示。打印完毕后，右下角弹出"完成打印和发布作业"提示（图 6.4-10）。

STEP05 以上仅演示了一个 DWG 文件的批量打印方法。其实可以添加不同的 DWG 文件到对话框，来一同打印。比如，单击"+"按钮，选择下载的 PUBLISH-2.dwg 文件（图 6.4-11），可以看到 PUBLISH-2.dwg 文件的所有图纸都被追加了进来（图 6.4-12）。

图 6.4-8　在后台发布

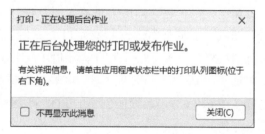

图 6.4-9　"打印 – 正在处理后台作业"对话框

图 6.4-10　完成打印和发布作业

图 6.4-11　添加不同的 DWG 文件

图 6.4-12　追加 PUBLISH-2.dwg 文件

也就是说，"PUBLISH"命令可以将不同 DWG 文件中的图纸汇总为一个 PDF 文件。这是一个非常好的功能。

以上就是批量操作的步骤。在这里需要注意，在管理打印列表时，需要注意打印列表中的状态列，任何带有红色感叹号的问题都可能导致打印失败或某些图纸被跳过，需要及时去修改其设置（图 6.4-13）。

图纸名	三维 DWF	页面设置	状态
PUBLISH-模型	☐	〈默认：无〉	✔ 无错误
PUBLISH-Main		〈默认：无〉	✔ 无错误
PUBLISH-视口(2)		〈默认：无〉	✔ 无错误
PUBLISH-视口（3）		〈默认：无〉	✔ 无错误
PUBLISH-视口（4）		〈默认：无〉	✔ 无错误
PUBLISH-比例		〈默认：无〉	✔ 无错误
PUBLISH-比例（2）		〈默认：无〉	✔ 无错误
PUBLISH-比例（3）		〈默认：无〉	✔ 无错误
PUBLISH-布局1		〈默认：无〉	！ 未初始化布局

图 6.4-13　带有红色感叹号的图纸

利用 AutoCAD 中的"PUBLISH"命令，可以很方便地实现批量打印图纸，并且对创建

PDF 文件也有很大的帮助。以上的这些技巧将有助于提高工作效率，希望大家能在实际工作中尝试和实践。

6.5 打印戳记

在 AutoCAD 中，无论是使用单张打印的"PLOT"命令（图 6.5-1），还是批量打印的"PUBLISH"命令（图 6.5-2），都可以利用"打印戳记"的功能。这一功能为图纸添加各种信息提供了便利。只需通过简单的操作，就可以轻松地将关键信息嵌入打印的图纸中，使其更加清晰明了。

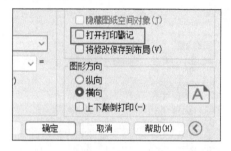

图 6.5-1　单张打印的打印戳记功能

图 6.5-2　批量打印的打印戳记功能

打开任意一张图纸，输入"PLOT"命令，然后激活打印戳记功能，并单击它旁边的印戳图标（图 6.5-3）。

从"打印戳记"对话框可以看到，通过这个打印戳记的功能可以非常方便地为图纸添加各种各样的信息（图 6.5-4）。

图 6.5-3　印戳图标

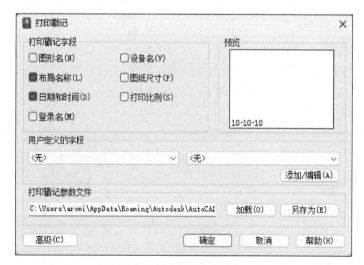

图 6.5-4　"打印戳记"对话框

下面介绍这个对话框里的详细设定。

6.5.1　添加预定义字段

在"打印戳记"对话框中，可以添加软件已经预定义的字段（图 6.5-5）。这些字段包括图形名、设备名、布局名称、图纸尺寸、日期和时间、打印比例等。这些字段可以直接在对话框中选择，无须手动输入，极大地提高了效率。

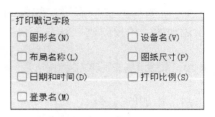

图 6.5-5　预定义字段

6.5.2　添加自定义字段

除了预定义字段外，还可以添加自定义的字段，读者可根据具体需求自由设置需要显示的信息，使图纸更加详细和完整。

1）单击"用户定义的字段"中的"添加 / 编辑"按钮（图 6.5-6）。

图 6.5-6　用户定义的字段界面

2）在弹出的"用户定义的字段"对话框中，单击"添加"按钮（图 6.5-7），就可以自由追加各种字段。

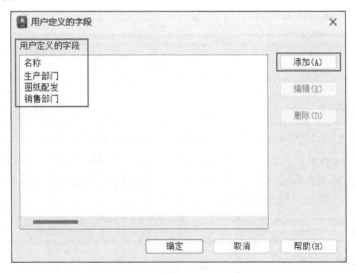

图 6.5-7　自定义好的字段

3）添加完字段后单击图 6.5-7 中的"确定"按钮关闭对话框，就可以在"用户定义的字段"中自由组合自己添加的字段（图 6.5-8）。

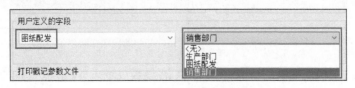

图 6.5-8　选择定义好的字段

4）添加后的字段就可以反映到图纸上。图 6.5-9 就
是将添加的字段反映到图纸左下角的效果。

图 6.5-9 定义好的字段的显示

6.5.3 控制字段显示的位置

对于添加的文字段，还可以灵活地控制它们在
图纸上的显示位置。通过简单的调整，可以确保关
键信息被放置在最合适的位置，使得图纸整体更加
清晰易读。

1）单击"打印戳记"对话框左下角的"高级"
按钮（图 6.5-10）。

2）在"高级选项"对话框（图 6.5-11），可
以调整文字段显示的位置、偏移的距离，甚至文字
的高度及字体。

图 6.5-10 高级功能

图 6.5-11 "高级选项"对话框

6.5.4 加载和储存

AutoCAD 提供了两个预设的打印戳记文件：Inches.pss 和 mm.pss。这两个文件位于
计算机 C 盘的"Support"文件夹（图 6.5-12），初始安装好 AutoCAD 时默认使用的是
mm.pss。可以根据需要加载自己制作的 pss 文件，或者根据自己的项目情况来创建和保存新
的打印戳记文件，以满足不同的具体需求。

图 6.5-12 两个打印戳记的文件

1）创建 pss 文件很简单。单击"打印戳记参数文件"对话框中的"另存为"按钮
（图 6.5-13）。

图 6.5-13　另存为

2）命名为 24-mm.pss 保存（图 6.5-14），就创建好自己的打印戳记文件。

图 6.5-14　保存文件名为 24-mm.pss

创建的打印戳记可以在不同的文件中重复使用，甚至可以将保存的 24-mm.pss 文件直接传递给团队其他成员来使用，无须再进行设定。扩展名为 pss 的文件图标如图 6.5-15 所示。

请注意要将此文件放置到 AutoCAD 支持的文件夹路径，否则可能无法编辑或者使用这个文件。这个路径一般为：

图 6.5-15　24-mm.pss 文件图标

C:\Users\ 用户名 \AppData\Roaming\Autodesk\AutoCAD 2024\R24.2\chs\support\

通过 AutoCAD 的打印戳记功能，可以轻松地为图纸添加各种信息，使其更加清晰明了。无论是标准化的预定义字段还是自定义的额外信息，都可以帮助你有效地传达图纸所需的信息，提高工作效率，确保项目顺利进行。

扫描本书前言中的二维码，可以下载本节所使用的 24-mm.pss 这个文件。

6.6　打印样式的活用

在 6.2 节中，探讨了 AutoCAD 打印样式的两种主流方式：CTB 和 STB。运用 CTB 打印样式来精确控制打印颜色，不仅是一种实用技巧，也极大提升了工作的效率和质量。

想象一种场景，当从外部获取一份包含多种颜色的图纸时，往往需要对其进行详细的检查并进行可能的修改。在这一过程中，如果需要标记出特定的更改区域，可能会使用醒目的红色云线来圈出这些部分。然而，由于原始图纸上色彩丰富，若不进行适当的调整，直接打印出来的成果可能会让查看者难以迅速识别出这些关键的云线范围。这时，借助打印样式CTB，可以轻松地解决这一难题，而且无须改动图纸上原本设定的颜色。

怎样用 CTB 文件来实现上面的场景，操作步骤演示如下。扫描本书前言中的二维码，下载 240-OnlyRed.dwg 和 240-OnlyRed.ctb，在下面的步骤中要使用这两个文件。

STEP01 打开下载的 240-OnlyRed.dwg（图 6.6-1），打开后可以从图层特性管理器这里看到这个文件的图形有各种各样的颜色（图 6.6-2）。

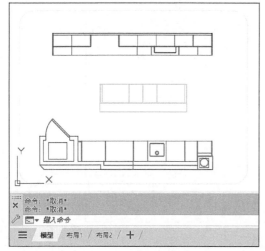

图 6.6-1　240-OnlyRed.dwg

图 6.6-2　图层特性管理器

首先在图层特性管理器中创建一个云线专用的图层，图层名称随意，这里设置为"240"，颜色设置为编号为"240"的颜色（图 6.6-3）。

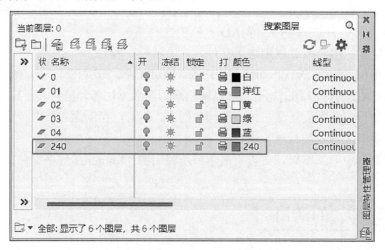

图 6.6-3　添加 240 图层颜色

STEP02 单击绘图界面左上角的"A"图标旁边的三角形，在"打印"选项中找到"管理打印样式"（图 6.6-4），单击进入。

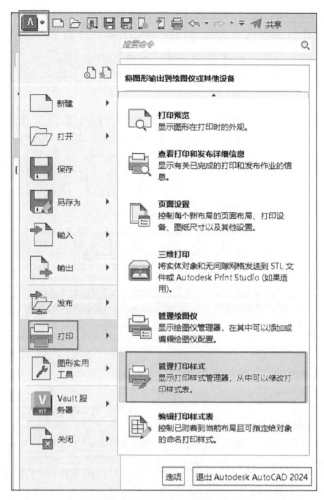

图 6.6-4　管理打印样式

当前软件所使用的打印样式文件都保存在"Plot Styles"这个文件夹（图 6.6-5）。

图 6.6-5　"Plot Styles"文件夹

将前面下载的"240-OnlyRed.ctb"放置到"Plot Styles"文件夹。

STEP03 返回到操作区域界面之后，将当前图层切换为步骤 1 设定的"240"这个图层，然后在希望用云线来强调的图形外围绘制云线（图 6.6-6）。

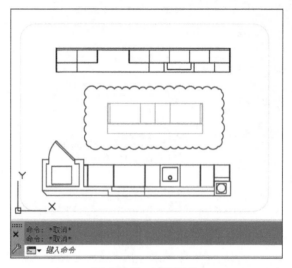

图 6.6-6 绘制云线

STEP04 键盘输入"PLOT"命令按回车键启动打印对话窗口。在"打印样式表"中，选择步骤 2 添加的"240-OnlyRed.ctb"（图 6.6-7）。

在"打印机 / 绘图仪"区域，以 PDF 打印为例，名称选择"AutoCAD PDF（General Documentation）.pc3"（图 6.6-8），图纸尺寸选择"ISO full bleed A4 (297.00 x 210.00 毫米)"。

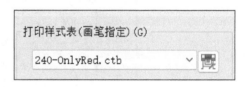

图 6.6-7 打印样式表设置

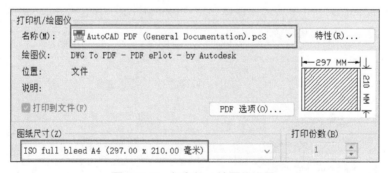

图 6.6-8 打印机 / 绘图仪设置

"打印范围"选择"窗口"，然后在绘图区域将所有打印的内容设置到窗口，"打印偏移"选择"居中打印"（图 6.6-9）。

其他的设置按默认值，单击"打印"对话框左下角的"预览"按钮（图 6.6-10），或者直接键入"PREVIEW"命令。

图 6.6-9　打印范围设置

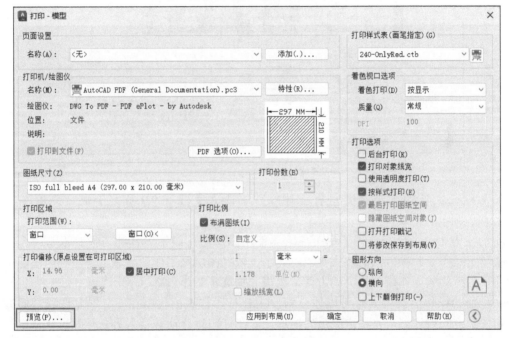

图 6.6-10　预览

STEP05 在预览界面中，如果只有云线显示为红色，其他的图形全部为黑色，就表示设置成功（图 6.6-11）。

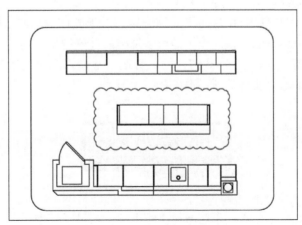

图 6.6-11　预览结果

到这里操作步骤的介绍就结束了。无论是在模型空间还是在布局空间进行打印设置，上面的设置都可以实现对云线颜色的控制。

这里需要注意一点，如果通过上面的设置，发现除了云线以外有个别图形没有更改为黑色，需要去确认这些图形的颜色属性是否为"ByLayer"（图 6.6-12），如果不是，需要将它设置为"ByLayer"。

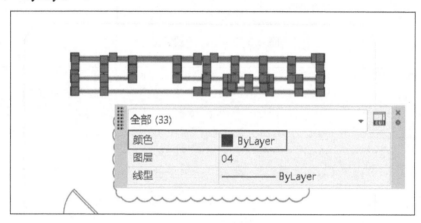

图 6.6-12　ByLayer

如果存在大量的图形需要进行上述操作，请大家参阅 9.9 节关于批量修改图形为 ByLayer 的操作方法。

我们在第 4 章中已经强调了尽可能培养使用图层进行绘图设计的习惯。本节所介绍的打印技巧正是基于此种方法的一大亮点，展示了依靠图层来工作的显著优势。利用图层进行作业不仅为后续的操作带来极大的方便，也极大提高了工作效率。

从上面的操作步骤中大家可以体会到，CTB 打印样式的优势在于，它允许我们通过预先设定的颜色映射规则，将特定颜色的图形元素在打印时自动转换为另一种颜色或特定的打印属性。除了对颜色的操作，也可以对线宽或线型进行控制。这意味着，即便是在一个颜色多样的设计图纸上，我们也能确保自己标记的红色云线在打印版本中格外突出，从而更加明显地引起查看者的注意。此外，利用 CTB 样式的灵活配置，我们可以进一步优化打印输出，确保最终成果既满足设计要求，又便于交流和理解。

总而言之，精通 CTB 和 STB 打印样式的应用，对于提高 AutoCAD 作业的专业性和交付成果的质量具有不可估量的价值。无论是对于细节的精确控制，还是在保持图纸原有色彩设定的前提下突出关键元素，CTB 和 STB 的妥善运用都能帮助我们达到预期的效果，使得每一份打印出的图纸都尽可能地清晰、准确和有说服力。

本章通过对 AutoCAD 2024 打印功能的全面讲解，探讨了模型空间和布局空间的打印方法，帮助我们了解了打印的基本步骤和各项设置，包括页面设置、打印机选择、图纸尺寸、

打印区域、打印偏移、打印比例、打印样式表、着色视口选项、打印选项和图形方向等内容。此外，本章还介绍了 PDF 打印的相关操作、批处理打印的使用方法，以及打印戳记的添加与管理。通过这些内容的学习，相信大家能够掌握 AutoCAD 2024 中各种打印功能和技巧，确保图纸打印的高质量和高效率。

下面是本章出现的命令和变量一览。

章节	命令	快捷键	功能
6.1	PLOT		打印图形或将图形输出为文件
6.2.1	PAGESETUP		设置打印页面布局和选项
6.2.11	PREVIEW		预览打印输出效果
6.4	PUBLISH		批量打印图形或将多个图纸集发布为文件

思　考　题

1．在 AutoCAD 2024 中，模型空间的打印和布局空间的打印有什么区别？请解释各自的应用场景和优缺点，并探讨如何选择合适的打印方式以满足不同的绘图需求。

2．请详细说明在 AutoCAD 2024 中进行打印时的基本步骤，包括页面设置、打印机选择、图纸尺寸、打印区域、打印偏移、打印比例、打印样式表、着色视口选项、打印选项和图形方向等。为什么这些步骤对确保打印质量和效果至关重要？

3．在 AutoCAD 2024 中，如何高效地进行 PDF 打印和批处理打印（PUBLISH）？请说明创建书签和图层目录、PDF 文件中线粗的显示、批处理打印的操作步骤及其在管理多个图纸文件时的优势。

第7章

实践：手把手教你绘制六角头螺栓

宋代诗人陆游在《冬夜读书示子聿》中有一句名言："纸上得来终觉浅，绝知此事要躬行。"这句话的意思是说，从书本上得来的知识毕竟是浅薄的，只有通过亲身实践才能真正理解和掌握事物的本质。这也是本章的核心所在。

经过前六章的学习后，相信读者对 AutoCAD 2024 已经建立了初步的了解。为了进一步巩固这些知识，本章将利用前面几章所讲的功能，从零开始，以绘制六角头螺栓为例，和读者一起来具体实践，绘制一张完整的图纸。我会结合之前的学习内容，让这个过程更加清晰易懂。而且每一节课程都会提供一个 DWG 文件，以方便读者下载并跟随课程同步操作实践。

另外，在学习的过程中，随着对 AutoCAD 知识的逐渐丰富，鼓励读者在实际设计和工作中灵活运用所学，不必过分拘泥于固定的顺序和格式。这样可以更好地根据自己的实际情况进行调整，将理论知识转化为实际操作技能。通过这样的实践，不仅能加深对 AutoCAD 的理解，还能培养解决实际问题的能力。无论你是设计新手还是希望提升自己技能的老手，相信这一章都会是你学习旅程中的重要一步。

六角头螺栓按照 GB/T 5782—2016 中的尺寸规定来绘制。

7.1　单位和标准的确认

在绘图之前，下面 3 处需要提前确认。特别是当使用别人的计算机，或者外部发过来的图纸再加工等与自己的常用环境不同时，这样的确认将是很有必要的。

7.1.1　图形单位：UNITS

新建一个 DWG 文件，然后单击绘图界面左上角的"A"图标，在弹出的菜单中浏览至"图形实用工具"部分（图 7.1-1），会看到"单位"这一选项，由此可以调整和设置图形单位。

另一种更直接的方法是在命令行中输入"UNITS"命令，将立即打开"图形单位"设置对话框（图 7.1-2）。"UNITS"命令的快捷键为"UN"。

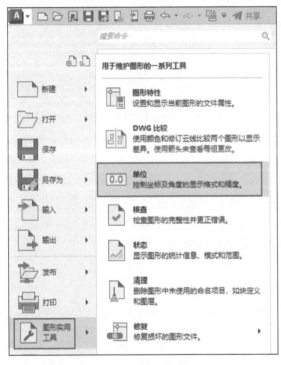

图 7.1-1　"单位"选项　　　　　图 7.1-2　"图形单位"对话框

图形单位的正确设置对于创建精确、专业的工程图纸至关重要。设置适当的单位，如毫米、厘米或英寸等以确保图纸上的所有尺寸和比例准确无误。这不仅关系到绘图的精度，也直接影响到后续的打印、加工或制造过程。

通常情况下，推荐将精度设置为 0.00，单位选择为"毫米"。这样的设置可以满足大多数工程绘图的标准要求，同时也便于与其他外协单位进行有效的沟通和协作。

7.1.2　绘图标准：VIEWSTD

单击"视图"面板右下角的小箭头（图 7.1-3），就可以启动"绘图标准"对话框（图 7.1-4）。或者在命令行栏直接输入"VIEWSTD"命令也可以启动"绘图标准"对话框。

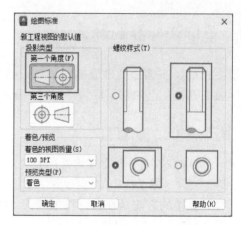

图 7.1-3 "视图"面板按钮　　　　　　　图 7.1-4 "绘图标准"对话框

在此对话框中可以确认当前 AutoCAD 所默认的投影类型是否为"第一个角度"，以及螺纹样式是否符合国家标准。在 AutoCAD 中，有"第一个角度"和"第三个角度"两种投影类型可以供设定，因为不同的国家和地区可能采用不同的标准类型。

第一个角度（First Angle Projection）：在机械制图中，称之为"第一角法"。在这种投影中，对象被放置在观察者和投影平面之间。这意味着当你看向投影平面时，物体在你的后面。

第三个角度（Third Angle Projection）：在机械制图中，称之为"第三角法"。在这种投影中，对象被放置在观察者和投影平面之外。当你看向投影平面时，物体在你的前面。

在中国和欧洲，通常采用"第一个角度"来绘图投影。这是符合 ISO 标准的做法。中国的工程图和技术绘图通常都会遵循这一标准，以保持与国际惯例的一致性。但是在日本、美国或加拿大等国家，通常采用的是"第三个角度"标准。和这些国家进行图纸交流时需要注意这一问题。另外，在制作标题栏时，应尽量将投影类型明确表示出来。

7.1.3　备份和自动保存

为了防止绘图过程中数据丢失，打开"选项"面板，确认"自动保存"和"每次保存时均创建备份副本"已勾选（图 7.1-5）。

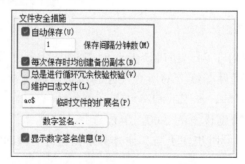

图 7.1-5　自动保存和副本的备份设置

这些设置虽小，但是是确保绘图准确性和专业性的关键。无论从事哪个行业，这些设定都是绘图之前需要注意的地方。

7.2　新建图形：BOLT–V0.dwg

在确立好绘图标准后，首先双击计算机桌面上的 AutoCAD 2024 图标启动 AutoCAD 软件。接下来新建一个 DWG 格式的文件（图 7.2-1），这是 AutoCAD 中常用的文件类型。

一般来说，使用计算机时，将文件的格式显示出来会比较方便操作。文件格式也称为文件扩展名，是文件名的一部分，通常出现在文件名的最后，前面有一个点"."作为分隔符。例如，在文件名 Drawing1.dwg 中（图 7.2-2），.dwg 就是文件格式，它表明这是一个 AutoCAD 的文档。显示文件格式可以快速识别文件类型，从而选择正确的应用程序来打开文件，在进行文件管理、搜索和组织时也更加高效。

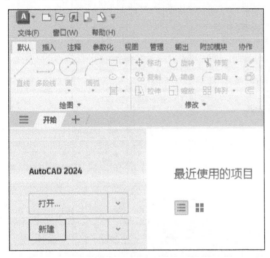

图 7.2-1　新建 DWG 文件

图 7.2-2　文件扩展名

Windows 操作系统默认的选项是隐藏文件扩展名的。打开计算机中任意一个文件夹，按照图 7.2-3 所示单击"选项"按钮。

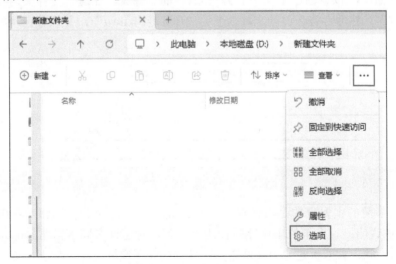

图 7.2-3　新建文件夹中的选项

在"查看"选项卡的"高级设置"中（图7.2-4），取消勾选"隐藏已知文件类型的扩展名"这个选项，单击"确定"按钮关闭对话框，文件扩展名就会显示出来。

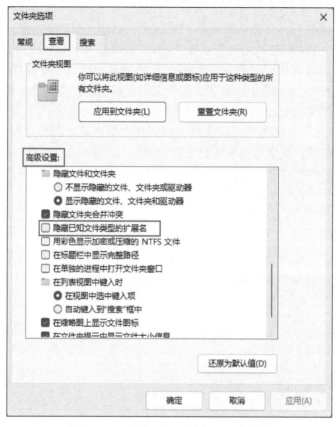

图 7.2-4　隐藏已知文件类型的扩展名

为了更好地管理图纸，在计算机上选择一个合适的位置创建文件夹，并将新建的文件保存其中。例如，在D盘创建了一个名为"024"的文件夹，在这个文件夹内又创建了一个子文件夹"07"。然后，将当前的文件命名为"BOLT-V0.dwg"，并保存在"07"文件夹中（图7.2-5）。

图 7.2-5　创建"07"文件夹

执行这一步骤的主要目的是激活在上一节中设置的"自动保存"和"备份"功能（请参阅7.1.3节的说明）。多年的工作经验让我注意到，身边许多同事常常忽略这个看似简单但是很重要的步骤。大家新建一个文件之后，就开始急于绘图工作。然而，如果在绘图过程中遭遇任何的意外，比如计算机突然死机，或者软件崩溃等，那么所有未保存的绘图工作都会丧失，前功尽弃。计算机发生故障可以修复，软件出现问题可以重新安装来解决。但是未备份的图形和文件一旦丢失，将意味着你需要从头开始来再绘制一遍。因此，我强烈建议读者养成一个良好的习惯：在开始绘图设计之前，务必先保存一下文件。在 AutoCAD 工作中，文件备份和图形的设计同样重要，这不仅可以保护工作成果，还可以提高工作效率。

　　文件创建完成之后，为了下一步创建图层的方便，可以先将需要使用的线型加载进来，或者在创建图层时一并添加设置，读者可根据自己的习惯灵活掌握。加载线型有两种方法：一种方法是直接输入"LINETYPE"命令启动"线型管理器"（图 7.2-6）；另外一种方法是在"特性"面板单击线型旁边的小三角，然后再单击"其他"打开"线型管理器"（图 7.2-7）。

图 7.2-6　线型管理器 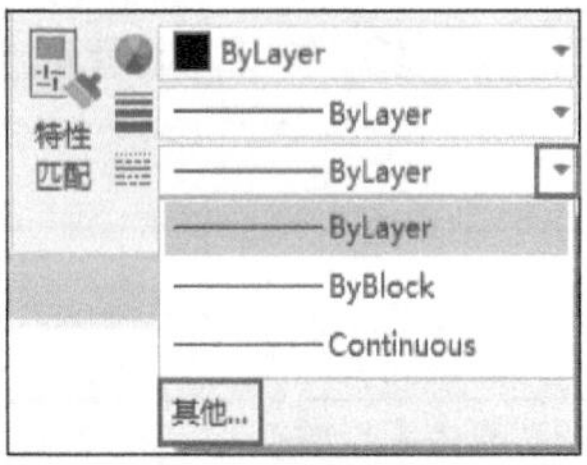　　　　　　　　　图 7.2-7　"特性"面板

　　例如，需要在"BOLT-V1.dwg"文件中添加"ACAD_ISO08W100"这个线型作为细点画线，单击"加载"按钮（图 7.2-8），在确认文件的名称为 acadiso.lin 之后（图 7.2-9），找到"ACAD_ISO08W100"这个线型，然后单击下方的"确定"按钮即可。

图 7.2-8　加载

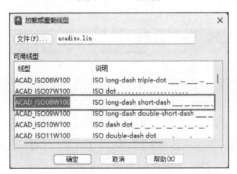

图 7.2-9　加载线型

在 4.1 节已经讲到，AutoCAD 有两个默认的线型文件 "acadiso.lin" 和 "acad.lin"，"acadiso.lin" 是 ISO 标准的线型文件，大家注意区分使用。

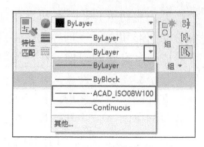

再返回"特性"面板，就可以看到线型已经加载成功（图 7.2-10）。

最后不要忘记对 DWG 文件进行保存。本节使用的文件 "BOLT-V0.dwg" 扫描本书前言中的二维码即可下载。

图 7.2-10　线型加载成功

7.3　创建图层：BOLT-V1.dwg

图层的重要性在第 1 章和第 4 章已多次讲到。新建文件之后，先根据自己将要绘制的内容将图层的名称和数量规划一下，然后在后续的绘图设计中依赖图层来进行绘图。当然，在绘图的过程中可根据需要来增减图层或修改图层。

打开 "BOLT-V0.dwg" 文件，根据表 7.3-1 的设定来创建新的图层。关于新图层添加的方法，请参阅本书 4.1 节的介绍，本节就不再详细叙述。

表 7.3-1　创建新图层

名称	颜色	线型	线宽
01-Main-轮廓线	白色	Continuous	默认（0.25mm）
01-Main-中心线	白色	ACAD_ISO08W100	0.18mm
01-Mian-辅助线	黄色	Continuous	0.18mm
01-Main-尺寸线	蓝色	Continuous	0.18mm
02-Text-标题栏	绿色	Continuous	默认
02-Text-尺寸	蓝色	Continuous	0.18mm
03-Title-细实线	青色	Continuous	默认
03-Title-粗实线	青色	Continuous	0.5mm

图层的颜色、线型等可以按照自己的喜好自由设定和切换，不用拘泥于上面表格的设置。本节使用的文件名称为 "BOLT-V1.dwg"，扫描本书前言中的二维码即可下载使用。

7.4　绘制图框：BOLT-V2.dwg

从这一节起从零开始制图。首先需要在模型空间绘制一个图框，以 A4 图框为例，其尺寸为 297mm×210mm。

STEP01 打开 "BOLT-V1.dwg" 文件，首先在"图层"面板将当前图层切换为 "03-Title-细实线"（图 7.4-1），切换的方法请参阅本书第 4 章的介绍。切换完毕后，在"特性"面板确认"颜色""线型"和"线宽"是否都为 "ByLayer"（相关的内容请参阅 4.2.6 节中关于 "ByLayer" 的说明）。

图 7.4-1 切换图层

STEP02 用键盘输入"REC"，启动"矩形"命令来绘制一个长方形（参阅 2.5 节中关于矩形的说明）。在界面的空白处任意单击以确定第一角点（图 7.4-2），然后朝右上方适当拖动一下鼠标。

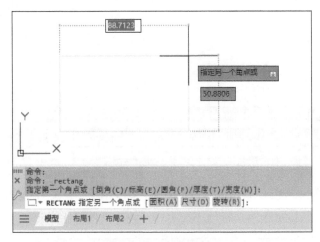

图 7.4-2 绘制长方形

STEP03 第二个角点，需要通过键盘输入数值来确定。按照图 7.4-3 所示的顺序输入（图 7.4-4）。

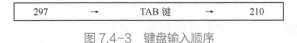

图 7.4-3 键盘输入顺序

图 7.4-4 键盘输入第二个角点

最后按回车键后，就创建了一个长为 297mm、高为 210mm 的矩形（图 7.4-5）。在任意空白处双击中键，使图形最大化并放至界面中间处（相关的内容请参阅第 1 章 1.4 节中双击中键的说明）。

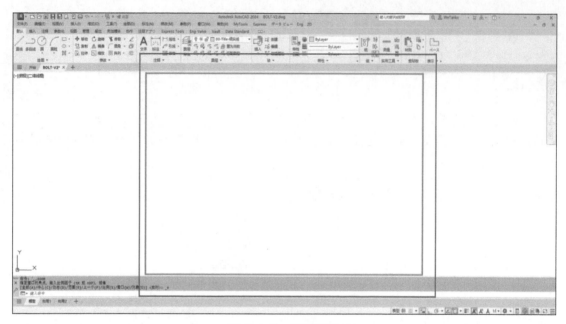

图 7.4-5　创建矩形

STEP04 用键盘输入"O"，启动"偏移"命令"OFFSET"（详细介绍请参阅 3.2 节中"偏移"命令的说明），然后输入偏移距离 10（图 7.4-6），按回车键，

图 7.4-6　偏移距离

单击刚才绘制的矩形，然后在矩形的内部再单击一次，可以看到四周间隔为 10mm 的一个新的矩形，在内部复制了出来（图 7.4-7）。同理，如果在矩形的外部单击，就会复制到外部。

按 Esc 键退出偏移命令，完成偏移的操作（图 7.4-8）。

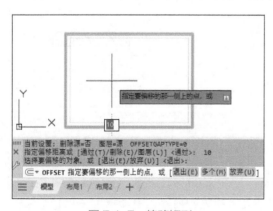

图 7.4-7　偏移矩形

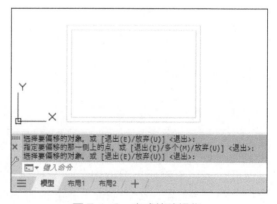

图 7.4-8　完成偏移操作

STEP05 接着用键盘输入"REC"，启动"矩形"命令，按照图 7.4-9 所示，分别单击左下角处两个角点来创建一个 10mm×10mm 的矩形。

重复使用"矩形"（REC）命令或"复制"（CO）命令，在另外三个矩形的角点分别创建一个 10mm×10mm 的矩形（图 7.4-10）。

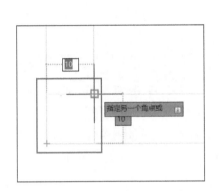

图 7.4-9　创建 10mm×10mm 矩形　　　　图 7.4-10　再创建三个 10mm×10mm 矩形

STEP06 结束"矩形"命令，键盘输入"TR"，启动"修剪"命令，对 297mm×210mm 这个矩形进行修剪，与 10mm×10mm 矩形重合的部分给予保留。修剪后的图形如图 7.4-11 所示。

然后用键盘输入"E"，启动"删除"命令"ERASE"，删除 4 个 10mm×10mm 矩形后，只保留刚才修剪 297mm×210mm 这个矩形的剩余部分（图 7.4-12）。这样一个 A4 图框就绘制完成。

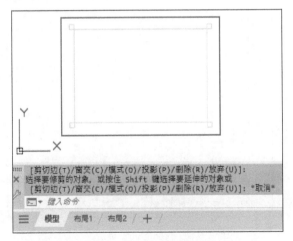

图 7.4-11　修剪后的图形　　　　　　　图 7.4-12　A4 图框创建完成

STEP07 把这个图框移动到坐标原点处（WCS 的零点处）。

输入"M"，启动"移动"命令"MOVE"，按照反馈的信息框选所有绘制的对象（图 7.4-13）。

接着 AutoCAD 提示指定基点（图 7.4-14），这里选择最左下角的角点作为基点。

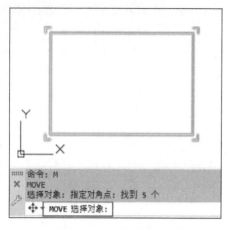

图 7.4-13　选择移动对象

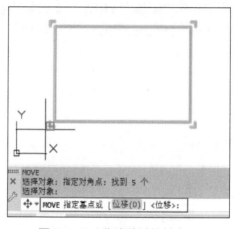

图 7.4-14　指定移动的基点

这个时候需要指定移动的第二个点，也就是基点的目的地。因为现在已开启动态输入，输入的坐标为默认的相对坐标，所以要想移动到绝对坐标的（0，0）点处，需要添加前缀"#"（请参阅 3.8 节中关于 UCS 前缀的说明），按图 7.4-15 所示顺序进行输入，动态输入的窗口如图 7.4-16 所示。

按回车键后，可以看到 A4 图框的左下角已经移动到了坐标原点（0，0）处（图 7.4-17）。

图 7.4-15　移动到基点的步骤

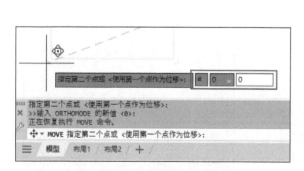

图 7.4-16　动态输入的窗口

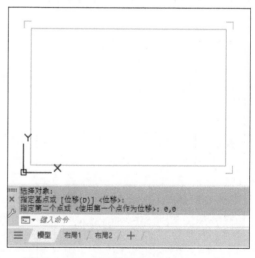

图 7.4-17　移动到坐标原点（0，0）处

将对象移动到坐标的原点（0，0）这样的操作，使用 AutoLISP 可以更高效地实现。具体说明请参阅本书自动化篇中第 15 章的相关介绍。

STEP08 选择图框内部的矩形，然后到"图层"面板，将其切换为"03-Title-粗实线"（相关操作请参阅 4.2 节中关于图层切换的说明）（图 7.4-18），到此就完成了图框的制作。

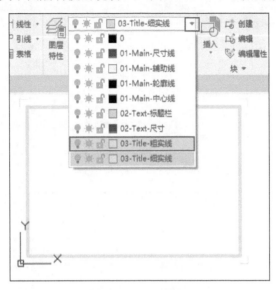

图 7.4-18　切换图层

STEP09 将该文件命名为"BOLT-V2.dwg"，另存到前面在 D 盘创建的"07"文件夹中。扫描本书前言中的二维码可以下载此文件。

7.5　创建标题栏：BOLT–V3.dwg

创建完图框后，还需要创建标题栏。标题栏根据具体的要求各有不同，本书按照图 7.5-1 的大小和内容来进行绘制。

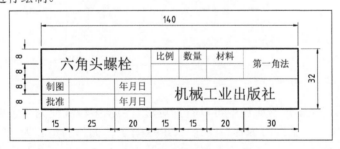

图 7.5-1　标题栏

接着前面的"BOLT-V2.dwg"文件继续绘图工作。标题栏一般放置在图框的右下角，但是为了绘图方便，可在绘图区域的任意空白处先绘制好之后再移动到图框的右下角处。这也是 AutoCAD 绘图中常用的手法和技巧。

STEP01 确认一下当前图层是否为"03-Title-细实线"（图 7.5-2），如果是当前图层，它的图层状态将会显示为对号。

STEP02 输入"REC"，启动"矩形"命令，在绘图区域的任意位置绘制一个长 140mm、宽 32mm 的矩形（图 7.5-3）。

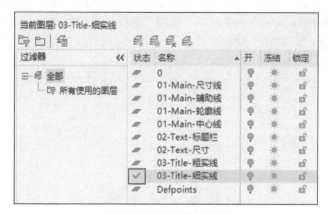

图 7.5-2　确认当前图层

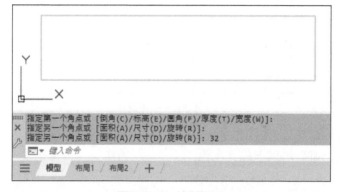

图 7.5-3　绘制矩形

STEP03 单击"修改"面板中的"分解"命令（EXPLODE）图标，再单击刚才绘制的矩形，对它进行分解（图 7.5-4）。

图 7.5-4　分解矩形

分解后的矩形，从图形的属性中可以看到矩形将会从多段线变为 4 条单独的直线。

STEP04 输入"O"，启动"偏移"命令（OFFSET），偏移的距离为"8"（图 7.5-5），选择偏移的对象为最下方的一条直线之后，接着单击命令行中的"多个"选项（图 7.5-6），然后将光标放至图形的上方，连续单击三下之后，间隔为 8mm 的四条直线就复制好了（图 7.5-7）。

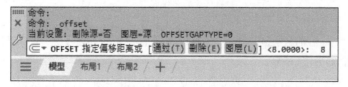

图 7.5-5　"偏移"命令

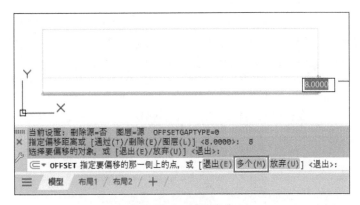

图 7.5-6　偏移多个

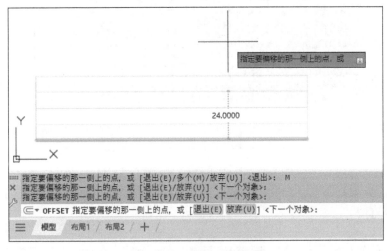

图 7.5-7　复制 3 条直线

STEP05 退出"偏移"命令之后，先确认一下当前的"正交"模式是否开启（图 7.5-8），如果处于未开启状态，按键盘 F8 键开启正交模式。

接着输入"CO"启动"复制"命令（COPY），并选取最左侧的直线作为复制对象，然后指定左下方的角点作为基点进行复制操作（图 7.5-9）。

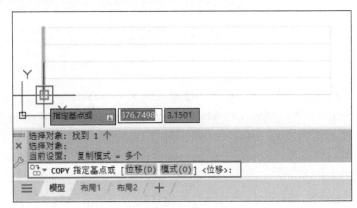

图 7.5-8　确认正交模式　　　　　　　　　　　图 7.5-9　复制

此时命令栏提示"指定第二个点"（图 7.5-10），不要使用鼠标，通过键盘输入数值"15"，按回车键；继续以此方式输入"40"，按回车键；再输入"60"，按回车键；持续该过程，依次输入"75""90"及"110"，完成 6 条直线的复制操作。

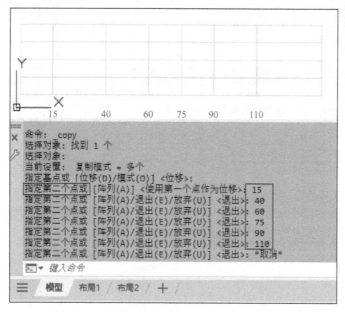

图 7.5-10 复制 6 条直线

STEP06 完成复制命令后，输入"TR"启动"修剪"命令"TRIM"，将图形修剪为下图的形状（图 7.5-11）。

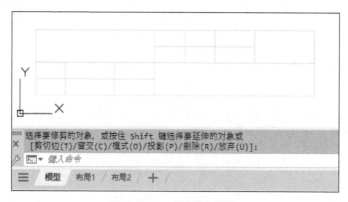

图 7.5-11 "修剪"命令

STEP07 输入"M"启动"移动"命令"MOVE"，先将要移动的这个标题栏图形全部框选（图 7.5-12），然后按住 Shift 键，单击最下边和最右边的这两条直线，将它们排除在移动图形的范围之外（请参阅 3.7 节中关于 Shift 键的相关说明）（图 7.5-13），然后选择右下角的角点为基点（图 7.5-14），再选择图框的右下角为移动的第二个点，就完成移动操作（图 7.5-15）。

STEP08 将标题栏最外侧的两条直线的图层切换为"03-Title-粗实线"（图 7.5-16），就完成了标题栏的制作。

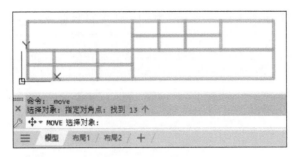

图 7.5-12　移动标题栏

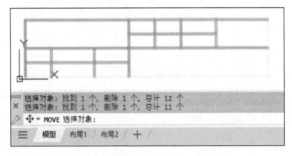

图 7.5-13　排除两条线在移动范围之外

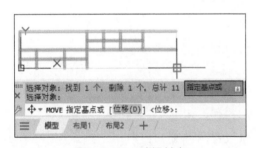

图 7.5-14　选择基点

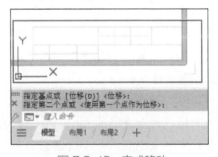

图 7.5-15　完成移动

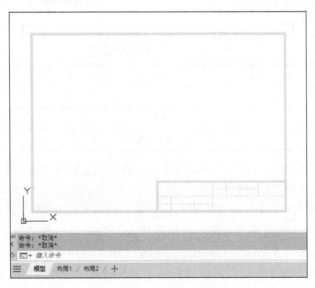

图 7.5-16　切换图层

STEP09 对没有移动的那两条直线，用"删除"命令将它们删除（图 7.5-17）。

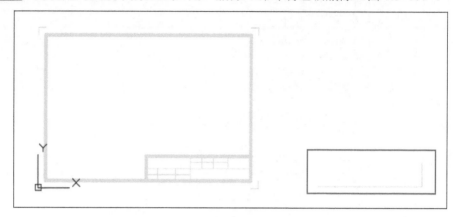

图 7.5-17　删除没有移动的两条直线

　　将文件另取名为"BOLT-V3.dwg"，保存到前面在 D 盘创建的"07"文件夹中。扫描本书前言中的二维码也可以下载此文件。

7.6　设定文字样式：BOLT–V4.dwg

　　在为标题栏添加文字之前，需要设置"文字样式"。"文字样式"的命令为"STYLE"，在"注释"面板可找到文字样式的图标（图 7.6-1）。

　　可以在文字样式设置时确定文字的大小，也可以在文字输入时再去确定文字的大小，看个人的需求和习惯。本书的标题栏文字大小有两种，则根据文字的大小来设置两种文字样式。另外，尺寸文字样式设定为"BOLT-尺寸"，见表7.6-1。

图 7.6-1　"注释"面板

表 7.6-1　文字样式的设定

样式名称	字体	文字大小
BOLT- 文字 -5.5	宋体	5.5mm
BOLT- 文字 -3.5	宋体	3.5mm
BOLT- 尺寸	ISOCPEUR	0

　　STEP01 打开"BOLT-V3.dwg"文件，单击文字样式图标打开"文字样式"对话框，单击右边的"新建"按钮（图 7.6-2）。

　　STEP02 在"新建文字样式"对话框样式名处输入"BOLT- 文字 -5.5"之后单击"确定"按钮（图 7.6-3），字体名选择"宋体"，高度输入"5.5"，再单击最下方的"应用"按钮就完成了"BOLT- 文字 -5.5"这个文字样式的创建（图 7.6-4）。

　　STEP03 如法炮制，就可以很快创建另外两个文字样式"BOLT- 文字 -3.5"和"BOLT- 尺寸"（图 7.6-5）。详细步骤与前文相同，在此不再赘述。

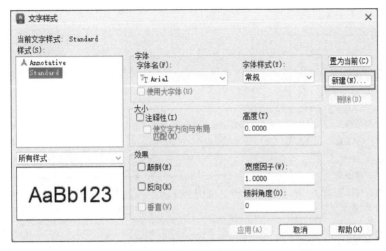

图 7.6-2　新建文字样式

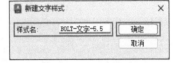

图 7.6-3　输入样式名称

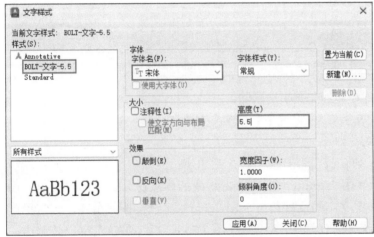

图 7.6-4　字体和高度的设定

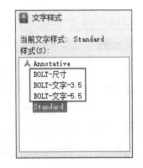

图 7.6-5　其他文字样式的创建

到此就完成了文字样式的设定。另取名为"BOLT-V4.dwg"，将它保存到前面我们在 D 盘创建的"07"文件夹中。扫描本书前言中的二维码可以获得此文件。

7.7　为标题栏添加文字：BOLT-V5.dwg

标题栏中的文字大多数情况下都是简单的短语句，一般采用"单行文字"（TEXT）来输入。而且，单行文字有"对正"功能，便于精确控制文字和图框的位置。

在绘制好的图框里添加文字，一个重要的问题就是怎样将文字精准地放置到标题栏各个方框的中间位置。可通过添加辅助线的小技巧实现。

打开前面"BOLT-V4.dwg"这个文件。

STEP01 确认对象捕捉的"中点"选项是否打开（图 7.7-1）。

STEP02 单击"直线"命令图标，在标题栏准备添加文字的方框中各插入一条对角斜线（图 7.7-2），这条斜线的中点就是方框的中心，将文字的中心放到斜线的中点就可以保证文字刚好在方框的中心处了。

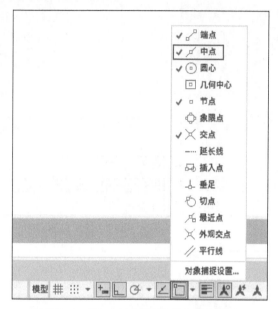

图 7.7-1　打开对象捕捉的"中点"选项

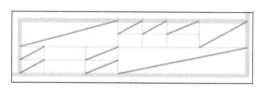

图 7.7-2　添加斜线

这些斜线是辅助用的直线，在添加完文字后删除。

STEP 03 将文字样式"BOLT- 文字 -5.5"设置为当前样式（图 7.7-3），接着将图层"02-Text-标题栏"设置为当前图层（图 7.7-4）。

STEP 04 输入单行文字命令"TEXT"，按回车键之后单击"对正"（图 7.7-5），然后在弹出的菜单中选择"正中"（图 7.7-6），接着单击斜线的中点作为文字的中间点（图 7.7-7），界面反馈信息提示指定文字的旋转角度（图 7.7-8），直接按回车键，到这里就可以输入文字了。输入图纸的标题"六角头螺栓"（图 7.7-9）后，在任意空白处单击，结束本次命令的操作。

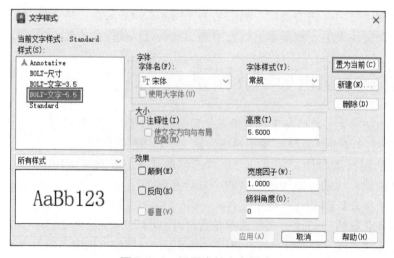

图 7.7-3　设置当前文字样式

状态	名称	开	冻结	锁定	打印	颜色	线型	线宽	透明度
✍	0	💡	☀	🔓	🖨	■白	Continuous	—— 默认	0
✍	01-Main-尺寸线	💡	☀	🔓	🖨	■蓝	Continuous	—— 0.18 毫米	0
✍	01-Main-辅助线	💡	☀	🔓	🖨	■54	Continuous	—— 0.18 毫米	0
✍	01-Main-轮廓线	💡	☀	🔓	🖨	■白	Continuous	—— 默认	0
✍	01-Main-中心线	💡	☀	🔓	🖨	■红	ACAD ISO08...	—— 0.18 毫米	0
✓	02-Text-标题栏	💡	☀	🔓	🖨	□绿	Continuous	—— 默认	0
✍	02-Text-尺寸	💡	☀	🔓	🖨	■蓝	Continuous	—— 0.18 毫米	0
✍	03-Title-粗实线	💡	☀	🔓	🖨	□青	Continuous	■■ 0.50 毫米	0
✍	03-Title-细实线	💡	☀	🔓	🖨	□青	Continuous	—— 默认	0
✍	Defpoints	💡	☀	🔓	🖨	■白	Continuous	—— 默认	0

图 7.7-4　设置当前图层

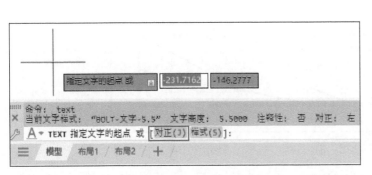

图 7.7-5　对正　　　　　　　　　　　　　图 7.7-6　正中

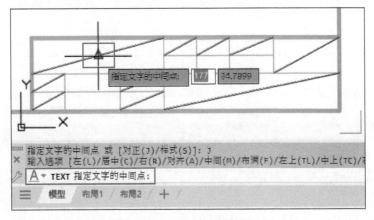

图 7.7-7　单击斜线的中点

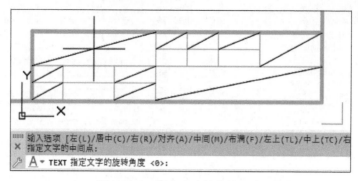

图 7.7-8 指定文字的旋转角度

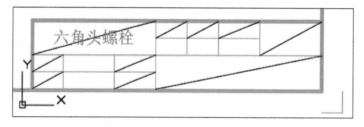

图 7.7-9 输入文字 "六角头螺栓"

以同样的操作，在右下角的方框中书写图纸的出版公司名称 "机械工业出版社" （图 7.7-10），到这里，标题栏中所有字体高度为 5.5mm 的文字都输入完毕了。

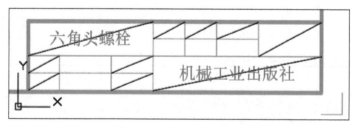

图 7.7-10 输入文字 "机械工业出版社"

STEP05 将当前文字样式切换为 "BOLT- 文字 -3.5" 之后，按照图 7.7-11 所示，在其他斜线处都输入文字，文字分别为 "制图" "批准" "年月日" "比例" "数量" "材料" 和 "第一角法"。

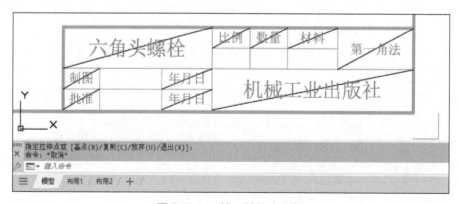

图 7.7-11 输入其他的文字

STEP06 到此标题栏中所有的文字都输入完毕，需要将标定中心位置用的辅助线删除。除了使用删除命令 ERASA 逐条删除外，这里介绍一个快捷的方法。

先选择任意一条斜线（图 7.7-12），右击，在弹出的菜单中单击"选择类似对象"（图 7.7-13），这样，所有的斜线都会被自动选择（图 7.7-14），再按键盘的 Delete 键，就完成了辅助线的删除（图 7.7-15）。

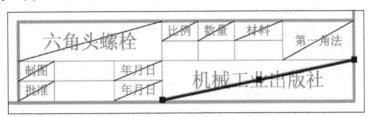

图 7.7-12 选择任意一条斜线

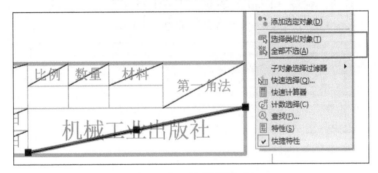

图 7.7-13 选择类似对象

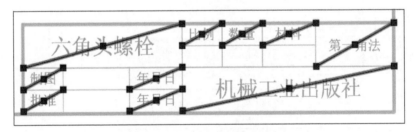

图 7.7-14 自动选择所有的斜线

图 7.7-15 完成辅助线的删除

到这里就完成了对标题栏中文字的添加。我们另取名"BOLT-V5.dwg"，将它保存到前面在 D 盘创建的"07"文件夹中。扫描本书前言的二维码可以获得此文件。

以上通过对象捕捉中的"中点"功能来定位文字。对于"中点"还有其他的一些相关技巧，有兴趣的朋友可参阅第 8 章相关内容。

7.8 绘制螺栓的侧面图：BOLT-V6.dwg

设置完标题栏，我们开始螺栓的绘制工作。

STEP01 打开"BOLT-V5.dwg"文件，先将当前图层切换为"01-Main-中心线"（图7.8-1），然后在右下角状态栏检查正交模式是否开启（图7.8-2），如果没有，按F8键开启。

图 7.8-1 切换图层

图 7.8-2 检查正交模式是否开启

STEP02 单击"直线"命令（LINE）图标，在图框中心适当位置绘制一条水平直线作为中心线（图7.8-3），再在右侧绘制一条垂直的直线（图7.8-4）。

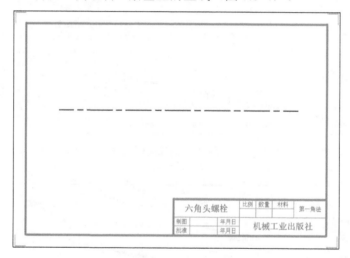

图 7.8-3 绘制一条中心线

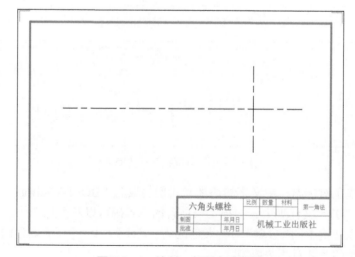

图 7.8-4 绘制一条垂直的直线

STEP 03 将图层切换到"01-Main- 轮廓线"（图 7.8-5），然后启动"圆"命令，在两条中心线的交点处绘制半径为 15mm 的圆（图 7.8-6）。

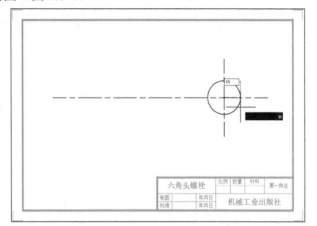

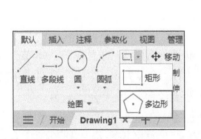

图 7.8-5　切换图层　　　　　　图 7.8-6　绘制半径为 15mm 的圆

STEP 04 单击"多边形"命令图标（图 7.8-7），输入侧面数为 6（图 7.8-8），然后指定刚才绘制的圆心为多边形的中心点（图 7.8-9），接着选择"外切于圆"（图 7.8-10），单击圆的象限点后（图 7.8-11），完成多边形的绘制。

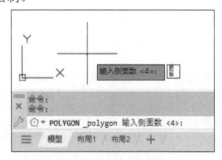

图 7.8-7　多边形　　　　　　　图 7.8-8　输入侧面数

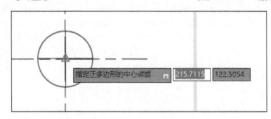

图 7.8-9　指定多边形的中心点

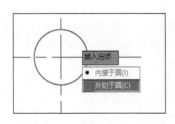

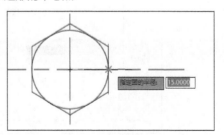

图 7.8-10　选择"外切于圆"　　　图 7.8-11　指定圆的半径

STEP05 到这里就完成了六角头螺栓侧面图的绘制（图 7.8-12）。

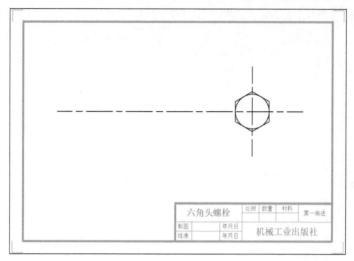

图 7.8-12　侧面图完成

为图纸另取名为"BOLT-V6.dwg"，将它保存到前面在 D 盘创建的"07"文件夹中。扫描本书前言中的二维码可以获得此文件。

7.9　绘制螺栓的主视图：BOLT-V7.dwg

绘制完侧面图，下面打开文件"BOLT-V6.dwg"继续绘制螺栓的主视图。本节绘图过程中，所使用的辅助线比较多，大家可以先下载并打开"BOLT-V7.dwg"这个文件，在绘图过程中一边缩放确认，一边在"BOLT-V6.dwg"这个文件上绘制，效果会比较好。

STEP01 使用"直线"命令"LINE"，在绘图区域的左侧适当位置绘制一条垂直的直线（图 7.9-1）。在正交模式开启的状态下绘制将比较容易。如果正交模式处于关闭状态，在激活直线命令的状态下按 Shift 键可以临时开启正交模式（详细说明请参阅 3.7 节的内容）。

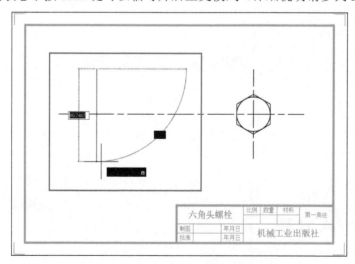

图 7.9-1　绘制一条垂直的直线

STEP02 结束"直线"命令后，接着执行"偏移"命令（OFFSET），将第 1 步绘制的直线向右偏移 15mm（图 7.9-2）。

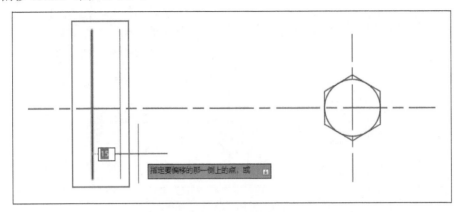

图 7.9-2　偏移直线

STEP03 结束"偏移"命令后，将当前图层切换为"01-Main- 辅助线"（图 7.9-3）。然后再次启动"直线"命令"LINE"，从侧面图中多边形上方的顶点和圆形上方的象限点出发（图 7.9-4），各绘制一条长度适当的辅助线，直线的长度需超过第 1 步绘制的直线（图 7.9-5）。因为它们是辅助线，将来会通过修剪命令来删除和调整，所以长度不需要特别定义。

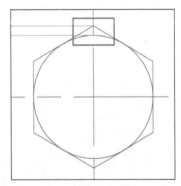

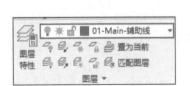

图 7.9-3　切换当前图层　　　　图 7.9-4　多边形的顶点和圆形的象限点

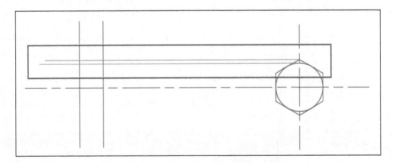

图 7.9-5　绘制两条辅助线

关闭正交模式，启动"直线"命令，单击图 7.9-6 所示交点，绘制一条长度任意、角度为 60°的直线。因为我们是在"动态输入"开启的状态下绘图，所以无须添加前缀 @ 即可实现极轴坐标的操作（详细说明请参阅 3.9 节的内容）。

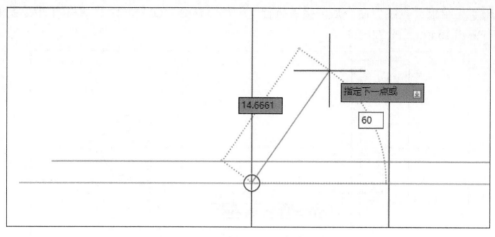

图 7.9-6　绘制一条 60° 的斜线

继续使用"直线"命令，以刚才绘制的 60° 斜线和辅助线的交点为起点（图 7.9-7），绘制一条长度适当的垂直辅助线（图 7.9-8）。

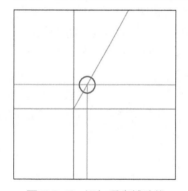

图 7.9-7　添加垂直辅助线

图 7.9-8　垂直辅助线的添加

STEP04 继续按照图 7.9-9 所示的位置，从侧面图两点开始再绘制两条辅助线，一条起点为圆形和多边形的交点，另一条起点为多边形的端点，辅助线的长度适当即可（图 7.9-10）。到现在为止，从侧面图引申的辅助线已经绘制了四条。

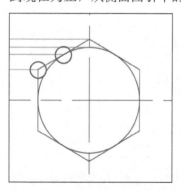

图 7.9-9　从侧面图两点开始

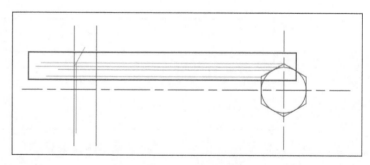

图 7.9-10　添加两条辅助线

启动"圆弧"图标中的"三点"命令（图 7.9-11），单击图 7.9-12 所示的三个交点，绘制一段圆弧。

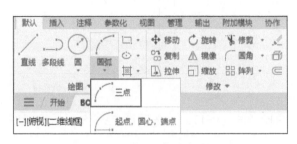

图 7.9-11 "圆弧"命令图标

图 7.9-12 绘制圆弧

STEP05 按照图 7.9-13 所示，继续从侧面图的多边形端点开始，绘制第五条以侧面图为起点的辅助线。启动"圆弧"命令，按照图 7.9-14 所示形式，在三个角度处再绘制一段圆弧。

图 7.9-13 绘制辅助线

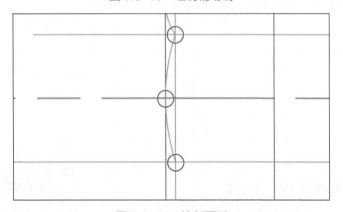

图 7.9-14 绘制圆弧

STEP06 启动"修剪"命令（TRIM），对绘制的所有辅助线进行修改。图 7.9-15 为修剪后的图形形状。

　　特别是第 4 步绘制的圆弧，只保留半个圆弧（图 7.9-16），另一半圆弧和 60°的斜线交叉重叠，修剪时滚动鼠标的滚轮，使用"ZOOM"命令将图形放大来修剪会比较便利（详细说明请参阅 1.4 节）。

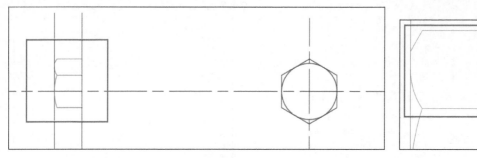

图 7.9-15 修剪辅助线   图 7.9-16 修剪圆弧

STEP07 单击"镜像"命令（MIRROR）图标（图 7.9-17），按照图 7.9-18 所示选择图形上方的圆弧、斜线和直线。

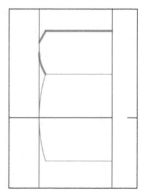

图 7.9-17 "镜像"命令图标   图 7.9-18 镜像对象选择

界面提示指定镜像的中心线。选择图 7.9-19 所示的交点作为中心线的第一点，然后选择水平方向另一端的交点作为中心线的第二点（图 7.9-20）。

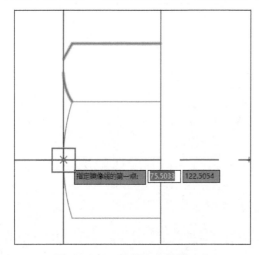

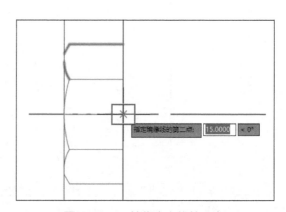

图 7.9-19 镜像中心线第一点   图 7.9-20 镜像中心线第二点

在图 7.9-21 所示的界面中选择"否"，结束镜像操作。

至此就完成了螺栓头的绘制（图 7.9-22）。

图 7.9-21　选择"否"

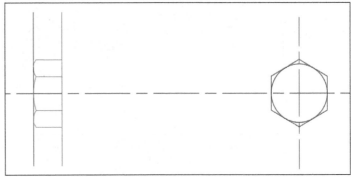

图 7.9-22　完成螺栓头的绘制

STEP08 继续绘制螺柱的部分。启动"复制"命令（COPY），利用螺栓头右端的直线进行复制，距离为 50mm（图 7.9-23）。也可以使用"偏移"命令，效果一样。

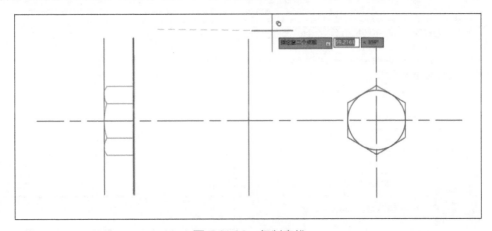

图 7.9-23　复制直线

接着对中心线进行上下偏移，偏移距离各为 10mm（图 7.9-24）。

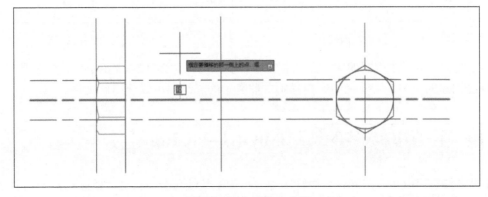

图 7.9-24　偏移中心线

修剪不需要的图形。图 7.9-25 所示为修剪后的结果。

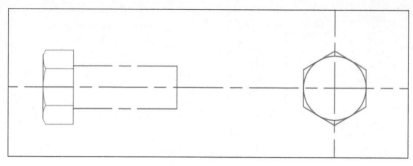

图 7.9-25　修剪图形

STEP09 将主视图所有的图形置于选中的状态，然后将图层切换到"01-Main-轮廓线"（图 7.9-26）。这样，主视图所有图形的颜色和线型就统一了（图 7.9-27）。

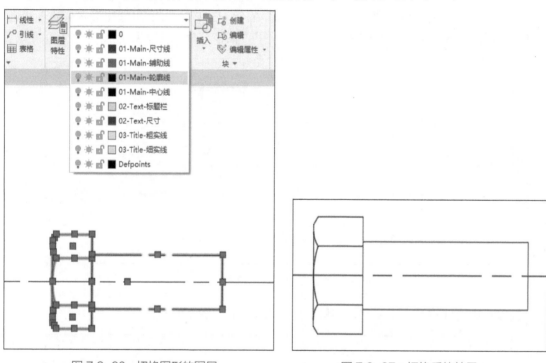

图 7.9-26　切换图形的图层　　　　　　　　图 7.9-27　切换后的结果

到这里就完成了主视图的大部分绘制工作。另取名为"BOLT-V7.dwg"，将它保存到前面在 D 盘创建的"07"文件夹中。扫描本书前言中的二维码可以获得此文件。

7.10　主视图螺纹线的绘制：BOLT-V8.dwg

本节继续在"BOLT-V7.dwg"中绘制主视图的螺纹线部分。打开"BOLT-V8.dwg 文件，一边确认一边在"BOLT-V7.dwg"中进行绘制。

STEP01 单击主视图右边的直线，使用"复制"命令，向左复制两条直线，间距分别为 2.5mm 和 40mm（图 7.10-1），使用"复制"命令时注意确认正交模式是否开启。

STEP02 用“偏移”命令将螺栓的主体部分分别向内各偏移 1.5mm（图 7.10-2）。

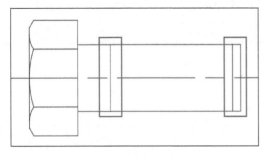

图 7.10-1　复制直线

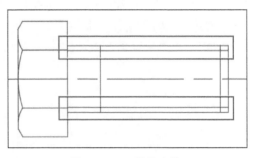

图 7.10-2　偏移直线

STEP03 确认一下当前图层是否为“01-Main-轮廓线”，然后按照图 7.10-3 所示，在螺纹线的底部分别绘制两条斜线，它们与底部直线的夹角分别为 45° 和 135°，长度适当即可。

STEP04 同样，在螺纹线的顶部也按照图 7.10-4 所示绘制两条斜线，它们与顶部直线的夹角分别是 45° 和 135°。斜线的长度任意。

STEP05 使用“修剪”命令“TRIM”，按照图 7.10-5 所示，将四条斜线多余的部分修剪去除。

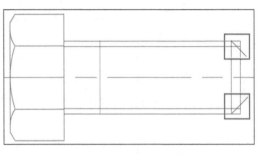

图 7.10-3　在螺纹线底部绘制两条 45° 方向的斜线

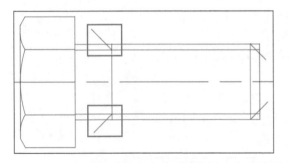

图 7.10-4　在螺纹线顶部绘制两条 45° 方向的斜线

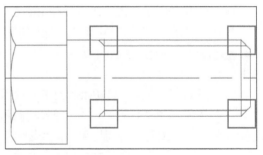

图 7.10-5　修剪斜线

STEP06 为了区别螺纹线和螺栓的轮廓线粗细的不同，新创建一个图层，名称为“01-Main-螺纹线”，线的宽度设置为 0.13mm（图 7.10-6），颜色与轮廓线相同。

状态	名称	开	冻结	锁定	打印	颜色	线型	线宽	透明度
	0					白	Continuous	默认	0
	01-Main-尺寸线					蓝	Continuous	0.18 毫米	0
	01-Main-辅助线					54	Continuous	0.18 毫米	0
✓	01-Main-轮廓线					白	Continuous	默认	0
	01-Main-螺纹线					白	Continuous	0.13 毫米	0
	01-Main-中心线					白	ACAD_ISO08...	0.18 毫米	0
	02-Text-标题栏					绿	Continuous	默认	0
	02-Text-尺寸					蓝	Continuous	0.18 毫米	0
	03-Title-粗实线					青	Continuous	0.50 毫米	0
	03-Title-细实线					青	Continuous	默认	0
	Defpoints					白	Continuous	默认	0

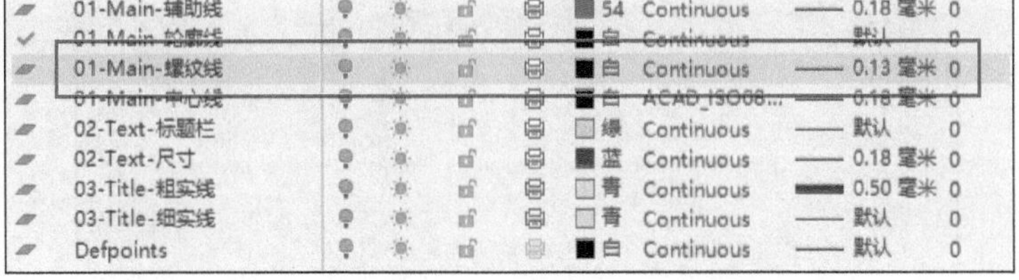

图 7.10-6　创建图层

选择所有的螺纹线，切换到该图层中（图7.10-7）。

到此就完成了螺纹线的绘制。另取名"BOLT-V8.dwg"（图7.10-8），将它保存到前面在D盘创建的"07"文件夹中。

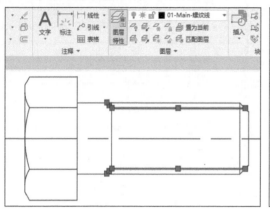

图7.10-7　切换螺纹线到图层

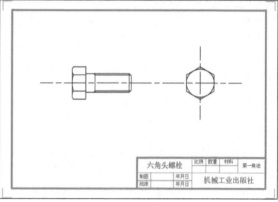

图7.10-8　螺纹线绘制完成

另外，扫描本书前言中的二维码也可以获得BOLT-V8.dwg这个文件。

7.11　尺寸样式的设定：BOLT-V9.dwg

绘制完螺栓主视图和侧面图，需要对它们进行尺寸的标注。标注之前需要设定尺寸样式。在默认的ISO-25样式的基础上，来新建一个名称为"BOLT"的尺寸样式，操作步骤如下：

STEP01 在"注释"面板可以找到"尺寸"样式图标（图7.11-1），单击打开。

"标注样式管理器"（DIMSTYLE）对话框打开后，单击右边的"新建"按钮（图7.11-2），在"创建新标注样式"对话框中填写新样式名称为"BOLT"，然后单击"继续"按钮。

图7.11-1　尺寸样式图标

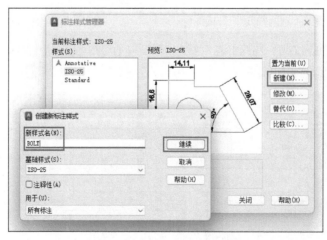

图7.11-2　创建新标注样式

STEP02 在"修改标注样式"对话框中，切换到"线"选项卡（图 7.11-3），将基线间距改为"7"，超出尺寸线改为"1.5"，起点偏移量改为"1.5"。

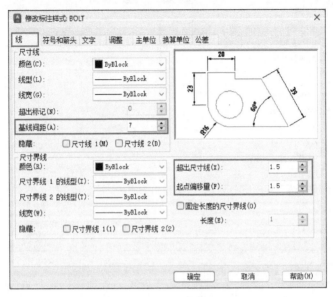

图 7.11-3 "线"选项卡

STEP03 切换到"符号和箭头"选项卡（图 7.11-4），箭头形式可以根据喜好自由切换，箭头大小改为"2.5"。

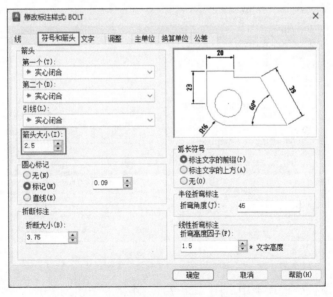

图 7.11-4 "符号和箭头"选项卡

STEP04 在"文字"选项卡中（图 7.11-5），将文字样式切换为"BOLT-文字"，文字高度设定为"3.5"，从尺寸线偏移设定为"1.5"。

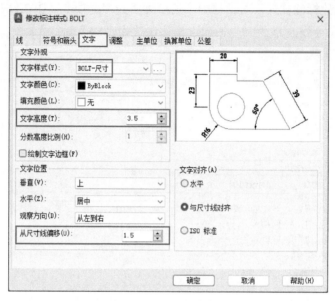

图 7.11-5 "文字"选项卡

STEP05 在"调整"选项卡中（图 7.11-6），确认使用全局比例是否为"1"。

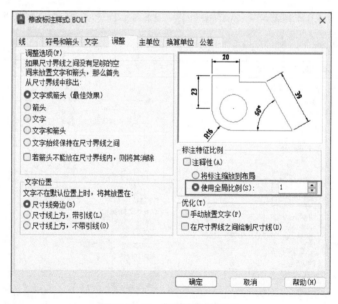

图 7.11-6 "调整"选项卡

STEP06 在"主单位"选项卡中（图 7.11-7），将精度切换为"0"。

STEP07 "换算单位"和"公差"选项卡中设置按默认即可。单击"确定"按钮，就创建好了"BOLT"这个标注样式。在"标注样式管理器"（图 7.11-8）中可以看到新建的"BOLT"样式。

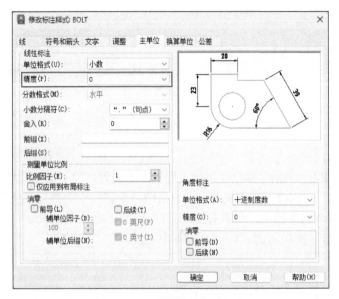

图 7.11-7　"主单位"选项卡

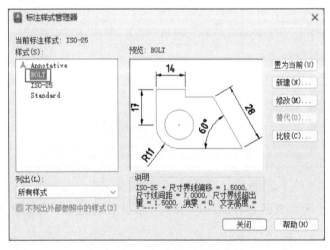

图 7.11-8　尺寸样式创建完毕

到此就完成了尺寸样式的设定。另取名"BOLT-V9.dwg"将它保存到前面在 D 盘创建的"07"文件夹中。扫描本书前言中的二维码可以获得此文件。

7.12　添加标注尺寸：BOLT-V10.dwg

打开"BOLT-V9.dwg"文件，开始对尺寸进行标注。一般尺寸标注操作在整个图纸完成后进行，但一边标注一边绘图的操作也是可以接受的，因为这样可以即时核对尺寸的准确性。

STEP01 确认当前的标注样式是否为"BOLT"（图 7.12-1）。

然后在"标注"选项卡的"标注"面板中，将图层切换为"01-Main-尺寸线"（图 7.12-2）。在这里设置标注用的图层非常重要，即使当前图层为其他图层，标注的尺寸也会自动被归类到这个"01-Main-尺寸线"图层当中。

图 7.12-1　确认当前的标注样式　　　　图 7.12-2　设置标注用图层

另外，通过"DIMLAYER"命令也可以实现上面的设置。除了标注尺寸可以设置专用的图层（LAYER）、文字（TEXT）、图案填充（HATCH）和外部参照（XFER）等，AutoCAD 准备了专门的变量来实现自动归类，在本书 9.6 节有专门的介绍。

STEP02 在尺寸标注操作之前，先修改一下中心线（图 7.12-3）。

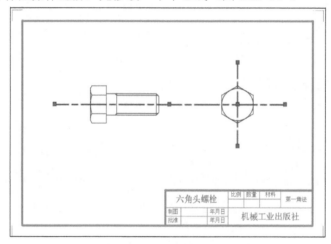

图 7.12-3　中心线

使用到目前为止所学到的各种命令，相信大家很快就能将中心线修改为图 7.12-4 所示的形式。

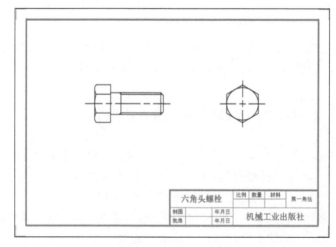

图 7.12-4　修正中心线

STEP03 在"标注"面板找到线性标注（图 7.12-5）。按照图 7.12-6 所示，对螺栓头和螺纹部分进行标注。

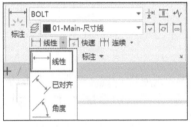

图 7.12-5 单击"线性"

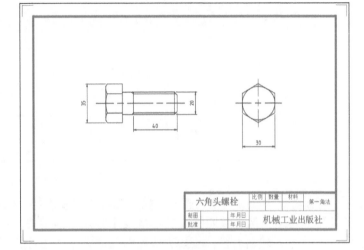

图 7.12-6 标注螺栓头和螺纹部分

STEP04 在对尺寸进行标注时，需要时刻注意尺寸的对齐。例如现在单击线性标注，对螺栓头部的厚度进行标注（图 7.12-7），在确定尺寸 15 的高度时，单击右端的 30 这个尺寸的端点，就可以方便地将尺寸 15 和尺寸 30 进行对齐操作。

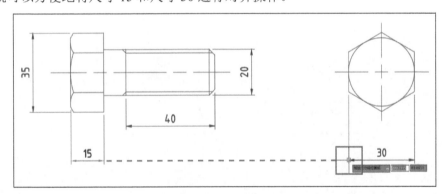

图 7.12-7 对齐尺寸

接着开始标注螺柱的长度，单击"连续"（图 7.12-8）。

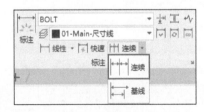

图 7.12-8 连续标注图标

此时会看到长度 50 这个尺寸的起点，会自动选择 15 这个尺寸的右端为起点，尺寸 50 的高度也会自动与尺寸 15 对齐（图 7.12-9）。

连续标注的这个特性，可以方便在标注过程中进行自动对齐操作。

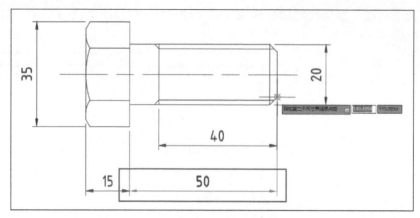

图 7.12-9 连续标注操作

STEP05 在标注过程中，有时需要对标注的尺寸添加一些前缀或后缀，通过"特性"面板可以简单实现。例如按照螺纹的规格表示方法，需要在直径 20 前面添加字母"M"，选择 20 这个尺寸，然后右击，找到"特性"选项（图 7.12-10）。

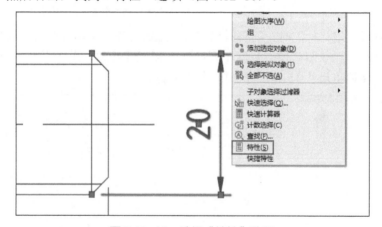

图 7.12-10 选择"特性"选项

另外，选择了对象，然后按键盘 Ctrl+1，也可以启动"特性"面板。在"特性"面板找到"标注前缀"，填写"M"（图 7.12-11）。

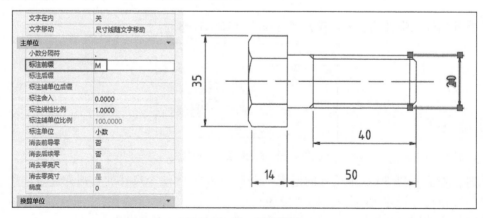

图 7.12-11 标注前缀

按回车键之后，就可以看到"M"这个字母已经反应到了尺寸里（图 7.12-12）。

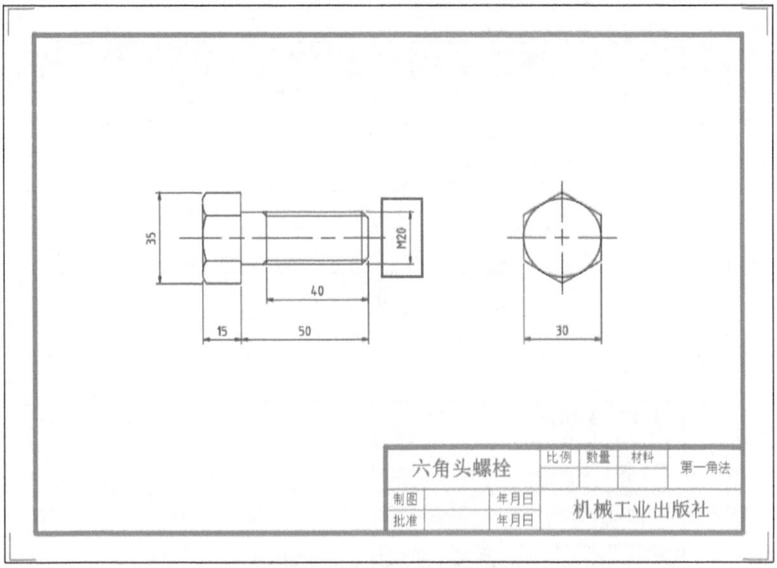

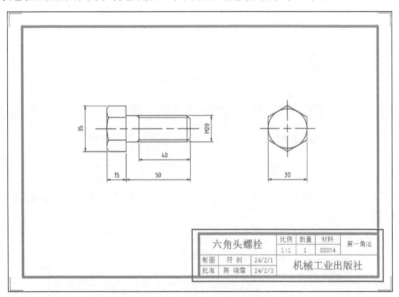

图 7.12-12 M20 修改完成

最后把标题栏的空白处填写完成后，图纸的创建就结束了（图 7.12-13）。

图 7.12-13 完成标题栏

到此就完成了尺寸的标注。另取名为"BOLT-V10.dwg"，将它保存到前面我们在 D 盘创建的"07"文件夹中。扫描本书前言中的二维码可以获得此文件。

7.13 打印图纸

打开"BOLT-V10.dwg"这个文件，进行如下操作：

STEP01 在"输出"选项卡单击"页面设置管理器"图标（图 7.13-1），它的命令为"PAGESETUP"。

图 7.13-1　页面设置管理器

单击"修改"按钮（图 7.13-2）。

图 7.13-2　单击"修改"按钮

STEP02 在"打印机/绘图仪"列表，当前计算机可以使用的所有打印驱动都可以查阅和切换（图 7.13-3）。

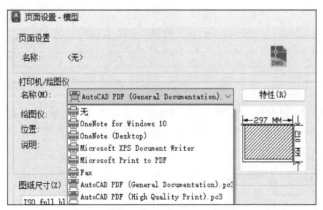

图 7.13-3　打印机名称设置

"图纸尺寸"选择"ISO full bleed A4（297.00×210.00 毫米）"（图 7.13-4）。

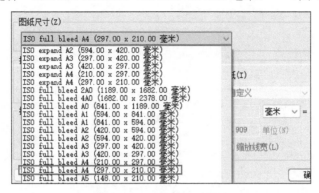

图 7.13-4　选择 A4 尺寸

STEP03 打印范围切换到"窗口"（图 7.13-5），第一个角点选择图形的左上角（图 7.13-6）。

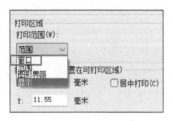

图 7.13-5　打印范围选择窗口

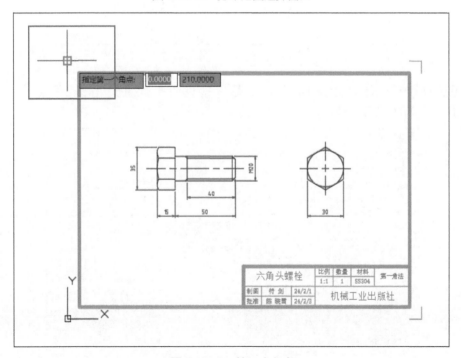

图 7.13-6　第一个角点

第二个角点选择右下角（图 7.13-7）。

STEP04 打印偏移选择"居中打印"，图形方向选择"横向"（图 7.13-8）。

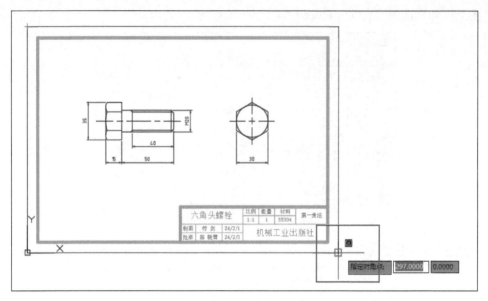

图 7.13-7　第二个角点

图 7.13-8　图形方向为"横向"

STEP05 打印样式选择"acad.ctb"，然后单击页面左下角的"预览"按钮（命令为"PREVIEW"）（图 7.13-9）。

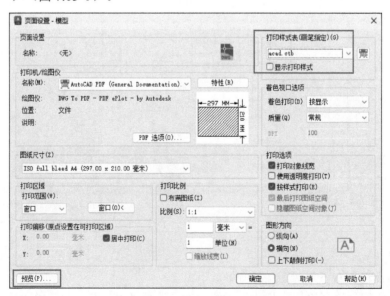

图 7.13-9　单击"预览"按钮

STEP06 对图纸的设定可通过这个预览功能进行整体确认。单击左上角的"×"图标可以关闭当前的预览页面（图 7.13-10）。

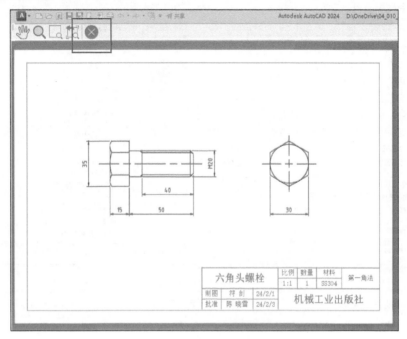

图 7.13-10　单击"×"图标退出预览

通过预览如果没有需要修改的地方，单击"页面设置"对话框右下角的"确定"按钮（图 7.13-11），完成页面设置。

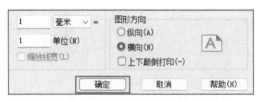

图 7.13-11　单击"确定"按钮

STEP07 单击"打印"面板中的"打印"图标（图 7.13-12），在弹出的"打印"对话框中单击右下角的"确定"按钮（图 7.13-13）。

图 7.13-12　单击"打印"图标

因为选择的是 PDF 文件，PDF 文件的保存地址需要设定。当前设定到"07"文件夹中（图 7.13-14），单击"保存"按钮后，弹出"打印作业进度"对话框（图 7.13-15）。

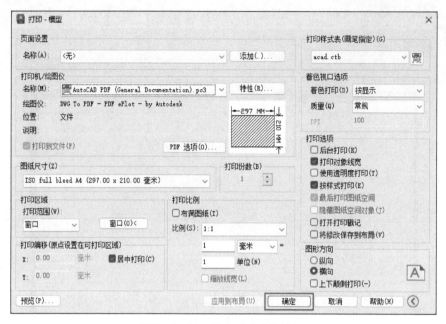

图 7.13-13　单击"确定"按钮

图 7.13-14　选择保存 PDF 文件的地址

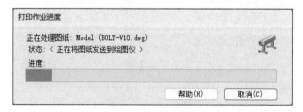

图 7.13-15　打印作业进度

PDF 图纸文件就会保存到指定的文件夹里（图 7.13-16）。

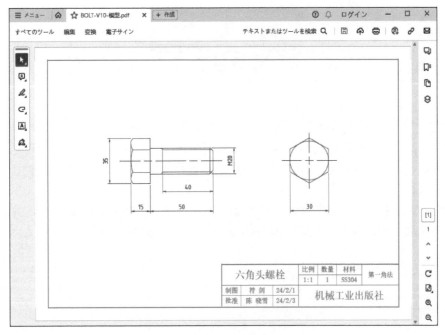

图 7.13-16　完成后的 PDF 图纸

到此就完成了 PDF 文件的打印。将 PDF 文件取名为"BOLT-V10.pdf"，并将它保存到前面在 D 盘创建的"07"文件夹中。扫描本书前言中的二维码也可以获得此文件。

在本章中，我们一步步地演示了绘制六角头螺栓的整个过程，从最基本的单位和标准的确认，到复杂的主视图螺纹线的绘制，每一步都旨在帮助读者深入理解和掌握 AutoCAD 绘图的技巧。通过本章的实践学习，读者不仅加深了对理论知识的理解，还提升了解决实际问题的能力。

下面是本章出现的命令和变量一览表。

章节	命令	快捷键	功能
7.1.1	UNITS	UN	设置绘图单位和精度
7.1.2	VIEWSTD		打开视图管理器以管理标准视图
7.2	LINETYPE		创建、加载和管理线型
7.6	STYLE	ST	创建和管理文字样式
7.11	DIMSTYLE		创建和管理标注样式
7.12	DIMLAYER		设置标注对象的默认图层
7.13	PAGESETUP		设置打印页面布局和选项
7.13	PREVIEW		预览打印输出效果

1. 在绘制六角头螺栓的过程中，如何确认和设定图形单位（UNITS）和绘图标准（VIEWSTD）？这些设定对确保图纸精确性和一致性有何重要作用？

2. 在创建六角头螺栓图纸的过程中，如何新建图层（BOLT-V1.dwg）并设定文字样式（BOLT-V4.dwg）？请解释这些步骤在组织图形和提高图纸可读性方面的重要性，并结合实例说明具体操作。

3. 如何绘制螺栓的侧面图（BOLT-V6.dwg）和主视图（BOLT-V7.dwg），并为其添加螺纹线和标注尺寸？请详细说明这些步骤的绘制技巧和注意事项，以及它们在实际工程图纸中的应用。

第二篇 精通篇

　　正所谓"工欲善其事，必先利其器"。古代工匠们在开始任何一项工程之前，都会确保工具的锋利和精准。这句谚语不仅强调了准备工作的重要性，也揭示了工作中高效率器械的关键作用。在现代，我们有幸拥有更加先进的工具来帮助我们完成复杂的任务。AutoCAD便是这样一款能够极大提升工作效率和设计精准度的软件。

　　AutoCAD 是一款上手难度较低的软件。正如前面的入门篇所介绍，通过对基础命令的学习和实践，大家就能够熟练地使用其基础绘图操作。然而，这款软件还提供了许多更为方便和高级的功能，因此，在掌握了基础操作之后，学习和掌握这些高级功能是非常必要的。这些高级功能是提高设计工作效率的关键。

　　对于那些希望进一步提升设计技能和效率的朋友们而言，精通 AutoCAD 的高级功能显得尤为重要。因此，精通篇是专为已经熟悉 AutoCAD 基础操作的读者准备的进阶指南。本篇的目的在于深入探索 AutoCAD 2024 的高级特性和最佳实践方法，从而帮助大家在各自的专业领域实现更高水平的成就。无论你是建筑师、工程师、设计师还是学生，本篇都能助你一臂之力，提升技能，更高效地使用这个强大的软件。

　　本篇其中一个重点是 AutoCAD 中的布局功能。我将向大家展示如何利用布局高效地展示设计，并介绍在布局空间与模型空间之间切换的技巧，从而显著提升表现设计意图时的灵活性和效率。

　　此外，我还会深入探讨外部参照的使用，这是提升工作效率的关键。大家将学习如何引入和管理不仅限于 DWG 文件的各类外部参照，使项目管理更为高效和有序。

　　本篇每一章都包含了详细的解释和实际操作示例，确保大家能够深入理解并实际应用书中介绍的概念。鼓励读者在阅读的同时结合实践，这将有助于更好地吸收和应用新知识。相信精通篇将成为读者学习 AutoCAD 进阶技能的重要资源。

第8章
绘图前你需要知道的 AutoCAD

《孙子兵法》中的一句经典名言："知己知彼，百战不殆。"这句话的意思是，了解自己也了解对手，就能在战争中取得胜利。同样道理，学习 AutoCAD 也是如此。

本章将对 AutoCAD 中的一些高级功能进行详细的讲解，包括点操作、块、模板、轴网和图案填充、过滤选择、块库的创建，以及透明使用。通过探索点操作的各种功能，如两点之间的中点、临时追踪点和点过滤器，大家可以更深刻地理解 AutoCAD，更好地掌握绘图技巧。此外，本章还介绍了块的创建、插入和编辑方法，以及如何利用模板在模型空间和布局空间中进行绘图。同时，轴网和图案填充的操作步骤以及过滤选择的技巧也在本章中得到了详细说明。通过本章的解说，笔者提出了活用块来创建库，以及轴网的创建和透明使用的一些操作建议，希望大家能举一反三运用到自己的设计工作中。

8.1 点操作探秘

在 AutoCAD 的世界中，点操作是基础中的基础，它对于提高绘图的效率和精度至关重要。在某种意义上，AutoCAD 绘图的工作就是对点的控制。快速而且精确地控制点对提高绘图效率有着非常重要的意义。

2.1 节介绍了常规的"动态输入"（DYNMODE）和"对象捕捉"（OSNAP），这些功能都方便对点进行控制。另外，在 AutoCAD 2024 里，还可以使用"临时追踪点"（TT）、"自"（FROM）、"两点之间的中点"（m2p）和"点过滤器"这四种与点操作相关的功能。在绘图区域的空白处，按住 Shift 键然后右击就可以看到它们（图 8.1-1）。

　　活用上面这些点的功能，最大的好处就是可以省去另外绘制辅助线来确定点的烦琐操作，给绘图工作提供了极大的便利性。通过应用这些高级功能，可以直接在目标位置精确定位，无需额外的步骤即可实现对复杂图形的精确编辑和构造。

　　本节以两个矩形和圆为例（图 8.1-2），介绍这些点功能的操作技巧。

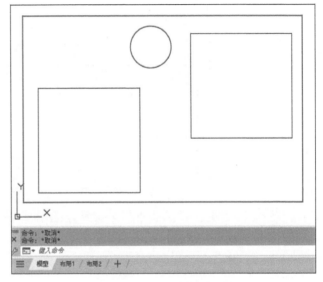

| 临时追踪点(<u>K</u>) |
| 自(<u>F</u>) |
| 两点之间的中点(<u>T</u>) |
| 点过滤器(<u>T</u>) ▶ |

图 8.1-1　四种与点操作相关的功能　　　　　　图 8.1-2　两个矩形和圆

　　扫描本书前言中的二维码，可下载本节举例所使用的 12 个 DWG 文件（表 8.1-1）。

表 8.1-1　本节所使用的 12 个 DWG 文件

章节	标题	对应的图纸
8.1.1	两点之间的中点	POINT-MID-Explain.dwg
		POINT-MID-Draft.dwg
		POINT-MID-Finish.dwg
8.1.2	临时追踪点	POINT-TT-Explain.dwg
		POINT-TT-Draft.dwg
		POINT-TT-Finish.dwg
8.1.3	自	POINT-FROM-Explain.dwg
		POINT-FROM-Draft.dwg
		POINT-FROM-Finish.dwg
8.1.4	点过滤器	POINT-PF-Explain.dwg
		POINT-PF-Draft.dwg
		POINT-PF-Finish.dwg

　　为了方便理解，有些图纸设置了一些原本没有的点和线。为了区别，实际绘图中不存在的点的样式标记为"×"，不存在的直线线型设定为虚线（图 8.1-3）。

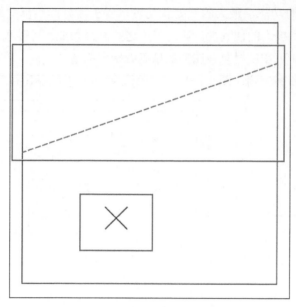

图 8.1-3　点的样式和直线的线型

8.1.1　两点之间的中点：M2P

先从最好理解的"两点之间的中点"功能谈起。顾名思义，它可以在不使用辅助线的前提下，快速找到任意两个点的准确中心点，这在进行对称设计或者需要精确确定中点时尤为有用。

打开下载的文件"POINT-MID-Explain.dwg"（图 8.1-4），分别以点 Q 和点 R 为圆心绘制半径为 100mm 的圆。点 Q 是虚线 AD 的中点，点 R 是虚线 IM 的中点。在不绘制辅助线的情况下，通过"两点之间的中点"这个功能就可以简单实现。

STEP01 关闭"POINT-MID-Explain.dwg"，另外打开"POINT-MID-Draft.dwg"这个文件，然后单击"圆"命令的图标（图 8.1-5），或者用键盘输入"C"按回车键。

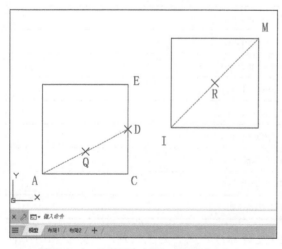

图 8.1-4　POINT-MID-Explain.dwg

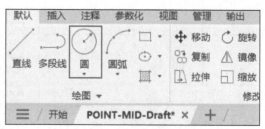

图 8.1-5　启动"圆"命令

STEP02 在激活"圆"命令的状态下，按住 Shift 键，并同时右击，在弹出的菜单中找到
"两点之间的中点"（图 8.1-6）这个功能，单击它。

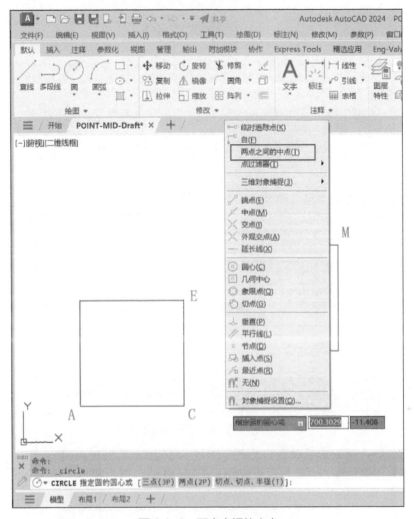

图 8.1-6　两点之间的中点

STEP03 命令行提示选择第一点，单击 A 点（图 8.1-7）。

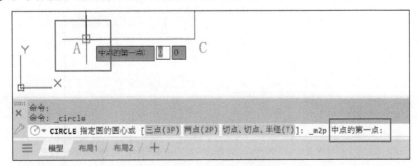

图 8.1-7　选择第一点

继续按照命令行的指示，选择第二点，单击 EC 的中点（图 8.1-8）。

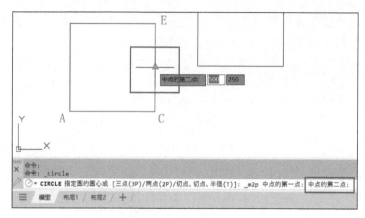

图 8.1-8 选择第二点

命令行提示指定圆的半径（图 8.1-9），在这里输入 100。

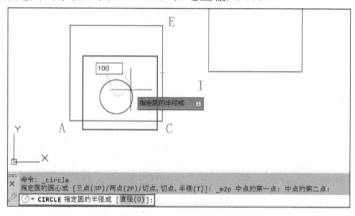

图 8.1-9 指定圆的半径

按回车键之后，就完成了以点 Q 为圆心半径为 100mm 的圆的创建。

STEP04 重复上面的操作，就可以很快绘制出以 IM 的中点为圆心半径为 100mm 的圆（图 8.1-10）。

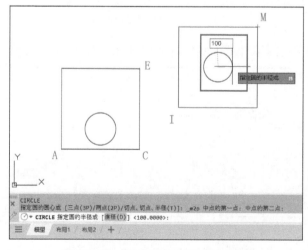

图 8.1-10 以 IM 的中点为圆心的圆

STEP05 到这里绘制就结束了。通过"两点之间的中点"的方法，可以体会到无须另外作辅助线就可以很快完成圆图形创建的小技巧。另外，下载并打开文件"POINT-MID-Finish.dwg"，读者可以查看自己绘制的图形是否与笔者绘制的一致（图 8.1-11）。

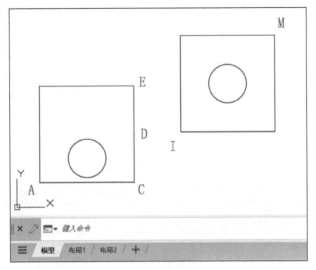

图 8.1-11　POINT-MID-Finish.dwg

另外，在启动"圆"命令的状态下，直接在命令行输入"m2p"（图 8.1-12），也可以得到同样的操作结果。

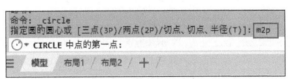

图 8.1-12　m2p

8.1.2　临时追踪点：TT

"临时追踪点"可以让我们临时指定一个基点，然后通过这个基点朝水平垂直的四个方向进行精确的数值输入来创建点。"临时追踪点"有两种形式：一种为"TT"，另一种为"TK"。"TT"只允许我们临时追踪一次，"TK"则没有次数的限制。

"临时追踪点"最大的特点，是它只允许沿着临时基点的 0°、90°、180° 和 270° 这 4 个水平或者垂直的方向来创建新的点。也就是说它无法使用极坐标，沿着斜线来创建"临时追踪点"。如果想实现任意角度极坐标追踪，请参阅下面 8.1.3 节的"FROM"功能。

这里举例来说明临时追踪点"TT"的使用方法。打开下载的 POINT-TT-Explain.dwg 这个文件，在 J 点、Q 点和 F 点各创建一个半径为 100mm 的圆，三个点距离旁边线段的水平或垂直距离为 100mm（图 8.1-13）。

STEP01 先来绘制以 J 点为圆心的圆。关闭"POINT-TT-Explain.dwg"这个文件，另外下载并打开"POINT-TT-Draft.dwg"。然后单击"圆"命令的图标，在激活"圆"命令的同时，按住键盘的 Shift 键，同时右击，在弹出的菜单中找到"临时追踪点"并单击它（图 8.1-14）。

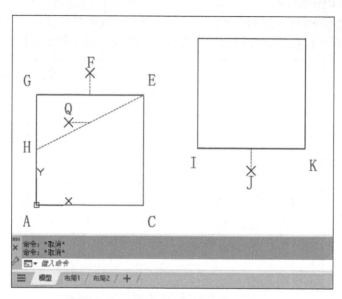

图 8.1-13 POINT-TT-Explain.dwg

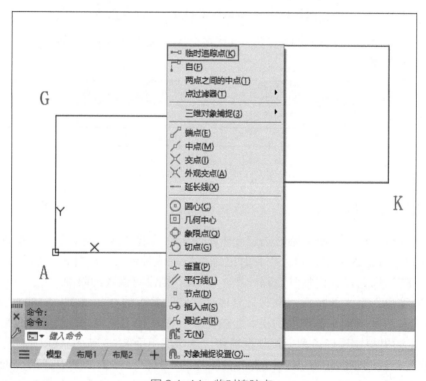

图 8.1-14 临时追踪点

STEP02 根据命令行的提示信息，将 IK 的中点（图 8.1-15）指定为临时对象跟踪点。

STEP03 略微向下滑动一下鼠标，会看到一条绿色的虚线，沿着这个虚线向下方移动，键盘输入 100，按回车键后就确定了圆心的位置（图 8.1-16）。

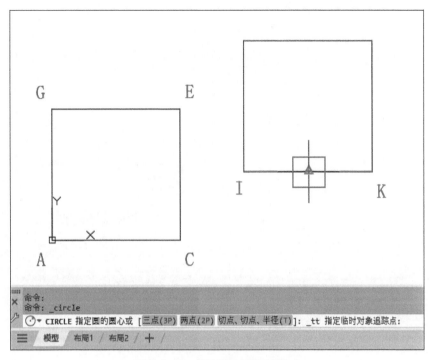

图 8.1-15　指定临时对象跟踪点

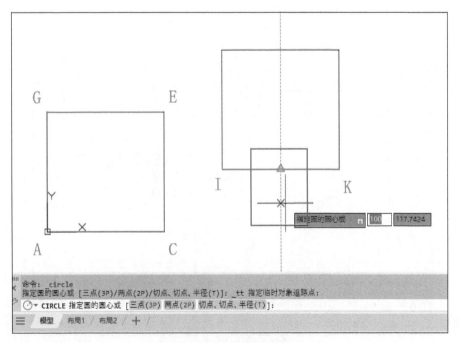

图 8.1-16　确定圆心位置

然后继续输入 100，完成圆的创建（图 8.1-17）。

图 8.1-18 为绘图成功后的结果。全程没有绘制任何辅助线就实现了圆心的定位。

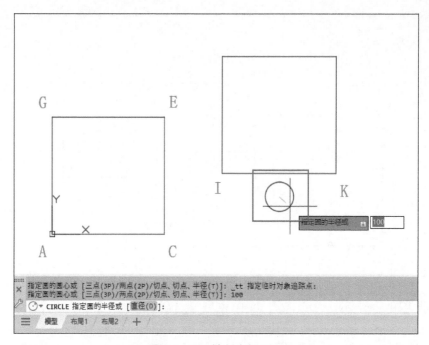

图 8.1-17　输入半径 100

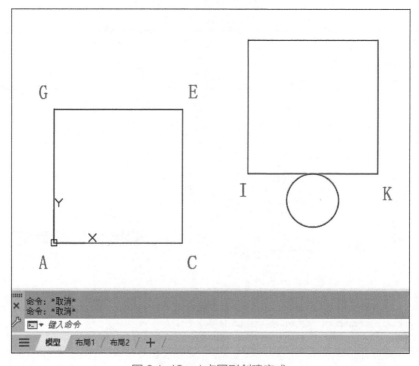

图 8.1-18　J 点圆形创建完成

STEP04 绘制以点 Q 为圆心的圆。同样启动"圆"命令后，按住 Shift 键 + 右击后选择"临时追踪点"（图 8.1-19）。

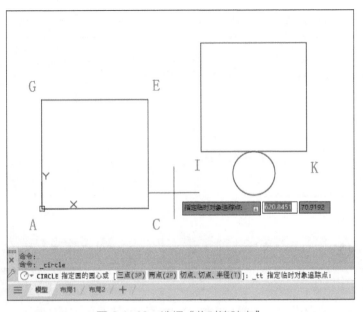

图 8.1-19　选择"临时追踪点"

STEP05 按住 Shift 键 + 右击后选择"两点之间的中点"（图 8.1-20）。

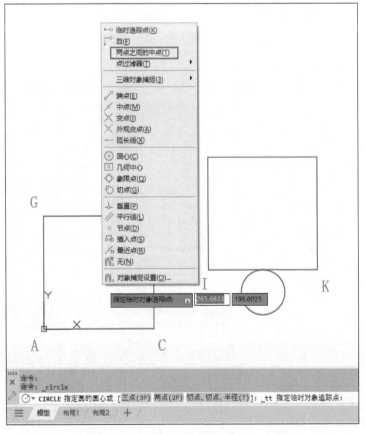

图 8.1-20　选择"两点之间的中点"

按照命令行反馈的信息，单击 AG 直线的中点作为第一点（图 8.1-21）。

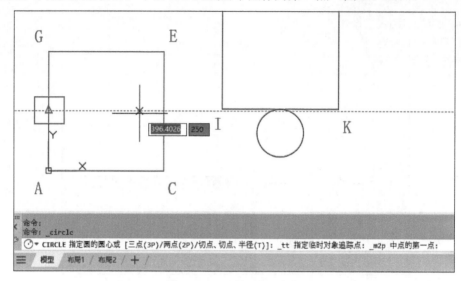

图 8.1-21　选择第一个点

继续选择 E 点作为第二个点（图 8.1-22）。

这样就获得了中点的位置（图 8.1-23）。

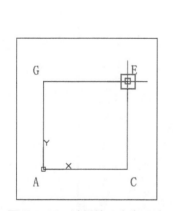

图 8.1-22　选择第二个点 E 点

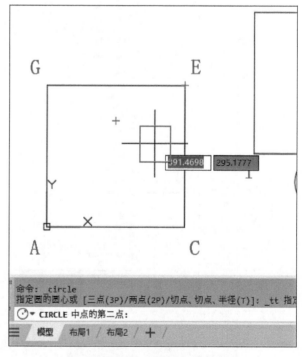

图 8.1-23　两点间中点操作完成

STEP 06 此时略微朝左边滑动一下鼠标，绿色的虚线就会显示出来（图 8.1-24），用键盘输入 100，按回车键后，圆心 Q 点位置就确定。

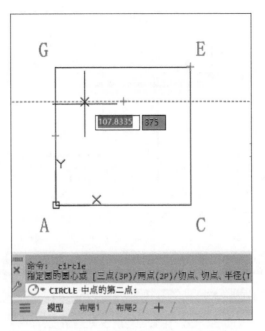

图 8.1-24　沿着绿色虚线朝左边滑动

输入半径 100，就完成以 Q 点为圆心的圆的创建（图 8.1-25）。

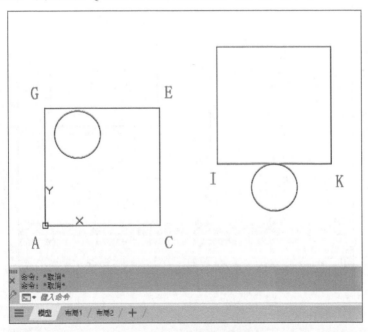

图 8.1-25　Q 点圆形创建完成

通过上面的步骤 4 ～ 6 的操作，可以看到"两点之间的中点"和"临时追踪点"这两个功能是可以组合起来一起操作的。

STEP07 完成 F 点圆形的创建。方法与前面步骤 1 及步骤 2 相同，确认好临时追踪点之后，沿着绿色的虚线鼠标向上滑动（图 8.1-26），输入 100 确定圆心的位置。

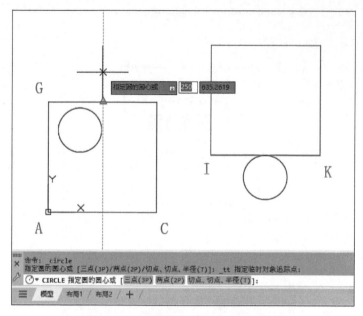

图 8.1-26　沿着绿色虚线向上滑动鼠标

继续输入半径 100，就完成了对 F 点圆形的创建（图 8.1-27）。

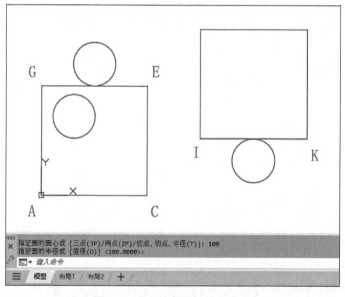

图 8.1-27　F 点圆形创建完成

8.1.3　自：FROM

临时追踪点（TT）只允许沿着临时基点的 0°、90°、180° 和 270° 这 4 个水平或者垂直的方向来创建新的点，但是"自"功能可以允许我们以任意角度来定位新的点。

自功能（FROM）和临时追踪点（TT）在用法上是一样的，但是它使用更自由，允许我们用键盘直接输入极轴坐标"距离＜角度"的方式来创建新的点。

打开"POINT-TT-Explain.dwg"这个文件（图 8.1-28），分别以点 Q、点 M、点 R 为圆心创建半径为 100mm 的圆。

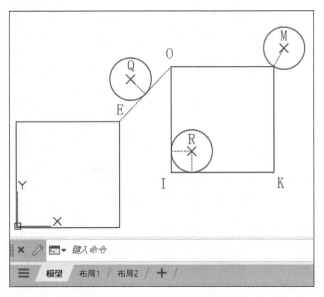

图 8.1-28 POINT-TT-Explain.dwg

点 M 和点 Q 所对应的水平方向的角度如图 8.1-29 所示。

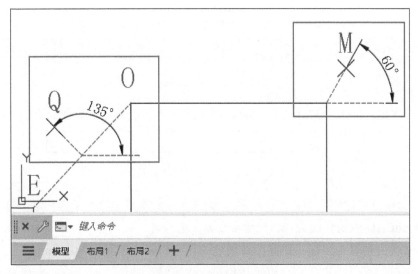

图 8.1-29 水平方向的角度

使用"FROM"功能，在不使用辅助线的情况下可一气呵成地创建它们，实际演示如下：

STEP01 关闭"POINT-FROM-Explain.dwg"，打开另外下载的"POINT-FROM-Draft.dwg"这个文件，启动"圆"命令，按住键盘的 Shift 键同时右击鼠标，在弹出的菜单中找到"自"并选择它（图 8.1-30）。

先作以点 M 为圆心的圆。按照命令行的反馈，确定一个基点（图 8.1-31）。

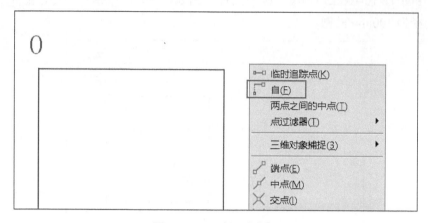

图 8.1-30　选择"自"

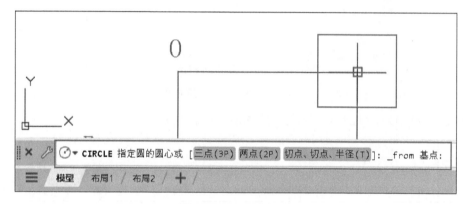

图 8.1-31　确定基点

用键盘依次输入图 8.1-32 所示的内容，图中的"→"符号用来分隔命令的不同部分。

图 8.1-32　输入角度的顺序

"@"表示相对坐标的开始，也就是说后面创建的新的点是相对于当前这个基点的位置。关于 @ 在 AutoCAD 中的详细应用，请参阅 3.8 节的内容。

"100"的含义是极轴坐标的距离。新创建的点距离基点的距离为 100mm。

"<"这个符号用于指定角度，也就是相对于水平线，按照逆时针方向来计算的角度。

"60"表示角度的数值。

将图 8.1-32 的输入"翻译"过来就是：从基点开始，沿着与水平线夹角为 60°的方向，确定一个间隔为 100mm 的点（图 8.1-33）。这个点就是我们要绘制的 M 点了。

然后以这个点为圆心，再继续输入 100 作为圆的半径（图 8.1-34）。

按回车键后圆形就创建成功了（图 8.1-35）。

图 8.1-36 是创建好的以点 M 为圆心的圆。

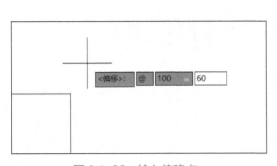

图 8.1-33　输入偏移点

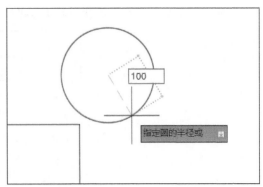

图 8.1-34　输入圆的半径

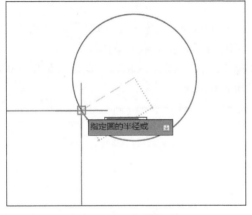

图 8.1-35　完成圆操作

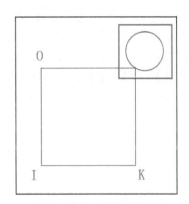

图 8.1-36　完成圆形

STEP02 接着来创建以点 R 为圆心的圆。操作与步骤 1 基本相同，唯一不同之处就是在确定完基点 I，接着创建点 R 时，不使用"<"符号来确定角度，直接使用 Tab 键来指定 X 坐标和 Y 坐标的数值即可（图 8.1-37）。

```
@    →    100    →    TAB    →    100
```

图 8.1-37　输入坐标的顺序

图 8.1-37 中第一个 100 就是 X 坐标，最后一个 100 就是 Y 坐标的数值。在这里，按键盘 Tab 键和输入"，"符号是同样的效果。将图 8.1-37"翻译"一下，以基点 I 为开始点，创建 X 坐标为 100、Y 坐标也为 100 的一个新的点，这个点就是 R（图 8.1-38）。

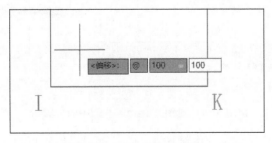

图 8.1-38　点 R 的创建

其他步骤与前文一致，很快以点 R 为圆心的圆形也能绘制完成（图 8.1-39）。

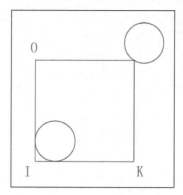

图 8.1-39　完成点 R 圆形的创建

STEP03 接着来创建以点 Q 为圆心的圆。在点 Q 的创建过程中，需要借助"两点之间的中点"这个功能来创建出基点，然后再使用"FROM"来完成点 Q 的定位。

在启动"圆"命令之后，首先启动"FROM"功能（图 8.1-40），然后再使用"两点之间的中点"来找到 OE 之间的中点作为基点（图 8.1-41）。

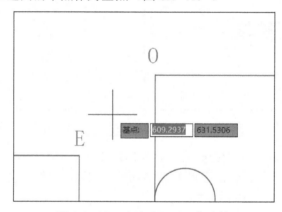

图 8.1-40　启动"FROM"功能

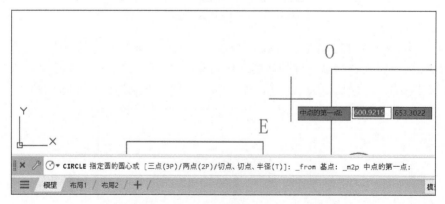

图 8.1-41　使用"两点之间的中点"功能

接着按照图 8.1-42 所示的顺序继续输入，很快就可以确定点 Q（图 8.1-43）。

| @ | → | 100 | → | < | → | 135 |

图 8.1-42　输入 135° 的顺序

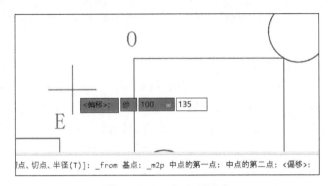

图 8.1-43　点 Q 的确定

再输入圆的半径 100，按回车键就完成了以点 Q 为圆心的圆形的创建（图 8.1-44）。

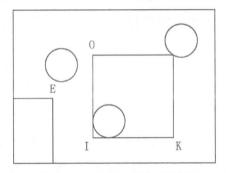

图 8.1-44　完成点 Q 圆形的创建

以上就是使用"FROM"功能来定位三个点、创建三个圆形的方法。使用"FROM"功能，不但可以用"@"来指定相对坐标，还可以使用"#"来进行绝对坐标的指定。大家有机会可以按照表 8.1-2 中的四种方法来实际操作体验一下它们的区别。

表 8.1-2　四种输入方法

方法 1	@	→	100	→	<	→	60
方法 2	@	→	100	→	TAB	→	100
方法 3	#	→	100	→	<	→	50
方法 4	#	→	100	→	TAB	→	100

8.1.4　点过滤器

想象一下，在使用 AutoCAD 设计图纸时，需要确保所绘制的点都在正确的位置，就好比在画一张详细的地图，需要确保每个地标都标在正确的位置。这时候，"点过滤器"就像我们手中的魔法棒，它可以帮助我们利用周围的点，快速找到并标记出需要的特定点。无论是需要基于横坐标（X）、纵坐标（Y），还是高度（Z）来定位这些点，点过滤器都能帮到我们。

"点过滤器"提供了一种过滤方式，允许基于特定的坐标值（如 X、Y 或 Z 坐标）来过滤点（图 8.1-45），这对于在特定平面内进行精确绘图至关重要。我们可以灵活运用它们以适应不同的绘图需求。比如，在设计一个复杂的机器零件时，可能需要在很多不同的层面上添加点，以确保每个部件都能精确地拼接在一起。点过滤器可以让这个过程变得简单许多，就像是给了一个能够自动筛选出需要关注的点的超级搜索工具，让读者能够更专注于创造，而不是被烦琐的定位工作拖慢速度。

例如，打开下载的 POINT-PF-Explain.dwg 这张图纸（图 8.1-46），现在需要在图中的 Y 点和 Z 点各创建一个半径为 100mm 的圆形（实际上点画线、Y 点和 Z 点在图形中是不存在的，此处仅为方便讲解）。使用点过滤器功能可以轻松完成。

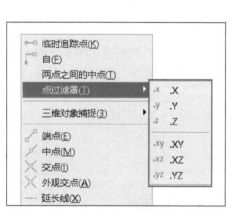

图 8.1-45　点过滤器

图 8.1-46　POINT-PF-Explain.dwg

STEP01 创建以 Y 点为圆心的圆。关闭 POINT-PF-Explain.dwg，打开 POINT-PF-Draft.dwg，启动"圆"命令，在任意位置绘制一个半径为 100mm 的圆（图 8.1-47）。

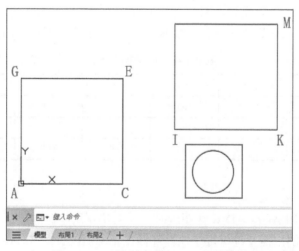

图 8.1-47　绘制半径为 100mm 的圆

STEP02 启动"移动"命令，选择刚才绘制的圆，并且指定圆心为基点。这时滑动鼠标就可以看到圆图形随鼠标来回移动，命令行提示指定第二个点（图 8.1-48）。

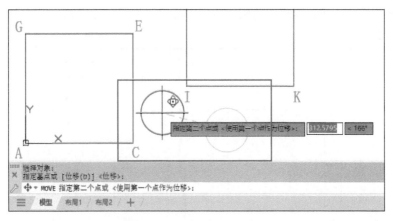

图 8.1-48　指定圆心为基点

STEP03 在当前状态下，按住 Shift 键单击鼠标右键，选择点过滤器中的 ".X"（图 8.1-49）。

STEP04 单击上方矩形的右下角端点 K（图 8.1-50），此时会发现，无论怎样移动鼠标，圆图形只能上下移动。也就是说点过滤器已经将圆形限制在与矩形的右下角同样的 X 轴上。

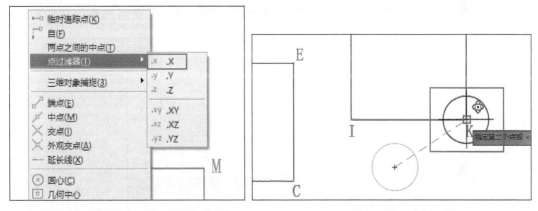

图 8.1-49　选择点过滤器里面的 ".X"　　　　　　图 8.1-50　单击端点 K

STEP05 单击矩形的端点 E（图 8.1-51），将这个点作为移动点的 ".YZ" 坐标。
到此就将圆移动到 Y 点处（图 8.1-52），也就是 E 点和 K 点的交界处。

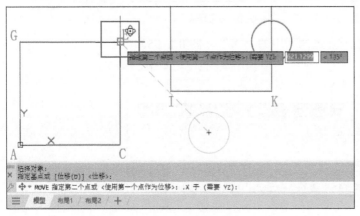

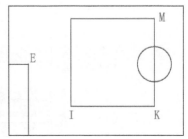

图 8.1-51　单击端点 E　　　　　　　　　　　图 8.1-52　完成移动到 Y 点

STEP06 继续创建以点 Z 为圆心的圆。启动"圆"命令，在任意处绘制一个半径为 100mm 的圆（图 8.1-53）。

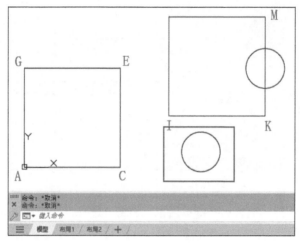

图 8.1-53　绘制圆形

STEP07 输入命令"M"按回车键，选择刚才绘制的圆形，并指定圆心为移动的基点（图 8.1-54）。

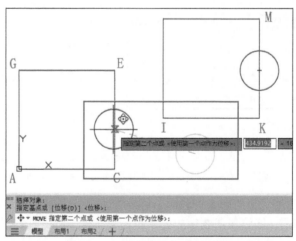

图 8.1-54　指定圆心为移动的基点

STEP08 按住 Shift 键右击，选择点过滤器中的".X"（图 8.1-55）。

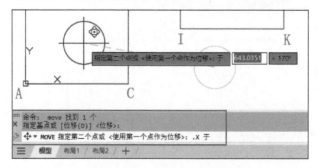

图 8.1-55　选择点过滤器

STEP09 按住 Shift 键右击，选择"两点之间的中点"之后，分别指定第一点为 C 点，第二点为 I 点（图 8.1-56），这样就确定了".X"。

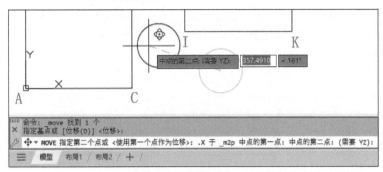

图 8.1-56　确定".x"

再次单击 I 点来确定".YZ"（图 8.1-57）。

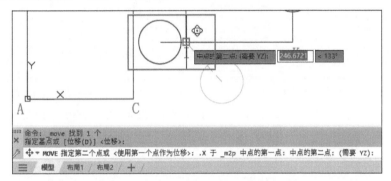

图 8.1-57　单击 I 点

到此，就完成了将圆形移动到 Z 点的操作（图 8.1-58）。

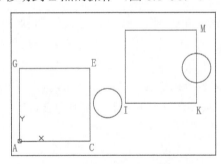

图 8.1-58　圆形移动到 Z 点

利用 AutoCAD 中的点操作功能，通过对点的精确操作，在不使用辅助线的情况下就能够画出既美观又精确的图纸。这不仅是绘图工作的基础，更是提升工作效率和图纸精度的关键。

8.2　块：BLOCK

在 AutoCAD 中，"块"（BLOCK）是一个强大的功能，允许用户将多种基本图形，如直线、圆弧和矩形等，组合成单一的复合图形。通过使用"BLOCK"命令（快捷键 B），我们可以将常用的图形创建成块，并存储在库中，以便于将这些预定义的块插入其他 DWG 图纸中。这种方式的一个显著优点是：所有的插入操作都基于一个单一的插入点，大大简化了操作流程。此外，当库中的块内容被更新时，所有引用了该块的图纸都会自动同步更新，这极大地便利了图形的统一管理和修改。块功能也提供了分解选项，使用户能够将块分解回其原始的多个图形元素，增加了操作的灵活性。本节以第 7 章绘制好的六角头螺栓为例（图 8.2-1）来进行讲解。

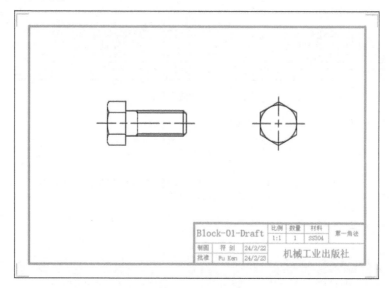

图 8.2-1　六角头螺栓

8.2.1　创建块：BLOCK

在 AutoCAD 中打开任意一个文件，在"块定义"面板中可以找到"创建块"图标（图 8.2-2），使用"Block"命令（快捷键为 B）可以更便捷地启动它。

创建块的步骤很简单，以下是详细且优化后的每一步操作：

STEP01 打开文件"Block-01-Draft.dwg"（扫描本书前言中的二维码下载）。以文件中六角头螺栓右边的侧视图为例，来和大家一起创建一个块（Block）（图 8.2-3）。

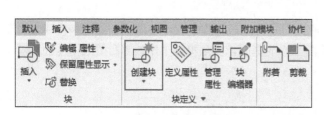

图 8.2-2　"创建块"图标

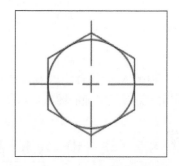

图 8.2-3　六角头螺栓侧视图

STEP02 启动"块"命令。单击"创建块"图标（按快捷键 B 可以快速启动），"块定义"

对话框弹出后，名称填写"BLOT-M20"，然后单击"拾取点"前的图标（图 8.2-4），"块定义"对话框会暂时自动隐藏起来。

图 8.2-4　块定义名称

STEP03 指定插入点。选择六角头螺栓的中点作为插入点（图 8.2-5），在中心线的交点处单击，界面会自动又返回到"块定义"对话框。

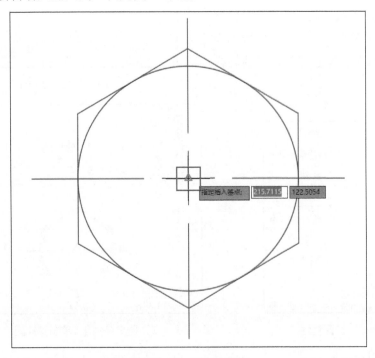

图 8.2-5　指定插入点

STEP04 选择对象。单击"选择对象"前的图标（图 8.2-6），然后框选六角头螺栓的侧视图（图 8.2-7），选择希望转换为块的图形元素。

图 8.2-6　选择对象

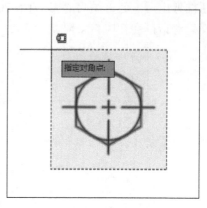

图 8.2-7　框选六角头螺栓的侧视图

STEP 05 完成块的创建。选择完对象，检查是否为默认的"转换为块"，以及"允许分解"选项是否勾选（图 8.2-8），最后单击"确定"按钮，"BLOT-M20"这个块就创建完成。

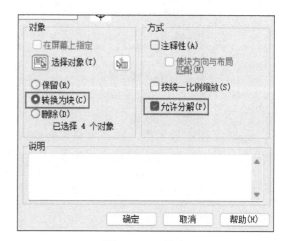

STEP 06 确认块属性。在绘图界面的右下角，激活"快捷特性"，并开启它（图 8.2-9），然后单击六角头螺栓的侧视图，"快捷特性"窗口就会弹出（图 8.2-10），可以看到当前的图案已经变成了"块参照"，说明转换块成功。

图 8.2-8　确定

图 8.2-9　快捷特性

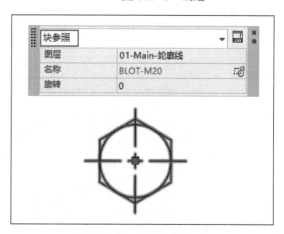

图 8.2-10　单击侧视图

另外，使用快捷键 Ctrl+2 启动设计中心，也可以从"块"目录下确认当前文件中的所有块文件（图 8.2-11）。

完成这些步骤后，读者可扫描前言中的二维码下载"Block-01-Finish.dwg"来对比确认。

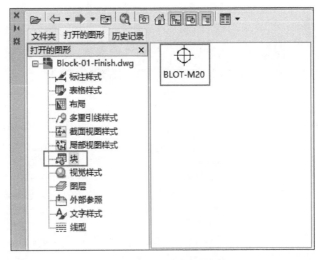

图 8.2-11　设计中心

通过上述的操作步骤，可以迅速且高效地在 AutoCAD 中创建块，极大提升了设计效率并简化了图形元素的管理与复用。初学者可能不熟悉这个过程，但掌握如何创建和管理块对于频繁使用特定图形和元素的设计人员来说，是一个极为宝贵的技能。块功能不仅减少了重复工作的需要，还确保了项目的一致性和准确性，从而在提高工作效率的同时，也保证了设计质量。

此外，使用块还有助于维持文件的轻便性，因为它允许在多个项目中重用相同的图形元素，而无须重复创建，从而减小了文件大小和提高了处理速度。更进一步，块的使用促进了团队成员间的协作，因为它使得共享和更新设计元素变得更加简单直接。掌握块的创建和管理，将使你能够更加灵活地应对设计挑战，无论是在单一项目中的应用，还是在跨项目的元素共享和标准化中，都能显著提升大家的设计能力和工作效率。因此，建立一个良好的"块创建"绘图习惯，学会有效利用"块功能"，对于每一位 AutoCAD 使用者来说都是至关重要的。

8.2.2　插入块：INSERT

在 AutoCAD 中，创建完毕的"块"不仅能在当前文件中重复使用，还可以跨文件应用，提升工作效率。下面介绍三种常用的块插入方法，帮助读者灵活掌握块的应用。

【方法 1】：直接在命令行输入块的名称即可快速插入。例如，打开"Block-01-Finish.dwg"这个文件，该文件已经包含了创建的"BLOT-M20"这个块，只需在命令行输入"BLOT-M20"（图 8.2-12），按回车键，再指定插入点就可以将此块快速插入图纸中（图 8.2-13）。

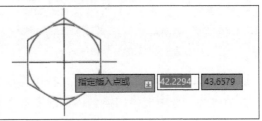

图 8.2-12　在命令行输入"BLOT-M20"　　　　图 8.2-13　插入图纸中

这一操作的便捷之处在于，命令行窗口的高级搜索功能能够快速找到所需的块。单击命令行左侧的"自定义"图标（图 8.2-14），找到"输入搜索选项"并单击。在"输入搜索选项"对话框中，可以看到搜索内容中包含"块"（图 8.2-15）。

图 8.2-14　输入搜索选项　　　　　图 8.2-15　"输入搜索选项"对话框

如果无法从命令行检索自定义的块及图层，就可以通过这个方法来检查命令行的设定。

【方法 2】：使用"插入"命令 INSERT（快捷键为 I），它的图标在"块"选项板中（图 8.2-16）。

单击"插入"图标后，可以看到自己制作的块的缩略图（图 8.2-17），单击此缩略图，再在绘图界面选择插入的点就可以完成块的插入。

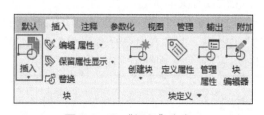

图 8.2-16　"插入"命令　　　　　　图 8.2-17　块的缩略图

【方法 3】：在 AutoCAD 2024 的"视图"选项卡中，可以找到"块"这个图标（图 8.2-18），在打开的"块"选项板中切换到"当前图形"（图 8.2-19），就可以看到"BLOT-M20"这个块的缩略图，单击它，在图纸上选择一个点，就可以插入到图形里。

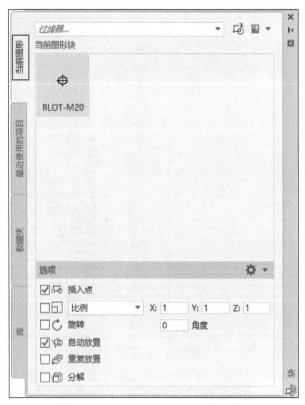

图 8.2-19　"BLOT-M20"块缩略图

图 8.2-18　"块"图标

创建好的块文件，除了使用上面的方法在同一个 DWG 文件里面反复使用外，还可以从一个文件迁移到另一个文件中。

例如，任意新建一个 DWG 图形（图 8.2-20），使用快捷键"Ctrl+2"启动设计中心，在"打开的图形"中（图 8.2-21），可以看到当前打开的两个 DWG 文件，单击 Block-01-Finish.dwg 文件名称前面的"+"号（图 8.2-22）将其展开，在"块"目录下可以找到创建的"BLOT-M20"块的缩略图，单击此缩略图，拖动它到新建的界面之后再松开（图 8.2-23），就可以将"BLOT-M20"这个块添加到新建的文件里。

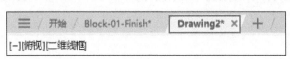

图 8.2-20　任意新建一个 DWG 图形

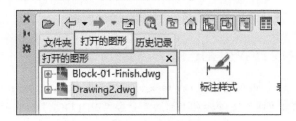

图 8.2-21　打开的图形

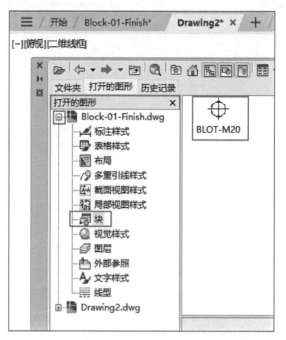

图 8.2-22 "BLOT-M20" 块的缩略图

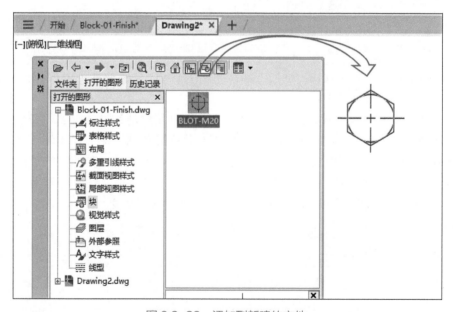

图 8.2-23 添加到新建的文件

8.2.3 写出块与块库：WBLOCK

当需要频繁地将"块"插入其他的 DWG 文件时，总是依赖设计中心的"Ctrl+2"快捷方式显得低效烦琐。通过结合"块"选项板和"写块"命令"WBLOCK"（快捷键 W）（图 8.2-24），建立一个个性化的"块库"，将会极大地简化"块"添加流程和步骤。

设定和实施此方法的步骤如下：

STEP 01 建立一个储存"块"的专用文件夹，即使用"写块"命令"WBLOCK"将块输出时，将它们都放置到一个统一的"块库"里。这里在 D 盘的"024"文件夹中创建一个"Block"文件夹作为"块库"（图 8.2-25）。

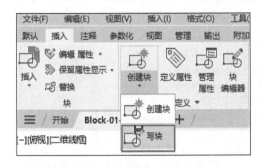

图 8.2-24　"写块"命令图标

图 8.2-25　创建"Block"文件夹

STEP 02 打开"Block-01-Finish.dwg"，用键盘输入快捷键"W"启动"写块"对话框（图 8.2-26），在"源"选项中选择"块"，块的名称为"BLOT-M20"，"文件名称和路径"选择刚才在 D 盘创建的"Block"文件夹，再确认一下插入单位是否为默认的"毫米"，然后单击最下方的"确定"按钮，这样"Block-01-Finish.dwg"文件中的"BLOT-M20"这个块就导出到"Block"文件夹里。

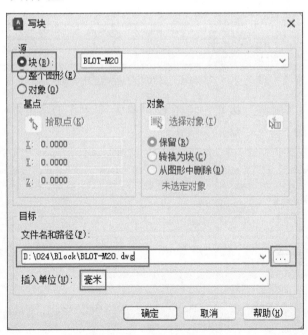

图 8.2-26　"写块"对话框

STEP 03 在操作界面的空白处右击，在弹出的菜单中单击最下方的"选项"（图 8.2-27）。在弹出的"选项"对话框中可以看到"块同步文件夹位置"（图 8.2-28）。

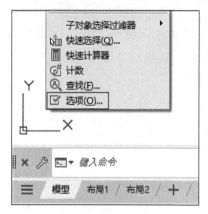

图 8.2-27　选项

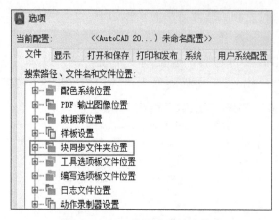

图 8.2-28　块同步文件夹位置

将其展开，可以看到地址是 AutoCAD 默认的地址（图 8.2-29），此文件夹位置比较隐蔽，不利于保存备份和管理。

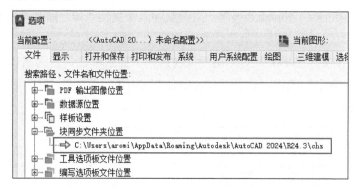

图 8.2-29　AutoCAD 默认的块同步地址

单击界面右边的"浏览"按钮，将地址更换为刚才在 D 盘创建的"Block"文件夹（图 8.2-30），单击最下方的"确定"按钮。

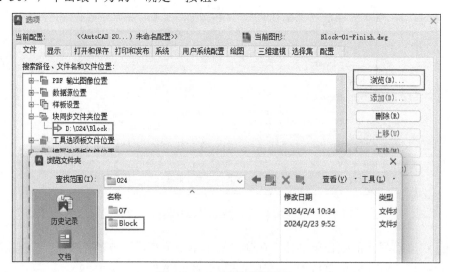

图 8.2-30　更换地址路径

STEP04 单击"视图"选项卡中的"块"图标（图 8.2-31）。

图 8.2-31　"块"图标

在弹出的窗口中切换到"库"，然后单击右上方的指定文件夹图标（图 8.2-32）。

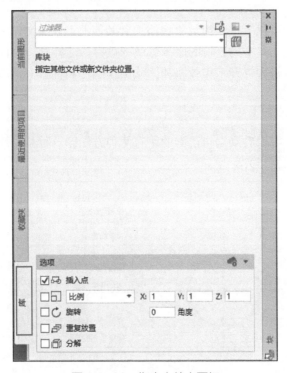

图 8.2-32　指定文件夹图标

将"块库"的地址更改为在 D 盘创建的"Block"文件夹（图 8.2-33）。

图 8.2-33　"块库"的地址

这时就可以看到刚才通过"写块"命令"WBLOCK"输出到"Block"文件夹中所有块

文件的缩略图（图 8.2-34）。

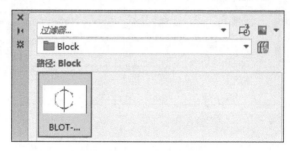

图 8.2-34　块文件的缩略图

通过上述方法，就可以方便快捷地将块添加到其他的 DWG 文件中。另外，我们也可以将"块库"的文件夹地址共享到公司的服务器或网盘中，这样同一个团队中不同的计算机都可以同步使用此块库，极大提升工作效率和团队协作的便利性。

8.2.4　编辑块：BEDIT

单击创建好的块，可以看到编辑已有的块有两种方法：一种是"块编辑器"，另一种是"在位编辑块"（图 8.2-35）。

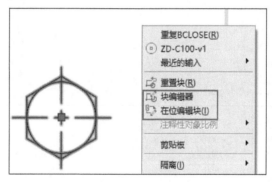

图 8.2-35　编辑块

"块编辑器"有一个专门的编辑环境，它适合进行复杂的块修改编辑；"在位编辑块"则适用于快速修改特定块实例，尤其是想立即看到更改如何影响当前绘图时。下面介绍这两种方法。

【第 1 种方法】：块编辑器 BEDIT。

这是最常用的一种方法，它的命令为"BEDIT"，快捷键为"BE"。在"块定义"面板中也可以找到它的图标（图 8.2-36）。

这里还是以"Block-01-Finish.dwg"这个文件为例，打开它之后，单击"块编辑器"图标（图 8.2-37），弹出"编辑块定义"对话框。选择要编辑的块，然后单击下方的"确定"按钮。

系统弹出一个专门的块编辑界面，并且选项卡栏会变为块编辑器专用的菜单（图 8.2-38），就如同把块隔离出来一样，使得在编辑过程不受现有绘图环境的干扰，有助于集中注意力在块的构造上。

编辑完图形之后，单击"关闭块编辑器"（图 8.2-39），就完成了编辑块的操作。

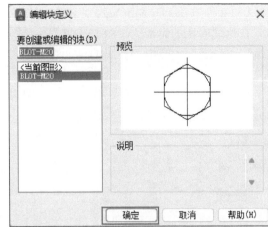

图 8.2-36　"块编辑器"图标　　　　　　　图 8.2-37　"编辑块定义"对话框

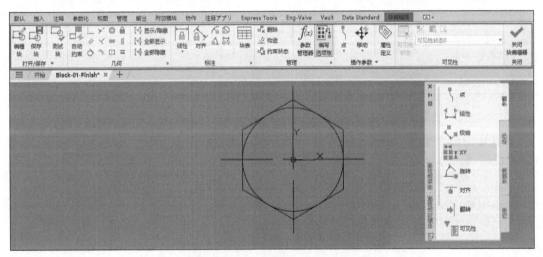

图 8.2-38　块编辑器专用界面

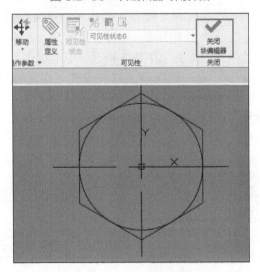

图 8.2-39　关闭块编辑器

【第 2 种方法】：在位编辑块 REFEDIT。

在位编辑块的命令为"REFEDIT"，一般选择块后通过右击来启动这个命令。启动"在位编辑块"之后，弹出"参照编辑"对话框（图 8.2-40），选择块的名称，单击下方的"确定"按钮。

除了准备编辑的块以外，整个界面的图形，包括文字都会变淡（图 8.2-41），也就是说，它允许一边查看周围的图形一边编辑块，是一个直观的编辑方法。

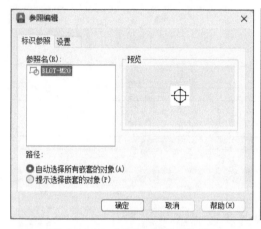

图 8.2-40 "参照编辑"对话框

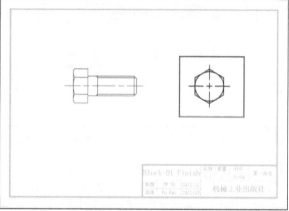

图 8.2-41 在位编辑界面

编辑完毕后，单击"保存修改"（图 8.2-42）就完成了在位编辑。

在位编辑对于快速修改单个块实例或简单的编辑非常方便，但它不适合进行复杂的块定义更改。选择哪种编辑方法取决于具体需求和编辑任务的复杂程度。

图 8.2-42 保存修改

8.2.5 属性块：ATTDEF

使用块功能来创建属性块，并实现连续计数的操作，是 AutoCAD 中一个非常实用的功能，更是设计和绘图过程中的一个强大工具。通过本节的学习，希望每位读者不只是掌握，而是能够熟练地活用这一功能，以提高工作效率和设计的准确性。

在"插入"选项卡的"块定义"面板中，可以找到"定义属性"图标（图 8.2-43），它的命令为"ATTDEF"，快捷键是"ATT"。

假设需要创建一系列带有连续编号的三角形框架（图 8.2-44），以下是具体的步骤：

图 8.2-43 "定义属性"图标

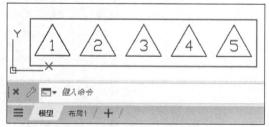

图 8.2-44 三角形连续编号

STEP01 使用"圆"命令创建圆，例如创建一个半径为 5mm 的圆（图 8.2-45）。这里将圆创建到了坐标的（0，0）点处（具体怎样将创建好的圆移动到坐标原点，请参阅 7.4 节）。

STEP02 使用"多边形"命令（POLYGON）创建一个外接的三角形（图 8.2-46）。

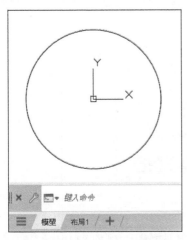

图 8.2-45　创建一个圆

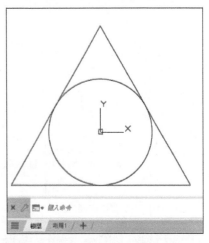

图 8.2-46　创建一个外接三角形

STEP03 输入"ATT"，按回车键后启动"属性定义"对话框（图 8.2-47），"标记"处填写数字"1"，"提示"处填写"请输入数字"，"默认"处填写数字"1"，"对正"选择"正中"，"文字样式"为"Standard"，"文字高度"填写"5"，然后单击最下方的"确定"按钮。

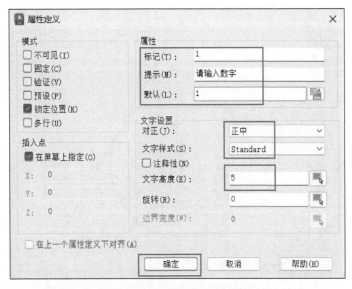

图 8.2-47　"属性定义"对话框

在界面的任意空白处单击后，将会创建值为"1"的属性。选择这个值的中点，将它移动至圆心处（图 8.2-48）。

到这一步，创建块用的所有图形元素就制作完成（图 8.2-49）。如果跟随以上步骤一起操作，应该能理解这个圆形的作用。它的目的是能够将属性精准定位到三角形的中心处。在 AutoCAD 的绘图设计中，采用圆形来作为辅助图形帮助定位操作是一个很常见且有效的手段。

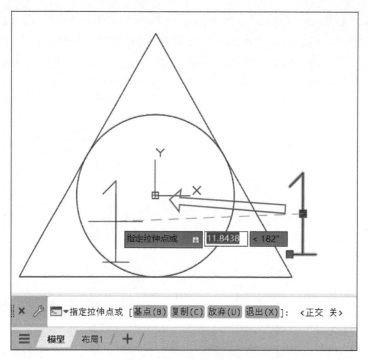

图 8.2-48　移动到圆心

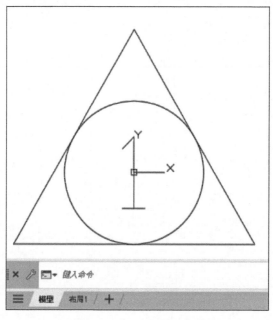

图 8.2-49　图形创建完成

STEP04 启动创建块命令"BLOCK"，将三角形和属性数值创建为块，取名为"AutoNumber"。在"选择对象"操作时，注意不要选择到圆形（图 8.2-50）。

STEP05 创建完块之后，在命令行输入"ATTDIA"，将其值更改为 0（图 8.2-51）。

图 8.2-50 "块定义"对话框

图 8.2-51 ATTDIA

在 AutoCAD 中,"ATTDIA"是一个控制属性对话框显示的系统变量。在创建包含属性的块时,这些属性可以通过弹出的对话框进行编辑和设置。当 ATTDIA 的值设置为 0 时,属性对话框将不会显示。这意味着,如果一个块被插入图纸中,并且该块定义了需要用户输入的属性,那么这些属性将通过命令行来输入,而不是通过图形界面的对话框。当 ATTDIA 的值设置为 1 时,如果一个块被插入并且具有属性定义,AutoCAD 会自动弹出一个对话框来让用户输入这些属性值。

为提高输入属性的效率,通常将 ATTDIA 的值设定为 0,以方便快速输入数值。

STEP06 到这一步块的创建工作就结束了。单击"插入"图标就可以看到刚才创建的"AutoNumber"这个块(图 8.2-52)。

在绘图区域的任意空白处单击,指定块的插入点(图 8.2-53)。然后输入数值"2"(图 8.2-54),输入数值用的对话框若没有弹出,直接输入数值"2"即可,而无须去关闭对话框,这就是步骤 5 设定的意义。

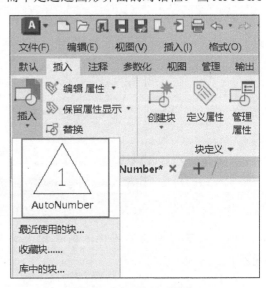

图 8.2-52 "插入"图标

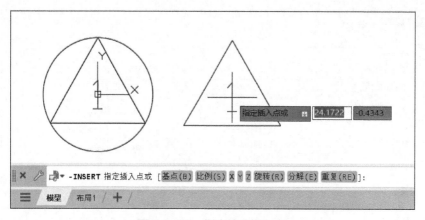

图 8.2-53　指定块的插入点

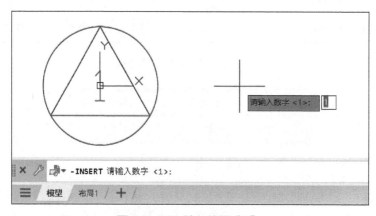

图 8.2-54　输入数值 "2"

属性值为 "2" 的三角形块就创建完成了（图 8.2-55）。

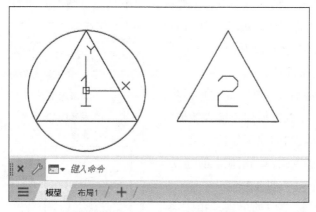

图 8.2-55　三角形块创建完成

STEP07 重复上面的操作，就可以非常简单快捷地创建好连续数值的三角形属性块（图 8.2-56）。

扫描本书前言中的二维码，可以下载 AutoNumber.dwg 这个文件，该图纸中有创建好的 "AutoNumber" 块，可以打开比较参考。

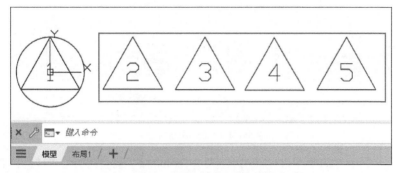

图 8.2-56　创建连续编号的三角形块

关于块（BLOCK）的介绍就到这里，我们共讲解了以下几个块的命令（表 8.2-1），希望大家能够熟练记忆并掌握它们。

表 8.2-1　关于块的几个命令

名称	命令	快捷键
创建块	BLOCK	B
插入块	INSERT	I
写块	WBLOCK	W
块编辑器	BEDIT	—
在位编辑块	REFEDIT	—
定义属性	ATTDEF	ATT
控制插入块对话框	ATTDIA	—

8.3　模板：TEMPLATE

利用模板是使用 AutoCAD 高效工作的秘诀之一。当使用 AutoCAD 有了一定的积累时，会发现使用"模板"来新建图纸将会极大地提高工作效率。模板是一个包含了预定义的设置和对象的文件，它可以帮助读者快速开始一个新的项目，而不是每次都从头开始。

模板文件的扩展名为 .dwt，在第 7 章提前制定好的图层、文字样式、布局样式等都可以保存到 dwt 文件中。在自己建立模板的基础上来新建 DWG 文件是 AutoCAD 设计工作流的基本操作。

AutoCAD 默认将模板文件保存在图 8.3-1 所示位置。

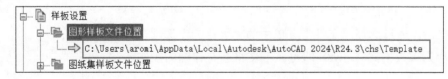

图 8.3-1　模板默认保存的位置

创建模板的方法有很多。新建一个 DWG 文件，在左下角布局旁边的空白处单击右键，在弹出的菜单中可以看到"从样板"选项（图 8.3-2）。

图 8.3-2　从样板

单击此选项 AutoCAD 默认的模板文件夹"Template"就会打开，如果自建的模板文件保存在这里，选取后打开就可以使用（图 8.3-3）。

图 8.3-3　文件选择样板

使用模板可以节省大量的时间，避免重复创建常用的图纸设置和对象。特别是在一个大型项目多人合作的情况下，如果使用同一个模板来创建文件，不但能节约时间，还能确保不同图纸之间的一致性，从而减小出错的概率。

创建自己的模板是一个简单的过程。首先，打开一个新的或现有的图纸。接着，按照需求配置所有参数，如图层、尺寸标准、文字样式等。然后，将常用的对象或元素添加到图纸中，例如标题栏、图例等。最后，通过选择"文件"菜单中的"另存为"选项，将这个图纸保存为模板格式（.dwt）即可。下文将会有详细的操作步骤说明。

使用模板来开始新的项目非常简单。打开 AutoCAD，单击"新建"选项旁边的下拉按钮（图 8.3-4），通过浏览模板，就可以打开模板默认路径的"Templat"文件夹。

图 8.3-4　单击小箭头

　　基于模板开始新项目的创建，所有设置和对象都将包含在新图纸中。下面将针对模型空间和布局空间怎样创建和使用模板进行详细的讲解。

8.3.1　模型空间用模板

　　将平时工作制作好的标题栏和图框保存为模板以方便今后调用。模板是 AutoCAD 的一个标准功能，它的文件扩展名为 .dwt。这里以 7.4 节和 7.5 节创建的图框和标题栏为例。请扫描本书前言中的二维码下载"24-A4.dwg"这个文件来一起操作。

　　STEP01 在制作模板之前，将图框和标题栏以外的图形删除，图层、文字样式以及标注样式等可根据自己的需要决定删除还是保留。本书将它们都保留下来。另外，也可以预制自己设计常用的样式和图层一起保存为模板，以方便今后使用。标题栏的文件名称部分，这里作为演示修改为"○○○"（图 8.3-5），可根据具体项目或设计内容适当修改。

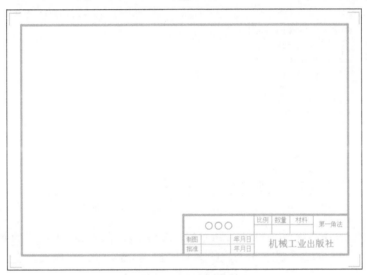

图 8.3-5　标题栏

　　STEP02 前期工作准备完成后，单击快速访问工具栏中的"另存为"图标（图 8.3-6），在弹出的对话框中（图 8.3-7），文件名填写为"24-A4"，文件类型请选择"AutoCAD 图形样板（*.dwt）"。

　　STEP03 以上模板就保存完成。模板被保存的位置，可以在"选项"（OPTIONS）对话框中的"图形样板文件位置"处查看（图 8.3-8）。这里介绍一个小技巧，复制该路径，通过 Windows 的"文件资源管理器"就可以打开此文件夹。

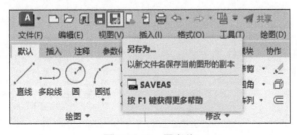

图 8.3-6　另存为

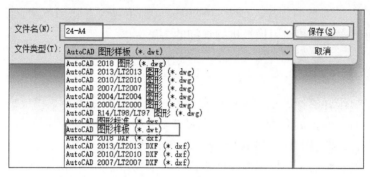

图 8.3-7 添加模板名称

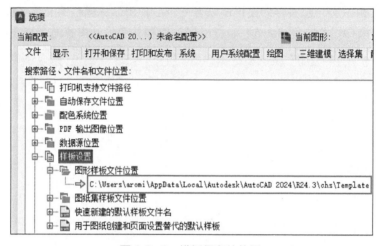

图 8.3-8 模板保存的位置

STEP04 使用创建好的模板。打开 AutoCAD 2024，在开始页面单击"新建"旁边的下拉按钮（图 8.3-9），就可以看到刚才创建的模板"24-A4.dwt"，直接选择它。

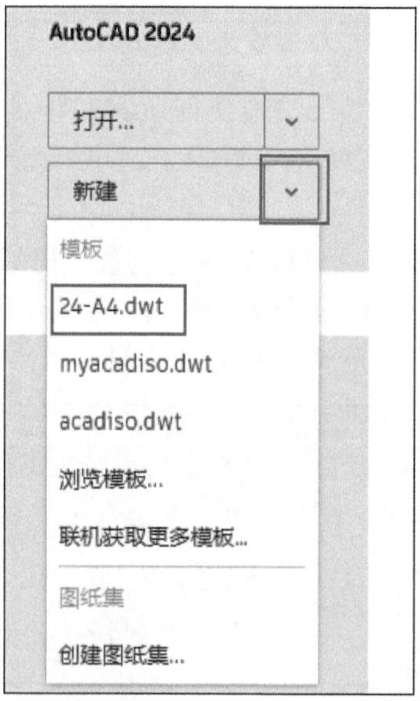

图 8.3-9 新建

大家可以看到，虽然同为默认的新建"Drawing1"文件（图 8.3-10），但是以我们创建的模板打开的新建文件，已经包含了所创建的图框和标题栏。

图 8.3-10　新建"Drawing1"文件

STEP05 在"选项"对话框中，将"样板设置"下的"快速新建的默认样板文件名"的路径修改为刚才创建的模板"24-A4.dwt"（图 8.3-11），打开 AutoCAD 之后，直接单击"新建"按钮，即可获得和步骤 4 一样的效果（图 8.3-12）。

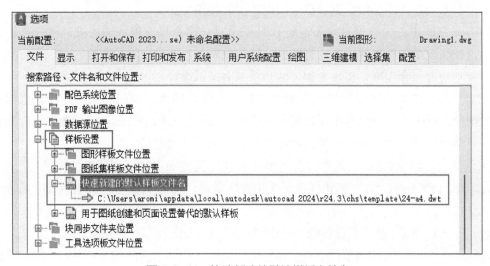

图 8.3-11　快速新建的默认样板文件名

图 8.3-12　新建

8.3.2　布局空间用模板

虽然可以将模板保存为模型空间来使用的形式，但是将常用的图框、标题栏保存为布局空间用的模板，是笔者推荐的出图方法。

布局空间是专门用于制作最终打印或输出图纸布局的区域，而模型空间更多地用于创建和编辑实际的绘图对象。将图框、标题栏保存在布局空间的模板中，可以更直观地控制图纸的外观和布局，而不会影响到模型空间中的实际绘图对象。

在布局空间中，大家可以方便地进行页面设置、比例尺设置、图层管理等操作，从而更灵活地控制图纸的布局和格式。将图框、标题栏保存为布局空间的模板，可以更好地与这些布局控制功能结合起来，实现更加灵活和精准的图纸设计。

布局空间中的内容会直接输出为最终的打印或输出图纸，因此将图框、标题栏保存在布局空间的模板中可以确保输出图纸的整体性和一致性。而如果将图框、标题栏保存在模型空间，可能会导致一些在打印或输出过程中的格式或布局问题。

这里仍以"24-A4.dwg"这个文件为例，来说明创建布局空间用模板的方法。

STEP01 启动 AutoCAD，新建任意一个 DWG 文件，然后从模型空间切换到"布局 1"（图 8.3-13）。

STEP02 选择布局 1 默认创建的视口（图 8.3-14），按 Delete 键将这个视口删除（图 8.3-15）。

STEP03 在"插入"选项卡的"参照"面板里，单击"附着"按钮（图 8.3-16），选择"24-A4.dwg"这个文件，并单击"打开"按钮（图 8.3-17），弹出"附着外部参照"对话框（图 8.3-18）。

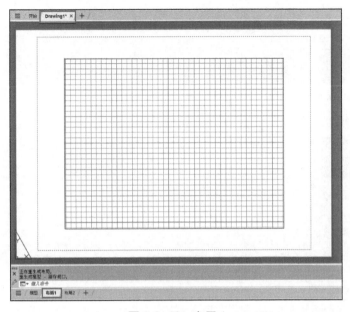

图 8.3-13　布局 1

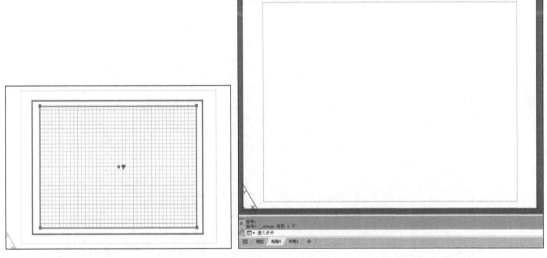

图 8.3-14　默认的视口　　　　　　　　　图 8.3-15　删除默认的视口

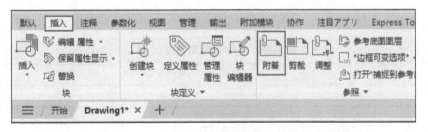

图 8.3-16　附着图标

图 8.3-17　打开"24-A4.dwg"文件

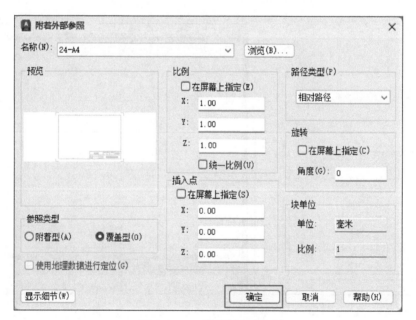

图 8.3-18　附着外部参照

按照表 8.3-1 设定完成后，单击"确定"按钮。

表 8.3-1　附着外部参照设定

标题	设定内容
参照类型	覆盖型
比例	X、Y、Z 均为 1，不激活"在屏幕上指定"
插入点	X、Y、Z 均为 0，不激活"在屏幕上指定"

（续）

标题	设定内容
路径类型	相对路径
旋转	角度为 0，不激活"在屏幕上指定"
块单位	单位为毫米，比例为 1

图 8.3-19 是外部参照插入后的效果，到这一步界面看似凌乱，添加的标题栏和图框也没有对齐，这是因为还没有设置好页面，待完成下一步的"页面设置"后界面就变得非常整洁。

STEP04 在"布局"选项卡的"布局"面板中，单击"页面设置"图标（图 8.3-20），弹出"页面设置管理器"对话框，选中"布局 1"，单击"修改"按钮（图 8.3-21）。

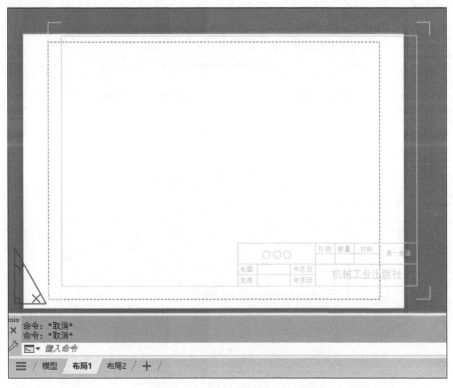

图 8.3-19　外部参照插入后的效果

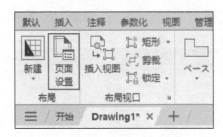

图 8.3-20　"页面设置"图标

图 8.3-21 "修改"按钮

在"页面设置"区域（图 8.3-22），按表 8.3-2 设定后单击"确定"按钮。

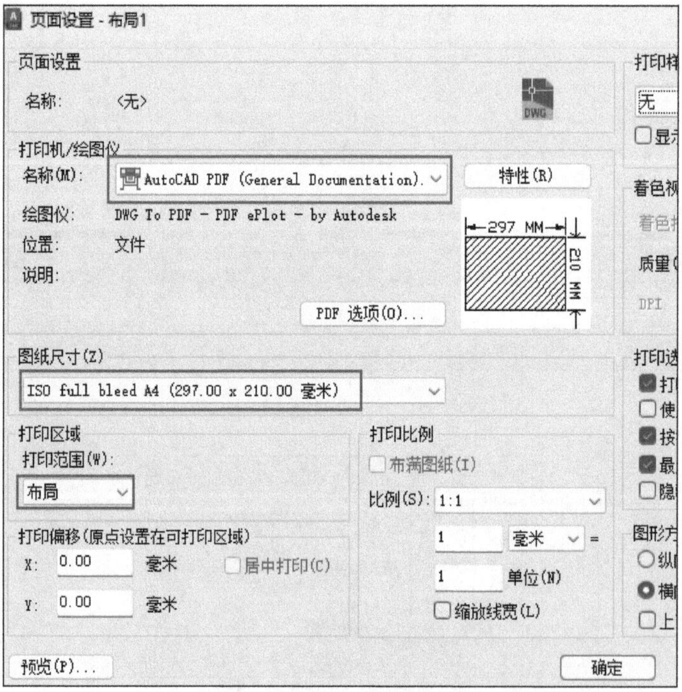

图 8.3-22 页面设置表

表 8.3-2　页面设置内容

标题	设置内容
打印机	选择"AutoCAD PDF(General Documentation).pc3"
图纸尺寸	选择"ISO full bleed A4(297.00×210.00 毫米)"
打印范围	选择"布局"
打印偏移	按默认
打印比例	按默认

关闭"页面设置"对话框，返回"页面设置管理器"对话框，单击"关闭"按钮（图 8.3-23）。

图 8.3-23　"关闭"按钮

此时添加的图框就与背景的页面范围对齐了（图 8.3-24）。如果未能对齐，就说明操作有问题，需要返回检查。

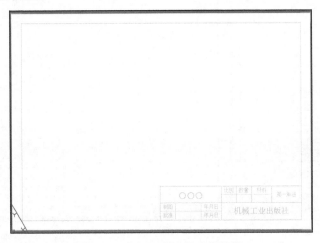

图 8.3-24　页面设置后的效果

STEP05 打开图层特性管理器（LAYER），按照表 8.3-3 新建一个图层，表 8.3-3 以外的图层内容按默认值即可。

表 8.3-3　新建图层

名称	内容
图层名称	VPORTS
锁定	ON
打印	非打印

创建好的图层如图 8.3-25 所示。

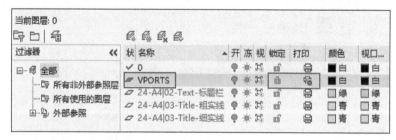

图 8.3-25　"VPORTS" 图层

STEP06 在"布局"面板中，"视口"选择"多边形"（图 8.3-26）。

沿着红线来绘制视口范围（图 8.3-27），完成多边形创建的最后一步，可按"C"键来封闭多边形。

绘制好后的视口如图 8.3-28 所示。这样，模型空间所绘制的图形将会显示到这个多边形视口中。

STEP07 选择刚才绘制好的多边形视口，将它切换到"VPORTS"这个图层里面（图 8.3-29）。

STEP08 布局 1 的设置就完成了。在没有使用的"布局 2"上右击，选择"删除"（图 8.3-30）。

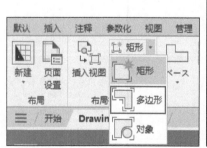

图 8.3-26　选择"多边形"

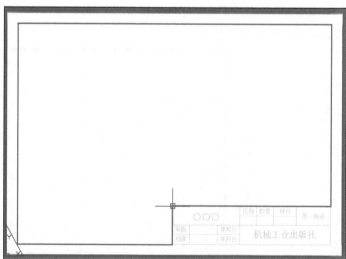

图 8.3-27　沿着红线绘制视口范围

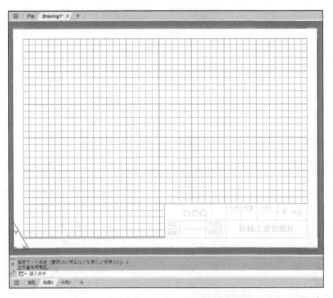

图 8.3-28　多边形视口设置完毕

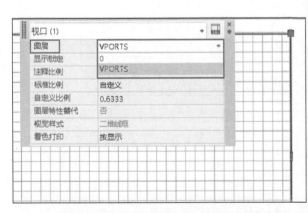

图 8.3-29　切换到"VPORTS"图层

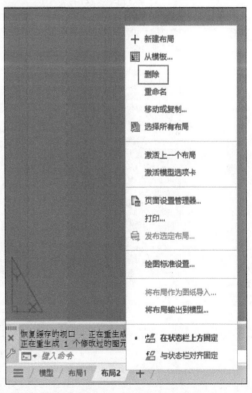

图 8.3-30　删除布局 2

系统弹出提示窗口，单击"确定"按钮（图 8.3-31）。

STEP09 到此模板就制作完成。接着通过界面左上角的"A"图标，依次选择"另存为"→"图形样板"（图 8.3-32），命名为"24-A4-Layout.dwt"（图 8.3-33），单击"保存"按钮。

在"样板选项"对话框中直接单击"确定"按钮（图 8.3-34）。

图 8.3-31 单击"确定"按钮

图 8.3-32 图形样板

图 8.3-33 24-A4-Layout.dwt

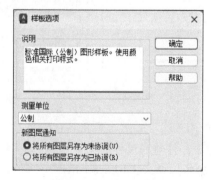

图 8.3-34 样板选项

　　到此模板就创建成功，可以通过现有的布局来添加刚才创建的模板。右击布局空间的名称，在弹出的菜单中选择"从模板"（图 8.3-35），选择刚才创建的"24-A4-Layout.dwt"（图 8.3-36），新的布局就创建成功（图 8.3-37）。

　　虽然在模型空间也可以实现一些类似的功能，但将常用的图框、标题栏保存为布局空间用的模板具有更加直观、灵活和专业的优势，能够更好地满足绘图需求，提高绘图效率和质量。

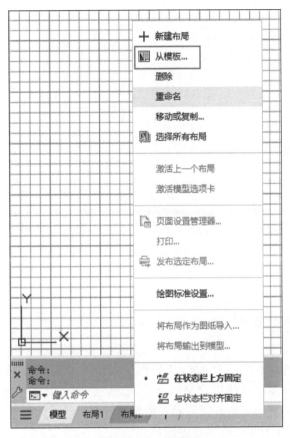

图 8.3-35　从模板

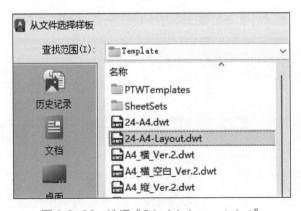

图 8.3-36　选择"24-A4-Layout.dwt"

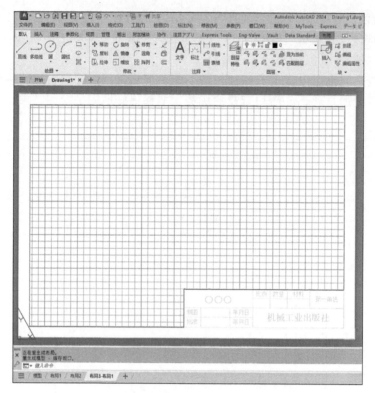

图 8.3-37　布局创建完成

8.4　轴网和图案填充

　　在构建平面图或布局图时，先绘制"轴网"是一个非常好的习惯。在建筑、工程等 CAD 领域中，它是一种被广泛应用的空间参考工具。轴网主要由一系列水平或垂直的直线组成，将它们进行编号，利用这些直线确定和测量建筑或布局设计项目中空间的位置和尺寸，并且可以作为定位和测量的基准线或参考线。

　　很多软件自身都带有轴网的功能，例如 AutoCAD Architecture 就提供了二维平面用的"柱网轴线"功能（图 8.4-1）；AutoCAD Plant3D 甚至有创建三维"栅格"轴网的功能（图 8.4-2）。

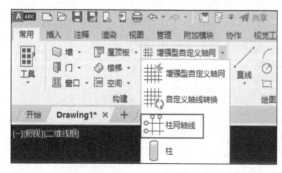

图 8.4-1　柱网轴线

图 8.4-2　栅格

轴网不仅可以高精度布局和定位设备、建筑，以确保各部分位置和尺寸符合要求，还能够在绘制平面布局图、结构图等图纸时提供依据，促进设计过程中的沟通与协作。然而遗憾的是，AutoCAD 2024 版本中缺少轴网功能，需要手动来一步一步绘制。

在 AutoCAD 中绘制轴网的方法多样，通常使用"直线"命令先绘制出一条轴网线，然后利用复制或者偏移等技巧将全部的轴网创建出来。但是这种操作效率低下。本节将介绍一种通过图案填充方式来快速设置轴网的方法。

8.4.1 图案填充文件的改造

图案填充（命令为"HATCH"）原本的功能是给一个或数个特定的封闭区域填充一些特定的线条或者图案，以区别和突出此区域来方便大家对图纸的理解。AutoCAD 默认的图案都保存在图案填充专用的文件里，通过改造这个文件，给它添加轴网设定所需要的图案后，就可以快速创建出轴网。下面是具体的操作方法：

STEP01 首先需要知道所使用的 AutoCAD 的图案填充文件的位置。启动 AutoCAD，任意创建一个文件，在"选项"面板的"文件"选项卡，找到"support"这个文件夹的路径（图 8.4-3）。

图 8.4-3 "support" 文件夹

STEP02 根据此路径打开"support"文件夹，找到"acadiso.pat"这个文件（图 8.4-4）。

在 AutoCAD 中，默认的图案填充专用文件有两个：一个是"acadiso.pat"，另一个是"acad.pat"。

"acad.pat"包含了适用于美国国家标准（ANSI）的图案。它主要用于美国以及采用美国标准的其他国家的工程和建筑项目。这些图案通常以英寸和英尺为单位，

图 8.4-4 acadiso.pat

适合那些使用英制单位绘图的用户。而"acadiso.pat"如文件名"ISO"所示，包含的图案是基于国际标准化组织（ISO）的标准设计的。这些图案适用于使用米制单位系统的国家和项目，也是平常使用的单位系统。

STEP03 打开"acadiso.pat"，在文本的最后部分添加图 8.4-5 所示的三行文字（8.4-6）。（在这里请大家注意，在修改之前务必先备份"acadiso.pat"，以防止修改时发生错误。）

```
*24-1mm
0, 0,0, 0, 1
90, 0,0, 0, 1
```

图 8.4-5　24-1mm

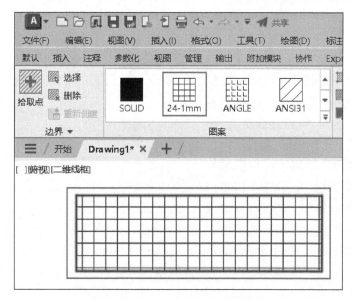

图 8.4-6　添加三行文字

扫描本书前言中的二维码，可以下载文件 24-1mm.txt，其中的内容与图 8.4-5 一致，可复制使用。

STEP04 保存 "acadiso.pat"，然后在 AutoCAD 中启动 "图案填充" 命令，任意单击一个封闭区域的内部，在 "图案" 区域，就可以看到 "24-1mm" 这个图案的选项（图 8.4-7）。

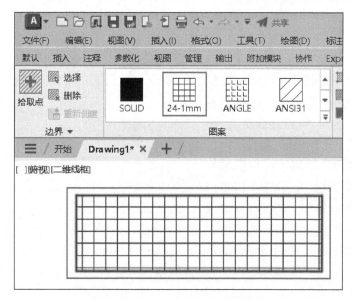

图 8.4-7　"24-1mm" 图案选项

以上内容就完成了对 "acadiso.pat" 文件的改造。

通过应用图案填充功能，可以在任何封闭区域内添加 1mm×1mm 方格网络。这种方格网络可以帮助大家便捷且高效地创建所需的轴网。下面介绍具体的轴网生成方法。

8.4.2　轴网的操作步骤

通过图案填充功能创建好 1mm×1mm 的方格轴网之后，通过适当的改造，可以方便地实际绘图工作中进行应用。为方便大家的理解，现举例说明。例如，在范围为 1000mm×500mm 的区域，需要绘制一个间隔为 100mm 的轴网，具体的操作步骤如下：

STEP01 新建一个 Grid.dwg 文件，使用"矩形"命令（RECTANG），从原点（0，0）处创建一个 1000mm×500mm 的矩形（图 8.4-8）。这个矩形就是轴网所使用的范围。

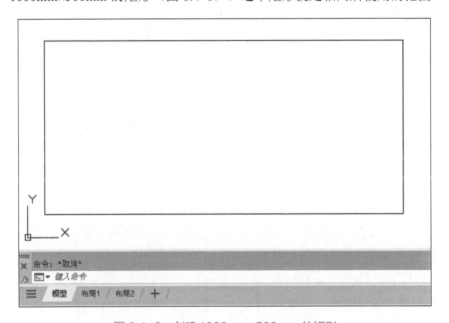

图 8.4-8　创建 1000mm×500mm 的矩形

STEP02 使用"图案填充"命令，选择前面制作的填充图案 24-1mm，比例为 100（图 8.4-9），对当前这个矩形进行填充操作。

图 8.4-9　填充图案 24-1mm

图案填充好的效果如图 8.4-10 所示。

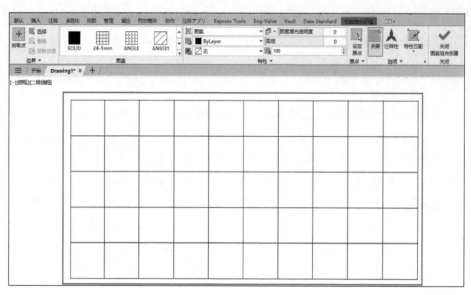

图 8.4-10　填充好的效果

STEP03 使用"分解"命令（EXPLODE）将刚才填充好的图案分解为直线（图 8.4-11）。

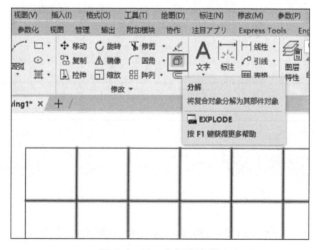

图 8.4-11　分解为直线

　　分解完毕之后，就可以将步骤 1 创建的矩形外框删除。到此 100mm×100mm 的轴网就创建完成。为方便使用，在这里建议对它进行图层设置。

STEP04 打开图层特性管理器，创建一个轴网用的图层。图层的名称、颜色等都可以根据需要自由设定，在这里设定名称为"Grid"，颜色为"9"号色，线型也可自由选择，这里设定为"JIS_08_25"（图 8.4-12）。

状态	名称		开	冻结	锁定	打印	颜色	线型
✓	0		♀	☀	🔓	🖶	■ 白	Continuous
✎	Grid		♀	☀	🔓	🖶	■ 9	JIS_08_25

图 8.4-12　创建轴网用的图层

选择前面分解后获得的所有直线，将它们切换放置到"Grid"这个图层里面，到此轴网就设置完成（图 8.4-13）。

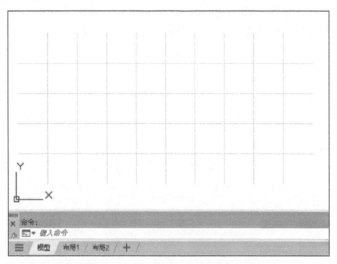

图 8.4-13　轴网设置完成

为方便今后的操作，还可以将"Grid"图层设定为锁定状态（图 8.4-14）。这样在对物体进行选择操作时就不会选中自己创建的轴网。

通过这样的填充、分解等操作，就可以很简单地创建好需要的轴网。扫描本书前言中的二维码，可以下载本节操作的 Grid.dwg 文件。

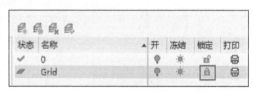

图 8.4-14　锁定状态

8.4.3　轴网的编号和属性块

上一节创建了轴网，每一根轴都需要一个网格编号（图 8.4-15），手动创建非常烦琐。这里我们可以借用属性块功能来进行编号的添加。

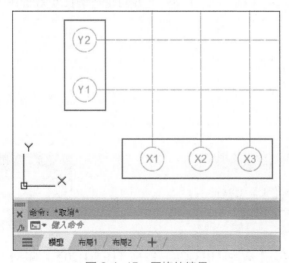

图 8.4-15　网格的编号

本章 8.2.5 节介绍了属性的操作方法。利用"ATTDEF"命令可以很快创建出轴网用的属性块编号，具体的操作方法如下：

STEP01 打开上一节创建的 Grid.dwg 文件，在其中创建直径为 16mm 的圆（图 8.4-16）。

STEP02 在"块定义"面板中找到"定义属性"并打开它（图 8.4-17），在"标记"和"默认"文本框中填写"X1"，"对正"选择"正中"，"文字高度"为"5"，其他按默认值，单击最下面的"确定"按钮。

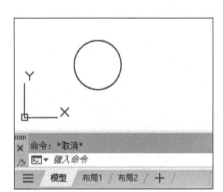

图 8.4-16　创建圆

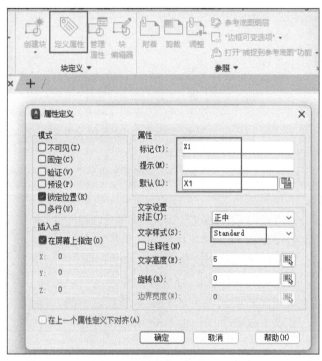

图 8.4-17　定义属性

将创建好的"X1"属性放置到圆心位置（图 8.4-18）。

STEP03 启动直线命令（LINE），在圆的上方创建一条长度为 5mm 的直线（图 8.4-19）。

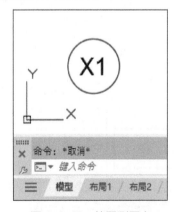

图 8.4-18　放置到圆心

图 8.4-19　绘制一条直线

STEP04 单击"块定义"命令（BLOCK）图标（图 8.4-20），启动"块定义"对话框，块的名称定义为"X-Under"，单击"拾取点"旁的图标后，"块定义"对话框将暂时隐藏。

图 8.4-20　块定义

将拾取点设定在直线的上端点（图 8.4-21），它也是今后将图块插入图形中的基点。

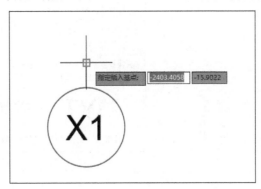

图 8.4-21　设定拾取点

　　这时界面会返回到"块定义"对话框，将刚才绘制的直线、圆和属性都作为"选择对象"（图 8.4-22），单击最下面的"确定"按钮完成块定义。

　　STEP05 块已经创建完成了。但是在实际使用过程中，有一处需要说明。"ATTDIA"变量是控制块插入命令（INSERT）是否使用对话框来输入属性值（图 8.4-23）。也就是说在插入块时，可以控制是否显示对话框，默认值为"显示"（1），这里建议将它设定为"0"，让其处于"非显示"的状态，以方便我们批量操作来提高效率。

　　STEP06 创建好的块，使用"插入"命令（INSERT）来调用它将会很方便（图 8.4-24）。单击"插入"图标后，当前 DWG 文件中所保存的块命令缩略图将会显示到下面，找到"X-Under"并单击它，然后在界面中选择一点，就可以将图块插入进来（图 8.4-25）。

图 8.4-22　完成块定义

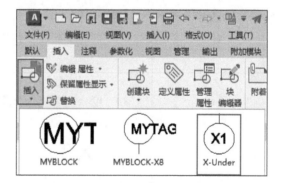

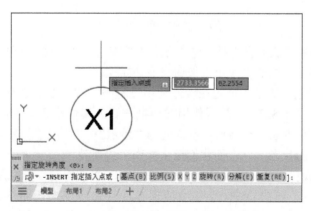

图 8.4-23　设置 ATTDIA 为 0　　　　　　图 8.4-24　插入

图 8.4-25　插入 X1

反复操作"插入"命令，在插入时输入 X2、X3 后就可以得到轴网的编号。

同理，将 X-Up、Y-Left、Y-Right 都创建出来（图 8.4-26），就可以根据轴网的需要，在 4 个不同方向添加编号。

图 8.4-26　创建好的所有块

在后面的第 11 章中，我们另外介绍了 Express Tools 中的自动编号工具 Auto Number，它也可以帮助我们进行自动编号工作，有兴趣的朋友可以参阅相关的内容。

扫描本书前言中的二维码，可以下载包含这些属性块的 Grid-ATT.dwg 文件。

8.5　过滤选择：FILTER

在前面第 3 章中，我们探讨了"选择"命令的各种应用。虽然通过鼠标的"窗交选择"操作能够批量选取对象，但在选择过程中，各种元素都可能被包含在内。因此，若要实现对特定元素的精确选择，就需要借助"FILTER"命令来过滤选定的对象。

"FILTER"命令的快捷命令为"FI"，它没有图标，只能通过在命令行直接输入"FI"命令来启动它的对话框（图 8.5-1）。

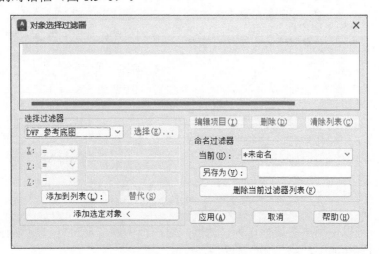

图 8.5-1　对象选择过滤器

启动 AutoCAD，任意创建一个 DWG 文件，再任意绘制一个圆形之后，输入"FI"启动"对象选择过滤器"对话框，然后单击左下角的"添加选定对象"按钮（图 8.5-2）。

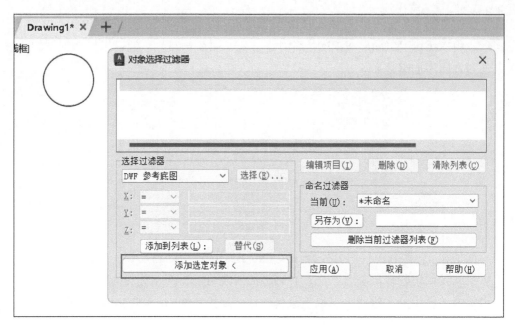

图 8.5-2　添加选定对象

选择圆形之后就可以看到关于这个圆形的各种属性都在过滤器中显示（图 8.5-3）。

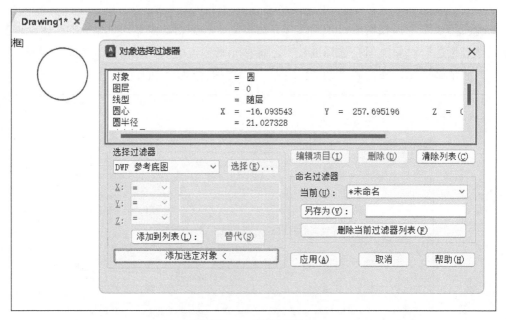

图 8.5-3　圆形的属性

也就是说，可以使用这些属性作为过滤器来对图纸中的图形进行过滤性的选择。

具体的使用方法如下：

STEP01 文件中存在多个图块，如图块 AA、图块 BB 和图块 CC（图 8.5-4）。如果想快速选择整个图形中所有的图块 BB，就可以启动"对象选择过滤器"对话框，将过滤器设定为"块名"（图 8.5-5）。

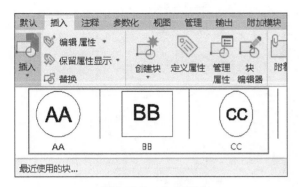

图 8.5-4 多个图块

图 8.5-5 块名

STEP02 单击"选择"按钮,在弹出的"选择块名"对话框中找到图块 BB,单击"确定"按钮(图 8.5-6)。

然后继续单击"添加到列表"按钮(图 8.5-7),可以看到过滤条件已经被追加到了最上方。

图 8.5-6 选择过滤器

图 8.5-7 追加块名

STEP03 单击"应用"按钮(图 8.5-8),"对象选择过滤器"对话框关闭,命令行会出现"FILTER 选择对象:"的字样(图 8.5-9),直接输入"ALL"后按回车键,就可以看到图形中只有图块 BB 高亮显示,即被过滤选择了出来(图 8.5-10)。

"FILTER"的使用说明到这里就结束了。通过本节的举例,相信读者对过滤器已经有了一定的理解。在 CAD 设计中,对象选择过滤器的运用不仅提高了操作的精准度,也加速了工作流程。通过这种简单而强大的工具,能够轻松地对图形进行筛选和编辑,带来更加便捷、高效的工作体验。

另外,本书自动化篇中 15.5 节介绍了怎样通过 AutoLISP 来高速批量选择的方法,感兴趣的读者可以参阅和尝试。

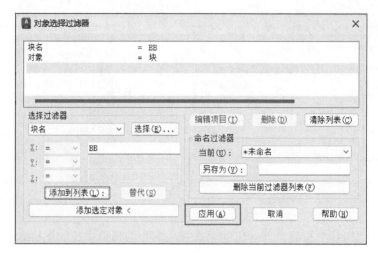

图 8.5-8　对象选择过滤器

图 8.5-9　输入"ALL"

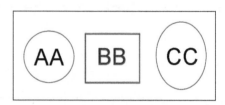

图 8.5-10　高亮显示

8.6　活用块来创建库

在 AutoCAD 的众多强大功能中，"工具选项板"无疑是一个极为实用的工具（图 8.6-1），它也是笔者最喜欢的功能之一。结合之前介绍的"块"功能，通过工具选项板来创建一个"个性化"的"常用图形库"将变得简单而直接。它不仅是一个单一的功能，实际上，可以说工具选项板是提高我们设计工作流效率的核心。本节和读者一起深入讨论如何有效利用工具选项板，以促进设计流程的加速。

"工具选项板"的命令为"TOOLPALETTES"，它默认的快捷键为 Ctrl+3。重复按 Ctrl+3，就可以实现快速"显示"或"隐藏"工具选项板，通过这个方法可以有效节省操作屏幕的空间。

另外，AutoCAD 还为我们准备了"设计中心"功能（图 8.6-2），它的命令为"ADCENTER"，默认的快捷键为 Ctrl+2。通过设计中心，可以方便地批量添加块到工具选项板，从而减少许多重复性操作。

图 8.6-1　"工具选项板"图标

图 8.6-2　"设计中心"图标

也就是说，DWG 图形包含有很多块，通过"设计中心"打开这个 DWG 文件，就可以实现一键批量添加到"工具选项板"中，以方便快速调用。将块添加到工具选项板将会很大程度上减少重复性劳动以及提高工作效率。

具体的操作步骤如下：

STEP01 扫描本书前言中的二维码，下载 Bolt.dwg 文件。打开 Bolt.dwg，大家可以看到文件中包含 M10 ～ M30 共 10 种类型螺母的块文件（图 8.6-3）。

STEP02 按 Ctrl+2 启动"设计中心"对话框（图 8.6-4），在"打开的图形"的"块"目录下可以看到"Bolt.dwg"这个文件的所有块文件。

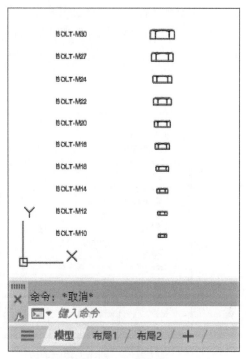

图 8.6-3　螺母块文件

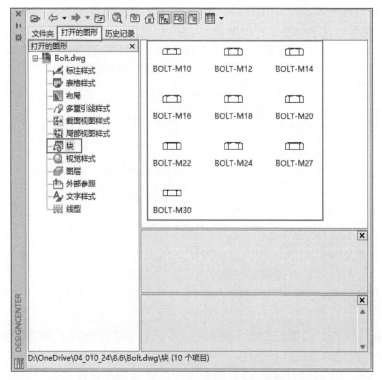

图 8.6-4　"设计中心"对话框

STEP03 右击"块"，在弹出的菜单中单击"创建工具选项板"（图 8.6-5）。

STEP04 可以看到，当前文件中所有的块全部被添加至工具选项板中，而且工具选项板的名称也将是"Bolt.dwg"这个文件的名称（图8.6-6）。

图 8.6-5　创建工具选项板

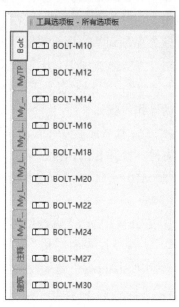

图 8.6-6　Bolt 名称

STEP05 经过这样的设置，使用这些块将会方便许多。只需拖拽工具选项板中的这些块（图8.6-7），就可以方便地将它们添加到当前的文件中。

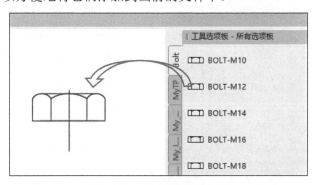

图 8.6-7　拖拽到绘图界面

以上就是全部的操作过程。利用这种方法，活用设计中心的功能来控制工具选项板，将制作的块进行分类管理，对提高工作效率有非常大的帮助。

另外，工具选项板还支持共享使用（图8.6-8），便于团队和公司内部的统一管理。可以将当前的选项板内容备份到云盘或者公司的服务器当中，这意味着团队成员可以共享一套预设的工具和命令集合，确保工作的一致性和效率。对于需要协同工作的项目组，这一功能可以帮助快速统一标准，降低沟通成本。

最后，"特性"面板的灵活应用也是工具选项板的一个重要方面。对于已添加到工具选项板中的命令，可以利用"特性"面板进行深度自定义，如对颜色、图层、线型等属性进行个性化设置（图8.6-9），可提高绘图的效率和准确性。

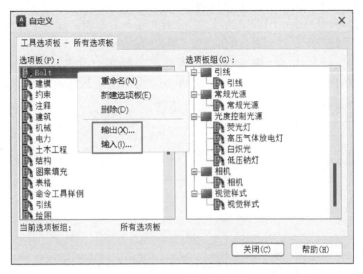

图 8.6-8 共享选项板

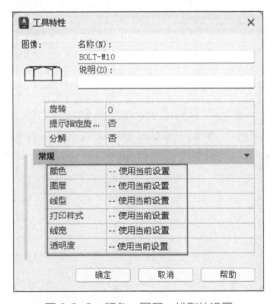

图 8.6-9 颜色、图层、线型的设置

对于从工具选项板添加的图块，可以为其指定图层，具体操作请参阅 9.10 节的内容。

8.7 透明使用

在 AutoCAD 的丰富功能中，有很多命令支持"透明使用"方式（Transparent commands）。所谓"透明使用"是指在执行某一命令时，能够同时激活并操作另一命令。例如，在执行"直线"命令（LINE）时，可以透明地调用"计算器"命令（QUICKCALC）来测算距离，并将结果应用回直线绘制过程中。

要实现命令的透明调用，仅需在命令行的任意提示下，输入目标命令前置以单撇号"'"。透明命令被激活时，命令行会出现双尖括号">>"作为特殊提示符，标明该命令处于透明模式。完成透明命令后，系统自动返回至最初的命令，继续之前的操作。

例如，有任意一条斜线 A（图 8.7-1），现在需要绘制一条它的平行线 B，并且长度为当前这个斜线 A 的 1/3（图 8.7-2）。利用透明使用的功能，无须绘制任何辅助线，甚至斜线 A 的长度也无须提前测量获取，就可以完成此操作。

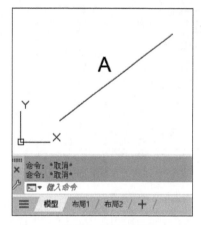

图 8.7-1　斜线 A

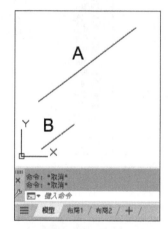

图 8.7-2　绘图长度为 1/3 的平行线 B

这里说明一点，图中的字母 A 和 B，是为了方便理解而标出的，实际操作中并不存在。具体的操作步骤如下：

STEP01 启动 AutoCAD，新建一个 DWG 文件，然后随意绘制一段斜线 A，长度和角度都任意。然后再次启动"直线"命令，在空白处任意单击一点作为直线 B 的第一个端点，然后按住 Shift 键右击，在弹出的对象捕捉窗口中选择"平行线"（图 8.7-3）。

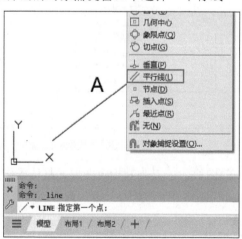

图 8.7-3　选择"平行线"

STEP02 移动十字光标轻轻去碰一下斜线 A，会看到十字光标处会出现一个绿色的平行线图标（图 8.7-4）。

慢慢移动光标，当光标移动到和斜线 A 平行的位置，AutoCAD 会自动显示出一条绿色的虚线，提示当前光标处为平行线的位置（图 8.7-5），再沿着这个绿色的虚线移动光标时就会有被吸附的感觉。

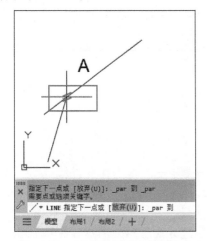

图 8.7-4　绿色的平行线图标

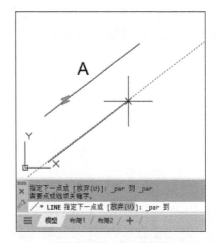

图 8.7-5　绿色的虚线

STEP03 上一步完成了与斜线 A 相平行的操作，这一步就需要借助透明使用的方法来完成直线 B 的长度操作。在命令行输入"'qc"（图 8.7-6），按回车键，弹出"快速计算器"（图 8.7-7）。

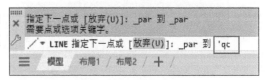

图 8.7-6　输入"'qc"

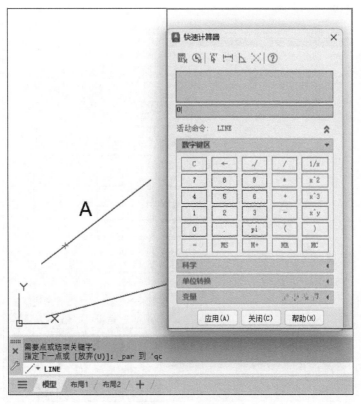

图 8.7-7　快速计算器

单击界面上方的"两点之间的距离"图标（图 8.7-8），快速计算器将暂时隐藏。单击斜线 A 的一个端点（图 8.7-9），继续单击斜线 A 的另一个端点之后，在恢复显示的"快速计算器"中，可以看到斜线 A 的长度（图 8.7-10）。

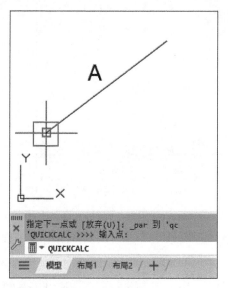

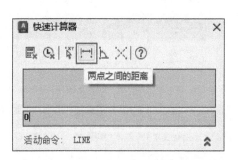

图 8.7-8　"两点之间的距离"图标　　　　图 8.7-9　选择端点

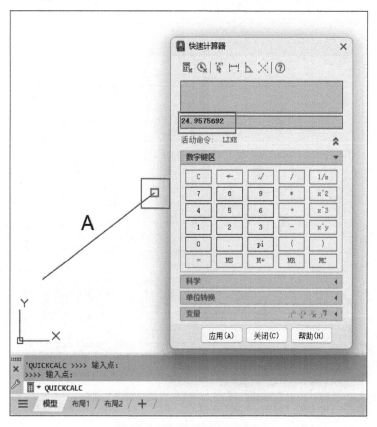

图 8.7-10　选择另一个端点

在数字的后方直接添加 "/3" 的字样（图 8.7-11），继续单击下方的 "应用" 按钮（图 8.7-12）。

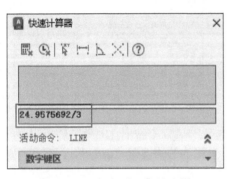

图 8.7-11　添加 "/3" 的字样

图 8.7-12　单击 "应用" 按钮

STEP04 从命令行可以看到，斜线 A 的 1/3 的长度数据就自动传递给了当前直线操作命令（图 8.7-13）。

但是这时会发现，步骤 2 中出现的 AutoCAD 提示平行的绿色虚线消失了，需要再用光标去轻轻碰一下斜线 A（图 8.7-14）。

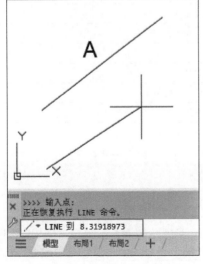

图 8.7-13　长度数据自动传递

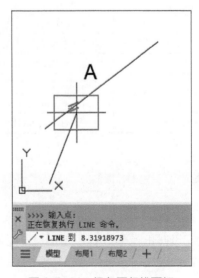

图 8.7-14　绿色平行线图标

移动光标之后，平行线提示用的绿色虚线又显示出来（图 8.7-15）。

STEP05 按回车键，直线 B 就创建完成（图 8.7-16），然后按 Esc 键退出当前直线操作的命令。

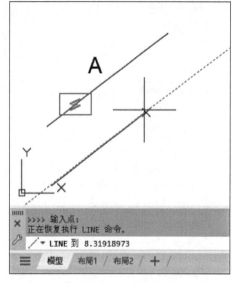

图 8.7-15　绿色虚线

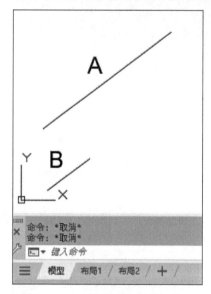

图 8.7-16　完成直线 B 的操作

以上所有的操作就结束了。可以看到，在执行命令的过程中使用计算器功能可以带来很多方便，为此 AutoCAD 还特意为快速计算器准备了一个默认的快捷键"Ctrl+8"，它和"'qc"的输入是等效的。

除了快速计算器以外，还有其他很多命令可以被透明使用。表 8.7-1 是常用的可以透明使用的命令一览表。

表 8.7-1　可以透明使用的命令

命令	功能
QUICKCALC	允许用户在任何操作中快速打开一个小型计算器
DIST	允许用户在进行其他命令操作时测量两点之间的距离
LIST	在不中断当前操作的情况下，查看选定对象的详细信息
ID	快速查看和获取当前点的坐标
TIME	查看和设置绘图的创建日期、最后修改日期和其他时间相关信息
ANGLE	在绘制或编辑过程中，透明地测量两条线之间的角度
CLIP	允许用户在使用其他命令时透明地对对象进行剪裁或扩展剪裁

8.8　选项和配置

在前几章中，已经多次提到了"选项"（OPTIONS）这个功能。可以看出，这个"选项"对话框在平时的操作过程中使用将非常频繁。通过"选项"对话框，不仅可以对 AutoCAD 进行个性化设置，还可以通过保存和共享"配置"文件，以便在不同的工作环境中重用这些设置。本节将对"选项"对话框的设定和其中的"配置"进行讲解。

8.8.1　选项：OPTIONS

AutoCAD 中的"选项"（OPTIONS）功能允许根据个人或项目需求来自定义和调整软件的各种设置。本节将"选项"对话框中的一些常用设置说明如下：

【显示】："显示"选项卡中的"颜色主题"调整为"明"（图 8.8-1），下方的"颜色"和"字体"可以根据个人爱好来切换。

【打开和保存】：在"打开和保存"选项卡中，为保证文件使用低版本的 AutoCAD 也能正确打开，需要将"文件保存"选项改为 AutoCAD 2010 图形或者 AutoCAD 2013 图形。在安全措施方面，"自动保存"改为"1"分钟，勾选"自动保存""每次保存时均创建备份副本"（图 8.8-2）。

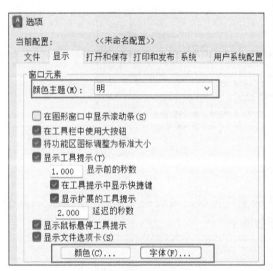

图 8.8-1　"显示"选项卡

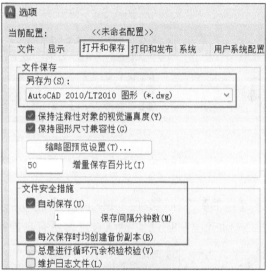

图 8.8-2　"打开和保存"选项卡

另外，为方便快速启动 AutoCAD，"最近使用的文件数"应尽量减少数量（图 8.8-3）。

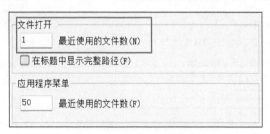

图 8.8-3　最近使用的文件数

【系统】："系统"选项卡中的"隐藏消息设置"（图 8.8-4）可以根据自己的喜好进行设置。

【用户系统配置】："用户系统配置"选项卡中"自定义右键单击"是一个非常好的功能。激活"打开计时右键单击"后（图 8.8-5），就可以使用右键来代替 Enter 键实现效率化操作。

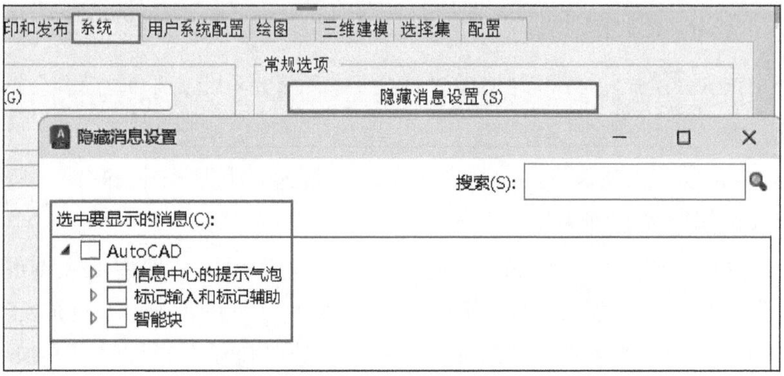

图 8.8-4　隐藏消息设置

图 8.8-5　打开计时右键单击

【绘图】：在"绘图"选项卡的"自动捕捉设置"区域，可根据实际操作需求，将部分功能关闭（图 8.8-6）。默认设置为所有功能都被激活。

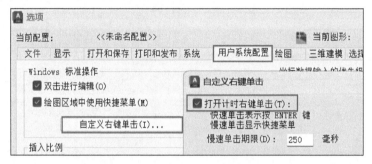

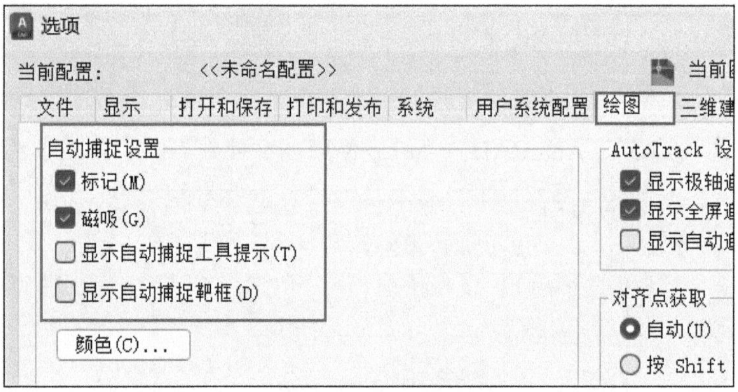

图 8.8-6　自动捕捉设置

通过调整这些设置，可以使 AutoCAD 更适应自己的工作流程，提高绘图效率和精确度。另外，这些选项可以要求自己的团队成员统一设定，以保持工作的一致性。

8.8.2　配置：PROFILES

在 AutoCAD 中，"配置"（PROFILES）是"选项"对话框中的一个重要功能。这个功能主要用于管理和维护用户界面和环境设置的集合。通过配置文件，可以保存特定的软件设置，如工具栏布局、命令设置、系统变量等，从而在不同的场景下快速切换所需的工作环境。

为方便大家对"配置"功能的理解，以切换背景颜色为例来详细说明：

STEP01 新建任意一个文件，打开"选项"对话框并切换到"配置"选项卡（图 8.8-7），可以看到当前仅有一个默认的"《未命名配置》"。

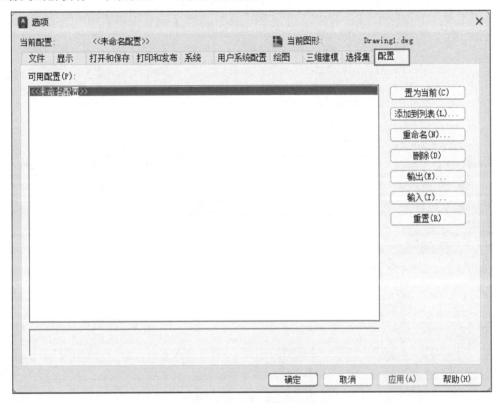

图 8.8-7　"配置"选项卡

STEP02 单击"添加到列表"按钮（图 8.8-8），"添加配置"对话框弹出，配置名称填写"WhiteBack"，单击"应用并关闭"按钮关闭当前的对话框。

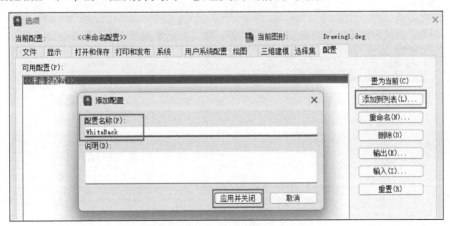

图 8.8-8　"添加到列表"按钮

这样就添加了一个新的配置"WhiteBack"（图 8.8-9）。

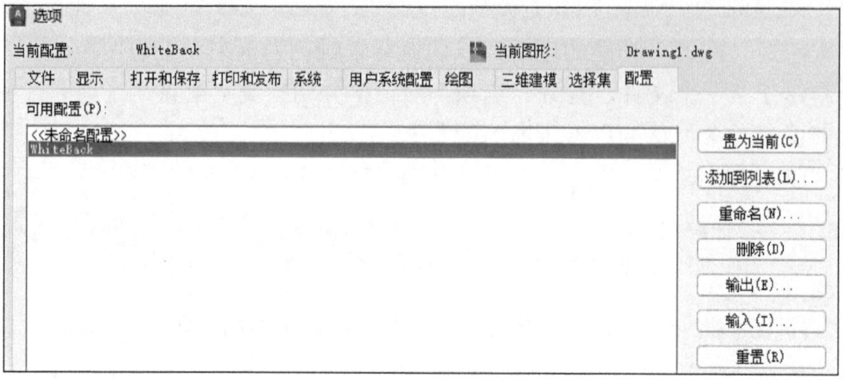

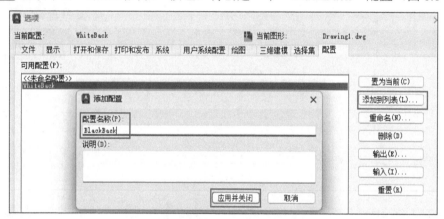

图 8.8-9 "WhiteBack"配置

STEP03 继续单击"添加到列表"按钮，再创建一个"BlackBack"配置（图 8.8-10）。

图 8.8-10 创建"BlackBack"配置

使"BlackBack"处于选中状态，然后单击"置为当前"按钮（图 8.8-11），将当前的配置改为"BlackBack"。

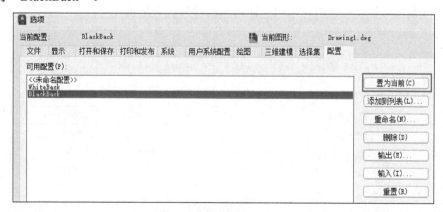

图 8.8-11 置为当前

STEP04 切换到"显示"选项卡，单击"颜色"按钮，然后将"统一背景"的颜色改为黑色（图 8.8-12）。

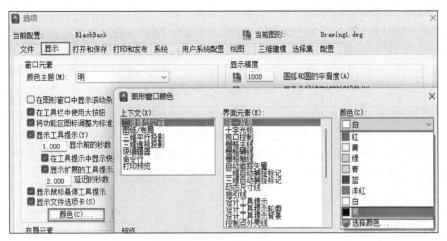

图 8.8-12 改为黑色

再返回"配置"选项卡，在当前配置为"BlackBack"的状态下单击"应用"按钮，单击"确定"按钮关闭"选项"对话框（图 8.8-13）。

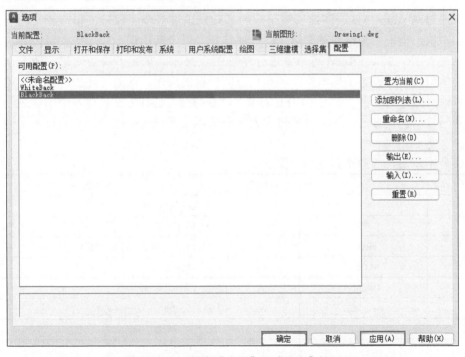

图 8.8-13 单击"应用"和"确定"按钮

到此设置就结束了。双击"WhiteBack"，绘图界面的背景颜色就会变为白色，再双击"BlackBack"，绘图界面就会又切换为黑色。

另外，在自动化篇，本书还介绍了怎样使用 AutoLISP 来快速切换配置的方法，感兴趣的朋友请参阅第 14 章的相关介绍。

以上就是通过活用配置文件来切换背景颜色的方法。利用这种方法，对于需要在不同

类型的项目之间切换的场景，如建筑绘图和机械绘图，可以为每
种工作类型创建不同的配置文件。

另外还可以通过"输入"和"输出"功能（图8.8-14），将
设定好的配置生成一个格式为".arg"的文件，这样就既可以在
不同的计算机或不同的成员之间迁移和加载这些配置文件，确保
操作环境的一致性，又可以快速加载相应的设置，无须每次手动
调整，提高工作效率。

在团队协作中，通过配置文件可以确保所有成员的 AutoCAD
界面和设置保持统一和标准化，特别是在多用户、多设备或多项
目类型的工作场景中，通过这种方式，能够更好地管理好自己的
工作环境。

图 8.8-14　输出和输入

本章通过对 AutoCAD 绘图前所需了解的基础知识进行全面探讨，和读者一起深入分析
了点操作、块、模板、轴网和图案填充、过滤选择，以及活用块创建库等关键内容，并介绍
了如何通过 M2P、TT、FROM 等命令进行精确的点操作，掌握了块的创建、插入、编辑和
属性块的使用技巧，熟悉了模型空间和布局空间模板的应用。此外，还探讨了图案填充文件
的改造和轴网操作的步骤，学习了"FILTER"命令的过滤选择方法，以及透明命令的使用技
巧和选项配置的调整方法。这些内容将为大家在实际绘图过程中提供坚实的技术支持和操作
基础。

下面是本章出现的命令和变量一览表。

章节	命令	快捷键	功能
8.1.1	M2P	MTP	等位两点之间的中点
8.1.2	TT		使用临时追踪点
8.1.3	FROM		定位某个点相对于参照点的偏移
8.2.1	BLOCK	B	创建块定义
8.2.2	INSERT	I	插入块或外部参照
8.2.3	WBLOCK	W	将选定对象写出为图块文件
8.2.4	BEDIT	BE	打开块编辑器以编辑块定义
8.2.5	ATTDEF	ATT	定义块属性
8.3	TEMPLATE		创建和使用图形模板文件
8.5	FILTER	FI	创建和使用对象选择过滤器
8.6	ADCENTER	Ctrl+2	打开设计中心以管理和插入图块、样板等
8.7	QUICKCALC	Ctrl+8	打开快速计算器进行数学运算
8.8	OPTIONS	OP	打开"选项"对话框以设置 AutoCAD 的首选项
8.8	PROFILES		管理用户配置文件

1．在实际的绘图工作中，如何运用两点之间的中点（M2P）、临时追踪点（TT）和点过滤器来提高工作效率？

2．创建、插入、编辑块（BLOCK、INSERT、BEDIT）以及使用属性块（ATTDEF）对绘图工作有哪些帮助？块操作的优点和可能的缺点是什么？

3．模板（TEMPLATE）和图案填充文件的改造在 AutoCAD 绘图中有哪些具体应用？如何利用这些功能来实现绘图的标准化和提高效率？

第9章
使用布局和图层自由自在表现自己

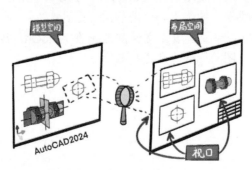

小时候，我非常喜欢看神笔马良的小人书，羡慕他拥有一个万能的工具。学习 AutoCAD 也与此类似，通过巧妙使用其工具，我们能够发挥无限的创造力。其中，掌握布局和图层的技巧就是提升设计表现和效率的关键。

本章将深入探讨布局的概念、功能，以及如何在布局空间和模型空间之间灵活切换，以优化设计流程。通过本章将了解到布局在 AutoCAD 中的重要性和应用，包括其提供的各种便捷功能，这些功能不仅提高了工作流程的效率，还增强了设计的呈现质量。同时，指导如何有效地在布局空间和模型空间之间穿行，这对于处理复杂的设计和提升工作效率至关重要。通过学习如何自由地使用布局，我们将在设计过程中实现更高的创造性和自由度，无论是进行细致的模型构建还是准备最终的展示图纸，都能有效提升其专业水平。

正如音乐家用乐器演奏出动人的旋律，读者也可以通过掌握 AutoCAD 中的布局和图层技巧，在设计中展现出令人惊叹的创意和专业水平。熟练使用这些工具，可以在设计过程中实现更高的自由度和创造力，无论是进行细致的模型构建还是准备最终的展示图纸，都能有效提升工作效率和表现质量。

9.1 布局是什么

AutoCAD 的布局命令为"LAYOUT"。新建一个 DWG 文件，在操作界面左下方可以看到"模型""布局1""布局2"这样的字样（图9.1-1）。"模型"是绘图所使用的模型空间，"布局1"和"布局2"就是布局空间。

布局功能是 AutoCAD 软件不可或缺的一部分，它允许在一个或多个"虚拟"的纸张上安排和组织模型空间的绘图。这一功能主要用于创建、修改和展示工程图纸，提供了一个非常友好的界面，使大家能够在其中安排视口框（图9.1-2）。这些视口框用于展示模型空间中不同部分的内容，从而使用户能够在单张图纸上展示作品的多个视角和细节。

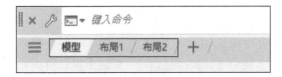

图 9.1-1　布局选项板

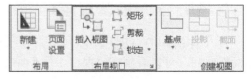

图 9.1-2　布局视口

在 AutoCAD 软件中，DWG 图纸允许最多包含 256 个选项卡，扣除用于模型空间的首个选项卡，这意味着可以创建多达 255 个布局。然而，为了确保 AutoCAD 的最佳性能，推荐读者尽量限制布局选项卡的数量。通过将大型项目拆分到多个 DWG 文件中，而不是集中在单一文件里，这样可以有效减小单一文件的容量来提升处理效率。也就是说，选择创建多个含有少量布局的图形文件，相对于单一的、包含众多布局选项卡的庞大文件，能够显著优化 AutoCAD 的运行表现。

在进行实际设计工作时，合理控制布局数量并灵活运用本书第 10 章介绍的"参照"功能，是完成项目的一种普遍而有效的策略（图 9.1-3）。这种方法不仅有助于保持项目的组织性和可管理性，还能提高设计工作的效率和准确性。通过精心规划布局和参照的使用，可以在确保细节准确性的同时保持整个项目文件的轻便和高效。

图 9.1-3　"参照"功能

为了加深大家的理解，以第 7 章中绘制的螺栓图为例，来详细说明布局的几个主要特点。文件名称为 BOLT-LAYOUT.dwg，其中创建了三个布局空间："多视口布局""比例和标注布局"，以及"1:1 布局"（图 9.1-4）。

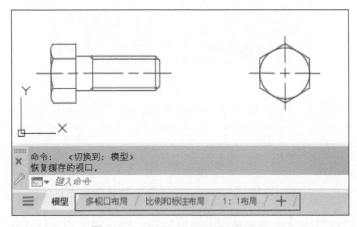

图 9.1-4　BOLT-LAYOUT.dwg

扫描本书前言中的二维码，可以下载 BOLT-LAYOUT.dwg。

9.1.1 多视口功能：VPORTS

打开 BOLT-LAYOUT.dwg，然后在左下角的布局选项卡，从模型空间切换到"多视口布局"空间，可以看到有"视口 1""视口 2""视口 3"和"视口 4"共四个视口排列在一个布局空间中（图 9.1-5）。

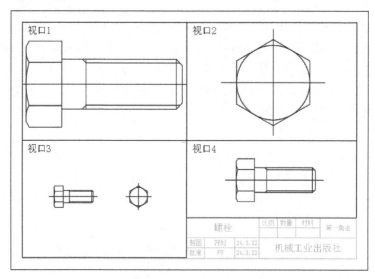

图 9.1-5 "多视口布局"空间

每个视口所展示的螺栓、螺母图形，都是从模型空间"映射"过来，也就是说，在模型空间只需要绘制 1 次图形，就可以在布局空间进行多种形式的表达，而无须重新绘制。

对视口的添加，除了"矩形"以外，"多边形"以及根据"对象"来转换为视口也可以实现（图 9.1-6）。

图 9.1-6 添加视口

布局中的这种视口框功能，能够展示模型空间内的不同视角或不同部分。这一功能对于详细呈现复杂工程图的细节尤为重要，它允许在单一页面上展示项目的多重视图，从而为读者提供了丰富的视觉信息。

9.1.2 比例功能

在布局中，视图框还可以被设置为不同的比例，以确保绘图在打印时的精确性和可读性。还可以精确地放置和排列这些视图框以获得最佳布局。

将 BOLT-LAYOUT.dwg 这个文件的布局切换到"比例和标注布局"空间（图 9.1-7），

可以看到这个布局存在两种比例，左边比例为 1:1，右边比例为 2:1。

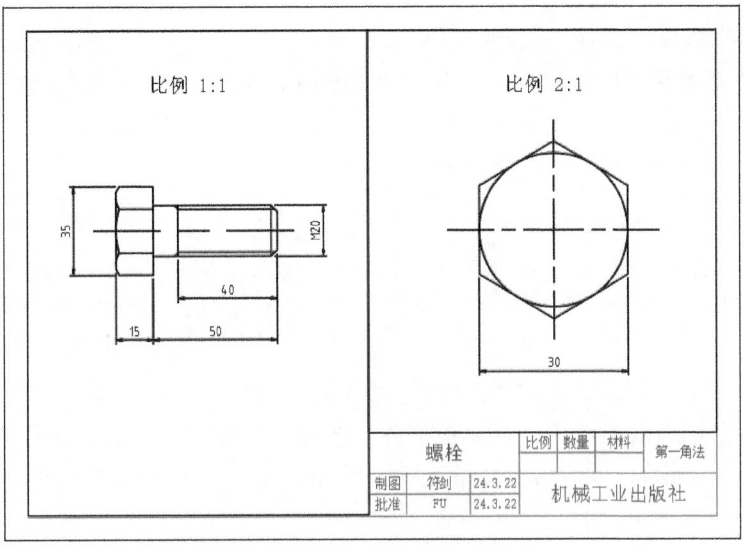

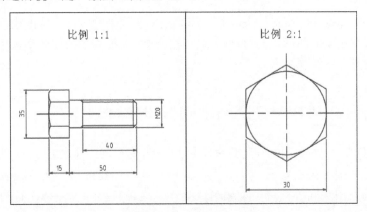

图 9.1-7　"比例和标注布局"空间

比例功能允许根据项目的需求，调整视图框的比例，既可以展示细节或者整体布局，也可以确保注释和图形元素在视觉上的一致性。

9.1.3　注释和尺寸功能

尺寸的标注以及各种注释，不但在模型空间里可以操作，在布局空间也可以执行。在 BOLT-LAYOUT.dwg 这个文件的"比例和标注布局"空间中，左边的视口比例为 1:1，右边的视口比例为 2:1，虽然右边图形的比例比左边放大了一倍，但是标注的尺寸及文字大小，左边的视口和右边的视口是一致的（图 9.1-8）。

图 9.1-8　比例和标注

在布局空间内添加注释、尺寸标注的最大优势就是能够保持其预设大小不变。这也就意味着无论视图框的缩放比例如何变化，输出的文本和标注都将保持可读，确保了图纸文件的专业感和信息的清晰传达。

9.1.4 打印／输出功能

打开 BOLT-LAYOUT.dwg 文件的"多视口布局"，输入"PLOT"命令，按回车键，从"打印"对话框中可以看到"打印样式表"设定为"monochrome.ctb"（图 9.1-9）。

关闭"打印"对话框，切换到"比例和标注布局"，同样打开"打印"对话框，可以看到"打印样式表"设定为"Screening 50%.ctb"（图 9.1-10）。

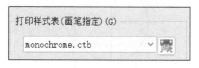
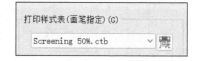

图 9.1-9 monochrome.ctb   图 9.1-10 Screening 50%.ctb

也就是说，根据布局空间的不同，所保存的打印设置也可以不同。布局设计的最终目标是高效准确地打印或输出绘图。可以根据各个布局空间的需求，选择不同的纸张尺寸、打印机／绘图仪设备及其他打印参数，为其进行最优化的设置。这些设置都可以保存到各个布局中以方便我们下次使用。

9.1.5 多布局功能

多布局功能可以说是所有布局功能中最常用的功能。从 BOLT-LAYOUT.dwg 这个文件可以看到所设置的三个布局（图 9.1-11），它们各有特色，我们只需要设置一次就可以保存并重复使用，非常方便出图。

图 9.1-11 三个布局

另外，所有布局空间的图形，来源都为模型空间所绘制的图形。修改模型空间的图形，所有布局空间与其相关的图形都会自动跟着变化，这大大提高了操作效率，也极大地降低了人为的操作失误率。

9.2 怎样在布局和模型空间之间自由穿行

在 AutoCAD 中，布局空间和模型空间虽然扮演着不同的角色，但它们之间的交互却是设计和制作过程中至关重要的一环。当在布局空间中创建图形、文字或表格时，有时需要将它们移动到模型空间进行进一步编辑或处理。这种转换并不复杂，有两种主要的方法可以实现。

首先，可以使用"将布局输出到模型"这个功能（图9.2-1），它的命令为"EXPORTLAYOUT"。这个命令简单易用。激活需要输出的布局空间，然后将光标移到左下角的布局空间文件名称上并单击右键。选择"将布局输出到模型"后，系统将询问选择保存的位置。如果保存成功，将会弹出一个提示对话框，告知文件已成功创建。

其次，还可以使用"更改空间"功能（图 9.2-2），它的命令为"CHSPACE"。

图 9.2-1　将布局输出到模型　　　　　　　图 9.2-2　更改空间

举个例子，如果想要将布局空间中的某个图形移动到模型空间，可以在布局空间状态下键入"CHSPACE"命令，然后选择需要移动的图形并按下回车键，图形将从布局空间直接移动到模型空间。值得一提的是，"CHSPACE"命令不仅适用于普通图形，还可以用于相互转换 BLOCK 块文件。

除了这些基本操作外，还有一个非常实用的小技巧。在布局空间进行尺寸标注时，有时显示的尺寸值是基于布局空间的，而可能更希望看到的是模型空间中的尺寸。这时，最简单的方法是使用"特性匹配"命令（MATCHPROP）（快捷键为"MA"）（图 9.2-3）。

图 9.2-3　特性匹配

它可以帮助我们快速转换尺寸显示，使其与模型空间中的实际尺寸相符。具体的操作步骤就不再一一介绍了，掌握这个技巧后，你会发现在处理尺寸标注时事半功倍。

在 AutoCAD 中，布局空间和模型空间之间的这种无缝衔接为我们提供了更灵活、高效的工作方式。通过灵活运用命令和技巧，大家可以更加轻松地管理和编辑图形，从而更好地完成设计任务。另外，我们使用 AutoLISP 可以更加轻松地实现这一操作，具体介绍请参阅本书第 14 章的内容。

9.3　布局的复制再使用

同一个 DWG 文件中的布局容易复制，在布局名称选项卡上右击，在弹出的菜单中就可以找到"移动或复制"选项（图 9.3-1）。

但是在不同的 DWG 文件之间，怎样进行布局的复制呢？以 9.1 节所使用的 BOLT-LAYOUT.dwg 文件为例，将其布局复制到一个新建文件的步骤如下：

STEP01 新建一个 DWG 文件，文件名称为默认的"Drawing1"（图 9.3-2）。

图 9.3-1　移动或复制

在页面左下角的布局选项卡栏可以看到只有默认的"布局 1"和"布局 2"这两个布局空间（图 9.3-3）。

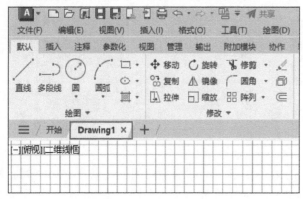

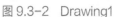

图 9.3-2　Drawing1

图 9.3-3　"布局 1"和"布局 2"

STEP02 在任意一个布局名称上右击（图 9.3-4），在弹出的菜单中选择"从模板"选项（图 9.3-5）。

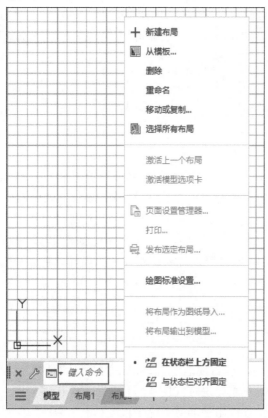

图 9.3-4　右击

图 9.3-5　从模板

STEP03 "从文件选择样板"对话框将会弹出，先将文件类型切换为"图形（*.dwg）"（图 9.3-6），默认为"图形样板（*.dwt）"格式。

然后找到 9.1 节所使用的 BOLT-LAYOUT.dwg 这个文件，选择后单击"打开"按钮（图 9.3-7）。

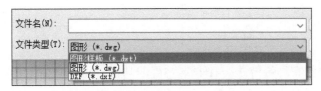

图 9.3-6 切换为"图形（*.dwg）"

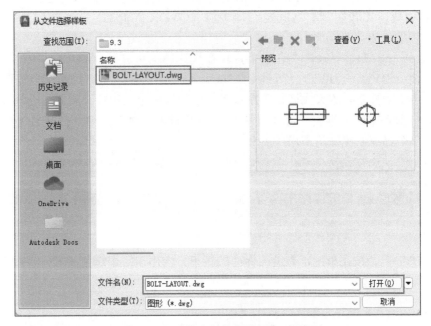

图 9.3-7 "从文件选择样板"对话框

STEP04 在弹出的"插入布局"对话框中，选择想复制的布局，如"1:1 布局"（图 9.3-8），单击"确定"按钮，就可以看到"1:1 布局"被复制到了"Drawing1"（图 9.3-9）。

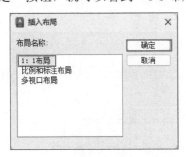

图 9.3-8 "插入布局"对话框

图 9.3-9 复制

以上操作就结束了。另外，直接在命令行栏输入"LAYOUT"命令，再选择"样板"（图 9.3-10），也可以打开"从文件选择样板"对话框。

图 9.3-10 LAYOUT

9.4 布局漫游：QVD

在 AutoCAD 中，布局漫游是一种非常实用的功能，特别是对于那些需要在单个 DWG 文件中处理多个布局的设计人员来说。AutoCAD 允许在一个 DWG 文件中创建多达 255 个布局，这为大家提供了极大的灵活性。然而，当布局数量众多时，快速定位并切换到特定的布局可能会变得比较困难。这就是布局漫游（QVDREWING）（快捷键为"QVD"）功能发挥作用的地方。

QVD 是 AutoCAD 中的一项特色功能，旨在快速浏览和访问 DWG 文件中的不同布局和视图。通过使用 QVD，可以在一个清晰的缩略图界面中看到所有布局和模型视图，而不是在文件中逐个手动搜索。这大大简化了在众多布局中快速定位和打开所需图纸的过程。

扫描本书前言中的二维码，可以下载 BOLT-QVD.dwg 这个文件，打开 BOLT-QVD.dwg 后可以看到 7 个已经创建好的布局（图 9.4-1）。

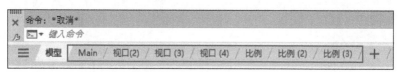

图 9.4-1　7 个布局

输入"QVD"，按回车键，在绘图界面的正下方会出现一个绿色的方框（图 9.4-2）。

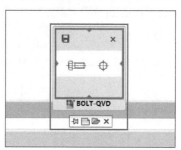

图 9.4-2　绿色方框

将鼠标的十字光标轻轻放置到这个绿色方框上，就可以看到这张图纸的模型空间以及所有布局空间的缩略图，排成一行显示出来（图 9.4-3）。

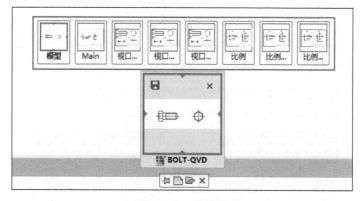

图 9.4-3　缩略图

可以通过滚动或单击这些缩略图来快速浏览不同的布局（图 9.4-4）。当找到所需的布局时，只需单击对应的缩略图，AutoCAD 就会立即切换到该布局。这个过程比传统的布局切换方式更直观、更快速。

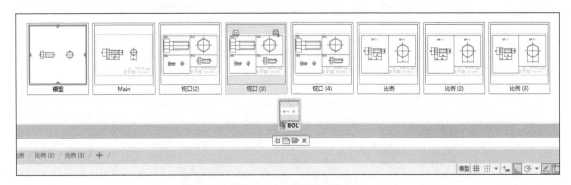

图 9.4-4　浏览缩略图

QVD 命令的这种直观操作，无需复杂的步骤即可快速启动和使用它的特点，特别适合那些项目复杂、布局众多的图纸。通过利用 QVD，可以更高效、更直观地管理和访问 DWG 文件中的各个布局，从而节省时间，提高工作效率。

9.5　活用布局空间标注

在 AutoCAD 中，大部分情况下，标题栏、数据表格等内容都是放置在布局空间。同样的思维，将标注放置到布局空间也是一个很好的工作方法。在模型空间中绘制模型，在布局空间中为这些模型添加标注和尺寸。这种"分离"的工作方式最大优势就是保持原始尺寸不变以提高工作效率。也就是说只需在模型空间专注设计绘图，对保持设计的准确性将非常重要。

另外，可以在一个布局中同时查看多个视图，这样既可以通过布局保持标注尺寸大小的统一性，也可以同时关注不同的设计细节，而无须频繁切换视图。同时，通过在布局空间标注，可以更容易地对模型空间所设计的内容进行呈现和解释，特别是当需要展示给客户或团队成员时，模型空间里面只有图形，将会使界面显得干净整洁，方便快速聚焦所要展现的部分。

9.5.1　使新标注可关联：DIMASSOC

在使用布局空间进行标注之前，需要确认一下"选项"对话框。

打开任意一个 DWG 图形，通过"OPTIONS"命令启动"选项"对话框，切换到"用户系统配置"选项卡，在这里可以找到"使新标注可关联"选项（图 9.5-1）。

"使新标注可关联"是否处于激活状态需要进行确认。如果没有进行关联，当我们在模型空间移动了绘制的图形，布局空间所对应的标注尺寸将不会跟随移动。

另外，我们通过系统变量"DIMASSOC"也可以控制这个设置（图 9.5-2）。

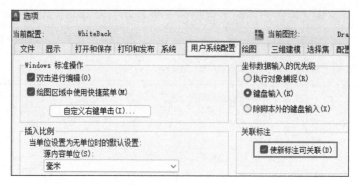

图 9.5-1　使新标注可关联

图 9.5-2　DIMASSOC

"DIMASSOC"的变量数值含义见表 9.5-1。

表 9.5-1　"DIMASSOC"的变量数值

变量数值	含义
0	创建的标注为分解的标注
1	创建的标注将和对象非关联
2	创建的标注将和对象关联

　　了解和设置"DIMASSOC"变量对于确保在布局空间中标注尺寸能够正确关联和更新至关重要。通过正确配置"选项"对话框中的相关设置，可以有效避免由于模型空间图形移动导致的标注尺寸错误。

9.5.2　操作方法

　　图 9.5-3 所示的螺栓图纸，整个图形是按照 1:1 的比例在模型空间绘制的，但是它的尺寸标注是绘制在布局空间里（图 9.5-4）。

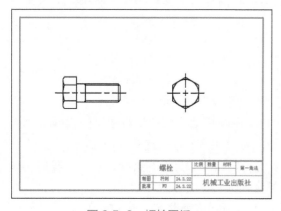

图 9.5-3　螺栓图纸

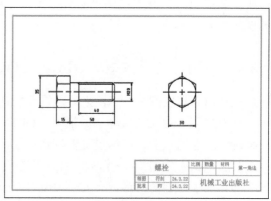

图 9.5-4　在布局空间进行尺寸标注

操作方法如下：

首先将图纸切换到布局空间（图 9.5-5），在视口显示为"图纸"的状态下（图 9.5-6），使用尺寸标注命令"DIM"进行标注即可。

图 9.5-5　布局空间

图 9.5-6　图纸

另外，在标注操作之前，将视口比例提前调整好再进行标注将会方便后续的调整工作。先将布局视口的状态调整为模型，然后在界面右下方的状态栏里面就可以看到"调整比例"的图标，单击图标旁边的倒三角符号（图 9.5-7），根据要求自由调整视口的比例即可。

图 9.5-7　调整比例

根据需要自由调整视口的比例（图 9.5-8）。如果在 AutoCAD 的状态栏没有找到调整比例的图标，请单击状态栏最右边的三条横线的图标，勾选"视口比例"选项，就可以将图标添加到状态栏里面（图 9.5-9）。

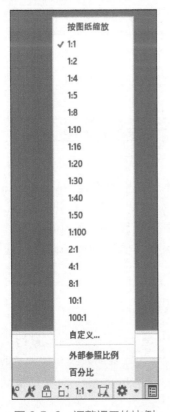

图 9.5-8　调整视口的比例

图 9.5-9　视口比例

另外，使用"SCALELISTEDIT"命令启动"编辑图形比例"对话框，可以自由添加和删除自己需要的比例（图 9.5-10）。

图 9.5-10　编辑图形比例

设定完比例后，为防止视口操作失误改变比例的大小，通过"MVIEW"命令（快捷键为"MV"）可以将视口进行锁定（图 9.5-11）。

图 9.5-11　MVIEW

将布局视口的状态切换到模型，单击右下角状态栏的"视口锁定"图标也可以实现同样的效果（图 9.5-12）。

图 9.5-12　视口锁定

通过扫描本书前言中的二维码，可以下载本节使用的"24-LayoutDim.dwg"文件来进行练习。

综上所述，大家现在应该对在布局空间中进行尺寸标注的方法有了清晰的了解。调整视口比例、锁定视口以及使用相关命令确保标注的精确性，都是保证图纸质量的重要步骤。

9.5.3　关联不完整：DIMREASSOCIATE

在模型空间修改模型的比例或尺寸后，布局空间里的尺寸将会自动变化以保持一致。但是有时候你会发现个别尺寸并没有跟随发生变化，这是因为尺寸和模型的关联不完整。通过"PROPERTIES"命令（快捷键为"Ctrl+1"）启动"特性"面板查看没有一起发生变化的尺寸的特性后，会看到关联显示为"部分"（图 9.5-13），关联显示为"否"或者"部分"的情况下，说明尺寸标注时出现问题，尺寸和对象之间的关联不完整。

这种情况下，可以使用"DIMREASSOCIATE"命令（图 9.5-14），对关联不完整的尺寸标注进行修复来重新关联。

图 9.5-13 关联不完整

图 9.5-14 DIMREASSOCIATE

当在模型空间修改模型的比例或尺寸时，确保布局空间中的尺寸标注也能随之变化至关重要，"DIMREASSOCIATE"命令将会对大家有所帮助。

9.5.4 更新关联：DIMREGEN

此外，虽然已经将尺寸和对象关联设定成功，但是有时发现移动模型空间的对象后，布局空间的尺寸并没有一起进行移动（图 9.5-15）。此时切换到布局空间，使用更新关联标注的"DIMREGEN"命令，在命令行栏输入按回车键之后，尺寸就会自动与对象进行关联（图 9.5-16）。

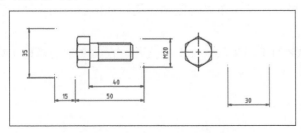

图 9.5-15 尺寸没有一起移动

图 9.5-16 DIMREGEN

在 AutoCAD 中有效地使用布局空间标注，不仅能提升设计的专业度，也能加快项目的完成速度。掌握这些技巧，让你的设计工作更加高效、准确和专业。

总而言之，在模型空间进行设计和绘图，在布局空间对设计好的图形进行标注，是一种很好的工作方法。与图形相关的设计按照 1:1 的比例全部在模型空间绘制，而与比例无关的内容，例如标题栏、BOM 表格数据以及尺寸标注，可以放置在布局空间中完成，这样就不必担心字号、尺寸随着模型空间的图形一起放大和缩小，从而实现文字大小的统一。而且，模型空间中只有图形，图纸界面显得干净整洁，更方便我们快速查询和修改。

9.6 布局空间的旋转

在利用布局空间出图时，有时需要对图形进行旋转以适应实际的工作需求。无论是为了调整视图角度，还是为了使出图效果更加符合要求，掌握如何在布局空间中进行旋转操作都是至关重要的。

例如下面这个螺栓图，在模型空间它是水平放置的（图 9.6-1），但是在布局空间可以将它用视口表达为垂直方向或倾斜方向（图 9.6-2）。

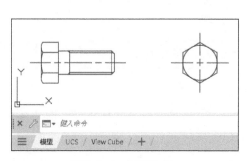

图 9.6-1 模型空间

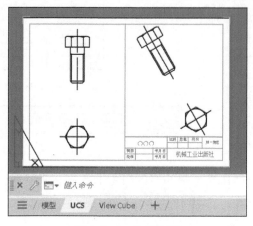

图 9.6-2 布局空间

也就是说，在不修改模型图纸的状态下，可以在布局空间自由自在地"旋转"图形，以方便自己的出图。

通过合理使用 AutoCAD 提供的各种工具和命令，可以在保持模型空间图形正确性的同时，在布局空间中灵活地调整图形视角和布局。这不仅提高了设计的准确性，也大大提升了出图的效率和效果。接下来将详细探讨两种在布局视图创建旋转视图的常用方法：利用"UCS"命令和活用 View Cube 功能。

扫描本书前言中的二维码，可以下载 24-BOLT-Layout.dwg 文件，在此文件的基础上来讲解详细的操作步骤。

9.6.1 利用 UCS 来创建布局视图

利用 UCS 创建旋转视口的方法如下：在 AutoCAD 中，一般保持 X 轴水平、Y 轴垂直来绘图，但在实际工作中，会遇到倾斜或旋转 90°的图形。在这种情况下，活用坐标命令"UCS"，将会带来一个高效的操作环境。比如前方有两栋高楼（图 9.6-3），但它们相对我们的位置是倾斜的，如果想与高楼正面保持水平的方向，现实生活中需要我们移动到前面高楼的正前方。但在 CAD 的世界里，我们可以保持不动，通过"UCS"命令，让两栋高楼"旋转"至水平方向即可。

图 9.6-3 旋转两栋高楼

通过"UCS"命令对图形进行旋转操作，特别是在布局空间中进行旋转时，这个操作将不会影响模型空间的图形。这一特性使得能够在不改变模型空间的前提下，在布局空间中创建各种角度的图形，从而方便出图。

首先，打开 24-BOLT-Layout.dwg 图纸，如果在 AutoCAD 界面左下角看不到 UCS
坐标，请确认一下"视图"选项卡中，"视口工具"面板里面的"UCS 图标"是否开启
（图 9.6-4）。

图 9.6-4　UCS 图标

接下来详细说明操作的方法：

STEP01 在 24-BOLT-Layout.dwg 的模型空间，可以看到螺栓是水平放置的（图 9.6-5），
切换到 UCS-2 布局空间。

STEP02 单击右下角的状态栏，将布局视口从"图纸"切换到"模型"（图 9.6-6），键
盘输入"MSPACE"命令也可以实现同样的效果。

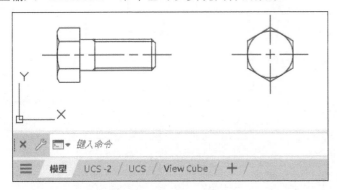

图 9.6-5　模型空间

图 9.6-6　切换为"模型"

也就是说，在布局空间中，也可以通过布局视口进入模型空间。在布局空间中，"图纸"
命令为"PSPACE"，"模型"命令为"MSPACE"。在布局空间中，可以创建多个视口，
每个视口都可以显示模型空间中的不同部分或不同的缩放比例。这使得我们能够在同一张图
纸上展示不同的视图和细节。通过切换"PSPACE"和"MSPACE"命令，可以方便地在布
局空间和模型空间之间进行操作，从而实现更加高效的绘图和设计流程。

STEP03 输入"UCS"命令（图 9.6-7）。

STEP04 单击新的原点，这里选择螺栓头的中点为原点（图 9.6-8）。

STEP05 滑动鼠标，将 X 轴设定为垂直方向后（图 9.6-9），界面会提示"指定 X 轴上的
点或 <接受>"，按回车键结束 UCS 设定操作。

STEP06 输入"PLAN"命令（图 9.6-10）。

STEP07 选择"当前 UCS（C）"（图 9.6-11），按回车键。

STEP08 大家可以看到视口的螺栓方向发生变化，实现了水平到垂直方向的旋转（图 9.6-12）。

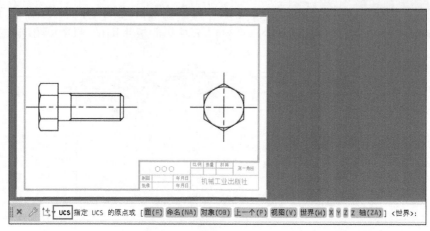

图9.6-7 输入"UCS"命令

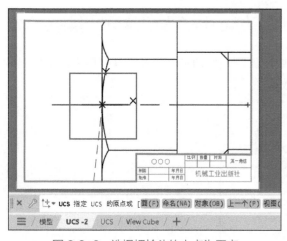

图9.6-8 选择螺栓头的中点为原点

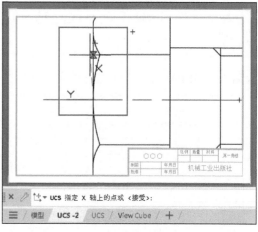

图9.6-9 指定第二点

图9.6-10 输入"PLAN"命令

图9.6-11 选择"当前UCS（C）"

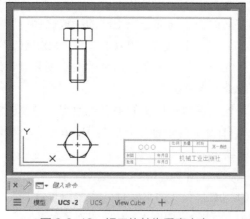

图9.6-12 视口旋转为垂直方向

有人可能会问：为什么不在模型空间使用旋转命令"ROTATE"（快捷键为"RO"）旋转整个图纸角度？这是因为模型空间的图形应始终维持正确的坐标方向和 1:1 比例，这是基本原则。模型空间的图形是基础，如果需要放大或旋转局部图形，应在布局空间进行。布局空间的独立性为设计和出图提供了更多自由度和便利性，通过巧妙利用"UCS"命令和布局空间，可以更灵活地处理复杂绘图需求，提高工作效率。

9.6.2　利用 View Cube 来创建布局视图

在"布局"选项卡中有一个"插入视图"功能（图 9.6-13），它的命令为"MVIEW"。结合 View Cube 将图形旋转到需要的角度后再粘贴到布局里面，也是一种高效的操作方法。

View Cube 是图形显示的一个导航工具，特别在三维模型创建时尤为有用。它提供了一个交互式的立方体，我们可以通过旋转、平移和缩放来查看模型的不同角度和视图。使用 View Cube，我们就可以轻松地在三维空间中定位和操作模型，从而提高设计的准确性和效率。尤其是在复杂的三维模型创建和编辑过程中，View Cube 能够帮助我们快速切换视角，方便地检查和调整模型的各个部分。这使得整个设计过程更加直观和高效。

打开 24-BOLT-Layout.dwg 图纸，如果在 AutoCAD 界面右侧看不到 View Cube，请确认一下"视图"选项卡中，"视口工具"面板里面的"View Cube"是否开启（图 9.6-14）。

图 9.6-13　插入视图

图 9.6-14　View Cube

STEP01 当前在模型空间中 View Cube 的方向如图 9.6-15 所示，"上"表示俯视图。

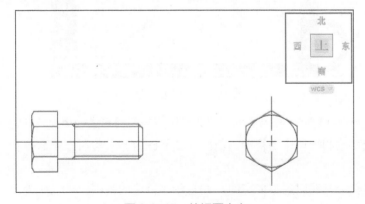

图 9.6-15　俯视图方向

可以单击四周的三角形图标来翻转 View Cube（图 9.6-16），也可以单击右上角的箭头来使其旋转（图 9.6-17）。

例如，通过对 View Cube 的翻转和旋转，就可以得到底视图"下"这样一个视图（图 9.6-18），螺栓的图形也会随着 View Cube 的翻转而改变。

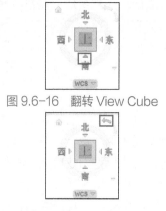

图 9.6-16 翻转 View Cube

图 9.6-17 旋转 View Cube

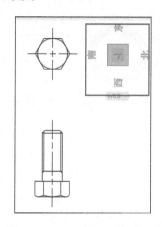

图 9.6-18 翻转图形为"下"

STEP02 打开"布局"选项卡，在"布局视口"面板中可以看到"插入视图"图标（图 9.6-19），或者在命令行里输入"MVIEW"命令也可以实现同样的效果。

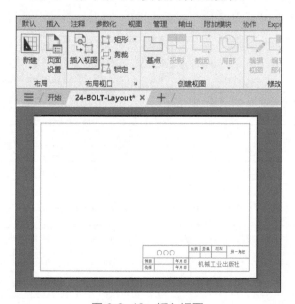

图 9.6-19 插入视图

STEP03 界面会自动返回到模型空间，并会在图形的四周形成一个绿色的边界（图 9.6-20）。

STEP04 框选螺栓和螺母作为视图的范围（图 9.6-21），然后按照命令行的提示，按回车键（图 9.6-22）。

STEP05 界面就会又返回到布局空间，并且刚才框选的范围，可以作为视口粘贴到布局空间（图 9.6-23）。

STEP06 选择刚才粘贴的这个视口，会看到界面中央部分有一个三角形图标（图 9.6-24）。单击这个三角形图标，就可以调整视口的比例大小（图 9.6-25）。

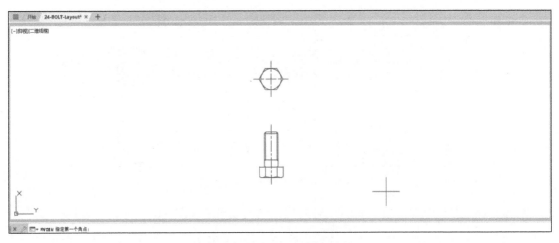

图 9.6-20 返回到模型空间

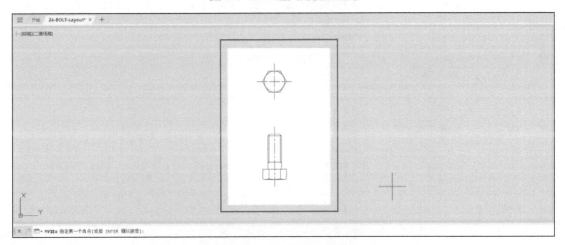

图 9.6-21 框选视图范围

图 9.6-22 按回车键

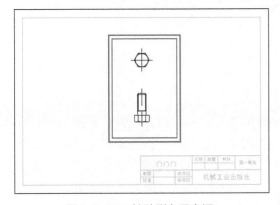
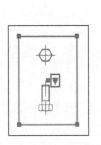
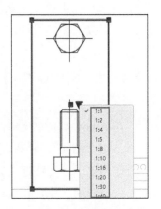

图 9.6-23 粘贴到布局空间　　图 9.6-24 三角形图标　图 9.6-25 调整视口比例

STEP 07 将视口的边框切换为"VPORTS"这个图层（图 9.6-26）。

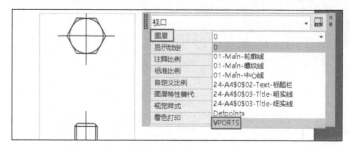

图 9.6-26　切换为"VPORTS"图层

STEP 08 通过打印预览功能，就可以看到视口设置效果了（图 9.6-27）。

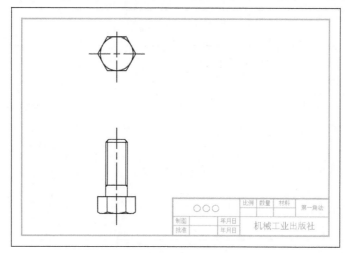

图 9.6-27　视口设置效果

通过以上步骤，详细介绍了如何利用 View Cube 来创建布局视图的方法。这种方法不仅可以提高三维模型创建的效率，还能够确保设计的准确性和直观性。View Cube 提供的旋转、平移和缩放功能，使我们能够灵活地查看和调整模型的各个部分，从而更好地进行设计和修改。在结合"MVIEW"命令插入视图后，可以在布局中方便地展示模型的不同视角，提高工作效率和图纸质量。希望这些内容能够帮助大家更好地掌握 AutoCAD 的布局视图创建方法，从而提升整体设计水平。

9.7　活用变量设定专属图层

在 AutoCAD 2024 中，默认情况下，所有绘制的图形都会被放置到"当前图层"。但是，AutoCAD 提供了一种机制，允许为表 9.7-1 中五种特定类型的图形预设专属图层。这意味着当你创建了这些特定类型的图形时，AutoCAD 可以自动将它们放置到其指定的图层，而不是"当前图层"中，以实现自动切换。这项功能对组织和管理复杂的绘图非常有帮助，因为它可以确保每种类型的图形都被适当地分类和放置在恰当的图层中。

表 9.7-1　五种专用图层

变量名称	用途
TEXTLAYER	文字专用图层的设定
DIMLAYER	尺寸专用图层的设定
HPLAYER	图案填充专用图层的设定
XREFLAYER	参照专用图层的设定
CENTERLAYER	中心线专用图层的设定

以下是对可以预先指定专用图层的五种类型的图形及其对应变量的说明。

9.7.1　文字：TEXTLAYER

单行文字（TEXT）以及多行文字（MTEXT）都可以通过变量"TEXTLAYER"来指定其专用的图层。

使用方法很简单，在命令行里输入"TEXTLAYER"后按回车键（图 9.7-1），然后输入新的图层名称后就可以了。如果新的图层名称在当前的 DWG 文件中还没有创建，我们在启动文字命令时，AutoCAD 会帮助我们自动创建它。但是颜色等都是默认的设定。

图 9.7-1　"TEXTLAYER"变量

9.7.2　尺寸：DIMLAYER

除了从命令行直接输入"DIMLAYER"命令来设置尺寸专用图层以外，我们也可以在"标注"面板中切换已经创建好的图层为尺寸专用图层（图 9.7-2）。

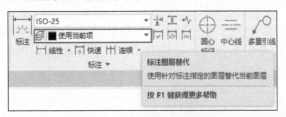

图 9.7-2　切换尺寸专用图层

通过"DIMLAYER"命令设置好尺寸的专用图层后，每当我们创建尺寸标注时，AutoCAD 会自动将这些标注放置在预先指定的标注专用图层中，无须手动切换图层。这样不但减少了频繁切换图层的操作步骤，使得绘图过程更加流畅，而且确保了所有的尺寸标注都被统一管理，便于后续修改和查看。

9.7.3 图案填充：HPLAYER

除了在命令行使用"HPLAYER"命令设置图案填充专用图层以外，在"图案填充创建"选项卡中的"特性"面板里（图9.7-3），也可以将已经创建好的图层设定为图案填充专用的图层。

图 9.7-3 "特性"面板

这里需要注意，"图案填充创建"选项卡在激活"图案填充"命令（HATCH）后才会出现。

设置完图案填充的专用图层之后，每当创建图案填充时，AutoCAD 会自动将这些填充放置到预先指定的图层中，无须手动切换图层。

9.7.4 参照：XREFLAYER

变量"XREFLAYER"用于设定专用于外部参照（XREF）的专用图层。它只能从命令行栏输入变量来设定（图9.7-4）。

图 9.7-4 变量"XREFLAYER"

设置完参照专用图层后，每当你加载外部参照时，AutoCAD 会自动将这些参照放置到预先指定的图层中，无须手动切换图层。

外部参照是 AutoCAD 中用于在一个图形文件中引用另一个图形文件的功能。通过使用"XREF"命令，可以实现团队协作、数据共享以及简化复杂项目的管理。在本书的第 10 章有针对外部参照的详细讲解。

9.7.5 中心线：CENTERLAYER

变量"CENTERLAYER"用于设定专用于中心线图形的图层。它只适用于"圆心标记"（CENTERMARK）和"中心线"（CENTERLINE）这两个命令（图9.7-5），可以确保所有的中心线和圆心标记自动放置到预先设定的图层中，从而实现图层的自动管理。

图 9.7-5 圆心标记和中心线

设置好"CENTERLAYER"变量后，如果图层不存在，AutoCAD 会自动创建，但图层的颜色、线型等属性将采用默认设置。可以在创建图层后手动调整这些属性，以符合绘图标准。

在某些情况下，如果在特定的图层上创建了中心线或圆心标记，但未设置"CENTERLAYER"变量，中心线和圆心标记将默认放置在当前图层。因此，设置"CENTERLAYER"变量可以确保这些元素始终放置在指定图层中。

关于专用图层的基本设定就介绍完了。通过设置这些变量，当大家创建上述类型的图形时，AutoCAD 会自动将它们放置到预先指定的图层中，从而实现图层的自动切换功能。这样不仅提高了绘图效率，也使得绘图管理更加有序。

虽然通过上面的操作可以对当前的 DWG 文件进行专属图层的设置，但是如果我们每次绘图时都预先设定，将会非常烦琐。在这里强烈建议大家参阅本书 14.9 节关于使用 LISP 来创建专属图层的内容，它将会帮助大家实现一键高效创建这些图层并完成相关设置。

9.8　批量改变图层的状态

4.2.5 节详细介绍了两个与图层操作相关的命令："锁定"（LAYLCK）和"解锁"（LAYULK）。这两个命令在控制单个图层的锁定状态方面非常有效，但它们不支持批量处理多个图层。因此，当需要锁定或解锁多个图层时，只能逐一进行，这种操作方式可能在频繁切换图层状态时显得烦琐且耗时。为了更高效地处理图层，可能需要寻找更为便捷的方法来批量管理图层的锁定状态，从而减轻这种重复性工作带来的疲劳感。

本节将为大家介绍两种方法来解决这个问题。

9.8.1　方法 1：手动批量解锁图层

在 DWG 文件打开的状态下，在命令行栏输入"LAYER"，按回车键启动"图层特性管理器"面板（图 9.8-1），现在除了"0"图层以外，其他五个图层即图层 1、图层 2、图层 3、图层 4、图层 5 都处于"锁定"状态。单击"图层 1"，使其处于被选择的状态（图 9.8-2），也就是图层 1 将显示为高亮的状态，然后一边按住 Shift 键，一边单击"图层 5"，这时从图层 1 到图层 5 都会处于被选择的状态（处于高亮的状态），然后在锁定的这一列，单击其中任意一个被选择的图层（图 9.8-3），我们会看到所有锁定的图层都被解锁了（图 9.8-4）。

这个方法同样适用于图层的"冻结"和"解冻"，以及图层的显示的"开"和"关"（图 9.8-5）。

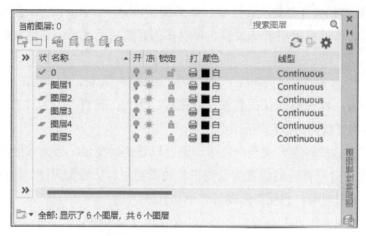

图 9.8-1 "图层特性管理器"面板

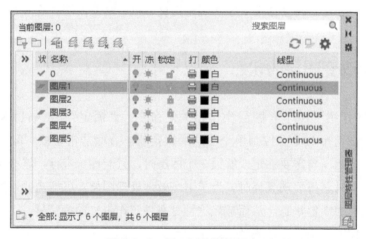

图 9.8-2 处于被选择的状态

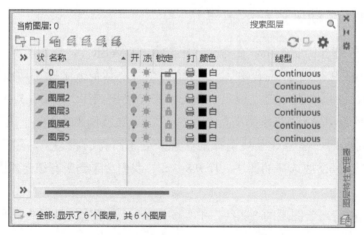

图 9.8-3 单击其中任意一个被选择的图层

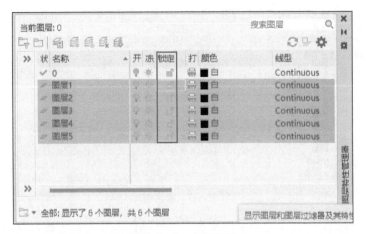

图 9.8-4　全部解锁

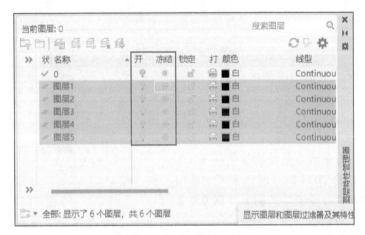

图 9.8-5　"开"和"冻结"

9.8.2　方法 2：命令宏自动解锁图层

除了上文介绍的方法 1，也可以使用命令宏来实现上面的操作。这里先简单介绍一下什么是命令宏。

AutoCAD 的命令宏（MACROS）是一种用来简化重复性操作的强大工具，它允许通过编写一系列预先定义的命令和操作来自动化任务。这些宏可以用来执行各种常规任务，比如绘图、编辑、管理图层，或是自定义更复杂的操作流程。它们基本上是一段文本字符串，当在 AutoCAD 中执行时，能够自动按照设定的顺序运行这些命令。图 9.8-6 是 AutoCAD "直线" 命令的宏字符串。

命令宏的主要优势在于它能够节省时间和提高效率，尤其是对于那些需要重复执行的任务。通过使用命令宏，可以减少重复性工作，使得操作过程更加快速和一致。

创建命令宏不一定需要编程知识，它可以简单到仅仅是一系列的 AutoCAD 命令和参数的组合，也可以复杂到包含条件语句和循环。AutoCAD 提供了一种方式，即通过使用特定的符号和语法来控制命令的执行流程，如使用空格或逗号来分隔命令和参数，使用分号来标识命令的结束等。

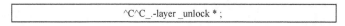

显示	
名称	直线(@L)
命令	
命令名	直线
说明	创建直线段
扩展型帮助文件	
命令显示名	LINE
宏	^C^C_line
标签	
高级	
元素 ID	ID_Line
图像	
小图像	RCDATA_16_LINE
大图像	RCDATA_32_LINE

图 9.8-6　宏字符串

举个例子，如果想批量改变图层的状态，将冻结的图层全部解冻，就可以编写图 9.8-7 所示的宏命令。

^C^C_-layer _unlock * ;

图 9.8-7　宏命令

运行这个宏时，全部图层都将自动切换为解冻的状态，而无须每次打开图层特性管理器来手动操作。

总的来说，AutoCAD 的命令宏是一种非常实用的自动化工具，它可以帮助用户提高工作效率，减少错误，并允许快速地执行复杂或重复性的绘图任务。

另外，AutoCAD 2024 为方便命令宏的使用，在"选项板"里可以找到"命令宏"的图标（图 9.8-8）。

图 9.8-8　命令宏

在"命令宏"对话框，可以看到在设计操作中的一些命令组合（图 9.8-9）。这些组合是 AutoCAD 根据对各种命令的操作，所自动提供的"命令宏见解"，无须自己去编辑命令宏，以方便我们简化重复性操作，实现更加高效化的工作。

图 9.8-9　命令组合

到这里本节的解说就结束了。本节详细介绍了两种高效管理 AutoCAD 图层状态的方法：通过图层特性管理器手动批量解锁图层，以及利用命令宏自动批量操作图层。这些技巧不仅可以帮助我们节省宝贵的时间，还能显著提高工作效率。希望这些方法能够为大家处理图层状态提供便捷，使我们的设计工作更加流畅和高效。

9.9　批量修改图形为 ByLayer

前面第 4 章讲到了"依赖于图层的绘图习惯"，图形的颜色、线型、线宽等信息，尽量根据图层的设定来控制，也就是"ByLayer"。在 CAD 设计中，将图形属性设置为依赖图层（ByLayer）是一种常见的做法。这种做法不仅能保持图形文件的整洁和组织性，还能极大地提升文件的可维护性和灵活性。图形的颜色、线型、线宽等属性，若设置为"ByLayer"，则会自动采用其所在图层的属性。

但是从外协单位等外部获得的图形，并不都是按照"ByLayer"来设置图形的属性。当我们想批量更改图形为"ByLayer"时，使用"SETBYLAYER"这个命令将会非常方便（图 9.9-1）。

"SETBYLAYER"命令在 CAD 软件中非常实用，它可以快速将图形属性修改为"ByLayer"。

单击图标后，"SetByLayer 设置"窗口就会弹出（图 9.9-2），在这个窗口里面，可以设定颜色、线型、线宽、材质和透明度等特性，将它们批量更改为"ByLayer"。

图 9.9-1　"SETBYLAYER"命令

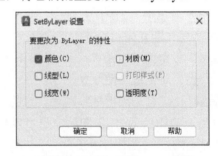

图 9.9-2　SetByLayer 设置

相信读者一定遇到过，在接收外部协作伙伴提供的 CAD 文件时，经常需要将这些文件中的对象属性统一标准化以符合自己公司内部标准；或者在整理复杂的 CAD 图档时，统一设置"ByLayer"可以清理和简化图形属性，使得后续的编辑和修改更为方便。在这些情况下，都是"SETBYLAYER"大显身手的好时刻。

另外，对于需要频繁进行属性修改的用户，可以通过编写 AutoLISP 程序来实现自动化批量修改。AutoLISP 提供了更高的灵活性和效率，特别是在处理大型文件时。更多关于 AutoLISP 的应用可以参考本书 15.6 节的内容。

9.10　工具选项板指定图层

在 8.6 节中，我们介绍了怎样活用工具选项板来管理块，给自己创建一个库的方法。在绘图设计操作中，从工具选项板添加进来的块文件一般都会自动添加到"当前图层"当中，然后我们再将其切换到自己需要的图层里面。为了更加方便对块文件进行管理，从工具选项板添加进来的块文件，可以给它准备一个专用的图层，无须再去手动切换图层。

为方便理解，这里还是以前面 8.6 节所使用的 BOLT 图块为例来进行说明（图 9.10-1）。如果还没有将图块批量添加到工具选项板，请参阅 8.6 节的内容预先操作。

STEP01 打开 AutoCAD，任意创建一个 DWG 文件，在图层特性管理器中创建一个新图层，图层名称为"BOLT"，颜色为"红色"，其他按照默认设置即可（图 9.10-2）。

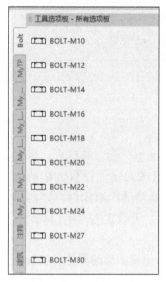

图 9.10-1 "BOLT"图块

图 9.10-2 创建"BOLT"新图层

STEP02 对工具选项板中的图块，选择任意一个右击，这里以"BOLT-M10"这个图块为例，在弹出的菜单里继续单击"特性"（图 9.10-3），在弹出的"工具特性"对话框中，找到"常规"里面的"图层"，单击右边的小三角形图标，可以看到刚才创建的"BOLT"图层（图 9.10-4）。

将"图层"设定为"BOLT"后，单击下方的"确定"按钮，关闭"工具特性"对话框（图 9.10-5）。

STEP03 这时从工具选项板拖拽刚才设置的"BOLT-M10"这个图块，即使当前的图层为"0"图层，也可以看到"BOLT-M10"的图块自动显示为红色（图 9.10-6）。

图 9.10-3 单击"特性"

图 9.10-4 "BOLT"图层

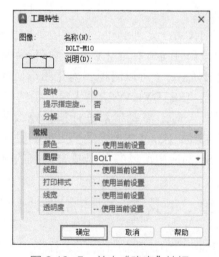

图 9.10-5 单击"确定"按钮

也就是说，在拖拽图块时，AutoCAD 就已经自动将其移动到了"BOLT"这个图层里。

STEP04 上面就是基本的操作。无须一个一个图块去设置图层，按住 Shift 键，单击 "BOLT-M10"，然后再单击"BOLT-M30"，就可以实现对图块的全选（图 9.10-7），一次性设定它们的图层即可。

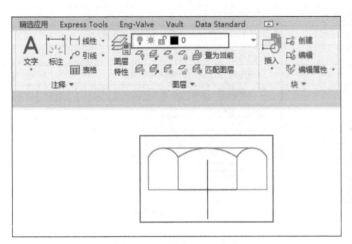

图 9.10-6　添加图块

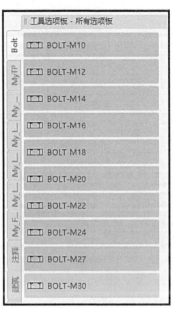

图 9.10-7　全选图块

虽然无法采用 9.7 节中介绍的方法通过各种变量控制专属图块图层，但可以通过工具选项面板实现图层的自动切换，这对设计管理同样大有裨益。

另外，如果需要对块进行分解，建议使用 11.2 节所介绍的"BURST"命令，这个命令能够保证分解后块的图形还维持在分解前所设置的图层里面。

本章对使用布局和图层进行了全面解析，让读者了解了布局的概念及其多视口功能、比例功能、注释和尺寸功能、打印 / 输出功能，以及多布局功能，学会了在布局和模型空间之间自由穿行的方法，以及布局复制和再使用的技巧。布局漫游功能（QVD）可以帮助我们更有效地导航和管理布局空间。

此外，还探讨了如何活用布局空间进行标注，利用变量设定专属图层来管理文字、尺寸、图案填充、参照和中心线。批量改变图层状态和修改图形为"ByLayer"的技巧也为图层管理提供了便利。通过工具选项板指定图层，可帮助大家进一步提升图层操作的效率和准确性。

下面是本章出现的命令和变量一览表。

章节	命令	快捷键	功能
9.1	LAYOUT		管理和切换布局视图
9.1.1	VPORTS		创建和管理视口
9.1.4	PLOT		打印图形或将图形输出为文件
9.2	EXPORTLAYOUT		将布局导出为模型空间中的图形文件
9.4	QVDREWING	QVD	打开快速视图绘图选项以管理图纸集视图
9.5.1	DIMASSOC		设置标注关联性，以控制标注和对象之间的关联
9.5.2	SCALELISTEDIT		编辑和管理比例列表
9.5.2	MVIEW		创建修改或视口
9.5.3	PROPERTIES	Ctrl+1	打开属性管理器以查看和编辑对象属性
9.5.3	DIMREASSOCIATE		重新关联标注和几何对象
9.5.4	DIMREGEN		重新生成标注以反映当前几何形状
9.6.1	MSPACE		切换到模型空间进行编辑
9.6.1	PSPACE		切换到布局空间进行编辑
9.6.1	UCS		设置或调整用户坐标系
9.6.1	PLAN		设置视图平面与当前坐标系一致
9.6.1	ROTATE	RO	旋转选定的对象
9.6.2	MVIEW		创建或修改视口
9.7.1	TEXTLAYER		为当前图形中新的文字对象和多行文字对象指定默认图层
9.7.2	DIMLAYER		设置标注对象的默认图层
9.7.3	HPLAYER		设置图案填充对象的默认图层
9.7.4	XREFLAYER		设置外部参照对象的默认图层
9.7.5	CENTERLAYER		设置中心线和中心标记的默认图层
9.8	LAYLCK		锁定选定的图层
9.8	LAYULK		解锁选定的图层
9.8.2	MACROS		创建和管理自定义宏
9.9	SETBYLAYER		将选定对象的特性重置为由其图层控制

思 考 题

1. 在 AutoCAD 中，布局和多视口功能（VPORTS）如何帮助用户更有效地展示和管理复杂的绘图项目？请举例说明。

2. 在实际绘图过程中，如何在布局和模型空间之间自由穿行，以及这种切换带来的便利性和效率提升有哪些具体表现？

3. 如何利用 TEXTLAYER、DIMLAYER、HPLAYER、XREFLAYER 和 CENTERLAYER 等变量设定专属图层，以实现图层管理的高效性？这些专属图层在绘图中有何具体用途？

第 10 章
借助外部参照来提高效率

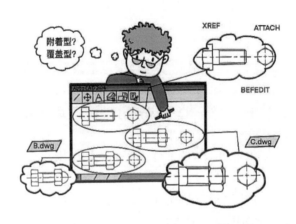

《三国演义》中赤壁之战前夕，诸葛亮借东风的故事想必读者都知道。这个故事告诉我们，善于借力能够事半功倍。在 AutoCAD 中，外部参照是一种提高设计和绘图效率的高效工具。就如同借助东风，它可以帮助我们更好地完成复杂的设计任务。

外部参照功能允许在多个项目之间共享和重用图形和文件。外部参照可以是 DWG 文件，可以是图像，也可以是 PDF 或其他格式的文件。这些文件链接到当前绘图中，而不是直接包含其中。这意味着当原始参照文件被修改时，所有包含该参照的绘图都会自动更新。这样，外部参照不但减小了文件体积，还提高了团队合作效率。

10.1 什么是外部参照

"外部参照"功能是 AutoCAD 软件的一个核心组成部分。自 20 世纪 80 年代末首次引入以来，它极大地改变了设计人员图纸管理和大型项目协作的方式。通过允许在主绘图文件中插入、链接或引用其他绘图文件，"外部参照"避免了将所有信息包含在单一的 DWG 文件中的需要，从而提高了设计人员的工作效率和整个团队项目管理的灵活性。

先来了解一下外部参照的发展历程。在 20 世纪 80 年代末，AutoCAD 的版本第一次添加了"外部参照"功能，目的就是有效管理大型项目中的多个绘图文件。到了 90 年代，随着 AutoCAD 软件的发展，"外部参照"功能也随之得到增强，包括对路径的更多控制，并且改进了"外部参照"所显示的选项。21 世纪初，互联网和协作工作流程的普及使得"外部参照"功能进一步扩展，支持更紧密的团队协作和项目管理工作。近年来，计算机技术的快速发展促进了"外部参照"功能进一步优化，包括支持更高效的数据交换格式和更紧密地集成到 Autodesk 的其他设计和建模工具中。

"外部参照"的命令为"XREF"（快捷键 XF），使用"外部参照"需启动"外部参照管理器"，然后选择所需的 DWG 文件进行参照。在 AutoCAD 的面板上"外部参照"没有图标，但是单击"参照"面板右下角的箭头就可以启动外部参照（图 10.1-1）。

图 10.1-1 "外部参照"图标

在"外部参照管理器"中，可以使用"卸载""重载"和"绑定"等功能来操作各种文件。虽然外部参照不直接嵌入当前文件，但可在当前文件中打开并编辑它们，任何更改都会保存回原始的 DWG 文件中。另外，也可以使用"拆离"命令从当前 DWG 文件中永久移除外部参照（图 10.1-2）。

外部参照的功能不仅限于附着 DWG 文件，它的应用范围已经大大扩展，覆盖了多种文件类型，包括图像、DWF 文件、DGN 文件、PDF 文件以及点云文件等（图 10.1-3）。这一扩展大大增强了 AutoCAD 在不同行业和项目中的适用性和灵活性。特别是对于点云文件的支持，它为处理和集成大量的现实世界数据提供了强大的功能。点云技术能够帮助我们捕捉、存储并展示复杂的三维形状和空间，使设计人员能够在 AutoCAD 中直接参照现实世界的物理环境进行精确的建模和分析。

图 10.1-2 外部参照的功能

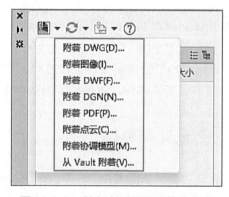

图 10.1-3 外部参照可以附着的类型

将"外部参照"总结一下，它主要有以下几个特点和优势：

1）协同工作的优化：通过允许团队中多位设计人员，以独立的方式在各自的计算机上进行 DWG 文件的设计工作，并随后通过"外部参照"技术将这些文件集成起来，从而显著提升了项目协作的效率。这种方法不仅促进了团队成员间的紧密合作，还加速了项目的整体进度。

2）高效的文件大小管理："外部参照"技术避免了将数据直接嵌入文件中，从而在不牺牲设计文件整体质量的前提下，有效减小了当前 DWG 文件的体积。这将使得 DWG 文件更加便于管理和传输，尤其在处理大型项目时，对于提高工作流的效率至关重要。

3）保持设计的一致性：利用"外部参照"，可以确保在多个项目中使用的同一组件始终保持最新的设计版本。这种方法不仅减少了重复工作的需要，也确保了项目之间的设计一致性和准确性。

4）灵活性和整体性的平衡："外部参照"的应用提供了极高的灵活性，允许我们根据项目需求随时添加或移除外部参照，而这一切操作都不会影响到主 DWG 文件的结构完整性。这种灵活性确保了设计过程的高效与适应性，同时保持了文件的稳定和可靠。

10.2　附着型与覆盖型

在深入了解 AutoCAD 软件中的外部参照功能之前，需要理解两种重要的参照类型："附着型"和"覆盖型"（图 10.2-1）。这两种类型在外部参照设定过程中无法避免且非常重要，它们直接影响了文件的管理和操作效率。为了帮助读者更好地理解和选择合适的参照类型，本文将详细介绍这两种参照方式的特点和应用场景。

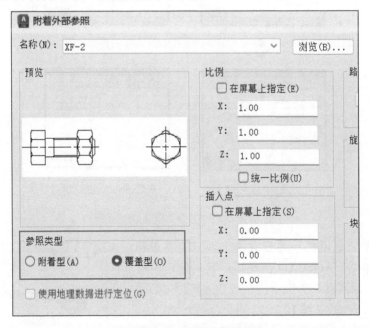

图 10.2-1　附着型和覆盖型

以图 10.2-2 为例来详细说明一下这两者的区别。

附着型参照允许一个 DWG 文件（我们称之为文件 A）引用另一个文件（文件 B）。当文件 A 被其他 DWG 文件（文件 C）引用时，文件 B 也将随之被引用。这意味着，当使用附着型参照时，所有相关联的参照文件都会被链接，形成一种链式的引用关系。这种方法适合那些需要将所有相关的绘图内容保持同步更新的场景。

与附着型不同，覆盖型参照在文件间创建了一种更加独立的关系。当你将一个 DWG 文件（文件 B）作为覆盖型参照引入另一个文件（文件 A）中时，如果文件 A 被第三个文件（文件 C）引用，文件 B 则不会被文件 C 引用。覆盖型参照提供了更加简洁和清晰的文件关系管理，使得每个文件的参照关系更加直接和简单，便于管理。

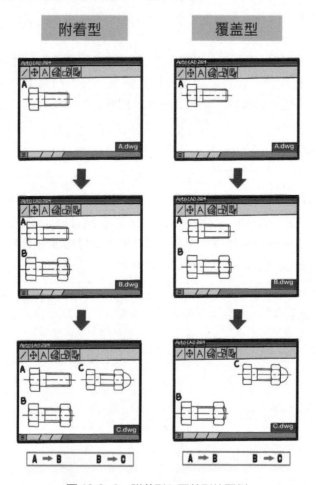

图 10.2-2 附着型和覆盖型的图例

选择附着型还是覆盖型主要取决于项目的需求和对文件的管理策略。AutoCAD 在安装后默认使用附着型，但在实际的项目设计工作中，覆盖型因其简化的文件管理和避免循环参照（图 10.2-3）的能力而更加常用。特别是在一个涉及大量外部参照的项目中，使用覆盖型参照可以有效避免因循环参照引起的复杂性和混乱。

理解并正确选择外部参照的类型对于高效地使用 AutoCAD 软件来说至关重要。附着型和覆盖型各有其优势和适用场景，因此用户需要根据项目的具体需求和团队的工作流程来做出合适的选择。通过合理地使用这些工具，可以显著提高设计效率，简化文件管理过程，从而在复杂的设计项目中也能得心应手。

图 10.2-3 循环参照

10.3 外部参照的步骤

理解了"附着型"和"覆盖型"之后，设定外部参照的步骤就简单多了。下面举例来说明具体的工作流程。扫描本书前言中的二维码可以下载"XF-1.dwg"、"XF-2.dwg"和"XF-3.dwg"这三个 DWG 文件。

STEP01 打开刚才扫描下载的"XF-1.dwg"文件（图 10.3-1）。

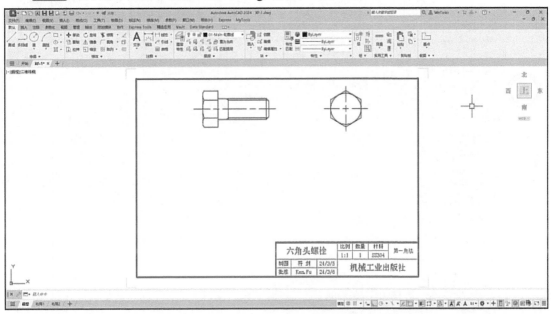

图 10.3-1 "XF-1.dwg"文件

在命令行栏中输入"XF"（外部参照"XREF"命令的快捷键）后按回车键，弹出"外部参照"对话框（图 10.3-2）。

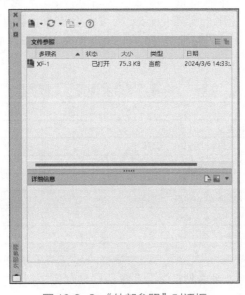

图 10.3-2 "外部参照"对话框

STEP02 单击对话框左上角的"附加 DWG"图标,然后找到刚才下载的"XF-2.dwg"文件并选择它,接着单击右下角的"打开"按钮(图 10.3-3)。

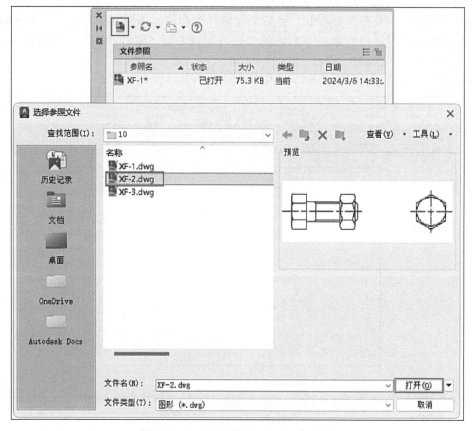

图 10.3-3　打开"XF-2.dwg"文件

STEP03 系统弹出"附着外部参照"对话框(图 10.3-4)。这个对话框是设置外部参照的一个重要的步骤。初次使用外部参照的读者可能会有一些困惑,本书对每一个设置在表 10.3-1 中罗列出来,读者可先按照表 10.3-1 的设置来尝试和体验,待熟练之后再去尝试修改需要的设置。

表 10.3-1　设置"附着外部参照"对话框

名称	设置
参照类型	选择"覆盖型"(请参阅 10.2 节的介绍)
比例	不激活"在屏幕上指定"(不勾选)
插入点	不激活"在屏幕上指定"(不勾选)
路径类型	选择"相对路径"(默认值)
旋转	不激活"在屏幕上指定"(不勾选)
角度	设定为"0"度
单位	选择"毫米"
比例	设定为"1"

按照表 10.3-1 的内容对"附着外部参照"对话框设置完毕后,单击最下方的"确定"按钮(图 10.3-4),关闭此对话框。

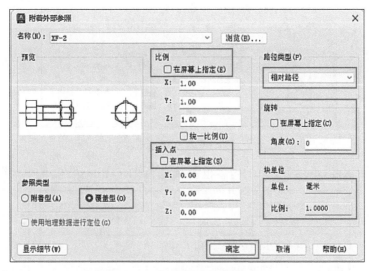

图 10.3-4　"附着外部参照"对话框

STEP04 返回"外部参照"对话框，在"文件参照"中可以看到"XF-2.dwg"这个文件的名称（图 10.3-5）。可以从"类型"分类里，确认"XF-2.dwg"为设定的覆盖型。

图 10.3-5　文件参照

在"XF-1.dwg"图纸中也可以看到"XF-2.dwg"这个文件的内容已经被参照到了"XF-1.dwg"里（图 10.3-6）。

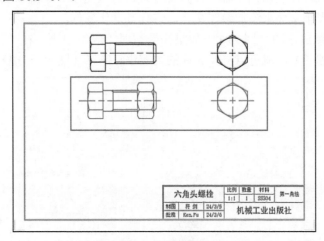

图 10.3-6　外部参照后的结果

STEP05 按照上面的步骤再重复一遍，就可以将"XF-3.dwg"这个文件也添加到"外部参照"对话框中（图 10.3-7）。

图 10.3-7 外部参照"XF-3.dwg"文件

可以看到，"XF-3.dwg"文件的内容也参照到了"XF-1.dwg"文件中（图 10.3-8）。

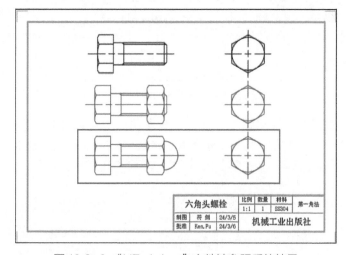

图 10.3-8 "XF-1.dwg"文件被参照后的结果

以上就是外部参照的基本操作方法。

通过这种方法，可以轻松将其他的 DWG 文件显示到自己当前的文件里面，对效率化工作将非常有益。另外，在上面的步骤中，为方便理解，采用了逐个添加文件的形式，在第 2 步时可以同时选择多个文件来添加参照文件，进行批量化操作。

对已经外部参照进来的个别文件，如果需要暂时不表示出来，在文件名称上右击后选择"卸载"（图 10.3-9），就可以将此文件的内容进行隐藏（图 10.3-10）。

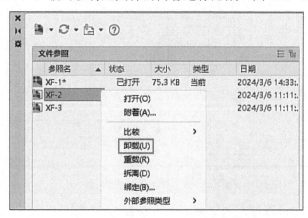

图 10.3-9 卸载

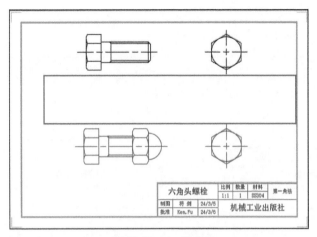

图 10.3-10 隐藏

文件在绘图区域被隐藏后,在"外部参照"对话框仍可看到文件的名称,它的状态为"已卸载"(图 10.3-11)。

右击已经卸载的文件,在弹出的快捷菜单中单击"重载"(图 10.3-12),就可以恢复这个文件内容的表示。

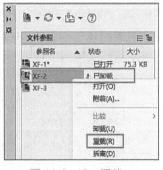

图 10.3-11 已卸载 　　　　　　　图 10.3-12 重载

"卸载"只是暂时将当前的文件"非表示",但是仍然被当前的文件所外部参照。如果想完全解除文件的外部参照,就要使用"拆离"功能(图 10.3-13)。此功能以及前面的"卸载"和"重载"功能,都可以批量选择文件来执行。

除了可以外部参照 DWG 文件以外,图像、PDF,甚至点云文件等都可以通过此方法添加到当前的文件当中(图 10.3-14)。

图 10.3-13 拆离 　　　　　　图 10.3-14 可以被参照的文件类型

另外，打开"选项"对话框（OPTIONS），在"打开和保存"选项卡中，可以找到"按需加载外部参照文件"的设定（图10.3-15）。

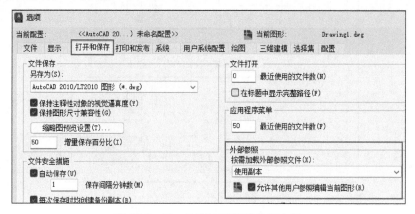

图 10.3-15　按需加载外部参照文件

建议读者将它设定为"使用副本"，并激活下面的"允许其他用户参照编辑当前图形"。这样的设定对提高计算机的处理速度有很大的帮助，特别是当参照源的文件在云盘或公司服务器上时。

随着项目的进展，有效地管理外部参照也会变得尤为重要。可以通过"CLASSICXREF"命令启动"外部参照管理器"（图10.3-16），来检查所有参照的状态，包括是否有缺失或未使用的参照。定期清理未使用的参照可以避免绘图膨胀。

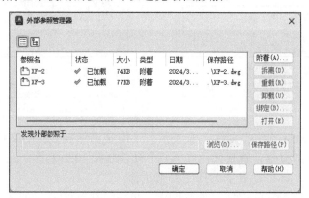

图 10.3-16　外部参照管理器

10.4 利用外部参照控制图层颜色

在设计和绘图时，保持图纸的清晰度和准确性至关重要，同时也需要考虑成本效益，特别是在打印过程中。高质量的彩色打印往往伴随着高昂的成本，尤其是当图纸中包含大量不同颜色的图形、线条和文字时。在这种情况下，寻找一种既能保持设计意图，又能有效控制打印成本的方法变得尤为重要。本节将介绍一种利用外部参照控制图层颜色的技术，在不修改原图纸任何设定的情况下，通过外部参照来控制图层，将打印颜色统一为一种颜色，以实现这一目标。

这里以"XF-Color.dwg"这个文件为例进行操作。扫描本书前言中的二维码可以下载这个文件。

STEP01 打开"XF-Color.dwg"，输入"LA"（"LAYER"命令的快捷键），打开"图层特性管理器"（图 10.4-1），可以看到整个图纸的各个图层都设定有自己的颜色。

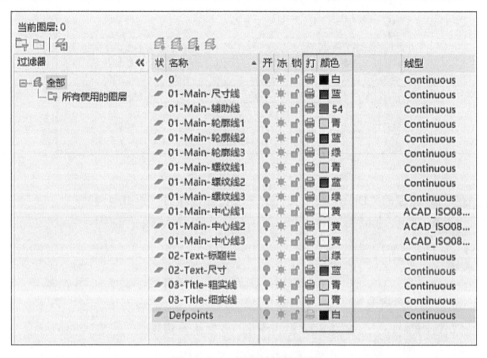

图 10.4-1　图层特性管理器

STEP02 返回操作界面，单击文件选项卡栏中的"+"按钮（图 10.4-2），另外任意新建一个 DWG 文件。

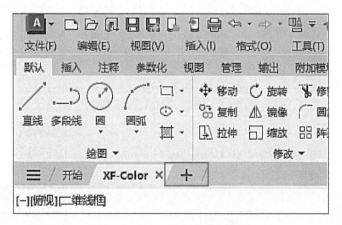

图 10.4-2　单击"+"按钮

新建文件的名称为默认的"Drawing1"（图 10.4-3），再通过外部参照命令"XF"将当前的"XF-Color.dwg"图纸参照进来（详细操作步骤请参阅 10.3 节）。

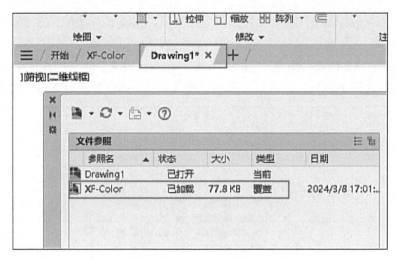

图 10.4-3　Drawing1

STEP03 打开新建的"Drawing1"文件的图层特性管理器（图 10.4-4）。

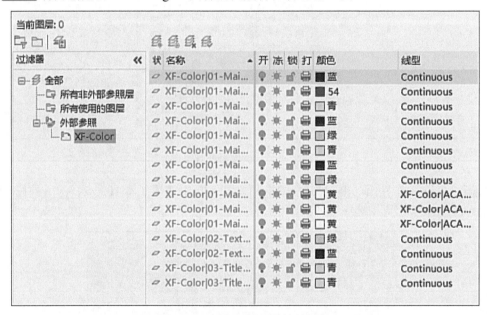

图 10.4-4　打开图层特性管理器

可以看到外部参照过来的"XF-Color.dwg"这个文件的图层，都被统一放置到了"外部参照"里（图 10.4-5）。

按住 Shift 键，全选"外部参照"里"XF-Color"的所有图层，右击"颜色"，在弹出的菜单中单击"选择颜色"（图 10.4-6）。

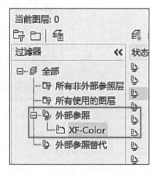

图 10.4-5　外部参照

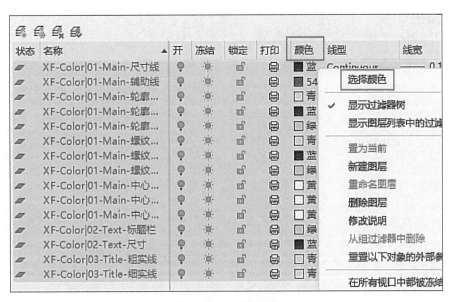

图 10.4-6　选择颜色

例如，将所有图层的颜色都改为索引颜色为"8"的颜色编号（图 10.4-7），然后单击"确定"按钮，可以看到所有外部参照图层的颜色编号都被修改为"8"（图 10.4-8）。

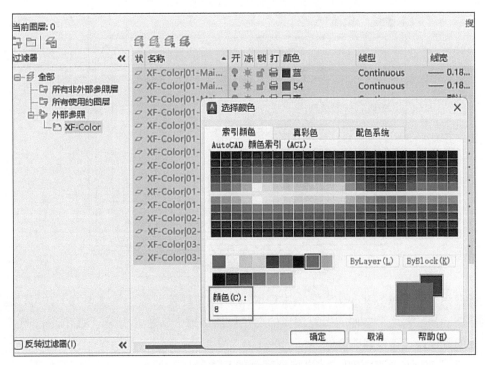

图 10.4-7　颜色编号"8"

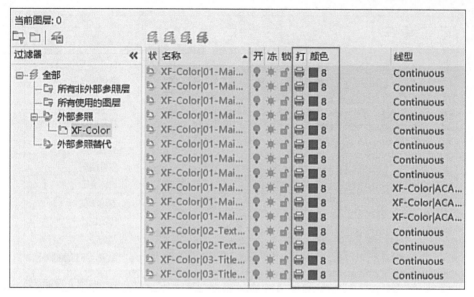

图 10.4-8　批量修改

整个文件的图形颜色也都显示为颜色编号为"8"的灰色（图 10.4-9）。

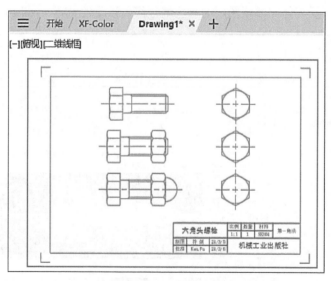

图 10.4-9　图形颜色

STEP04 返回"XF-Color.dwg"文件，打开它的图层特性管理器（图 10.4-10），可以看到被参照到"Drawing1"这个文件的所有图形的颜色虽然都改为灰色，但是"XF-Color.dwg"这个原始文件的颜色是没有任何改变的。

以上就是使用外部参照的方法来控制颜色的基本操作。

这里需要强调一点，上面所有图形的颜色设定，都是以"ByLayer"为前提（图 10.4-11）。

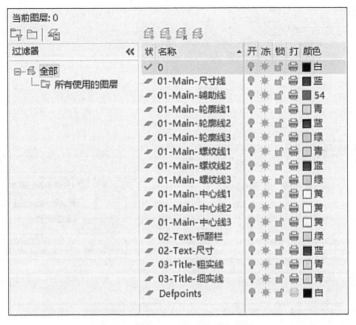

图 10.4-10　图层特性管理器

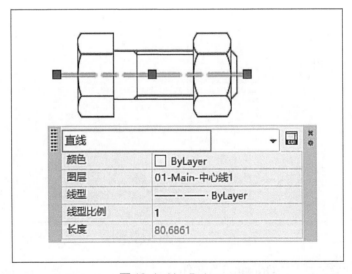

图 10.4-11　ByLayer

　　例如，如果将"XF-Color.dwg"这个文件中所有中心线图形的颜色，通过"特性"面板将它们修改为红色（图 10.4-12），单击"保存"按钮返回"Drawing1"文件后，右下角会弹出"外部参照已修改"的提示，单击"重载 XF-Color"（图 10.4-13），会看到中心线并没有按照前面的步骤更改为颜色编号为"8"的灰色，还是保持着自己的颜色红色（图 10.4-14）。即如果被参照的图形中的颜色不为"ByLayer"状态时，前面的操作将无法控制它们的颜色。

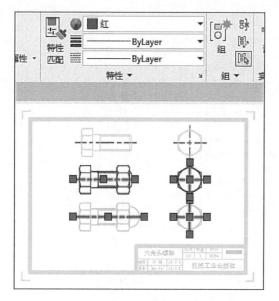

图 10.4-12　修改为红色

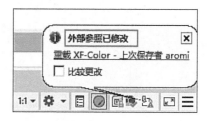

图 10.4-13　重载 XF-Color

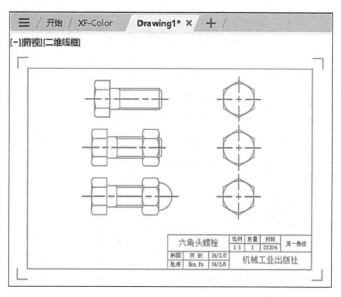

图 10.4-14　中心线保持红色

　　为解决这一问题，打开"Drawing1"文件的"图层特性管理器"面板，在右上角可以看到齿轮形状的"设置"图标（图 10.4-15），单击此图标，在弹出的"图层设置"对话框中（图 10.4-16），找到"外部参照图层设置"，勾选"将外部参照对象特性视为 ByLayer"（图 10.4-17），单击"确定"按钮关闭此对话框。

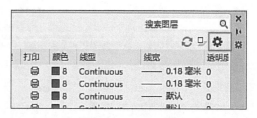

图 10.4-15　"设置"图标

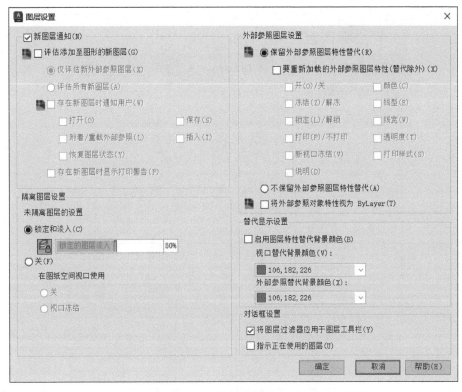

图 10.4-16 "图层设置"对话框

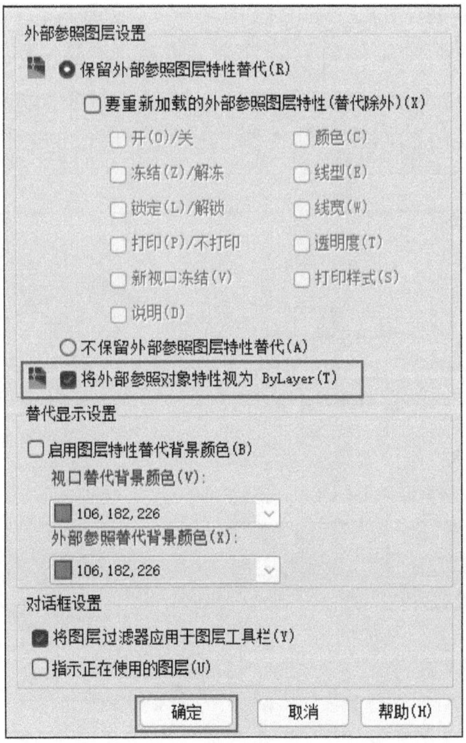

图 10.4-17 外部参照图层设置

返回"Drawing1"文件的操作界面，就可以看到所有图形的颜色都变成按照前面的操作所设定的编号为"8"的灰色（图10.4-18）。

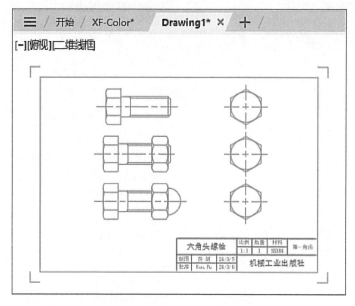

图10.4-18　完成灰色设定

另外，"将外部参照对象特性视为 ByLayer"选项也可以通过变量"XREFOV ERRIDE"来控制。默认变量的数值为0，如果将它修改为1，此功能将会激活。

这种方法不仅适用于打印需求，还可以用于演示或审查过程中需要突出显示或统一图纸颜色的情况。例如根据前面的操作将被参照过来的文件统一改为一个暗淡的颜色（颜色编号为"8"的灰色），然后将拟突出表达的部分用醒目的红色云线圈起来（图10.4-19），这样既没有对原始的文件做任何的修改，又清晰地实现了自己的意图，让对方一目了然。

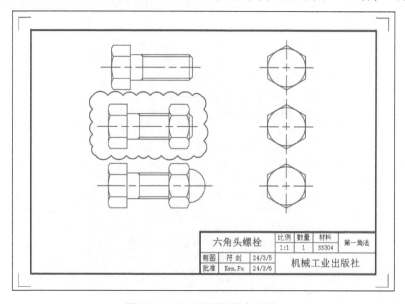

图10.4-19　醒目的红色云线

本节介绍的这种方法的优点在于其灵活性和非破坏性。由于不需要直接修改原始图纸文件，因此可以在不影响原始数据的情况下，根据不同的需求来调整图层的颜色。这一点对于需要维持原始图纸完整性的读者来说尤其重要。特别是我们与外协单位进行交流时，在不修改对方图纸的前提下，通过这种方法也可以完全表达出自己想强调的对象和重点，来实现良好的沟通。

10.5　外部参照文件的递交

当将包含外部参照的图纸文件转移至其他计算机上使用时，必须确保所有被参照的文件一并交付，以避免在对方计算机上出现图 10.5-1 所示的错误提示。

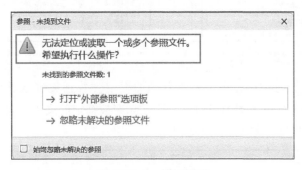

图 10.5-1　错误提示

为解决这个问题，一般有两种方法：如果参照的文件比较少，对参照的文件操作起来相对不那么烦琐，使用"绑定"（命令为"BIND"）或者"插入"功能（命令为"INSERT"），以"块"的形式将外部文件合并到当前文件，使它们成为一个文件；如果外部参照的文件数目比较繁多，建议使用"电子传递"功能（命令为"ETRANSMIT"），它会自动将所有外部参照文件甚至字体打包起来，压缩为 ZIP 文件的形式，方便大家递交再利用。

10.5.1　方法 1：绑定和插入

首先来看第 1 种方法。任意创建一组外部参照文件，然后输入"XF"，启动"文件参照"对话框，任意右击一个被参照的文件，在弹出的菜单中可以看到"绑定"功能（图 10.5-2）。

在"绑定类型"里，可以看到"绑定"和"插入"两个选项（图 10.5-3），这两种方式都可以把所选定的文件以"块"的形式合并到当前的文件里，也就是说，它们都是将外部参照的内容永久地合并到当前绘图文件中。原始的参照文件可以不再需要，因为所有的数据都已经被合并到当前文件中。这意味着，一旦使用了这两种绑定类型，外部参照的各个部分就不再保持原有的独立性和可编辑性。

但是它们略有不同：

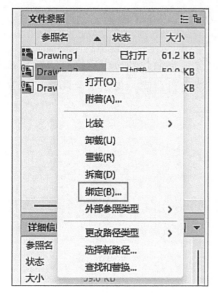

图 10.5-2 "绑定"功能

图 10.5-3 绑定和插入

如果采用"绑定"方式，在图层特性管理面板中会看到被绑定进来的图层名称会出现"$（数值）$"这样的符号（图 10.5-4），这意味着被绑定的文件的层名会被保留，并附加上一个这样的前缀，以区分原始文件和当前绘图的层。

状态	名称		开	冻结	锁定	打印	颜色	线型
✓	0						■白	Continuous
	Defpoints						■白	Continuous
	Drawing2$0$图层1						■红	Continuous

图 10.5-4 符号 "$（数值）$"

如果采用"插入"方式，其含义是将外部参照的内容作为一个块插入当前绘图中。与"绑定"不同，插入操作不会保留原始外部参照的层结构和属性。所有的内容都会被合并到一个单一的块中，并且这个块会被插入当前绘图中。

也就是说"绑定"操作保留了原始文件中图层的一些结构和属性，适用于需要将外部参照完全集成到当前文件中，同时又希望保留一定程度的独立性和可追溯性的场景。而"插入"操作则是将外部参照简化为一个块，适用于不需要保留原始文件属性和层结构的场合，或者希望降低绘图复杂性的情况。

在选择使用哪种方式时，需要根据项目的具体需求和管理策略来决定。"绑定"提供了更多的灵活性，而"插入"则提供了简化和整合的便利。

10.5.2 方法 2：电子传递

第 1 种操作方法有一个最大的特点就是它将被参照的文件合并到了当前的文件中，递交给对方的文件不是以参照的形式，而是一个独立的文件。这对于想继续使用外部参照的形式来进行设计的情况不太友好。

第 2 种方法"电子传递"则与第 1 种方法不同，它会保持外部参照的原样将文件递交给对方。AutoCAD 的"电子传递"功能允许打包一个项目的所有相关文件，包括外部参照，以便轻松共享。这个过程简化了协作，确保接收者获得所有必要的文件和信息。具体的操作步骤如下：

STEP01 单击界面左上角的"A"图标，依次选择"发布"→"电子传递"（图 10.5-5），弹出"创建传递"对话框，接着单击"传递设置"按钮（图 10.5-6）。

图 10.5-5 电子传递

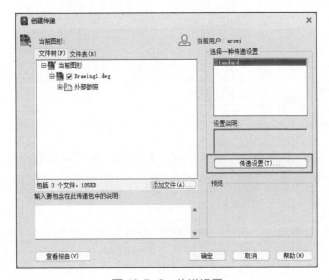

图 10.5-6 传递设置

STEP02 在弹出的"传递设置"对话框中单击"修改"按钮，弹出"修改传递设置"对话框（图 10.5-7），可以设置传递包类型、路径选项等（图 10.5-8）。

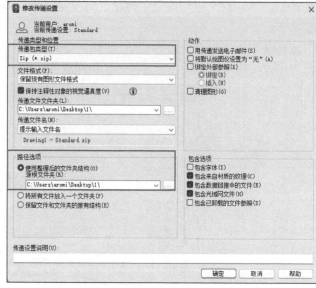

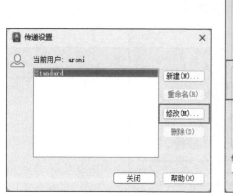

图 10.5-7 修改 　　　　　　　　　　　　　　　　图 10.5-8 传递类型

其中最重要的一个设置选项为"包含选项"里面的"包含字体"（图 10.5-9）。推荐将它激活（即勾选），AutoCAD 默认的设置是没有激活的。

STEP03 勾选"包含字体"，单击"确定"按钮，关闭"修改传递设置"对话框，在"创建传递"对话框中就可以看到文件树中已经有了字体的信息（图 10.5-10）。

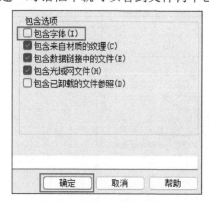

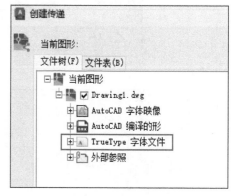

图 10.5-9 包含字体 　　　　　　　　　　　　　图 10.5-10 字体文件

STEP04 单击"确定"按钮关闭"创建传递"对话框，就可以看到在指定路径下的文件夹中创建生成了一个 ZIP 压缩包（图 10.5-11）。

图 10.5-11 ZIP 压缩包

打开这个压缩包，除了所有的参照文件以外，可以看到一个放置字体的"Fonts"文件夹（图 10.5-12）。

还有一个格式为 txt 的传递报告，用普通的文本编辑器就可以打开它（图 10.5-13）。

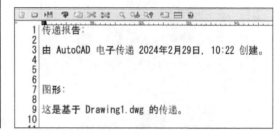

图 10.5-12 "Fonts"文件夹　　　图 10.5-13 传递报告

通过电子邮件或其他方法将这个压缩文件分享给对方后，打开的文件就不会出现缺失文件和字体的错误提示了。

电子传递功能是我们使用外部参照来工作、设计和协作过程中不可或缺的工具。它为我们提供了一种高效、协同和灵活的方式来管理和分享复杂的设计项目。

10.6　使用外部参照进行协同工作的方法

前面 8.4 节介绍了利用图案填充来快速创建轴网的方法。在使用外部参照进行协同工作时，将轴网应用到外部参照，将会给我们带来很大的帮助。

假如有一个新建厂房的设计项目，为此组织了一个数人的小团队来负责此任务。这个项目里有一个平面布置总图，它包含了整个项目的各个领域，有很多需要精心绘制的地方。作为项目经理的你，就可以使用外部参照的方法，将整个图纸划分为若干个区域，按照区域来指派给团队中不同的成员，如图 10.6-1 所示。

这样，虽然是一张图纸，但是整个团队能够协同作战，高效率共同完成绘制工作。这种方法不仅提升了工作效率，而且确保了设计的一致性和完整性，使得每个团队成员都能在各自擅长的领域发挥最大的能力。具体的操作方法如下：

STEP01 创建一个 DWG 文件作为平面布置的总图。将这个文件命名为 Main.dwg。这张平面布置总图，由项目经理来进行最开始的初期规划。例如，整个项目的道路、管廊等共通的部分由项目经理来进行总体的设计，然后再具体将整个图纸分为几个区域，并将哪个区域由哪一位成员完成、每个区域具体有哪些内容需要绘制等信息告知每一位成员。为了定位和区分的方便，这个时候可以参阅第 8 章的介绍，使用图案填充功能快速创建出一个轴网的底图 Main-Grid.dwg 来方便区域的规划（图 10.6-2）。

图 10.6-1　外部参照的比喻

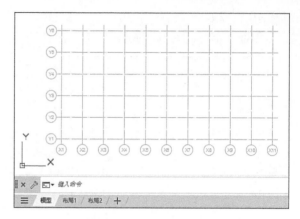

图 10.6-2　Main-Grid.dwg

STEP02 在总图上需要设置好这个项目平面布置的总的范围，即轴网的范围。例如将范围设定为长 10m、宽 5m 的矩形，然后将 Main-Grid.dwg 参照进来（图 10.6-3）。

参照时需要注意 Main-Grid.dwg 和 Main.dwg 这两张图的原点要一致（图 10.6-4）。

图 10.6-3　参照 Main-Grid.dwg

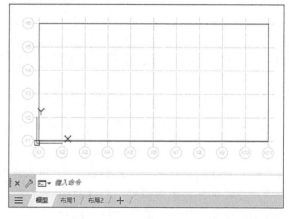

图 10.6-4　参照后的 Main.dwg

如果准备让团队的三位成员来协助完成这张图，可以将总图分为三个部分 A、B、和 C。

STEP03 新建一个 Main-A.dwg 文件，然后启动"参照"命令将 Main-Grid.dwg 文件参照进来（图 10.6-5），这一张图就只显示 A 区域的内容，比如 A 区域为斜线部分，让团队的一位成员在 Main-A.dwg 这个斜线的范围内进行项目的创建。

STEP04 模仿第 3 步的操作，创建 Main-B.dwg 文件（图 10.6-6），然后参照 Main-Grid.dwg，明确它的范围，并由团队的另一位成员来负责此图纸内容的创建。

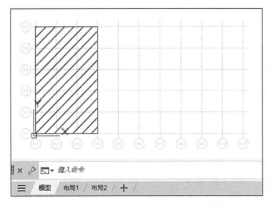

图 10.6-5　Main-A.dwg 图 10.6-6　Main-B.dwg

STEP05 同理，创建 Main-C.dwg 文件并明确它的范围（图 10.6-7）。

到此就确定了团队各个成员的绘图范围。三位团队成员在绘图时需要严格在各自的区域内工作，汇总时就不会发生冲突。

STEP06 大家各自完成自己的图纸之后，都汇总到项目负责人手里，打开 Main.dwg 这个文件之后，将 Main-A.dwg、Main-B.dwg 和 Main-C.dwg 这三个文件分别参照进来（图 10.6-8）。

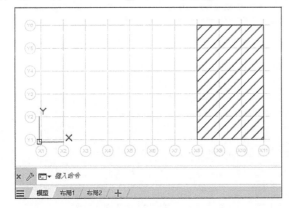

图 10.6-7　Main-C.dwg 图 10.6-8　全部参照到 Main.dwg

图 10.6-9 就是创建完成的 Main.dwg 总图。

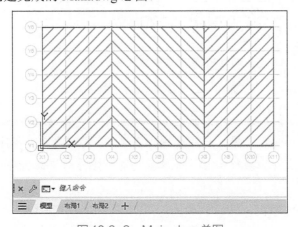

图 10.6-9　Main.dwg 总图

在这里请大家注意一点，在参照之前，需要检查一下这三个文件是否仍参照 Main.dwg，以免发生参照循环错误。

扫描本书前言中的二维码，可以下载 Main.dwg、Main-A.dwg、Main-B.dwg、Main-C.dwg 和 Main-Grid.dwg 这 5 个文件供大家参考练习使用。

10.7　按需加载外部参照文件

通过"OPTIONS"命令打开"选项"对话框，在"打开和保存"选项卡（图 10.7-1），可以看到"按需加载外部参照文件"的设定（图 10.7-2）。

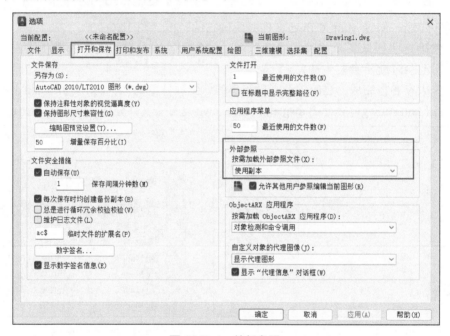

图 10.7-1　外部参照

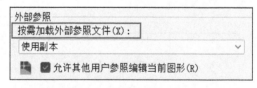

图 10.7-2　按需加载外部参照文件

在绘制大型图形时，可能会用到其他的参照文件，这些文件也可能包含了大量的图形和图层。"按需加载"的含义是，程序会根据需要，只在必要时将参照文件中的数据加载到内存中，而不是一次性加载整个文件。这项功能可以显著提高绘图时的响应速度和系统性能。

"按需加载外部参照文件"提供了"禁用""启用"和"使用副本"三种选项（图 10.7-3），其含义见表 10.7-1。

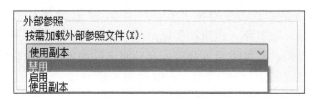

图 10.7-3　三种选项

表 10.7-1　三种选项的含义

选项	含义
禁用	不管图层的可见性、是否锁定或是否剪裁，外部参照的图形全部读取
启用	将会读取所有的外部参照的图形，但是对非表示的图层，锁定的图层将不会被参照进来
使用副本	将外部参照的文件复制到系统的临时文件夹来使用

　　当选择了"启用"，外部参照文件进行裁剪，只显示其中的一部分时，按需加载会根据裁剪范围加载相应的数据，而不是全部加载。另外，冻结外部参照文件的某些图层，按需加载会只加载解冻图层上的对象，而不加载其他图层的数据。

　　当选择了"使用副本"，每个外部参照的图形文件将会被储存在一个临时文件夹中（图 10.7-4），这将提高浏览外部参照图形的流畅性。

图 10.7-4　临时文件夹地址

　　另外，使用系统变量"XLOADCTL"也可以控制这三个选项（表 10.7-2）。

表 10.7-2　"XLOADCTL"变量

数值	XLOADCTL 对应的选项
0	禁用
1	启用
2	使用副本

　　在外部参照的设定中，如果勾选"允许其他用户参照编辑当前图形"（图 10.7-5），就可以对参照过来的图形进行编辑。

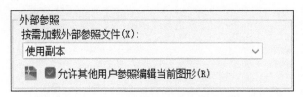

图 10.7-5　允许其他用户参照编辑当前图形

外部参照的这种按需加载的应用场景很多。例如，正在绘制一张城市规划图，其中包含了多个外部参照文件，如道路、建筑物和地形等。由于图面较大，只需要在某个特定区域内进行绘制和编辑。这时，就可以通过裁剪外部参照文件的方式，只将感兴趣区域内的部分加载到内存中。

再例如，有一个包含整个城市道路网络的外部参照文件，只需要在规划图中显示某个区域的道路。启用按需加载后，当打开规划图时，程序只会加载所需区域内的道路数据，而不是加载整个道路网络，从而节省了系统资源和加载时间。

本章探讨了外部参照在提高绘图效率中的重要作用。通过详细解释什么是外部参照，让读者重点了解了附着型和覆盖型外部参照的区别，并掌握了使用外部参照的具体步骤、如何利用外部参照来控制图层颜色，以及外部参照文件的递交和协同工作的方法。这些内容为读者提供了一个在 AutoCAD 中使用外部参照的全方位指导，有助于提高工作效率和图纸管理的便利性。

下面是本章出现的命令和变量一览表。

章节	命令和变量	快捷键	功能
10.1	XREF	XF	附着、管理和编辑外部参照文件
10.3	CLASSICXREF		打开经典的外部参照管理器界面
10.4	XREFOVERRIDE		控制外部参照中图层特性的覆盖
10.5	ETRANSMIT		创建一个包含图形文件和相关支持文件的传输包
10.7	XLOADCTL		控制外部参照的加载和卸载行为

1. 外部参照可以连同字体一起，通过邮件的形式递交给对方吗？
2. 除了 DWG 文件，PDF 文件也可以外部参照吗？
3. 外部参照的文件，被绑定操作后将会变成什么类型的文件？

第11章
Express Tools 功能活用

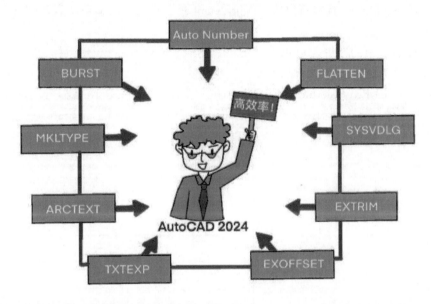

《西游记》的故事大家都读过，孙悟空的金箍棒虽小，却能千变万化，助他克服万难。Express Tools 工具集就是 AutoCAD 中的"金箍棒"。

随着 Express Tools 工具集被整合到 AutoCAD 的版本中，设计者们获得了更多的便利和功能。这一系列实用的命令集极大地提高了工作效率，成为设计领域中不可或缺的一部分。本章将深入探讨几个常用的工具，从 Auto Number 到替换块，每一个功能都将得到详细的讨论和解释，并结合实例加以说明，帮助读者更好地掌握使用技巧。

另外，Express Tools 的所有工具包被默认安装在计算机 C:\Program Files\Autodesk\AutoCAD 2024\Express 这个文件夹中。然而，实际的安装路径可能会因用户的安装选择或操作系统的不同而有所变化。接下来将一起探索这些工具的功能和应用，助力读者发挥 AutoCAD 的最大潜力，提升设计效率。

11.1 自动编号：Auto Number

第8章介绍了通过属性块来创建轴网的方法，使用 Express Tools 的 Auto Number 功能（图 11.1-1），也可以自动为字符和多文本对象分配编号，并可以添加连续数字作为替换字符的前缀和后缀。Auto Number 功能所使用的命令为"TCOUNT"。

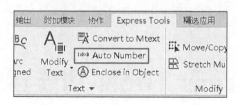

图 11.1-1 Auto Number 功能

Auto Number 功能主要用于自动为图纸上的标签或文本进行编号。这对于创建带编号的序号框（balloons）或在图纸中对已有的标签序号进行重新编号尤其有用。在绘制复杂图纸时，手动编号不仅耗时而且容易出错。Auto Number 工具的自动编号功能则可以帮助我们显著提高效率和准确性。

扫描本书前言中的二维码可以下载 EXPRESS-AutoNumber.dwg 文件，以此文件为例来介绍这个命令的使用方法和各种功能。

STEP01 打开 EXPRESS-AutoNumber.dwg，图纸上已经做好了网格标号用的序号框（图11.1-2），将序号框复制到轴网垂直方向的每一条直线的上方（图 11.1-3）。

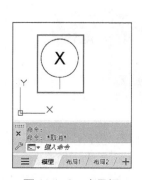

图 11.1-2 序号框

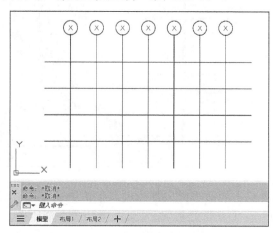

图 11.1-3 复制序号框到轴网

STEP02 准备工作完成后，将选项卡栏切换到"Express Tools"，单击"Text"面板里的"Auto Number"图标后，可以看到 AutoCAD 命令行提示"选择对象"（图 11.1-4），从右到左框选刚才复制的所有序号框（图 11.1-5）。

图 11.1-4 选择对象

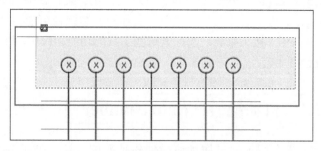

图 11.1-5 框选所有序号

STEP03 对话框询问"Sort selected objects by [X Y Select-order]"（图 11.1-6），即选择

按 X 轴、Y 轴还是按选择顺序来排序，这里直接按回车键，表示以 X 轴方向来排序。

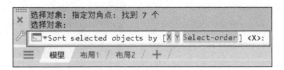

图 11.1-6　设置排序方式

STEP04 命令行提示"Specify starting number and increment (Start,increment)"，即需要设置序号框编号的起始值和增量（图 11.1-7）。若输入"1，1"，即设置编号从 1 开始，每个序号框的编号就会逐步增加 1 位，以 1、2、3 这样的序列来生成序号框。若输入"5，5"，则序号框将会从 5 开始，并且以增加 5 位的方式，以 5、10、15 这样的序列来生成序号框。

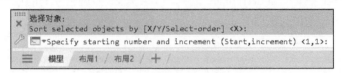

图 11.1-7　设置起始值和增量

STEP05 命令行提示"Placement of numbers in text [Overwrite/Prefix/Suffix/Find&replace..]"，即选择放置编号的方式（图 11.1-8），例如作为前缀添加到文本开始处，或作为后缀添加到现有文本后面等。总共有表 11.1-1 所示的四种方式可供选择。

图 11.1-8　选择放置编号的方式

表 11.1-1　四种放置的方式

选项	含义
Overwrite	替换当前文字来排序
Prefix	作为前缀添加
Suffix	作为后缀添加
Find&replace	只对指定的对象进行替换

一般比较常用的是"Overwrite""Prefix"和"Suffix"这三种方式。"Overwrite"是直接将所有被选中的序号的属性按照指定的方向和内容来更改（图 11.1-9）。

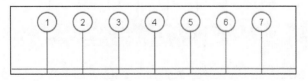

图 11.1-9　Overwrite

"Prefix"是在保持被选中的所有序号属性的前提下，在其前方添加序号（图 11.1-10）。

"Suffix"与"Prefix"相反，是在当前属性的后方添加序号（图 11.1-11）。

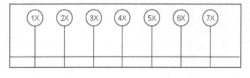

图 11.1-10 Prefix

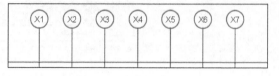

图 11.1-11 Suffix

"Find&replace"操作的方法与前面三种情况略有不同，它有筛选属性的功能。即可以对选中的所有序号进行筛选，实现对其中个别的序号框进行排序。

例如图 11.1-12 的序号框有两种属性：一个为 X，一个为 Y。全选所有的序号框，中间操作的过程省略，当选择"Find&replace"后，如果只想对属性为 Y 的序号进行更改，就在命令行栏输入"Y"（图 11.1-13）。

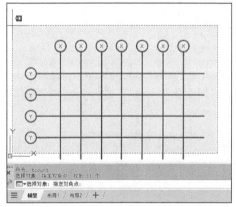

图 11.1-12 全选所有序号框

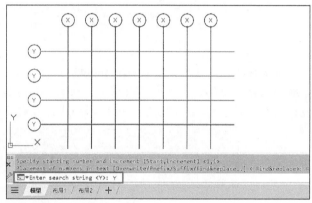

图 11.1-13 输入"Y"

这样即使选择了所有序号框，也只是对属性为 Y 的序号框进行排序（图 11.1-14）。

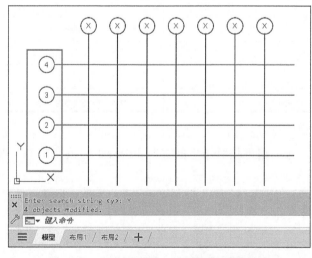

图 11.1-14 对属性为 Y 的序号框进行排序

以上就是 Auto Number 功能的介绍。这个命令在制作图纸细节或注释时尤其有用。

例如，在机械设计图纸中，需要标记大量的部件编号和尺寸；在建筑平面图中，需要对房间或区域进行编号等。

11.2　分解命令：BURST

8.2.5 节已经讨论了如何创建属性块。另外，在 AutoCAD 的"修改"面板内，有一个"分解"命令"EXPLODE"，它允许分解所创建的块。然而在分解那些含有属性的块时，显示的属性文字并不匹配所见的属性值。这时，"BURST"命令便显得尤为重要。

"BURST"命令的图标名称为"Explode Attributes"（图 11.2-1）。这是一个很有用的工具，它旨在展开块引用，并将其转化为组成元素的简单图元，如线条、圆弧、文本等，同时它还能维护原始属性值不变，这也是"BURST"命令和"EXPLODE"命令最大的不同之处。

图 11.2-1　"Explode Attributes"图标

此命令在处理带有属性的块时特别有价值，因为它不仅允许用户保留或修改属性值，还能够将块分解成更基础的形态。这种能力确保了在块被分解后，重要的属性信息得以保留，为后续编辑和调整提供了极大的灵活性。

扫描本书前言中的二维码下载 Explode-Burst.dwg，以这个文件为例来实际操作一下"BURST"功能的使用方法。

STEP01 打开 Explode-Burst.dwg，有两个螺母的块文件（图 11.2-2）：一个为 M30 螺母，另一个为 M27 螺母。

通过快捷特性可以看到，M30 作为"规格"的属性被显示出来（图 11.2-3）。

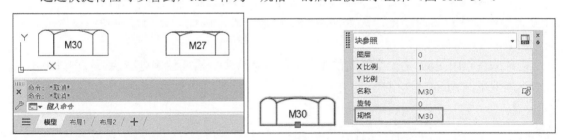

图 11.2-2　两个螺母　　　　　　　　　　图 11.2-3　M30

另外，块 M30 和块 M27 都保存在一个块专属的图层"Blot"里（图 11.2-4）。

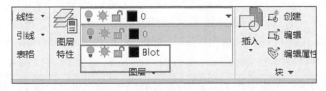

图 11.2-4　图层"Blot"

STEP02 选择左边的 M30 螺母，使用"EXPLODE"命令来分解它。输入"X"（"EXPLODE"命令的快捷键），分解 M30 这个块后，会看到分解后的图形，作为属性值的 M30 没有显示（图 11.2-5），反而显示的是"规格"。

选择分解后的任意一个图案，从快捷特性里可以看到分解后的图案，没有被维持在"Blot"图层里面，变为了当前图层"0"（图 11.2-6）。

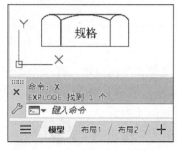

图 11.2-5　分解 M30 这个块　　　　　　图 11.2-6　"0"图层

STEP03 作为对比，使用"BURST"命令来分解右边的块 M27。单击"BURST"命令图标，然后选择块 M27，按回车键后（图 11.2-7），会看到 M27 这个属性文件被保留了下来。任意单击一个分解后的图形，可以看到分解后的图形继续被维持在"Blot"这个图层。

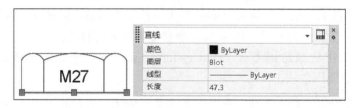

图 11.2-7　块 M27

虽然"BURST"命令在许多情况下非常有用，但在某些特定的工作流程中，使用它可能会导致设计意图的变化，因为原块的结构被打破。因此，使用前应考虑是否适合当前的设计目的。

总的来说，BURST 是一个强大的工具，特别适合那些需要精确处理块属性同时又不想失去这些信息的 AutoCAD 用户。

11.3　自定义线型：MKLTYPE

在 AutoCAD 中，线型是用来区分不同类型的线条，例如虚线、点线或者任何自定义的图案线条。在前面 4.1.3 节讲解了线型（LINETYPE）的使用。特别是通过图层设定线型，来控制图形是 AutoCAD 设计操作的一个常用手法。线型除了 AutoCAD 默认的"acad.lin"和"acadiso.lin"这两个文件以外，可以自己创建线型添加到这两个文件中，甚至允许自己创建 lin 文件来使用。Express Tools 里的"Make Linetype"功能可以创建和自定义线型（图 11.3-1），它的命令为"MKLTYPE"。

"MKLTYPE"命令可以允许用点、虚线、图案和文字来创建线型，所以它特别适用于需要特殊线型表示的设计领域，比如土木工程、建筑设计和电气图纸等。通过自定义线型，大家可以更加直观和准确地表达设计意图（图 11.3-2）。

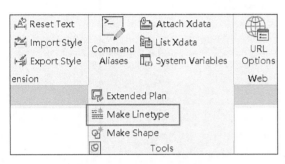

图 11.3-1　Make Linetype

图 11.3-2　特殊线型

这里以新建一个蒸汽用的管道线 STM 为例，介绍创建自定义线型的方法。

STEP01 任意新建一个文件，使用"直线"命令，按照图 11.3-3 所示的尺寸绘制三段直线，标注尺寸的目的是方便讲解，实际绘图中无需标注。

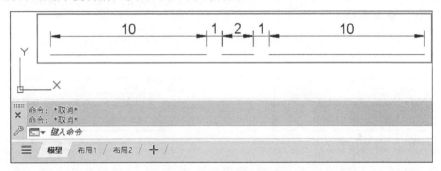

图 11.3-3　绘制三段直线

然后再用"单行文字"命令创建文字"STM"，高度为 2.5mm。创建完毕后移动放置到长度为 10mm 这段线的中间（图 11.3-4）。

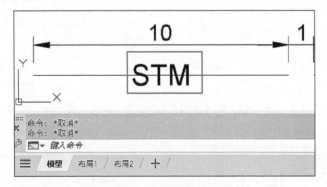

图 11.3-4　创建文字"STM"

STEP02 单击"MKLTYPE"命令图标，在弹出的对话框中可选择一个现有的线型文件或创建一个新文件。线型文件是存储线型定义的文本文件 .lin。这里取名为"STM"（图 11.3-5），先暂时保存到计算机的适当位置。

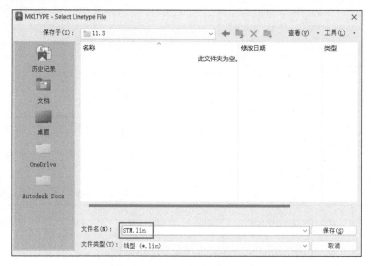

图 11.3-5　取名为"STM"

STEP03 保存完毕文件，命令行提示填写所要创建线型的名称，这里取名为"STM"（图 11.3-6），按回车键。

STEP04 填写线型的说明，这里继续填写"STM"作为说明（图 11.3-7），包括上一步的线型名称，这些信息都会被添加到线型文件当中。

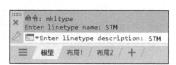

图 11.3-6　填写所要创建线型的名称　　　　　　图 11.3-7　填写线型的说明

STEP05 指定所要创建线型开始点的位置（图 11.3-8），然后指定结束点的位置（图 11.3-9）。到此就定义了线型重复的单元长度。

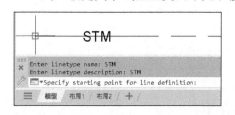

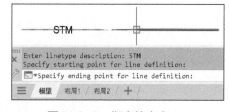

图 11.3-8　创建线型的开始点　　　　　　　　图 11.3-9　指定结束点

STEP06 选择所要创建线型的对象（图 11.3-10）。到此"STM"这个线型就创建完成了（图 11.3-11）。

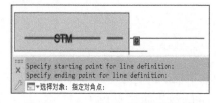

图 11.3-10　选择创建线型的对象　　　　　　图 11.3-11　创建完成

STEP07 新创建好的线型，已经被自动添加到了当前这个 DWG 文件当中（图 11.3-12）。

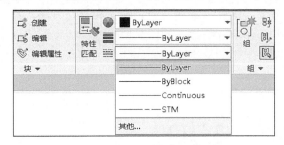

图 11.3-12　自动添加

这里新建一个图层（图 11.3-13），取名为"STM"，线型也选择为刚才所创建的 STM 线型，然后双击将该图层设定为当前图层。

图 11.3-13　新建一个图层

绘制任意一个矩形，如果看到矩形为图 11.3-14 所示线型，就说明创建成功。

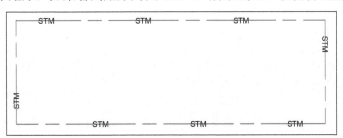

图 11.3-14　绘制任意一个矩形

以上就是全部的操作过程。

为方便今后的使用，前面步骤 2 创建好的 SMS.lin 线型，需要放到图 11.3-15 所示 AutoCAD 的"support"文件夹中。通过"选项"对话框中的"支持文件搜索路径"可以看到这个文件夹的位置。

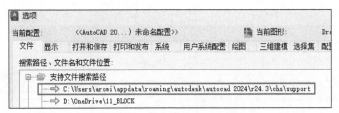

图 11.3-15　支持文件搜索路径

扫描本书前言中的二维码，可以下载 EXPRESS-MKLTYPE.dwg 文件和创建的 STM.lin 线型。

使用"MKLTYPE"命令不仅能够以更细致和个性化的方式表达设计意图，还能增强图纸的可读性和信息传达效率。此外，掌握线型自定义和管理方法，甚至可以在多个项目中复用和共享线型，有效提升工作流程的效率和团队协作的便捷性。特别是在土木工程、建筑设计和电气图纸等需要精确表示不同材质或功能的线条的领域，这一技能尤为宝贵。希望大家能活用这个功能。

11.4　圆弧形文字：ARCTEXT

"ARCTEXT"命令是一个专门用于将文字沿圆弧排列的功能强大的工具（图 11.4-1）。这个命令允许将文字按照指定的圆弧形状进行布局，非常适合需要将文字以特定弧形方式显示的设计。使用"ARCTEXT"命令，可以在诸如徽标设计、建筑标注或任何需要圆弧形文字的场合，实现文字的美观排列和布局。另外，这个工具不但可以创建圆弧形文字，也能对创建好的圆弧形文字再进行修改。

这个命令的使用方法如下：

STEP01 在使用这个命令之前，先任意准备一段圆弧（图 11.4-2）。

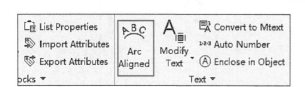

图 11.4-1　"ARCTEXT"命令图标

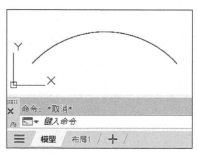

图 11.4-2　圆弧

STEP02 在 AutoCAD 的命令行中输入"ARCTEXT"，命令行提示选择一段圆弧（图 11.4-3），或者去选择已经用"ARCTEXT"命令来圆弧化了的文字。

选择第 1 步中创建的圆弧之后，弹出"ArcAlignedText Workshop-Create"对话框（图 11.4-4）。

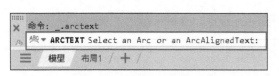

图 11.4-3　选择一段圆弧

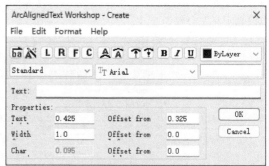

图 11.4-4　对话框

通过该对话框，可以配置文字的各种属性，包括字体、大小、样式、对齐方式、颜色等。

STEP 03 在书写文字之前，可以在此处设置字体，例如在这里将字体设置为"宋体"后，就可以在"Text"文本框中输入想要沿着圆弧排列的文字。以"机械工业出版社"这几个字为例（图 11.4-5），完成所有设置后，单击"OK"按钮，文字就会沿着圆弧来配置和排列（图 11.4-6）。

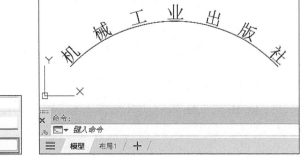

图 11.4-5　设置字体和输入文字　　　　图 11.4-6　排列完成

以上只是"ARCTEXT"命令的一些基本操作，它还可以调整文字沿圆弧的位置，包括调整起始点、方向（顺时针或逆时针）、文字间距等。下面是对"ArcAlignedText Workshop-Create"对话框中各个图标功能的详细说明。

功能 1：文本显示

首先看一下图 11.4-7 最左边的这两个图标：第一个图标的英文名称为"Reverse text reading order"，它可以将文本串以逆顺序的形式显示出来

图 11.4-7　文本显示图标

（图 11.4-8）；第二个图标的英文名称为"Drag Wizard"，设定它之后，当拖动改变圆弧形状时，它可以帮助我们保持文本的排列不变。

比如，对已经制作好的圆弧文字，单击圆弧的中间节点（图 11.4-9），将圆弧朝下方拖动。如果设定了"Drag Wizard"，文字将会随着圆弧的改变，始终保持沿着圆弧外侧来排列（图 11.4-10）。

但是如果没有使用"Drag Wizard"，随着圆弧的改变，文字则无法始终保持沿外侧来排列（图 11.4-11），它会随着圆弧形状的变化，改变为沿着圆弧内侧来排列。

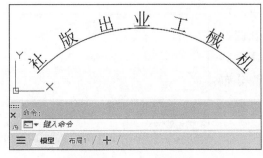

图 11.4-8　逆顺序排列

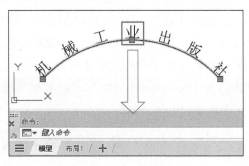

图 11.4-9　拖动圆弧

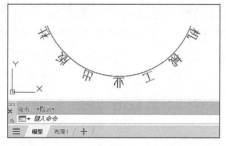

图 11.4-10 设定了"Drag Wizard"后的排列

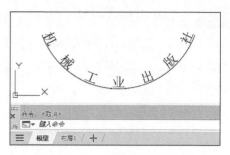

图 11.4-11 沿着圆弧内侧排列

功能 2：文本对齐

"ARCTEXT"命令还允许沿着圆弧进行图 11.4-12 所示四种方式的对齐。这 4 个图标的名称和含义见表 11.4-1。

图 11.4-12 文本对齐图标

表 11.4-1 4 个图标的名称和含义

图标	名称	含义
L	Align to the left	将文本左对齐
R	Align to the right	将文本右对齐
F	Fit along the arc	将文本宽度分布到圆弧的全长
C	Center along the arc	将文本中央对齐

图 11.4-13 是各个功能操作后所得到的结果。

图 11.4-13 对齐功能操作的结果

功能 3：文本布置

圆弧有内侧和外侧之分（图 11.4-14），通过"ARCTEXT"命令可以方便地将文字移动到内侧或者外侧。图 11.4-14 所示红色方框里，左边的图标英文名称为"On convex side"，它将在圆弧内侧的文字布置到外侧（图 11.4-15）；右边的图标英文名称为"On concave side"，它将在圆弧外侧分布的文字布置到内侧。

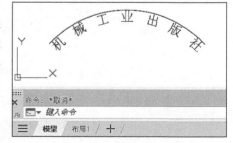

图 11.4-14 内侧和外侧

图 11.4-15 圆弧内侧的文字

功能 4：文本方向

　　根据圆弧的中心点，也可以通过"ARCTEXT"
命令来调整文字的方向。图 11.4-16 所示红色方框
里，左边的图标英文名称为"Outward from center"，

图 11.4-16　调整文字的方向

当文本在内侧时，它可以实现将文本从中心向外侧方向布置（图 11.4-17）；右边的图
标英文名称为"Inward to the center"，它可以实现将圆弧外侧的文本向外侧方向布置
（图 11.4-18）。

功能 5：文本加粗

　　和多段线的功能一样，"ARCTEXT"命令也可以对文字加粗、变为斜体和添加下划线
（图 11.4-19）。具体每个图标的含义见表 11.4-2。

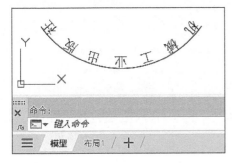

图 11.4-17　从中心向外侧方向布置

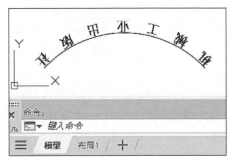

图 11.4-18　文本向外侧方向布置

图 11.4-19　文字加粗、变为斜体和添加下划线

表 11.4-2　图标 B、I、U 的含义

图标	名称	含义
B	Bold	加粗
I	Italic	斜体
U	Underline	下划线

　　图 11.4-20 是将文字改变为斜体的效果。

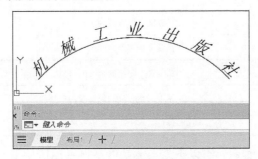

图 11.4-20　将文字改变为斜体

功能 6：文本颜色

对文本的颜色，也可以通过"ARCTEXT"命令进行设置（图 11.4-21）。

图 11.4-22 是将颜色设置为红色的状态。

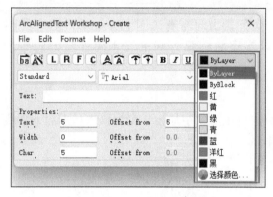

图 11.4-21　设置文本的颜色

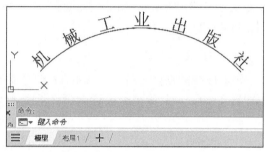

图 11.4-22　将文本设置为红色

功能 7：文本输入

除了文本输入以外，文字样式（STYLE）的切换以及字体（FONT）的选择（图 11.4-23），也可以通过该命令进行操作。

图 11.4-23　字体的选择

功能 8：文本高度

在"Properties"选项区，还可以对文本高度等进行设置（图 11.4-24）。表 11.4-3 是各个功能的详细介绍，这里就不再举例说明。

图 11.4-24　文本高度等的设置

表 11.4-3　文本高度等的设置

名称	含义
Text Height	设置文本的高度
Width Factor	设置文本的宽度因子
Char Spacing	设置文本字符的间距
Offset from Arc	调整文本距离圆弧的偏移量
Offset from Left	调整文本距离圆弧左端的偏移量
Offset from Right	调整文本距离圆弧右端的偏移量

扫描本书前言中的二维码，可以下载上述功能举例说明所使用的 ARCTEXT.dwg 文件。

11.5　立体文字转换：TXTEXP

在 Express Tools 的众多命令里，"TXTEXP"命令（图 11.5-1）扮演着将文字艺术化的关键角色，它允许我们将文本对象转换成精细的多段线图形，也就是说此功能特别适合于那些追求将文字转化为立体形态的场景，为之后的编辑与操作铺平了道路。当设计要求文本不仅

图 11.5-1　"TXTEXP"命令

仅承载信息，而且要以立体形式呈现，或是在制造和激光切割等工业应用中需要将文字转换为机器可读的矢量路径时，"TXTEXP"命令显得尤为重要。此外，当需要对文字进行特殊的图形处理或装饰以增强视觉效果时，将文本转换为多段线将大大简化这一过程。

使用"TXTEXP"命令来转换多段线操作很简单。

首先创建好文本。这里建议使用 Windows 系统的 TrueType 字体。TrueType 字体因其高质量的矢量定义，可以在放大或缩小时保持边缘的平滑，非常适合进行进一步的编辑和加工以创建立体效果。"TXTEXP"命令允许将文本对象转换为矢量图形，这样就可以对这些图形进行各种编辑和造型处理，包括制作立体效果。这里将文字样式的字体设置为"宋体"（图 11.5-2），使用"多行文字"命令在 AutoCAD 中创建"机械工业出版社"这几个字（图 11.5-3）。

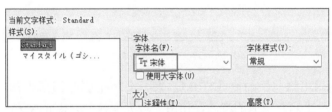

图 11.5-2　设置为宋体

图 11.5-3　创建文字"机械工业出版社"

然后在命令行中输入"TXTEXP"命令，按 Enter 键后，命令行提示选择对象（图 11.5-4），这里框选一个或多个文本对象，选择完毕后，按 Enter 键后文本就被转换为多段线（图 11.5-5）。

图 11.5-4　选择对象

图 11.5-5　转换为多段线

然而，将文本转换为多段线后，直接进行立体化操作是不可行的，因为有一些不需要的"线段"也生成了（图 11.5-6），需要进一步加工这些图形。删除这些"瑕疵"后才能顺利完成图形"拉伸"操作，成功生成立体字。

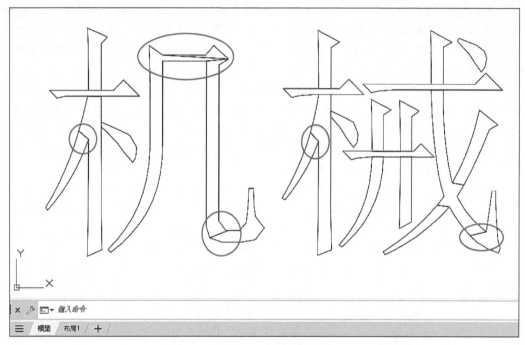

图 11.5-6　不需要的多段线

当然，可以利用"修剪"命令（TRIM）来一个一个删除图形内部这些不必要的"线段"。下面介绍一种更高效快捷的方法，使用"边界"命令（BOUNDARY）来创建多段线（图 11.5-7）。

单击"边界"命令图标，在弹出的"边界创建"对话框中有"对象类型"为"多段线"的选项（图 11.5-8），可以利用这个功能来快速批量创建多段线。

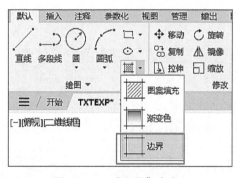

图 11.5-7　"边界"命令

图 11.5-8　多段线

将转换为图形的文字，在外围适当的位置绘制一个矩形（图 11.5-9），这个矩形就是"边界"。启动"边界"命令，在弹出的对话框中单击"拾取点"旁边的图标（图 11.5-10）。

图 11.5-9　绘制一个矩形

图 11.5-10　拾取点图标

在刚才绘制的矩形和文字之间空白处，任意单击一下（图 11.5-11）。

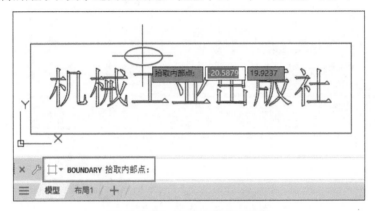

图 11.5-11　在空白处任意单击

按回车键后，就已经完成了多段线的创建。创建的多段线与原来的图形重叠在一起，需要将它们移动出来。当然，批量创建有时并不能 100% 创建成功，比如图 11.5-12 所示的"版"字有一处缺陷，需要继续操作一遍"边界"命令才能去掉缺陷。

图 11.5-12　"版"字有缺陷的地方

图 11.5-13 所示为创建好的多段线图形。任意单击一个线段，通过快捷面板就可以确认当前的图形已经是"多段线"。

图 11.5-13　变为多段线

最后使用"拉伸"命令（EXTRUDE），就可以非常快捷简单地创建出立体字（图 11.5-14）。

图 11.5-14　拉伸多段线为实体

扫描本书前言中的二维码，可下载本节创建的多段线立体字文件 TXTEXP.dwg 以供大家参考。

以上利用"TXTEXP"命令创建立体字的操作就结束了。需要注意的是，一旦文本被转换为多段线对象，其原有的可编辑性将不复存在。这意味着，转换后的文字内容或字体将无法像编辑原始文本那样轻松更改。因此，"TXTEXP"命令虽然是 AutoCAD 中一个强大的工具，提供了广泛的设计可能性，但在使用前应仔细考虑是否真的需要将文本转换为多段线，以及这一转换对项目的具体影响。

11.6　偏移工具扩展版：EXOFFSET

前面 3.3 节介绍了偏移工具"OFFSET"命令。在 Express Tools 中，AutoCAD 还准备了

它的扩展版"EXOFFSET"命令。其图标在"Modify"面板中可以找到（图 11.6-1），全称为"Extended Offset"。

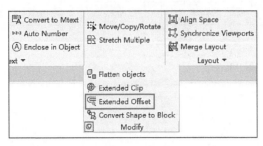

图 11.6-1　"EXOFFSET"命令图标

"EXOFFSET"这个命令可以实现"偏移的动态化递增和消减""指定图层的偏移"以及"切换偏移的形状"等功能。这里以文件"EXPRESS-Exoffset.dwg"为例（图 11.6-2）介绍实际操作。EXPRESS-Exoffset.dwg 文件可以扫描本书前言中的二维码进行下载。

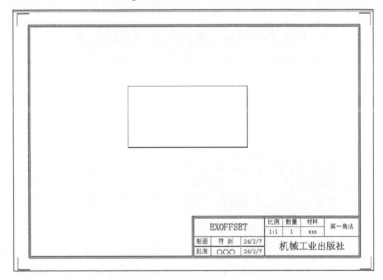

图 11.6-2　EXPRESS-Exoffset.dwg

11.6.1　偏移的动态化递增和消减

打开文件"EXPRESS-Exoffset.dwg"，然后单击"EXOFFSET"的图标启动这个命令，在命令行里有"Specify offset distance or [Through] <>: "（图 11.6-3），即指定偏移的距离或者选择偏移点。这一步与标准的偏移功能（OFFSET）一样，输入任意的偏移距离，如输入"5"，按回车键，然后界面提示选择偏移的对象（图 11.6-4）。

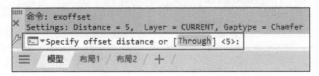

图 11.6-3　输入偏移的距离

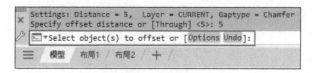

图 11.6-4　选择偏移的对象

选择图形中的矩形（图 11.6-5）。

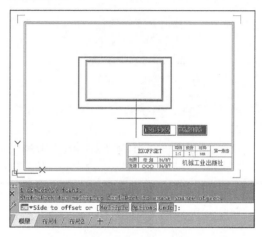

图 11.6-5　选择矩形

选择完对象之后，执行偏移操作，如果单击"Multiple"（图 11.6-6），则可以创建连续的偏移。

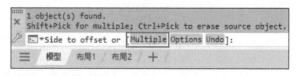

图 11.6-6　连续偏移

在执行连续偏移的过程中，将光标放至多边形的外侧（图 11.6-7），连续单击五次，可以在矩形的外面连续偏移出 5 个间距为 5mm 的矩形（图 11.6-8）。

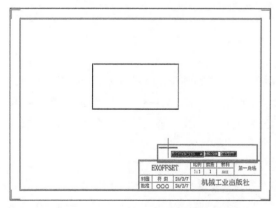

图 11.6-7　将光标放至矩形的外部空白处

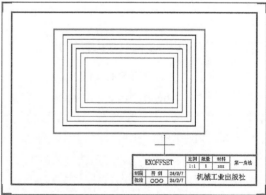

图 11.6-8　单击五次

如果将光标放至矩形的内部（图 11.6-9），按住 Ctrl 键同时单击，会发现刚才偏移所创建的矩形随着单击而消失（图 11.6-10）。

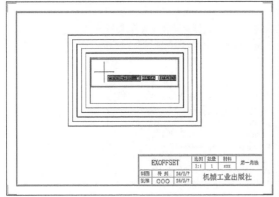
图 11.6-9　将光标放至矩形的内部

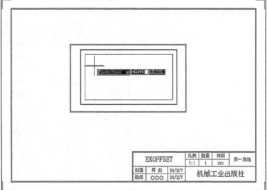
图 11.6-10　删除偏移

松开 Ctrl 键，仅在矩形内部进行单击，就会在矩形内部实现矩形的偏移和创建（图 11.6-11）。

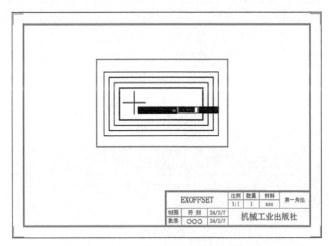
图 11.6-11　在矩形内部创建偏移

这就是偏移的动态化递增和消减。可以根据需要来调整偏移的方向和数量，对效率化工作有很大的帮助。

无论是本节介绍的"EXOFFSET"工具，还是第 3 章讲述的标准偏移命令"OFFSET"，它们在偏移过程中是无法改变距离的。本书的自动化篇介绍了另一种偏移方法，感兴趣的朋友请参阅 15.8 节的介绍。

11.6.2　指定图层偏移

"EXOFFSET"命令允许控制偏移产生的图形是否与原对象处于同一图层，或者是否应该被置于当前图层中。这意味着，如果希望偏移后的图形与原始图形位于不同的图层，就可以充分利用此功能。通过将偏移创建的图形放置到所需的图层（即设置为当前图层），可以便捷地实现这一操作。

STEP 01 还是以前面的"EXPRESS-Exoffset.dwg"文件为例，将"01-Main-中心线"图层置为当前图层，如图 11.6-12 所示。

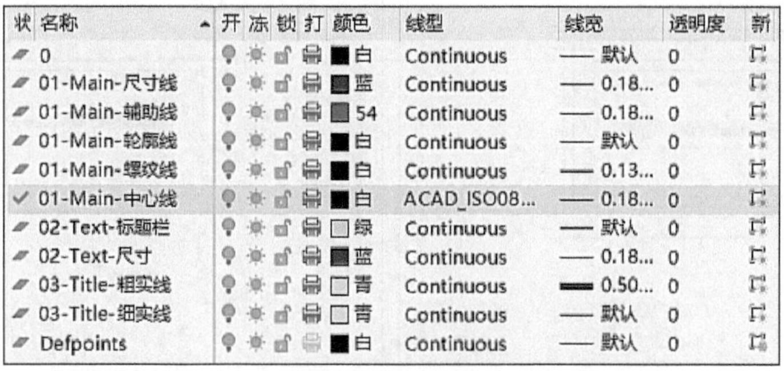

状	名称	开	冻	锁	打	颜色	线型	线宽	透明度	新
✎	0	💡	☀	⌂	🖨	■白	Continuous	—— 默认	0	🗗
✎	01-Main-尺寸线	💡	☀	⌂	🖨	■蓝	Continuous	—— 0.18...	0	🗗
✎	01-Main-辅助线	💡	☀	⌂	🖨	■54	Continuous	—— 0.18...	0	🗗
✎	01-Main-轮廓线	💡	☀	⌂	🖨	■白	Continuous	—— 默认	0	🗗
✎	01-Main-螺纹线	💡	☀	⌂	🖨	■白	Continuous	—— 0.13...	0	🗗
✔	01-Main-中心线	💡	☀	⌂	🖨	■白	ACAD_ISO08...	—— 0.18...	0	🗗
✎	02-Text-标题栏	💡	☀	⌂	🖨	□绿	Continuous	—— 默认	0	🗗
✎	02-Text-尺寸	💡	☀	⌂	🖨	■蓝	Continuous	—— 0.18...	0	🗗
✎	03-Title-粗实线	💡	☀	⌂	🖨	□青	Continuous	■■ 0.50...	0	🗗
✎	03-Title-细实线	💡	☀	⌂	🖨	□青	Continuous	—— 默认	0	🗗
✎	Defpoints	💡	☀	⌂	🖨	■白	Continuous	—— 默认	0	🗗

图 11.6-12　置为当前图层

STEP 02 单击"EXOFFSET"命令图标后，输入偏移距离"5"，然后选择命令行中的"Options"（图 11.6-13）。

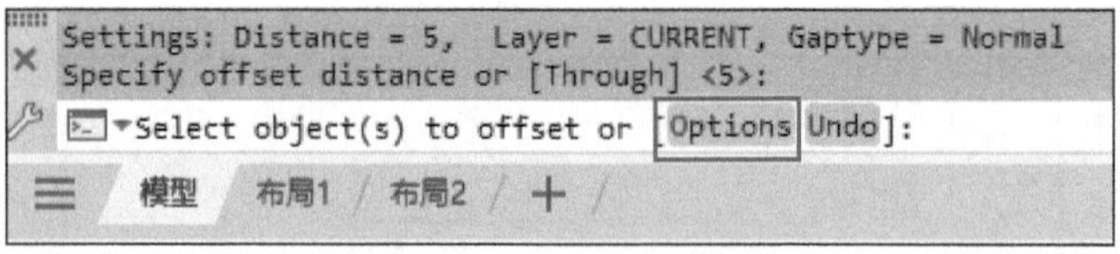

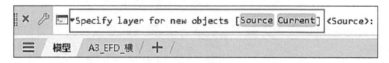

图 11.6-13　选择"Options"

接着选择"Layer"（图 11.6-14），命令行提示"Specify layer for new objects [Source Current]"，即选择偏移后的图层定位（图 11.6-15）。

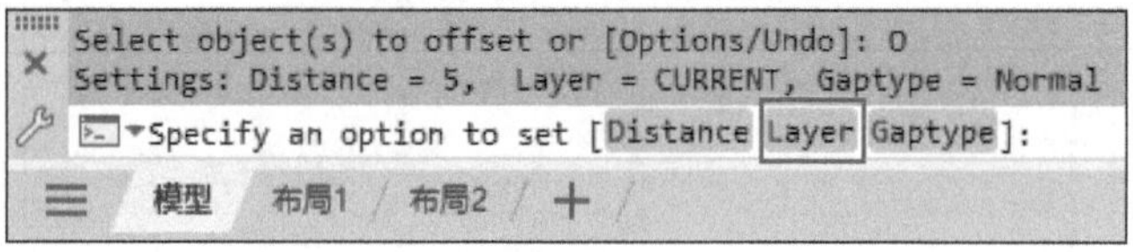

图 11.6-14　继续选择"Layer"

图 11.6-15　图层定位

"Source"的含义是，偏移后的图形将和选择的对象位于同一个图层；"Current"的含义是，偏移后的图形将会被放入"当前图层"。利用"Current"的这个特性可控制偏移后生成对象的图层。

选择"Current"（图 11.6-16），然后按回车键。

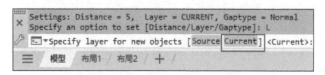

图 11.6-16　选择"Current"

在矩形的外面任意空白处单击,就可以看到偏移后的图形被自动放入当前图层"01-Main-中心线"(图 11.6-17)。

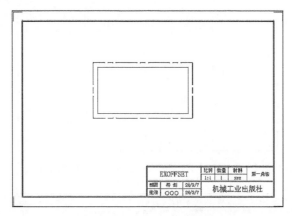

图 11.6-17　完成偏移

11.6.3　切换偏移的形状

在 AutoCAD 中进行偏移时,拐角处的形状除了默认的直角(Normal)以外,还可以实现圆角(Fillet)和倒角(Chamfer)(图 11.6-18)。

图 11.6-18　偏移直角、圆角和倒角

这是 AutoCAD 的一个标准功能,通过修改变量"OFFSETGAPTYPE"来控制偏移多段线拐角处的形状。AutoCAD 默认的形状为直角,变量初始值为 0(表 11.6-1)。

表 11.6-1　"OFFSETGAPTYPE"变量的值

值	名称	含义
0	Normal	直角
1	Fillet	圆角
2	Chamfer	倒角

也就是说,在使用偏移命令之前,先通过"OFFSETGAPTYPE"变量来调整变量值之后,就可以如同偏移直角的操作一样,无须再经过特别的设定就可以偏移出圆角或倒角。这个操作对标准的偏移命令(OFFSET)和强化版的偏移命令(EXOFFSET)都适用。但是如果使用频繁,每次都先通过"OFFSETGAPTYPE"变量来操作会非常不方便。

为解决这个问题,可以对"EXOFFSET"的 LISP 进行简单改造,无须使用变量"OFFSETGAPTYPE"就可以动态切换拐角处的形状。具体改造方法请参阅本书第 3 篇 14.10 节的介绍。下面的操作是对"EXOFFSET"命令改造后的说明:

STEP01 下载"EXPRESS-Exoffset-Draft.dwg"文件,如图 11.6-19 所示。

STEP02 单击"EXOFFSET"命令图标,输入偏移距离"5",然后单击命令行中的"Options"(图 11.6-20)。

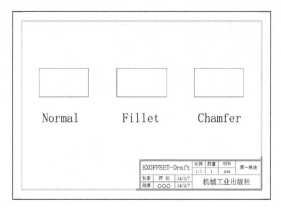

图 11.6-19　EXPRESS-Exoffset-Draft.dwg

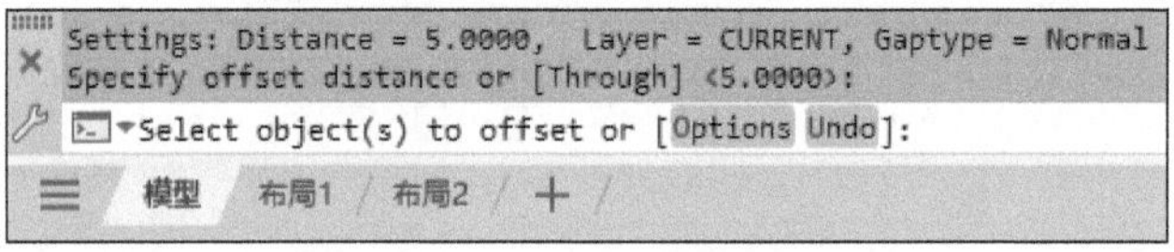

图 11.6-20　单击"Options"

继续单击"Gaptype"（图 11.6-21），

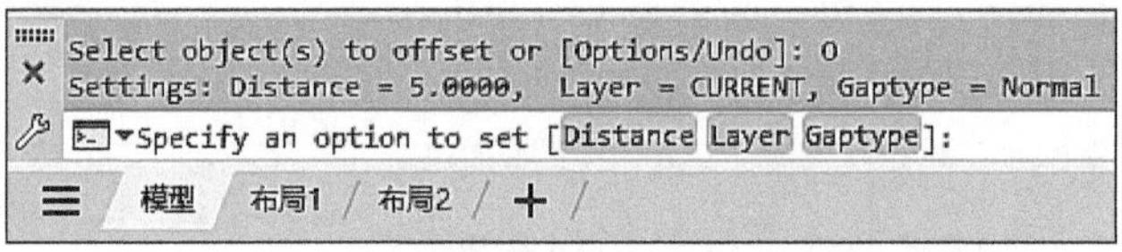

图 11.6-21　单击"Gaptype"

这时就可以选择拐角的形状。例如，单击"Fillet"（图 11.6-22），按回车键之后，再单击文件中间的矩形，就可以看到偏移出来的矩形的所有拐角处形状都是圆角（图 11.6-23）。

图 11.6-22　单击"Fillet"　　　　　　　　图 11.6-23　完成圆角的偏移

STEP03 无须退出当前的命令，单击命令行中的"Options"（图 11.6-24），然后选择"Gaptype"（图 11.6-25），再单击"Chamfer"（图 11.6-26），按回车键，选择界面最右边的矩形实行偏移命令，会看到偏移后的矩形的拐角处都有倒角的形状（图 11.6-27）。

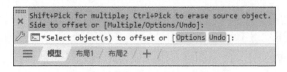

图 11.6-24　单击"Options"

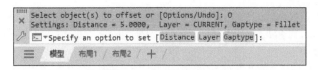

图 11.6-25　单击"Gaptype"

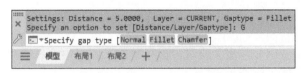

图 11.6-26　单击"Chamfer"

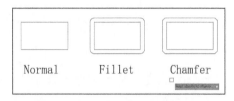

图 11.6-27　完成倒角的偏移

STEP04 同理，选择"Normal"（图 11.6-28）可恢复默认值，偏移出来的矩形的拐角又返回默认的直角形状（图 11.6-29）。

图 11.6-28　选择"Normal"

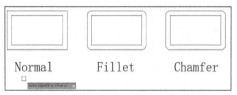

图 11.6-29　完成直角的偏移

最后完成后的图形，可以和下载的"EXPRESS-Exoffset-Finish.dwg"文件来对比确认。

至此，已经完成了"EXOFFSET"命令基本用法的介绍。本节介绍的三种操作技巧可以根据个人的需要进行灵活组合应用，以此来加强和优化标准的偏移功能。

11.7　修剪工具扩展版：EXTRIM

3.6 节介绍了修剪命令"TRIM"。"TRIM"是一个非常实用的命令，它的快捷键"TR"使用频度特别高。在 Express Tool 中，AutoCAD 还准备了修剪工具的扩展版功能"EXTRIM"。但是这个命令没有图标，只能通过在命令行里输入来调用（图 11.7-1）。

"EXTRIM"命令允许选择一个对象作为边界，自动修剪与这个边界所接触的图形。这里以第 7 章绘制的六角头螺栓为例介绍操作方法。扫描本书前言中的二维码，可以下载"EXPRESS-Extrim-Draft.dwg"这个文件。

STEP01 打开下载的 EXPRESS-Extrim-Draft.dwg 文件，然后在螺栓的侧面图上任意绘制一个圆形（图 11.7-2）。

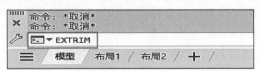

图 11.7-1　EXTRIM

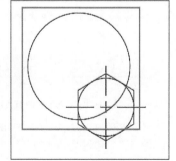

图 11.7-2　在螺栓的侧面图绘制圆形

STEP02 输入"EXTRIM"命令，按回车键之后，命令行提示选择一个对象作为边界（图 11.7-3）。这个边界可以是多段线、直线、圆、圆弧、椭圆，甚至文字和插入的图片。这里选择刚才制作的圆。

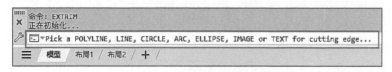

图 11.7-3　选择对象作为边界

STEP03 命令行提示选择裁剪方向（图 11.7-4）。也就是说，如果单击了圆形内部，则圆形内部所有的图形将会被裁剪，圆形外部的图形将会被保留。

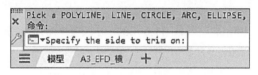

图 11.7-4　选择裁剪方向

这里选择裁剪圆形边界外侧的图形，在圆形外部任意空白处单击（图 11.7-5），圆形外部的图形被修剪（图 11.7-6），只剩下圆形内部的螺栓图形。

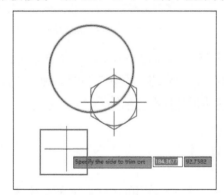

图 11.7-5　在圆形外侧单击

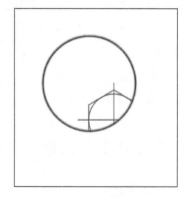

图 11.7-6　修剪结束

按照上面的步骤操作后，把文件取名为"EXPRESS-Extrim-Finish.dwg"（读者可以扫描本书前言中的二维码下载同名文件和自己的操作结果进行比较）。

"EXTRIM"命令是一个很实用的修剪扩展命令，通过本节几个简单的操作步骤，就可以以一个对象为边界，自动修剪与该边界相接触的图形，从而提高绘图效率和精确性。

11.8　系统变量编辑器：SYSVDLG

AutoCAD 中的"SYSVDLG"命令用于打开"系统变量编辑器"对话框（图 11.8-1）。这个对话框允许查看和修改当前版本 AutoCAD 的系统变量。系统变量用于控制 AutoCAD 行为和运行。通过修改这些变量，可以调整 AutoCAD 的绘图环境、用户界面选项、性能设置等。

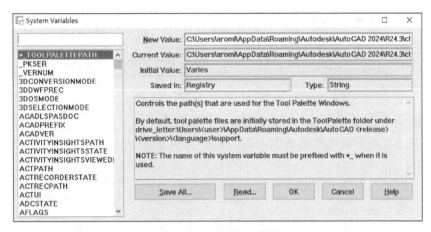

图 11.8-1　系统变量编辑器

图 11.8-1 所示"System Variables"对话框中主要的菜单含义见表 11.8-1。

表 11.8-1　菜单含义

名称	含义
New Value	显示左边列表框中选定的系统变量的当前值。可以编辑更改
Current Value	显示左边列表框中选定的系统变量的当前值
Initial Value	显示左边列表框中选定的系统变量的初始值
Saved In	显示左边列表框中选定的系统变量的位置
Type	显示左边列表框中选定的系统变量的类型
Save All	将左边列表框中的系统变量保存为外部文件
Read	从 SVF 文件中读取系统变量

在这里介绍两种关于"SYSVDLG"命令的用法。

11.8.1　传统用法

使用"SYSVDLG"命令可以方便地浏览、搜索，以及修改系统变量。这个对话框提供了一个比直接在命令行中输入系统变量名更友好的界面。例如，想检索所有以 C 开头的系统变量，就可以在"System Variable"对话框左上角的搜索栏中输入"C*"（图 11.8-2），所有以 C 开头的系统变量就会显示出来。

单击"Save Filtered"按钮，还可以以 svf 的格式来保存刚才的检索结果。任意取一个名字，比如"C.svf"（图 11.8-3），然后单击"保存"按钮。

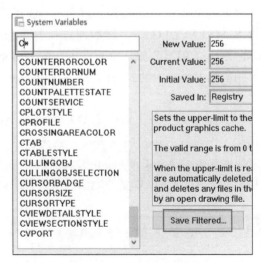

图 11.8-2　输入"C*"

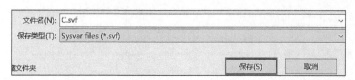

图 11.8-3　C.svf

使用一般的文本编辑器就可以打开 svf 格式的文件。打开文件之后，可以看到当前版本中所有以 C 开头的变量（图 11.8-4）。

另外，也可以利用这个命令来比较两个图纸中哪个系统变量的当前值不同。在窗口中输入"? *"，当前图纸的系统变量列表会显示在文本窗口中（由于数量众多，需要多次按 Enter 键以继续显示）。

通过这种方式，可以检查当前打开的图纸中的系统变量内容，并比较它们的差异。但这种操作较烦琐，所以在这里给大家介绍一个脚本，以更高效地比较不同图纸间的系统变量差异。

11.8.2　高级用法

比较两个图纸中系统变量的脚本如图 11.8-5 所示。

图 11.8-5 所示的脚本程序为了避免程序运行中断，在第 3 行和第 4 行将系统变量"QAFLAGS"设置为 2，并在执行"SETVAR"命令之前执行"LOGFILEON"命令以将内容写入日志文件。之后，执行"LOGFILEOFF"命令以结束写入日志文件，再通过第 10 行和第 11 行将系统变量"QAFLAGS"设置回 0 以恢复到原始状态。

将其用文本文件保存为扩展名为 .scr 的脚本文件。这里取名为 SYSVDLG.scr，然后通过执行 AutoCAD 的运行脚本命令"SCRIPT"来运行它即可（图 11.8-6）。

扫描本书前言中的二维码，可以下载 SYSVDLG.scr 这个文件。

"SYSVDLG"命令对于需要精细调整 AutoCAD 设置以优化工作流程的用户特别有用。它提供了一种直观的方式来探索和更改 AutoCAD 的底层设置，有助于提高工作效率和自定义 AutoCAD 以更好地满足特定需求。

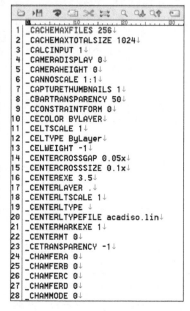

图 11.8-4　以 C 开头的变量一览

1	markdown
2	Copy code
3	QAFLAGS
4	2
5	LOGFILEON
6	SETVAR
7	?
8	*
9	LOGFILEOFF
10	QAFLAGS
11	0

图 11.8-5　脚本文件

图 11.8-6　"SCRIPT"命令

11.9　展平工具：FLATTEN

在使用 AutoCAD 绘图时，可能遇到一种情况：比如，图 11.9-1 所示图形看起来是一个矩形，但当改变视图方向时，就会发现其中一个端点并不处于同一平面，即该矩形实际上是一个曲面（图 11.9-2）。

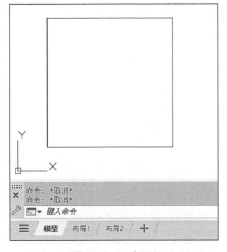

图 11.9-1　矩形

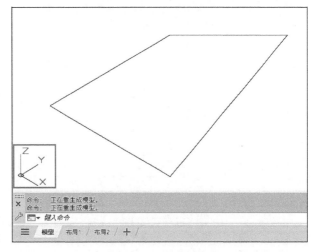

图 11.9-2　曲面形状

通常，在绘制平面图形时采用的是俯视图模式，即在 XY 平面上作图。然而，出于各种原因，原本应为零的 Z 轴原点可能会发生变动。从俯视图的角度看，这种变化几乎不可察觉，但当视图切换到前视图或其他视角时，问题就显而易见了。

为解决这个问题，可以利用"FLATTEN"命令将图形的 Z 轴值统一调整为 0。这个命令能够确保图形的所有元素都严格位于同一平面内，从而避免了因视角变化而引起的误解。

"FLATTEN"命令的图标在"Modify"面板下（图 11.9-3），它原本的功能是将三维的几何图形转换为二维的平面图，活用这个功能可以将二维图形中的标高数值（Z 轴数据）强制修改为 0。

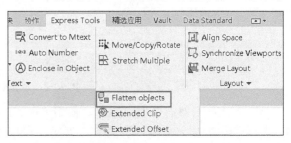

图 11.9-3　"FLATTEN"命令

扫描本书前言中的二维码，可下载 ExpressNumber-Flatten.dwg 文件，在此文件的基础上操作"FLATTEN"这个命令。

STEP01 打开 ExpressNumber-Flatten.dwg 文件，将视图切换到俯视的角度（图 11.9-4），这时图形看起来和"矩形"一样。

STEP02 命令行提示选择对象（图 11.9-5），单击刚才的"矩形"，这时系统会询问是否保留原图形的非平面实体，如果不需要保留，可以选择"N"。这次输入"Y"（图 11.9-6），然后按回车键。

切换为正视图后就可以看到，矩形的各个端点都在一个平面上（图 11.9-7）。也就是说，所有选中的元素都会被调整到了 XY 平面上。

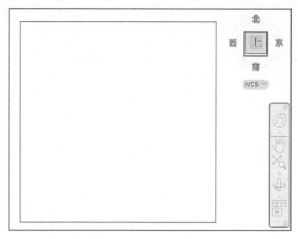

图 11.9-4　俯视图

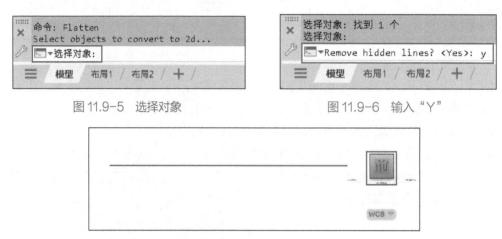

图 11.9-5　选择对象　　　　　　　　　　　图 11.9-6　输入"Y"

图 11.9-7　调整到 XY 平面上

以上就是全部的操作。然而，使用"FLATTEN"命令时也需要小心。例如，如果图形中含有意图表达空间深度的元素，这种强制的平面化操作可能会破坏设计的初衷。因此，在执行"FLATTEN"命令前，最好仔细检查图形，确认这一操作不会影响图形的整体表达。

总之，"FLATTEN"命令是 AutoCAD 中一个非常实用的工具，可以帮助我们快速解决 Z 轴值偏差的问题。熟练掌握这一命令，可以在保证设计精确性的同时，大大提高工作效率。

此外，我们通过 LISP 程序可以更高效地操作"FLATTEN"命令，详细内容请参阅 15.9 节的相关介绍。

本章小结

在本章中，我们深入探讨了如何活用 AutoCAD 中的 Express Tools 功能。通过学习自动编号（Auto Number）和分解命令（BURST），掌握了提升绘图效率的基础工具。自定义线型（MKLTYPE）和圆弧形文字（ARCTEXT）功能，为设计增添了更多创意和灵活性。立体文字转换（TXTEXP）和偏移工具扩展版（EXOFFSET）提供了更为强大的文字和偏移操作方式。修剪工具扩展版（EXTRIM）和系统变量编辑器（SYSVDLG）则帮助我们更高效地管理和编辑图纸细节。

下面是本章出现的命令和变量一览表。

章节	命令	快捷键	功能
11.1	AUTONUMBER		自动为选定对象添加编号
11.2	BURST		分解块和对象，但保留其属性和外观
11.3	MKLTYPE		创建自定义线型
11.4	ARCTEXT		在圆弧上创建和编辑文字
11.5	TXTEXP		将文字对象分解为线段
11.6	EXOFFSET		扩展偏移命令，提供更多偏移选项和控制
11.7	EXTRIM		扩展修剪命令，增强修剪功能和操作便利性
11.8	SYSVDLG		打开系统变量编辑器以查看和修改 AutoCAD 系统变量
11.9	FLATTEN		展平工具，将 3D 对象展平为 2D 对象

思　考　题

1．如何使用 AutoCAD 的 Express Tools 中的自动编号（Auto Number）、分解命令（BURST）和偏移工具扩展版（EXOFFSET）来提高绘图效率？请结合具体功能和应用场景进行说明。

2．在绘图过程中，自定义线型（MKLTYPE）和立体文字转换（TXTEXP）分别适用于哪些具体场景？这些工具如何帮助用户实现更复杂和精细的设计？

3．系统变量编辑器（SYSVDLG）和展平工具（FLATTEN）在 AutoCAD 中的高级用法有哪些？如何利用这些工具实现对复杂图形的精确控制和处理？

第三篇 自动化篇

在古代阿拉伯，有一位发明家名叫伊本·海赛姆。他的创新不仅改变了当时人们的生活，还对后世产生了深远的影响。有一天，他的学生问他："老师，您为何能如此高效地创造出这些奇妙的装置？"伊本·海赛姆回答道："善用工具，巧妙利用智慧，才能事半功倍。"

在 AutoCAD 的设计世界中，这个道理同样适用。高效工作离不开对工具的熟练运用，而 AutoLISP 就是这样一个不可或缺的工具。作为一个强大的定制和自动化工具，AutoLISP 已经成为 AutoCAD 用户的重要助手。本篇旨在为大家提供一条全面而深入的学习路径，无论是初学者还是希望提升技能的专业人士，都能从中受益。

我们从基础入手，第 12 章将为第一次接触程序的读者打开 AutoLISP 这扇大门，通过了解它的基本概念，将和大家一起完成第一个 LISP 文件的创建。这是掌握 AutoLISP 的基础，也是启程的第一步。随后将深入探讨 AutoLISP 的基本规则和编程习惯，为读者构建坚实的理论基础。同时还介绍了如何使用 Visual LISP 这一强大工具来编写程序，使读者的学习之旅更加高效。

第 13 章着重于 AutoLISP 的实际应用，包括如何加载和运行 LISP 程序，以及如何利用 acaddoc.lsp 文件实现 LISP 的自动加载，从而提高工作效率。最后，第 14 章和第 15 章，通过大量的实际案例来展示了 AutoLISP 的强大功能。从自动添加图层到改造云线功能，再到使用 AutoLISP 添加图块和控制多段线，大家将学会如何利用 LISP 打造个性化的绘图环境。

自动化篇不仅是一个学习指南，更是一个实践手册。希望通过这几章的内容，读者能够充分利用 AutoLISP 的潜力，提高在设计和工程领域的工作效率和创造力。欢迎踏上这段发现和创新的旅程。

第12章

AutoLISP 基础入门和规则

　　本章是专为 AutoCAD 读者编程设计的一个初步指南。无论是 AutoCAD 的新手还是经验丰富的读者，都能通过本章简洁明了的语言和实用案例，掌握 AutoLISP 这一强大的 AutoCAD 编程工具。我们的目标是简化编程学习过程，让读者轻松掌握 AutoLISP 的基础知识，从而提升设计效率和准确性。

　　本章将专注于解读 AutoLISP 编程的核心原则和书写规范，帮助读者理解和掌握 AutoLISP 的语法结构、函数定义和有效代码组织。此外，还将探讨利用 Visual LISP 环境进行高效编程的策略。

　　就像阿拉丁掌握了神灯的力量，读者也可以通过学习 AutoLISP，开启 AutoCAD 设计的新可能，提升工作效率和创新能力。

12.1　什么是 AutoLISP

　　AutoLISP 是一种专为 AutoCAD 用户量身定做的编程语言，它基于历史悠久且功能强大的 LISP（List Processing）语言。作为 AutoCAD 的内置编程语言，AutoLISP 的主要目标是简化和自动化设计任务。借助于 LISP 语言的简洁性和灵活性，AutoLISP 成为处理 CAD 绘图任务的理想选择。它使用户能够创建定制化的命令和功能，大幅提升设计工作的效率和准确度。

　　选择 AutoLISP 来进行 AutoCAD 的二次开发有以下几个优点：

　　1）易于学习：AutoLISP 的语法结构简单直观，与其他编程语言相比，它使得即使是编程新手也能快速掌握。

2）强大的自动化能力：AutoLISP 可以自动执行重复性任务，如绘图、计算和数据管理，减少手动操作，降低出错概率。

3）高度定制化：通过 AutoLISP，用户可以根据自己的需要定制专用的命令和工具，提升工作流程的个性化和效率。

AutoLISP 有着广泛的用户基础，其在线社区可提供着丰富的学习资源、教程和交流机会。AutoCAD 官方网站也提供了详细的 AutoLISP 参考文档和教程。AutoLISP 主要应用于以下几个方面：

1）自动化绘图：可以创建脚本来自动绘制复杂的图形或进行批量绘图。

2）界面定制和宏命令：用于创建定制的用户界面，如菜单、工具栏和对话框，以及编写宏命令以简化操作。

3）数据处理与分析：AutoLISP 可用于处理图纸数据，如计算面积、长度，或导出 / 导入数据。

4）交互式设计：可以编写交互式命令，根据用户输入进行响应和调整设计。

12.2　第一个 LISP 程序

一提起代码，那些没有编程经验的技术人员可能会感到一丝畏惧。这种感觉在面对 AutoLISP——这个专为 AutoCAD 设计的编程语言时可能会变得更加强烈。AutoLISP 是一种专门用于 AutoCAD 的编程语言。尽管它在初学者中可能看起来有些复杂，但 AutoLISP 实际上是一个非常友好的入门语言，特别是对于那些在 AutoCAD 领域工作的专业人士。

首先随意打开一个文本编辑软件——Windows 系统自带的记事本或自己平时常用的文本编辑器都可以，输入图 12.2-1 所示代码。

```
1    (defun c:24-Test()
2    (alert "My first LISP program!")
3    (princ)
4    )
```

图 12.2-1　24-Test.lsp

在文本编辑器中，代码的显示效果应该如图 12.2-2 所示。

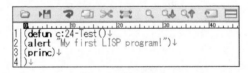

图 12.2-2　在文本编辑器中输入 24-Test 程序

接下来，将这个文件命名为"24-Test.lsp"，并保存在计算机中的任何位置（扫描本书前言中的二维码，也可以下载 24-Test.lsp 这个文件。但是第一次使用 AutoLISP，建议读者亲自输入操作一遍）。

请注意，文件的扩展名是".lsp"。如果计算机默认隐藏了扩展名，请进入文件夹选项中的"查看"设置，在那里找到"文件扩展名"的选项，并激活它以显示文件的完整类型（图 12.2-3）。以下为在 Windows 11 系统中的操作截图。

图 12.2-3 文件扩展名

打开 AutoCAD 软件新建一个 DWG 文件，在"管理"选项卡中找到"应用程序"面板，单击"加载应用程序"（APPLOAD）按钮（图 12.2-4）。

图 12.2-4 "加载应用程序"按钮

在弹出的"加载 / 卸载应用程序"对话框中找到刚才保存的"24-Test.lsp"文件，然后单击"加载"按钮（图 12.2-5）。

图 12.2-5 "加载 / 卸载应用程序"对话框

系统弹出"安全性 - 未签名的可执行文件"对话框（图 12.2-6）。因为当前这个"24-Test. lsp"是自己制作的程序，这次可以选择"始终加载"，但如果是从网络上下载的 LISP 程序，为安全起见，请选择"加载一次"先尝试一下。

图 12.2-6　"安全性 - 未签名的可执行文件"对话框

关闭"加载 / 卸载应用程序"对话框，返回绘图界面，命令行出现"已成功加载 24- Test.lsp"的反馈信息（图 12.2-7）。

在命令行输入"24-Test"，然后按回车键，这时，如果弹出"AutoCAD 消息"对话框，并且上面写着刚才程序中设定的"My first LISP program!"（图 12.2-8），那么祝贺你，你的第一个 LISP 程序已经运行成功！

图 12.2-7　加载成功信息　　　图 12.2-8　"AutoCAD 消息"对话框

以上便是 AutoLISP 从概念到实践的整个基础流程。虽然在这个阶段，一切可能看起来还略显模糊和复杂，但我坚信，随着对 AutoLISP 的深入学习和持续实践，你将能够逐渐掌握更为复杂和强大的功能，最终成为一位精通 AutoCAD 编程的专家。

12.3　AutoLISP 的基本书写规则

通过图 12.3-1 可以看到，LISP 程序中的这些表达式始终被圆括号"( )"所包围。这种结构不仅有助于维护代码的清晰度，也是 LISP 语言的一个显著特征。LISP 中的每一个操作或函数调用都遵循这一结构，从而保证了代码的一致性和可读性。这是 AutoLISP 书写的第一个规则。

当需要定义函数名时,"defun"函数就出场了。例如,通过 defun 定义一个名为"24-Test. lsp"的函数,标志着创建了一个新的可以在 AutoCAD 命令行中调用的命令。

另外函数名前的"c:"是一个常用的约定,用以指明该函数可以直接从 AutoCAD 的命令行触发。这也是 LISP 编程的又一个重要规则。当阅读别人制作的 LISP 程序,尝试运行时,就可以通过去寻找"(defun c:)"来查阅这个 LISP 所定义的函数名称。

第三个规则是,AutoLISP 允许直接调用 AutoCAD 内置命令来执行绘图操作或其他任务,通过"command"这个函数可以实现。例如要绘制一个圆形,就可以使用 command 函数调用 AutoCAD 的圆命令"CIRCLE",然后再设定相应的参数,如圆心坐标和半径大小等就可以运行它。调用 AutoCAD 内置命令的函数有很多,对初学者来说,首先掌握 command 这个函数就可以帮助我们理解很多程序中的内容。

另外,在 AutoLISP 程序的末尾,常见的做法是调用"princ"函数。princ 函数的作用主要是清理 AutoCAD 命令行中的残余信息,确保在执行 LISP 程序后命令行保持干净整洁。这个习惯有助于改善操作体验,防止命令行中出现杂乱无章的信息。

以上就是 AutoLISP 的四个基本规则,总结如表 12.3-1。

表 12.3-1　AutoLISP 的四个基本规则

规则	内容
规则一	所有表达式,前后都用"（）"包围着
规则二	定义新的函数时,使用 defun 并使用 c: 来指明函数的名称
规则三	可以在代码中调用 AutoCAD 的命令来使用
规则四	使用 command 来执行 AutoCAD 的命令

根据上面的基本规则,再来给出一个创建圆形的 AutoLISP 程序(图 12.3-1)。

```
1    (defun c:24-C150 ()
2      (command "CIRCLE" '(0 0) 150)
3      (princ)
4    )
```

图 12.3-1　创建圆形的 AutoLISP 程序

第 1 行,使用"defun"函数定义了一个名为"24-C150"的新的命令。

第 2 行,通过"command"函数调用圆命令"CIRCLE",并以坐标原点 (0 0) 为圆心、以 150mm 为半径来作圆。

第 3 行,在整个程序的结尾,使用"princ"函数来清除命令行中的残余信息,以保持界面的整洁。

第 4 行,使用括号（）,来呼应第 1 行,保持整个代码的完整性。

扫描本书前言中的二维码,可以下载 24-C150.lsp 这个文件。

然后新建一个空白的 DWG 文件,直接将下载的 24-C150.lsp 文件拖拽到绘图界面的任何一个地方,松开鼠标后会出现图 12.3-2 所示的安全性提示,单击"加载一次",然后在命令行输入"24-C150"按回车键,一个半径为 150mm 的圆就创建成功了(图 12.3-3)。

图 12.3-2　安全性提示

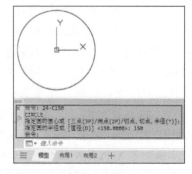

图 12.3-3　创建半径为 150mm 的圆

这就是 AutoLISP 的魅力，仅通过四个简单的规则及一个仅有四行的小程序，就控制"圆"命令来自动绘图。

通过本节的规则和示例，相信读者可以看到 AutoLISP 提供了一种高效、简洁的方式来扩展 AutoCAD 的功能。掌握了基本的书写规则之后，可以根据自己的需求编写各种自定义函数，大大提高工作效率和自动化水平。这些基本规则是学习 AutoLISP 的基础，为深入理解和高级应用做好准备。

12.4　选择编辑器

Visual LISP 编辑器是 AutoCAD 提供的一个内置免费程序，无须额外安装任何插件即可使用。只需打开任意一个 DWG 文件，在"管理"选项卡下的"应用程序"面板中便可找到"Visual LISP 编辑器"的图标（图 12.4-1）。此外，也可以通过在命令行中输入"VLISP"命令来快速启动 Visual LISP 编辑器。

图 12.4-1　Visual LISP 编辑器

但是当首次启动"Visual LISP 编辑器"时，将遇到图 12.4-2 所示的提示。在此，应选择下方的"AutoCAD Visual LISP"选项，以便启动 AutoCAD 内置的 Visual LISP 编辑器。若选择了上方的"Microsoft Visual Studio Code 和 AutoCAD autoLISP Extension"，则需在计算机上额外安装由 Microsoft 开发的"Visual Studio Code"（简称 VS Code）软件才能继续使用。

图 12.4-2　默认环境未设置

此选择关键在于确定自己希望使用的开发环境。选择 AutoCAD 内置的 Visual LISP 编辑器意味着可以直接在 AutoCAD 环境中享受无缝的编程和调试体验，无须离开 AutoCAD 即可执行 LISP 脚本。反之，如果选择结合"Microsoft Visual Studio 和 AutoCAD autoLISP Extension"（图 12.4-3），则为那些偏好使用 VS Code 强大编辑和版本控制功能的朋友提供了额外的灵活性，尽管这需要进行额外的安装步骤。

另外，如果最初选择了 VS Code 作为编辑环境，但后来希望切换回 Visual LISP 进行 LISP 代码的编辑，这个时候可能会发现再次启动"VLISP"命令时，之前的提示界面不会重新出现，使得直接切换变得不可能。在这种情况下，需要通过命令行窗口修改系统变量"LISPSYS"的值。将其设置为 0（图 12.4-4），并重启 AutoCAD，这样就能恢复使用 Visual LISP 作为 LISP 编辑环境了。

图 12.4-3　Visual Studio Code

图 12.4-4　LISPSYS

"Visual LISP 编辑器"为使用 AutoCAD 的设计人员提供了强大的编程功能，使得 AutoCAD 的自动化任务和定制功能变得手到擒来。通过这一集成工具，读者可以轻松编写和调试 LISP 程序，进而提高工作效率和精度。

12.5　使用 Visual LISP 编辑器

使用 Visual LISP 编辑器不仅能提高编程效率，还能使编程变得直观且易于学习。本节将详细介绍 Visual LISP 编辑器的启动过程和界面。单击图标启动 Visual LISP 编辑器后，会看到图 12.5-1 所示的界面，直观易懂，通过清晰的布局和标签，确保能够高效地完成编程任务。

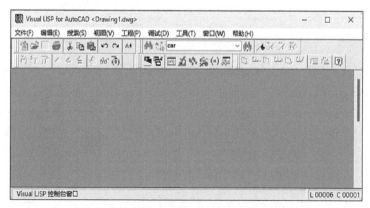

图 12.5-1　Visual LISP 启动界面

Visual LISP 编辑器的界面设计借鉴了传统文本编辑软件，可实现文件操作、编辑、搜索和视图调整等功能（图 12.5-2）。所有这些功能都可以通过窗口顶部的菜单栏轻松访问和配置。这种设计对于初学者尤其重要，因为他们可以迅速熟悉环境并轻松找到所需的功能。

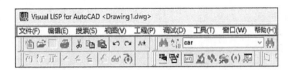

图 12.5-2　Visual LISP 菜单栏

在界面的最下方有两个最小化的窗口：一个是"Visual LISP 控制台"窗口（图 12.5-3），另一个是"跟踪"的窗口（图 12.5-4）。控制台窗口就相当于 AutoCAD 界面中的命令行输入界面，可以在这里输入 AutoLISP 的表达式。

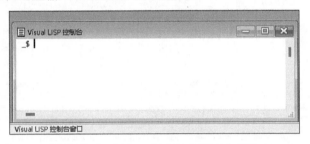

图 12.5-3　"Visual LISP 控制台"窗口

"跟踪"窗口（图 12.5-4）会显示当前 Visual LISP 版本的信息。如果在启动时遇到错误，错误的信息也会显示到这里。

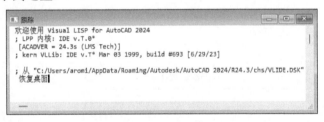

图 12.5-4　"跟踪"窗口

使用 Visual LISP 来编程和调试 LISP 文件之前，需要单击"新建文件"（图 12.5-5），在弹出的文本编辑窗口中，就可以编辑 AutoLISP 程序了。大部分时间都需要面对这个窗口来书写或者复制粘贴程序。为了说明方便，这里提前准备了一个 LISP 文件。扫描本书前言中的二维码，下载 24-Copy.lsp 这个程序后，用一般的文本编辑软件打开它，将所有的程序复制到刚才打开的文本编辑窗口里（图 12.5-6），程序中的文字会根据类型自动发生变化，以方便浏览和确认。

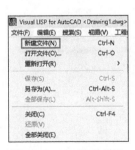

图 12.5-5　新建文件

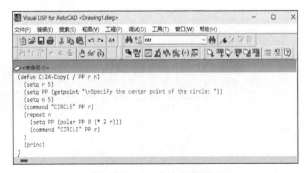

图 12.5-6　文本编辑窗口

AutoLISP 文件编译完成后，单击"工具"菜单，找到"检查加载编辑器中的文字"并单击它（图 12.5-7），编译的文字将会被检查一遍，检查的结果会在"编译输出"界面显示（图 12.5-8）。

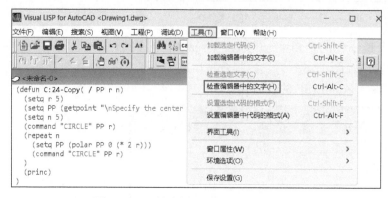

图 12.5-7　检查加载编辑器中的文字　　　　　　图 12.5-8　编译输出

检查没有问题后，继续单击"工具"菜单中的"加载编辑器中的文字"后，就可以在 AutoCAD 中执行 AutoLISP 程序（图 12.5-9）。

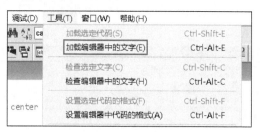

图 12.5-9　加载编辑器中的文字

在命令行直接输入"24-Copy"，按回车键，就可以获得图 12.5-10 所示的 6 个圆形的图案。也就是说，使用 Visual LISP 编辑器来调试 LISP 文件时，不必使用"APPLOAD"（快捷键"AP"）命令，就可以加载 LISP 文件并运行。

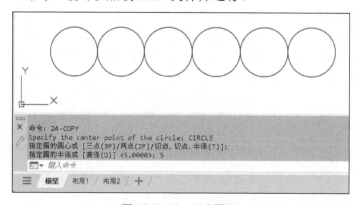

图 12.5-10　6 个圆形

另外，如想确认程序中变量的值，在变量前面追加"！"符号，输入命令行后按回车键即可（图 12.5-11）。

图 12.5-11 在变量前面追加"！"符号

同样，在 Visual LISP 编辑器中选择变量，然后右击，选择"添加监视"（图 12.5-12），可以添加数个变量，一边调试，一边通过监视窗口来确认变量的结果（图 12.5-13），这对于调试过程非常有帮助。

图 12.5-12 添加监视

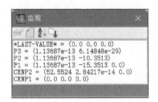

图 12.5-13 监视窗口

以上便是 Visual LISP 编辑器的基本使用方法和一些高级功能。更多复杂和专业的功能等待读者在实际使用中逐步探索和掌握。

本 章 小 结

在本章中，我们介绍了 AutoLISP 的基础入门和规则，和大家一起了解了什么是 AutoLISP。通过编写第一个 LISP 程序，初步体验了其强大的功能。我们学习了 AutoLISP 的基本书写规则，掌握了选择合适编辑器的方法，并深入探讨了如何使用 Visual LISP 编辑器进行更高效的编程。

本章内容为初学者提供了一个清晰的入门指南，帮助大家逐步熟悉和掌握 AutoLISP 的基本概念和操作技巧。希望读者通过本章的学习，能够顺利进入 AutoLISP 编程的世界，为今后在 AutoCAD 中的高级应用打下坚实的基础。

下面是本章出现的命令和变量一览表。

章节	命令	快捷键	功能
12.2	APPLOAD	AP	加载应用程序
12.4	VLISP		启动 Visual LISP 编辑器
12.4	LISPSYS		控制默认的 AutoLISP 开发环境

1．什么是 AutoLISP？在 AutoCAD 中，AutoLISP 的主要应用场景有哪些？请举例说明 AutoLISP 在绘图自动化和提高工作效率方面的作用。

2．编写一个简单的 LISP 程序需要哪些步骤？通过编写第一个 LISP 程序，初学者可以学到哪些关键概念和技能？

3．AutoLISP 的基本书写规则有哪些？选择合适的编辑器（如 Visual LISP 编辑器）对编写和调试 AutoLISP 代码有何重要性？请结合实际编程进行分析。

第13章

AutoLISP 的使用方法

　　"愚公移山"的故事告诉我们一个真理，正确的方法和坚持不懈可以克服任何障碍。
AutoLISP 的学习也是如此。

　　本章将深入讨论如何高效地加载、运行并充分利用 AutoLISP 以优化 AutoCAD 工作流
程。本章详细指导从基本的加载和执行 LISP 脚本，到运用 acaddoc.lsp 实现脚本的自动加
载，再到设置和管理专用 LISP 文件夹的方法，旨在为 AutoCAD 用户提供全面且实用的操
作技巧。这些内容不仅为初学者提供了易于理解的指南，也为有经验的用户提供了深入的
技术洞察，以帮助大家更有效地应用 AutoLISP，提升设计效率和创造力。通过本章的学
习，希望读者能够更好地掌握这一强大工具，将其融入设计工作中。

13.1　加载和运行 AutoLISP

　　12.3 节简单操作了 LISP 文件的加载和运行。作为临时确认和运行 LISP 文件，这种
方法是可行的。但是在大多数情况下，对频繁打开 AutoCAD 创建新文件来设计的读者来
说，每次都要这样靠拖拽的方法来运转 LISP 是不可行，也不现实的。在这里还是以 24-
C150.lsp 这个文件为例（扫描前言中的二维码可以下载），介绍正确的使用方法。

　　STEP 01 将 LISP 文件保存到计算机中一个固定的位置，这里在 D 盘里创建了一个存放
LISP 文件用的文件夹，名称为"LISP"（图 13.1-1），将"24-C150.lsp"保存进去。

STEP02 启动 AutoCAD 新创建任意一个 DWG 文件，在"管理"选项卡的"应用程序"面板里，可以看到"加载应用程序"图标（图 13.1-2），它的命令为"APPLOAD"。

图 13.1-1　24-C150.lsp　　　　　　　　　　　　　图 13.1-2　加载应用程序

单击"加载应用程序"，弹出"加载/卸载应用程序"对话框，选择刚才创建的"LISP"文件夹，单击"24-C150.lsp"这个文件，选择"加载"（图 13.1-3）。

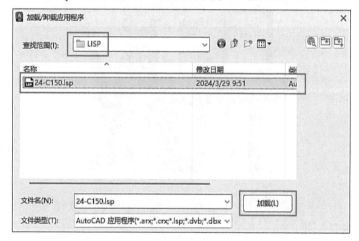

图 13.1-3　加载

这个时候，弹出的"安全性 - 未署名的可执行文件"对话框警告显示："无法验证该可执行文件的发布者，并且该文件不在受信任文件夹内。您希望执行什么操作？"（图 13.1-4）。

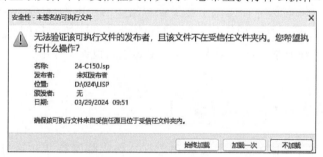

图 13.1-4　安全性 - 未署名的可执行文件

这是 AutoCAD 针对未经签名或位于不受信任位置的可执行文件发出的安全警示，其目的主要是为了防止恶意软件或不受信任的应用程序在未得到用户明确授权的情况下执行。

由于这个 LISP 文件是我们自行编辑的，因此可以选择忽视这一警告，直接单击"始终加载"或"加载一次"（图 13.1-5）。然而，如果使用的是从网络上下载的 LISP 文件，并对其存在一定疑虑，那么在执行前最好先确认程序的内容。

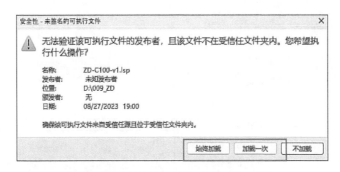

图 13.1-5　"始终加载"或"加载一次"

加载成功后，在命令行就可以看到加载成功的反馈信息（图 13.1-6）。

图 13.1-6　加载成功的反馈信息

以上就是加载 AutoLISP 的全部过程。

通过本节的讲解，相信读者已经学会了如何安全且有效地在 AutoCAD 中加载和运行 AutoLISP 文件。虽然初始设定可能稍显烦琐，但这一过程确保了工作流程的高效和安全性。不论是进行简单的任务自动化，还是处理更复杂的设计问题，掌握这一技巧可以帮助大家能够更高效地使用 AutoCAD 的强大功能。

13.2　活用 acaddoc.lsp 自动加载 LISP

"acaddoc.lsp"文件是专为 AutoCAD 设计的一个特殊的 AutoLISP 脚本，我们每次启动 AutoCAD 时都会自动加载并执行该文件。这种自动加载特性让"acaddoc.lsp"非常适合用来执行自定义命令和脚本。它可以有效帮助我们简化重复任务、配置环境变量、设定快捷键或加载自定义菜单，极大地提升了 AutoCAD 的使用效率和个性化体验。也就是说，我们活用这个"acaddoc.lsp"文件的自动执行能力，可以让它成为增强 AutoCAD 工作流程的关键工具。通过在这个脚本中编写和存储定制代码，可以确保每次启动软件时，所有必要的设置和功能都会立即可用。这不仅节省了时间，还消除了因遗忘手动加载重要脚本而可能出现的错误。更进一步地，"acaddoc.lsp"的这种灵活性和自动化功能，为 AutoCAD 用户提供了极大的便利，使得他们可以更专注于设计工作本身，而不是软件操作流程。

在计算机"C"盘相应位置（图 13.2-1）可以找到"acad2024doc.lsp"这个文件（图 13.2-2）。根据版本的不同，AutoCAD 会生成不同版本的 acaddoc.lsp 文件。比如，对于 AutoCAD 2024，这个文件是"acad2024doc.lsp"。

打开这个文件，可以看到很多默认的设置（图 13.2-3）。

C:\Program Files\Autodesk\AutoCAD 2024\Support\zh-CN

图 13.2-1　acaddoc.lsp 文件位置

图 13.2-2　acad2024doc.lsp

```
31   ;;
32   (defun imagefile (filename / filedia-save cmdecho-save)
33     (setq filedia-save (getvar "FILEDIA"))
34     (setq cmdecho-save (getvar "CMDECHO"))
35     (setvar "FILEDIA" 0)
36     (setvar "CMDECHO" 0)
37     (command "._image" "_attach" filename)
38     (setvar "FILEDIA" filedia-save)
39     (setvar "CMDECHO" cmdecho-save)
40     (princ)
41   )
```

图 13.2-3　acad2024doc.lsp 文件内容

但是为了避免在软件更新或升级时丢失自定义设置，建议不要去直接修改 AutoCAD 自带的这个 "acad××××doc.lsp" 文件。创建一个全新的 "acaddoc.lsp" 文件，并将其保存在 AutoCAD 支持的文件搜索路径中，将是一种更为安全和有效的方法。这样，AutoCAD 既能够在启动时自动识别并加载我们自定义的 acaddoc.lsp 文件，又不会因为版本的更新而发生意外情况。

"acaddoc.lsp" 文件的编写方式多样，可以根据个人的需要选择最合适的方法。仍以 "24-C150.lsp" 这个文件为例，给大家介绍两种常见的编写方法。

13.2.1　方法 1：自定义函数完全加载

用文本编辑器录入图 13.2-4 所示的两行代码，然后保存名称为 "acaddoc.lsp"。这个方法是将 "24-C150.lsp" 中定义的全部函数都加载进来。

```
1   (load "24-C150")
2   (princ)
```

图 13.2-4　方法 1 的 acaddoc.lsp

图 13.2-5 所示为 "24-C150.lsp" 这个文件用文本软件打开后显示的内容。

扫描本书前言中的二维码，可以下载 acaddoc-1.lsp 这个文件进行参考。

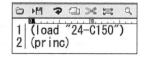

图 13.2-5　24-C150.lsp 文本内容

13.2.2　方法 2：自定义函数选择性加载

方法 2 是仅加载 LISP 文件中某个指定的函数，可以更有针对性地使用 LISP 文件中的某些功能（图 13.2-6）。也就是说，一个 LISP 文件中有时候会有多个新建的函数，通过这个方法可以选择自动加载哪个函数。

1	(autoload "24-C150" '("24-C150"))
2	(princ)

图 13.2-6　方法 2 的 acaddoc.lsp

同样将它用文本软件保存为"acaddoc.lsp"就可以使用（扫描本书前言中的二维码，可以下载 acaddoc-2.lsp 这个文件进行参考。）。比如，24-C150-2.lsp 这个文件定义了 3 个新的函数（图 13.2-7），如果按照方法 1 的形式来书写"acaddoc.lsp"文件（图 13.2-8），"24-C150""24-C250""24-C350"这三个新建的函数都可以使用；如果按照方法 2 的格式来书写"acaddoc.lsp"文件（图 13.2-9），就只能使用"24-C150"这个函数。

1	(defun c:24-C150-2 ()
2	(command "CIRCLE" '(0 0) 150)
3	(princ)
4	)
5	(defun c:24-C250 ()
6	(command "CIRCLE" '(0 0) 250)
7	(princ)
8	)
9	(defun c:24-C350 ()
10	(command "CIRCLE" '(0 0) 350)
11	(princ)
12	)

图 13.2-7　24-C150-2.lsp

1	(load "24-C150-2")
2	(princ)

图 13.2-8　按照方法 1 书写的 acaddoc.lsp

1	(autoload "24-C150-2" '("24-C150"))
2	(princ)

图 13.2-9　按照方法 2 书写的 acaddoc.lsp

这就是方法 1 和方法 2 的区别。

两种方法各有利弊，按需使用即可。将上述创建的"acaddoc.lsp"文件放置到图 13.2-4 所指的文件夹即可。

除了加载自定义命令和脚本外，"acaddoc.lsp"文件还可以用于设置各种启动时的环境变量、定义快捷键以及加载自定义菜单等。通过精心编写和管理这个文件，用户可以创建一个完全符合自己工作流程的 AutoCAD 环境，不仅提高设计和工程的效率，而且确保团队成员都能遵循一致的操作标准。

"acaddoc.lsp"文件在 AutoCAD 的自定义和自动化中扮演着不可或缺的角色。通过创建和维护这个文件，用户可以大幅提升自己在使用 AutoCAD 时的效率和灵活性。无论是单独工作还是团队协作，"acaddoc.lsp"都提供了一种强大的方式来定制和优化设计流程，使得工作更加高效和顺畅。

13.3　设置专用的 LISP 文件夹

在使用 AutoCAD 时，一个经常被忽略的事情是：为你的 AutoLISP 程序创建一个专用的文件夹。这个简单的步骤不仅能提升工作效率，而且还能在很大程度上保证文件的安全。

首先，一个专用的 AutoLISP 文件夹可以方便我们进行文件管理。将所有的 LISP 文件放在一个专属场所，可以让文件组织更为有序。当然读者也可以进一步通过创建子文件夹来对项目或功能进行细分，这样不仅使文件检索变得简单，还能提高管理效率。

另外，从安全角度考虑，通过这种方式，可以大幅度减小因操作失误或软件升级导致的文件损失风险。同时，对整个文件夹进行定时备份也变得非常方便，极大降低了数据丢失的可能。

在使用 LISP 编程的过程中，根据实现效果的不同，将会有不同的版本出现。我们将不同的版本放置在一个固定位置，方便追踪和管理文件版本，确保每次的修改和更新都能被准确记录。

如果将这个专用的文件夹放置在网盘或者公司的服务器上，共享此专用文件夹将会大大方便团队之间的协作。每个成员都能轻松访问和使用所需文件，从而提高团队合作的效率。整个团队统一的存放路径也避免了文件加载错误的问题，简化了文件访问，优化了工作流程。

当 AutoCAD 启动时，它可以自动加载专用文件夹中的 LISP 程序。此外，这个文件夹还可以用来存放其他自定义设置和文件，满足个性化的需求。

下面举例说明，以 13.1 节中 D 盘里创建的"LISP"这个文件夹为例（图 13.3-1），将它作为 AutoLISP 文件的存储地点。

图 13.3-1　D 盘里的"LISP"文件夹

STEP01 新建或者打开任意一个 DWG 文件，单击左上角"A"图标旁的倒三角符号，然后单击界面底部的"选项"进入设置（图 13.3-2）。它的命令为"OPTIONS"。

图 13.3-2　选项

STEP02 在"文件"选项卡中打开"支持文件搜索路径"（图 13.3-3），单击右边的"浏览"按钮，找到 D 盘里的"LISP"这个文件夹（图 13.3-4），单击"打开"按钮，这样就完成了将"LISP"这个文件夹添加到"支持文件搜索路径"里（图 13.3-5）。

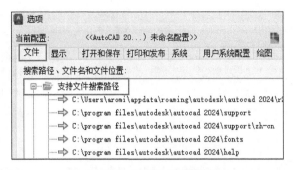

图 13.3-3　支持文件搜索路径

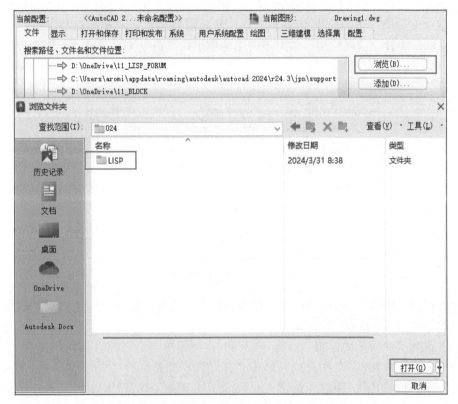

图 13.3-4　D 盘的"LISP"文件夹

图 13.3-5　完成添加到"支持文件搜索路径"

　　但是添加后的"LISP"文件夹处于整个"支持文件搜索路径"中最下面的位置，我们需要通过右边的"上移"按钮将其移动到最上方（图 13.3-6）。

图 13.3-6　上移

这是因为将"LISP"文件夹移动到"支持文件搜索路径"中的最上方（图 13.3-7）可以确保 AutoCAD 程序在搜索支持文件时，首先访问这个文件夹。这样做的目的是优先加载"LISP"这个文件夹中的自定义脚本和工具，从而提高工作效率和确保特定的自定义设置可以在其他默认设置之前被应用。这对于使用特定工具或命令来进行高效绘图和设计非常有帮助。

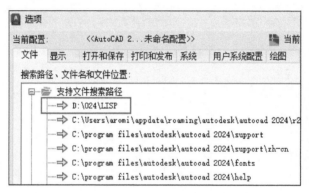

图 13.3-7　移动到最上方

这一设置不仅可以让 AutoCAD 更加符合你的工作流程，还可以避免由于加载顺序错误而可能出现的脚本错误或兼容性问题。

STEP03 找到"受信任的位置"（图 13.3-8），继续单击右边的"浏览"按钮（图 13.3-9），选择刚才的"LISP"文件夹后，单击"打开"，在弹出的"受信任的文件搜索路径 - 安全问题"对话框中单击"继续"按钮（图 13.3-10），就可以将"LISP"文件夹添加到"受信任的位置"（图 13.3-11）。

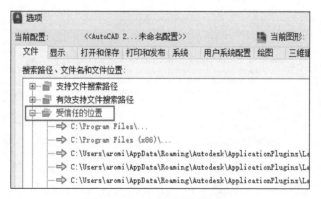

图 13.3-8　受信任的位置

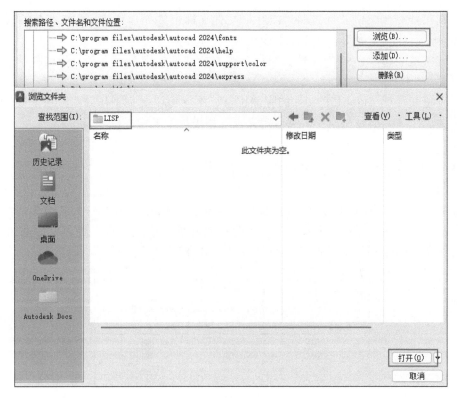

图 13.3-9　浏览

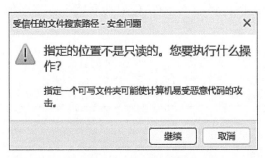

图 13.3-10　受信任的文件搜索路径 - 安全问题

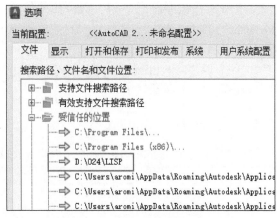

图 13.3-11　完成添加

　　将文件夹添加到"受信任的位置"非常重要，在 AutoCAD 中，"受信任的位置"被认为是安全的，可以帮助我们运行脚本和宏而不会触发安全警告。将 LISP 文件夹设为受信任的位置，还可以确保其中的自定义脚本或扩展不会因为安全限制而被阻止执行。如果脚本或程序不在受信任的位置，每次启动它们时可能都需要用户确认安全提示，这会影响效率和操作流畅性。添加到"受信任的位置"后就可以消除这些额外的步骤，保持更连贯和无干扰的操作。

　　另外，一些高级功能或自定义工具可能需要访问特定的文件或设置，如果不在受信任的位置，则可能受到限制。通过将"LISP"文件夹标记为受信任，可以确保所有功能都可完全按照设计运行，无须担心被系统的安全限制所阻碍。

以上就完成了将"LISP"文件夹添加到"支持文件搜索路径"和"受信任的位置"的操作。

正确设置和管理 AutoLISP 文件的存储位置，不仅可以提高工作效率，还能确保工作的安全性和稳定性，特别是在需要大量自定义设置和进行多人协作的项目中。

13.4 活用 AutoCAD 的默认文件夹

前面的 13.2 节介绍了活用 acaddoc 文件来自动加载 LISP，另外在 13.3 节中，我们也介绍了设置专用的 LISP 文件夹的操作。对于嫌设定麻烦的朋友来说，也可以活用 AutoCAD 默认的文件夹"Support"来放置 AutoLISP 文件（图 13.4-1）。

图 13.4-1　AutoCAD 默认的文件夹"Support"

"支持文件搜索路径"和"受信任的位置"这两个路径都包含"Support"文件夹，因此，将自制的 acaddoc.lsp 文件以及自定义的 AutoLISP 文件放置到该文件夹，可以免去前面第 13.3 节的设置。

这一节以 24-MyPline10.lsp 这个自定义命令为例，将在 AutoCAD 启动后就可以立即使用它的设置方法介绍给读者。

13.4.1　创建 acaddoc.lsp

首先创建一个 acaddoc.lsp 文件，内容见图 13.4-2。

1	(setvar "MENUBAR"1)
	; 显示菜单栏。默认设定为非显示菜单栏
2	(princ "\nMENUBAR displayed successfully!")
	; 在命令行反馈显示菜单栏成功信息
3	(load "24-MyPline10")
	; 加载 24-MyPline10.lsp 自定义程序
4	(princ "\n24-MyPline10.lsp loaded successfully!")
	; 在命令行反馈 24-MyPline10.lsp 加载成功信息
5	(princ)
	; 结束函数

图 13.4-2　acaddoc.lsp

扫描本书前言中的二维码，可以下载"acaddoc.lsp"这个文件。

本节所介绍的 acaddoc.lsp 与 13.2 节所介绍的 acaddoc. lsp 略微有些不同。acaddoc.lsp 不仅可以自动加载自定义的 LISP 文件（第 3 行），也可以在启动时修改 AutoCAD 的变量。第 1 行使用 setvar 函数，将菜单栏的状态设定为"显示"。在 AutoCAD 中菜单栏的默认状态为"非显示"（图 13.4-3）。

这样，只要启动 AutoCAD 打开文件，菜单栏就会处于显示状态（参阅 1.3.4 节的介绍）。

图 13.4-3　显示菜单栏

13.4.2　创建 24-MyPline10.lsp

24-MyPline10.lsp 是一个自动绘制 10 个正方形的程序（图 13.4-4）。

1	(defun c:24-MyPline10 ()
	; 定义一个名为 c:24-MyPline10 的函数
2	(setq x 0)
	; 设置初始 x 坐标为 0
3	(setq y 0)
	; 设置初始 y 坐标为 0
4	(repeat 10
	; 循环 10 次，每次增加坐标并创建一个正方形
5	(command-s "Pline"
	; 开始绘制多边形
6	(strcat (itoa x) "," (itoa y))
	; 第一个点 (x, y)
7	(strcat (itoa (+ x 10)) "," (itoa y))
	; 第二个点 (x+10, y)
8	(strcat (itoa (+ x 10)) "," (itoa (+ y 10)))
	; 第三个点 (x+10, y+10)
9	(strcat (itoa x) "," (itoa (+ y 10)))
	; 回到起点关闭多边形
10	""
	; 结束 Pline 命令
11	)
	; 结束绘制命令
12	(setq x (+ x 10))
	; x 坐标增加 10 单位
13	(setq y (+ y 10))
	; y 坐标增加 10 单位
14	)
	; 结束循环
15	(princ)
	; 使用 princ 函数正常结束函数，确保没有额外的输出
16	)
	; 结束函数定义

图 13.4-4　24-MyPline10.lsp

扫描本书前言中的二维码，可以下载"24-MyPline10.lsp"这个文件。

本节主要讲解 LISP 文件的使用方法，对"24-MyPline10.lsp"这个程序的解说可参照内部的注释，这里将不再做更详细的说明。24-MyPline10.lsp 可以自动在原点（0，0）处连续创建 10 个递增的多边形。

13.4.3 设定 LISP

acaddoc.lsp 和 24-MyPline10.lsp 文件都准备好之后，就可以进行设置了。

STEP01 打开"Support"文件夹，它的位置见图 13.4-5。

C:\Program Files\Autodesk\AutoCAD 2024\Support

图 13.4-5 "Support"文件夹的位置

STEP02 复制文件 acaddoc.lsp 和 24-MyPline10.lsp，粘贴到"Support"文件夹中，这时会出现权限的提示窗口，单击"继续"按钮（图 13.4-6），图 13.4-7 为复制到"Support"文件夹后的状态。

图 13.4-6 单击"继续"按钮

图 13.4-7 复制后的状态

STEP03 关闭"Support"文件夹，重新启动 AutoCAD 2024，任意新建一个图形，从命令行里看到图 13.4-8 所示字样，说明 AutoLISP 文件加载成功。

STEP04 在命令行输入自定义命令"24-MyPline10"，按回车键（图 13.4-9），可看到 10 个连续的多边形已经创建出来（图 13.4-10），另存为 MyPline10.dwg。

图 13.4-8 LISP 加载成功

图 13.4-9 输入"24-MyPline10"

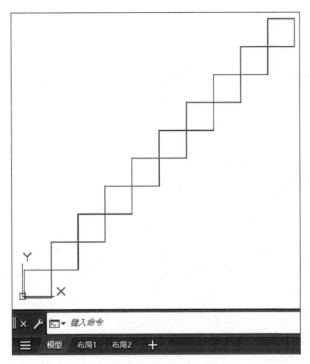

图 13.4-10　多边形创建完成

扫描本书前言中的二维码，可以下载本节使用的文件"MyPline10.dwg"供参考。

通过上面的介绍，读者应该能明显感觉到，不需要去设置专用的 LISP 文件夹就可以快速地使用 AutoLISP 文件，方便快捷。虽然可以将 AutoLISP 文件保存到"Support"文件夹，但是该操作也有一些注意事项和潜在的风险。

首先，这个文件夹通常包含了 AutoCAD 的核心支持文件，任何对这些文件的更改或添加都可能影响 AutoCAD 的稳定性和性能。因此，存放自定义的 LISP 文件时，需要确保这些文件的代码是正确的，以避免对 AutoCAD 运行造成不利影响。

此外，将自定义的 LISP 文件放在"Support"文件夹中，虽然可以实现在 AutoCAD 启动时自动加载这些文件，但这也意味着任何对这个文件夹的修改都需要管理员权限。这可能会给用户带来权限请求的不便，特别是在企业或教育机构的计算机环境中，用户可能没有足够的权限来修改这个文件夹。

更重要的是，如果 AutoCAD 安装更新或进行重装，存放在"Support"文件夹中的自定义文件可能会被覆盖或删除。因此，建议在修改任何支持文件或添加自定义 LISP 文件之前，都应该做好充分的备份，以防止丢失重要的数据。

总结来说，虽然使用"Support"文件夹可以便捷地加载 AutoLISP 文件，但用户应当了解与之相关的风险，并采取适当的预防措施，以确保既能享受自定义功能带来的便利，又不会对 AutoCAD 的使用和系统安全构成威胁。如果可能的话，考虑使用 AutoCAD 提供的其他机制，建议对 AutoCAD 系统不太熟悉的朋友，还是根据 13.3 节所介绍的方法，设置专用的 LISP 文件夹来加载自定义 LISP 文件，可能会更安全、更稳定。

13.5　实用主义

在使用 AutoLISP 进行图案设计时，"实用主义"的理念显得尤为关键。面临各种设计上的问题，若需借助 LISP 实现解决方案或提升工作效率，首要的行动并非着手编写代码，而是先行探索网络上是否已有可供直接应用的类似脚本。AutoLISP 的公开资料已积累超过 35 年，网络上有大量可免费获取的 LISP 脚本，还有软件的内置帮助功能以及丰富的社区支持，都为我们提供了寻找宝藏的无限可能。

希望读者能深入理解"实用主义"并实践这一理念：我们的身份是技术应用的实践者，而非单纯的代码编写者。尽管本章深入讲解了 LISP 编程的各方面知识，目的是加深大家对其基本应用的理解，我们仍需铭记自身的主要职责是设计工作者。LISP 不过是我们众多工具中的一个，旨在帮助我们更高效地完成工作。鼓励大家始终坚持实用主义的工作态度，利用当前高度发展的信息技术，节省宝贵的时间，专注于创造出具有深远意义、具有价值的设计作品。

下面举两个例子来说明。

13.5.1　举例 1：批量圆角

进入欧特克的官方网站（https://www.autodesk.com.cn/），在最上方的搜索栏输入关键词"LISP 批量圆角"（图 13.5-1）。

系统会检索到图 13.5-2 所示的结果，直接单击"分享 LISP：批量圆角"。

图 13.5-1　LISP 批量圆角

图 13.5-2　分享 LISP：批量圆角

在打开的网页中，可以看到有关于批量生成圆角功能的 LISP 程序（图 13.5-3）。

```
  1  (defun C:FFF(/ p n);定义新的函数命名为 "FFF"。
  2    (if (setq p (ssget "_:L" '((0 . "LWPOLYLINE"))));选择图形中所有的多段线
  3      (repeat (setq n (sslength p));循环对端点进行圆角化
  4        (command "_.fillet" "_polyline" (ssname p (setq n (1- n)))));调用F命令进行圆角
  5      );循环结束
  6    );if结束
  7    (princ);
  8  );
```

图 13.5-3　批量生成圆角的程序

将程序复制到文本编辑器中，直接保存为 LISP 文件就可以使用，也可以适当更改一下新建函数的名称，例如另取为"24-Fillet"这样的函数名（图 13.5-4）。

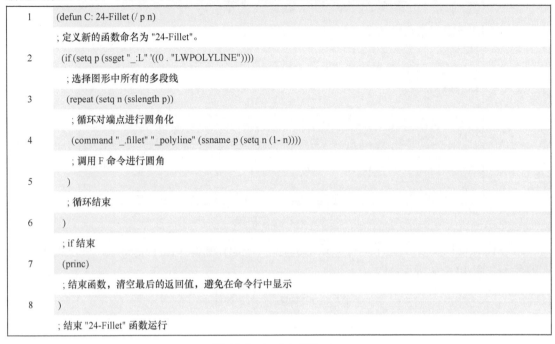

1	(defun C: 24-Fillet (/ p n)
	; 定义新的函数命名为 "24-Fillet"。
2	(if (setq p (ssget "_:L" '((0 . "LWPOLYLINE"))))
	; 选择图形中所有的多段线
3	(repeat (setq n (sslength p))
	; 循环对端点进行圆角化
4	(command "_.fillet" "_polyline" (ssname p (setq n (1- n))))
	; 调用 F 命令进行圆角
5	)
	; 循环结束
6	)
	; if 结束
7	(princ)
	; 结束函数，清空最后的返回值，避免在命令行中显示
8	)
	; 结束 "24-Fillet" 函数运行

图 13.5-4 24-Fillet.lsp

扫描本书前言中的二维码，可以下载"24-Fillet.lsp"这个程序。

通过这种方式，不仅可以提高工作效率，减少不必要的编程劳动，还可以将更多的精力投入设计创新和技术提升上，从而推动个人和整个团队的成长与发展。实用主义不只是一种工作策略，它也体现了一种智慧，即在众多可选方案中寻找最合适的路径，确保我们的工作既高效又具有创造性。

13.5.2 举例 2：强调颜色

再举一个例子，同样在欧特克的官方网站上搜索"LISP 强调颜色"这一关键词（图 13.5-5），可以检索到图 13.5-6 所示的结果，单击"LISP 给最后标准的尺寸添加一个强调颜色"，可以获得相关的 LISP 代码（图 13.5-7）。

图 13.5-5 LISP 强调颜色   图 13.5-6 LISP 给最后标准的尺寸添加一个强调颜色

✔ LISP 给最后标注的尺寸添加一个强调颜色

在开会图纸演示的时候，经常会出现下面这样的场景，

步骤1，对一个没有标注尺寸的对象物，需要马上知道它的尺寸的时候，于是就使用标注功能将尺寸值添加了上去。
步骤2，在下面的讨论过程中，为了能让大家很快找到这个尺寸值，就临时将这个尺寸值更改为了红色。

这个话题讨论完了之后，下面开始讨论另外一个地方的时候，
你又要重复上面的步骤，将别的对象物的尺寸标注上去，再去将它的颜色改为红色以方便大家很快找到它。
· · · · · ·
就是这样的一个动作，怎样才能效率化点呢？

下面这个代码实现了，你标注完尺寸后，
即使全部选择图纸上所有对象物体，也只会对你最后标注的尺寸值给与红色强调。
实现了部分操作的效率化。

```
(defun c:dimcol (/ ss col)
    (setq ss (ssget "_:L" '((0 . "DIMENSION"))))
  (sssetfirst nil ss)
  (setq col (ssname ss 0))
  (entmod (append (entget col) '((62 . 1))))
  (princ)
)
```

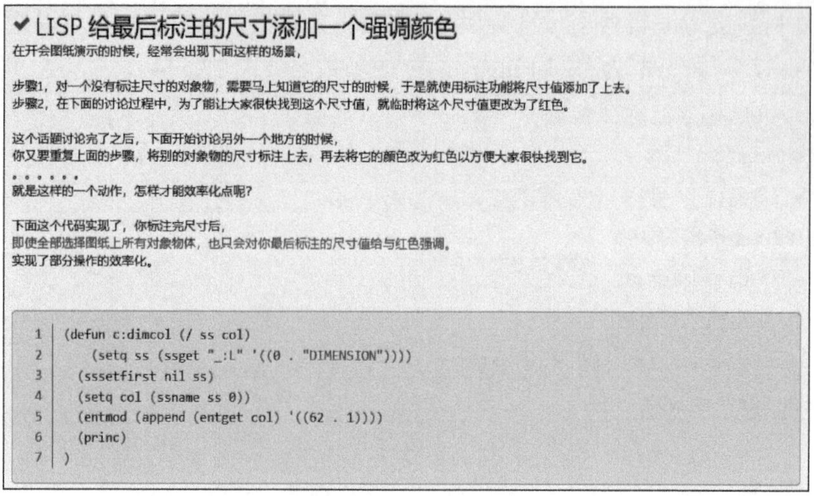

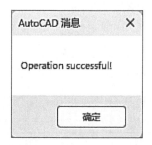

图 13.5-7　LISP 代码

这些代码可以实现在程序运行完成后弹出一个提示窗口（图 13.5-8）。可以根据网页上的代码做图 13.5-9 所示修改。

图 13.5-8　AutoCAD 消息

```
(defun c:24-dimcol (/ ss col)
 ; 定义一个名为 24-dimcol 的命令，局部变量 ss 和 col
  (setq ss (ssget "_:L" '((0 . "DIMENSION"))))
  ; 选择所有类型为 "DIMENSION" 的对象，赋值给 ss
  (sssetfirst nil ss)
  ; 将 ss 中的第一个元素设置为选定集的第一个
  (setq col (ssname ss 0))
  ; 获取选定集 ss 中的第一个元素的名称，赋值给 col
  (entmod (append (entget col) '((62 . 1))))
  ; 获取 col 元素的属性，修改颜色代码为 1，并更新该元素
  (alert "Operation successful!")
  ; 显示操作成功的消息
  (princ)
  ; 结束函数，清空最后的返回值，避免在命令行中显示
)
 ; 结束 24-dimcol 的命令
```

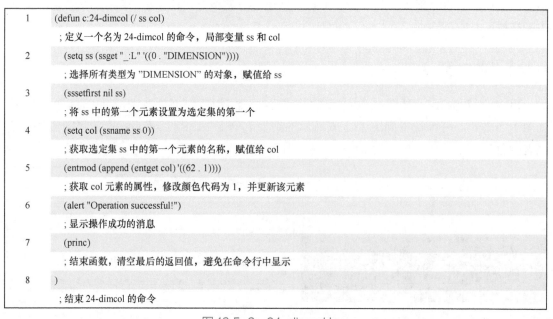

图 13.5-9　24-dimcol.lsp

扫描本书前言中的二维码，可以下载"24-dimcol.lsp"这个程序。

本章探讨了 AutoLISP 的具体使用方法，了解了如何加载和运行 AutoLISP 程序，并学习了通过 acaddoc.lsp 文件实现自动加载 LISP 的方法。还介绍了如何设置专用的 LISP 文件夹，方便管理和调用 LISP 脚本。在"实用主义"部分，分享了批量圆角和强调颜色的实用 LISP 脚本，展示了 LISP 在提高绘图效率和增强图纸效果方面的强大功能。

希望读者通过本章的学习，能够熟练掌握 AutoLISP 的使用方法，灵活应用这些技巧和脚本，进一步提升在 AutoCAD 中的工作效率和绘图效果。

下面是本章出现的命令和变量一览表。

章节	命令	快捷键	功能
13.1	APPLOAD	AP	启动"加载应用程序"对话框
13.3	OPTIONS	OP	启动"选项"对话框

1. 在 AutoCAD 中，如何加载和运行 AutoLISP 脚本？请解释不同加载方法的优缺点，并提供具体的使用场景。

2. 什么是 acaddoc.lsp 文件？在绘图过程中，如何通过 acaddoc.lsp 实现 AutoLISP 脚本的自动加载？这种方法对提高工作效率有何帮助？

3. 为什么要设置专用的 LISP 文件夹？在管理和使用 AutoLISP 脚本时，设置专用文件夹有哪些优势？请结合实例说明其实际应用。

第 14 章

活用 AutoLISP 改造 AutoCAD

在战国时期的齐国，有个"田忌赛马"的典故。田忌通过与孙膑的智慧配合，巧妙地调整了比赛策略，最终战胜了对手。这一故事启示我们，巧妙运用策略和工具可以扭转局面，取得意想不到的成功。

本书入门篇和精通篇介绍的内容，有很多知识点可以用 AutoLISP 来实现。本章将可以用 AutoLISP 实现的程序都编写并添加了注释，以方便大家的使用和学习。另外，本书所讲述的所有 LISP 程序，读者无须重新书写，都可以扫描本书前言中的二维码下载后直接使用。使用方法请参阅本书第 12 章和第 13 章的说明。

正如田忌巧妙运用策略和资源赢得比赛那样，读者可以通过本节所介绍的程序，掌握并活用 AutoLISP，灵活地改造和优化自己的 AutoCAD，以提高设计效率和工作质量。

14.1 全部保存和关闭

我们在 1.6 节介绍了怎样使用 AutoCAD 2024 标准的命令来批量保存文件以及关闭文件的方法。但是，该操作需要先单击"文件"选项卡最左侧的"≡"这个图标（图 14.1-1），然后再单击"全部保存"（SAVEALL）命令；接着还需要再单击一次"≡"这个图标，然后选择"全部关闭"（CLOSEALL）命令。也就是说，完成所有打开文件的保存和关闭，需要四个步骤才能完成。

图 14.1-1 "文件"选项卡最左侧的图标

在这里介绍一个 LISP 程序，可以将这四个步骤省略为一个 LISP 程序，并且只需要运行 LISP 程序中自定义的命令即可完成"SAVEALL"和"CLOSEALL"这两个命令的执行。具体程序见图 14.1-2。

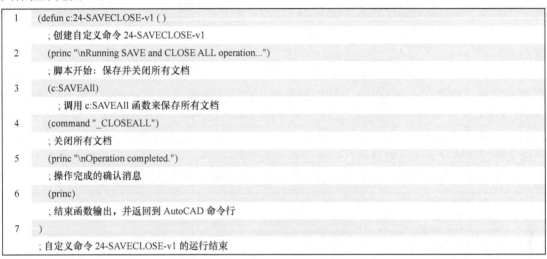

1	(defun c:24-SAVECLOSE-v1 ( )
	; 创建自定义命令 24-SAVECLOSE-v1
2	(princ "\nRunning SAVE and CLOSE ALL operation...")
	; 脚本开始：保存并关闭所有文档
3	(c:SAVEAll)
	; 调用 c:SAVEAll 函数来保存所有文档
4	(command "_CLOSEALL")
	; 关闭所有文档
5	(princ "\nOperation completed.")
	; 操作完成的确认消息
6	(princ)
	; 结束函数输出，并返回到 AutoCAD 命令行
7	)
	; 自定义命令 24-SAVECLOSE-v1 的运行结束

图 14.1-2　24-SAVECLOSE-v1.lsp

对图 14.1-2 所示代码说明如下：

第 2 行输出了一个消息表示开始执行保存和关闭所有文档的操作，这一行主要以提示为目的，可以删除或忽略。

第 3 行调用了一个名为"c:SAVEALL"的函数来保存所有打开的文档，然后第 4 行再使用"CLOSEALL"命令来关闭所有 DWG 文件，最后通过第 5 行输出操作完成的确认消息之后程序就结束了。

这里大家不禁要问：第 4 行使用了"command"函数来执行"CLOSEALL"命令，为什么第 3 行不使用"command"函数呢？

这是因为第 3 行的"SAVEALL"命令并不是 AutoCAD 的标准命令，它是 AutoCAD 的一个扩展程序集"Express Tools"中的一个命令（图 14.1-3）。我们安装 AutoCAD 2024 之后，在 C 盘的"Express"文件夹可以找到这个 LISP 文件。也就是说，对于"SAVEALL"命令，不能像图 14.1-2 中的第 4 行那样直接使用"command"函数来调用它。

> 此电脑 > Windows (C:) > Program Files > Autodesk > AutoCAD 2024 > Express

名称	修改日期	类型	大小
RText.crx	2023/8/13 20:04	AutoCADCoreExt...	74 KB
rtext.lsp	2023/3/28 21:37	AutoLISP 应用程...	19 KB
rtucs.lsp	2023/3/28 21:37	AutoLISP 应用程...	31 KB
saveall.lsp	2023/3/28 21:37	AutoLISP 应用程...	7 KB
shp2blk.lsp	2023/3/28 21:37	AutoLISP 应用程...	19 KB

图 14.1-3　"Express"文件夹

这也是很多朋友在欧特克社区经常提到的疑问：为什么我不能使用 (command "_SAVEALL")
这样的形式来调用"SAVEALL"命令？如果你
使用"command"函数来直接调用它，会发现命
令行会出现下面这样的错误提示（图 14.1-4）。
理由就在这里，因为它不是 AutoCAD 的一个标
准命令。

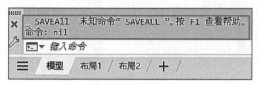

图 14.1-4　错误提示

理解了第 3 行的含义后，继续探讨下一个问题。虽然"SAVECLOSE-v1.lsp"这个程序
有效地实现了保存和关闭 DWG 文件的基本操作，但它未能考虑到处理以只读模式打开的
DWG 文件的情形。这意味着需要在程序中增加一项功能，用于针对那些无法编辑的文件给
出相应的错误提示。这样的改进不仅会提升程序的健壮性，还能改善用户体验，确保在处理
只读文件时能够有效地通知用户，避免可能的操作混淆。

下面是对"24-SAVECLOSE-v1.lsp"这个程序的改进，具体见图 14.1-5。

```
1    (defun c:24-SAVECLOSE-v2 (/ doc readOnly)
        ; 创建函数 c:24-SAVECLOSE-v2
2    (setq doc (vla-get-activedocument (vlax-get-acad-object)))
        ; 获取当前文档对象
3    (if (= :vlax-true (vla-get-readonly doc))
        ; 检查当前文档是否为只读
4    (progn
        ; 如果文档是只读的，则执行以下操作
5        (setq readOnly T)
            ; 设置只读标志
6        (princ "\nError: Cannot save read-only file: ")
            ; 打印错误信息
7        (princ (vla-get-name doc))
            ; 打印只读文档的名称
8        )
        ; 结束 progn 块
9    )
        ; 结束 if 块
10   (if (not readOnly)
        ; 如果当前文档不是只读的
11   (progn
        ; 如果文档不是只读的，则执行以下操作
12       (c:SAVEAll)
            ; 调用 c:SAVEAll 函数来保存所有文档
13       (command "_CLOSEALL")
            ; 关闭所有文档
         )
        ; 结束 progn 块
     (princ "\nOperation canceled due to read-only files.")
        ; 如果存在只读文件，打印操作取消信息
     )
        ; 结束 if 块
     (princ)
        ; 正常退出函数
     )
; 结束函数 c:24-SAVECLOSE-v2 的运行
```

图 14.1-5　24-SAVECLOSE-v2.lsp

相对于"24-SAVECLOSE-v1.lsp"，这个程序增加了处理只读文件的功能。程序首先获取当前激活的所有 DWG 文档，然后检查这些文档是否有只读模式的文档。如果有只读文档，程序会设置一个只读标志并打印出错误信息，指明无法保存只读的 DWG 文件，并会在命令行显示该文件的名称。如果当前文档不是只读的，程序将调用"SAVEALL"函数来保存所有文档，并执行关闭所有文档的操作。如果检测到只读文件，程序将取消操作并打印出相应的提示信息。这样"24-SAVECLOSE-v2"在执行保存和关闭操作时，能够更智能地处理只读模式的 DWG 文件，提高了程序的实用性。

当然，如果确认需要保存的文件中没有只读模式的 DWG 文件，使用"24-SAVECLOSE-v1.lsp"这个程序是完全没有问题的。

14.2　动态输入与对象捕捉的快速设置

本节将深入探讨如何使用 AutoLISP 脚本来快速配置动态输入（DYNMODE）和对象捕捉（OSNAP）功能，提升在 AutoCAD 中的工作效率。回顾 2.1 节的内容，我们已经介绍了动态输入和对象捕捉的基本设置与应用技巧。通过本节所介绍的自定义命令"24-Default"，可以实现一键快速配置这些重要功能，极大简化了操作流程。

图 14.2-1 是"24-Default.lsp"这个程序的内容。

```
1   (defun c:24-Default ()
    ; 创建自定义命令 24-Default
2   (setvar "OSMODE" (+ 1 2 4 8 32))
    ; 设置对象捕捉
3   (setvar "DYNMODE" 3)
    ; 设置动态输入功能
4   (princ "\nOSMODE=47, DYNMODE=3.")
    ; 在命令行里面显示提示信息
5   (princ)
    ; 结束函数输出，并返回到 AutoCAD 命令行
6   )
    ; 结束命令运行
```

图 14.2-1　24-Default.lsp

在"24-Default.lsp"这个程序中，第 2 行、第 3 行和第 4 行需要详细说明：

第 2 行用来设定对象捕捉。这里通过"OSMODE"变量，我们启用了端点（1）、中点（2）、圆心（4）、节点（8）以及交点（32）这五个捕捉点，这对于精确绘图至关重要。具体来说，OSMODE 的值被设置为"47"，这是通过将 1（端点）、2（中点）、4（圆心）、8（节点）和 32（交点）相加得到的。这样的设置确保了在绘制或编辑图形时，可以轻松地捕捉到这些关键点。

更进一步，这样的设置不仅仅是为了启用这五个特定的捕捉点，它还有一个额外的好处：在该程序运行时，如果其他捕捉点已经被激活，它们将被自动关闭。这一机制极大地降低了在绘图或编辑过程中发生不必要捕捉的可能性，从而让绘图工作变得更加高效和专注。

为了更好地理解和应用这些设置，下面提供的表格详细列出了各个捕捉点及其对应的

数值（表 14.2-1）。这将帮助大家更加灵活地设置对象捕捉变量，以适应不同的绘图需求和偏好。

表 14.2-1　对象捕捉各个捕捉点的数值一览表

数值	命令	内容
1	END	端点
2	MID	中点
4	CEN	圆心
8	NOD	节点
16	QUA	象限点
32	INT	交点
64	INS	插入点
128	PER	垂足
256	TAN	切点
512	NEA	最近点
1024	GCE	几何中心
2048	APP	外观交点
4096	EXT	延长线
8192	PAR	平行线
16384		禁用当前的执行对象捕捉
16385		全部使用

表 14.2-1 中的这些变量数值已包含在"24-Default.lsp"程序中。

第 3 行通过设定动态输入变量 DYNMODE 为"3"，激活了"指针输入"和"标注输入"的动态显示，进一步提升了绘图的便捷性和直观性。这意味着大家在绘制或编辑过程中，可以实时看到尺寸信息和相关提示。

表 14.2-2 是动态输入变量各个数值的含义。

表 14.2-2　动态输入变量

数值	含义
0	关闭所有动态输入功能（包括动态提示）
1	打开指针输入
2	打开标注输入
3	同时打开指针和标注输入

表 14.2-2 中的这些变量数值已包含在"24-Default.lsp"程序中。

第 4 行在程序的最后，通过 princ 函数输出当前的 OSNAP 和 DYNMODE 设置状态，这样在命令行中就可以直接看到反馈，确认设置已成功应用。这种即时反馈机制对于确保设置正确无误是非常有帮助的。如果第 2 行和第 3 行的数值有变更，不要忘记将这一行的数值也一并修改。

在实际应用中，"24-Default.lsp"脚本的灵活性和便利性将极大提升绘图效率。无论是在进行复杂图纸的编辑，还是在从头开始绘制新图形时，都能感受到明显的差异。借助这一工具，用户可以更加专注于设计本身，而不是被烦琐的设置所困扰。此外，我们鼓励大家根据个人需要调整脚本中的设置，以达到最佳的工作效果。

总之，通过合理配置动态输入和对象捕捉功能，结合 AutoLISP 脚本，我们将享受到更为流畅和高效的绘图体验。这不仅提高了工作效率，也极大地提升了设计的准确度和专业性。

14.3　快速切换点的样式

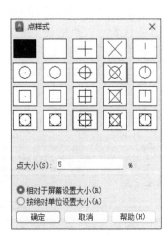

图 14.3-1　点样式一览

第 2 章探讨了如何通过"PTYPE"命令来切换点的样式。然而，当需要频繁使用点进行位置定位等，通过切换点样式来确认点的位置会十分烦琐。为了提供一个更加便捷和高效的方法来实现这一功能，本节介绍了一个专门的程序。这个程序的设计初衷是简化操作流程，能够直接通过程序代码来切换点的样式和调整其大小，而无须通过烦琐的界面操作。

比如想实现下面两种点的样式的快速切换（图 14.3-1），并将点的大小，一个设定为 2，另一个设定为 5，可以按图 14.3-2 来编写程序，每一行程序下均有注释。

```
1   (defun c:24-PD (/)
         ;定义一个名为 24-PD 的函数
2   (if (null 24TOGGLE)
         ;如果 24TOGGLE 变量为空，则执行以下语句
3   (setq 24TOGGLE 0)
         ;将 24TOGGLE 变量初始化为 0
4   )
         ;结束 if 语句
5   (setq 24TOGGLE (abs (- 1 24TOGGLE)))
         ;将 24TOGGLE 变量设置为其当前值与 1 的差的绝对值
6   (if (= 24TOGGLE 0)
         ;检查 24TOGGLE 是否为 0
7   (progn
         ;如果 24TOGGLE 为 0，执行以下语句块
8   (setvar "PDMODE" 35)
         ;设置系统变量 PDMODE 为 35，改变点的显示模式
9   (setvar "PDSIZE" 2.0)
         ;设置系统变量 PDSIZE 为 2.0，改变点的显示大小
10  )
         ;结束 progn 语句块
11  (progn
         ;如果 24TOGGLE 不为 0，执行以下语句块
12  (setvar "PDMODE" 98)
         ;设置系统变量 PDMODE 为 98，改变点的显示模式
13  (setvar "PDSIZE" 5.0)
         ;设置系统变量 PDSIZE 为 5.0，改变点的显示大小
14  )
         ;结束 progn 语句块
15  )
         ;结束 if 语句
16  (princ)
         ;结束函数输出，并返回到 AutoCAD 命令行
17  )
    ;结束命令运行
```

图 14.3-2　24-PD.lsp

这个程序的核心是一个名为"24TOGGLE"的变量，它在两种状态（0 和非 0）之间相互切换。当"24TOGGLE"为 0 时，程序将点的显示模式设置为 35（"PDMODE"为 35），并将点的大小设为 2.0（"PDSIZE"为 2.0）。当"24TOGGLE"非 0 时，它将点的显示模式设置为 98（"PDMODE"为 98），并将点的大小设为 5.0（"PDSIZE"为 5.0）。通过这种方法，我们只需要连续执行 24-PD 命令，就可以快速切换点的外观。

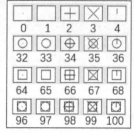

上面的程序第 8 行中的"35"和第 12 行中的"98"，这两个数值各代表一种点的样式。点的样式总共有 20 种，每一种样式都有其特定的数值（图 14.3-3）。

图 14.3-3 点样式的数值

通过这种简单的自定义命令，就可以轻松切换点的显示样式和大小，这在复杂的图纸编辑过程中将大大提高效率和精确度。希望本节的内容对大家的 AutoCAD 使用和编程实践有所启发和帮助。

14.4 反转选择

2.5 节详细介绍了一种实用的技巧，即利用"ERASE"命令的功能来实现"反转选择"。为了使这一技巧更加便捷和灵活地被应用，引入了 AutoLISP 脚本来快速地执行这个过程。

图 14.4-1 是一个简单的 AutoLISP 程序示例，名为"24-ERASE.lsp"，它展示了如何快速实现上述技巧。

1	(defun c:24-ERASE ()
	; 创建函数 24-ERASE
2	(command "_.ERASE" "_ALL" "_R")
	; 启动删除命令，选择所有对象和反转选择
3	(princ "\nPlease select objects and press Enter.")
	; 提示用户选择对象并按回车
4	(command pause)
	; 等待选择并按回车
5	(command "")
	; 删除所有对象，除了鼠标选择的对象
6	(princ)
	; 结束函数输出，返回 AutoCAD 命令行
7	(alert "Delete successful")
	; 弹出窗口，提示删除成功
8	)
	; 结束 LISP 函数

图 14.4-1 24-ERASE.lsp

本程序的精髓在于其第 2 行和第 5 行的代码，它们实现了使用"删除"命令进行反转选择的全过程。此外，第 7 行代码提供了一个用户友好的界面反馈，即在程序执行完成后自动弹出一个提示窗口以告知用户"删除成功"。如果觉得这样的提示不必要，可以简单地将这一行代码删除。

这样的设计不仅提升了操作的效率，还增加了程序的灵活性和用户的互动体验。借助 AutoLISP 的强大功能，即使是复杂的 CAD 操作也能变得简单易行。希望大家能够充分利用这一程序，提升自己在 AutoCAD 中的工作效率。

14.5　图形的缩放与全局

2.8 节讲到了使用"ZOOM"来进行全局缩放的功能。如果结合"LIMITS"功能，就可以用 AutoLISP 来创建一个高效的工作流。

在 AutoCAD 中，"LIMITS"命令扮演着一个基础而关键的角色，它使用户能够在绘图界面上设定一个矩形边界，从而明确绘图区域的范围。这一功能在管理和聚焦绘图工作时极为有用。例如，当需要频繁参考当前的重点绘图区域时，可以利用该命令为这一区域划定一个特定的范围，从而将其设定为当前的绘图空间。这种做法极大地便利了我们的工作流程，因为它减少了使用鼠标滚轮进行区域寻找的需要。我们只需通过简单的命令即可快速回到该区域，从而提高了绘图效率和准确性。

活用"LIMITS"的这一特性，再结合 2.8 节介绍的"ZOOM"全局放大功能，就可以使用 AutoLISP 来实现"局部范围显示"和"全局范围显示"的切换。程序见图 14.5-1。

1	(defun c:24-Limits ()
	；定义一个名为 24-Limits 的函数
2	(setvar 'cmdecho 0)
	；关闭命令回显（cmdecho），使命令行操作不在屏幕上显示
3	(if (null TOGGLE:24LIMITS)
	；如果 TOGGLE:24LIMITS 是空（未定义）
4	(setq TOGGLE:24LIMITS 0)
	；设置 TOGGLE:24LIMITS 为 0
5	)
	；以上为检查 TOGGLE:24LIMITS 变量是否已被设置，若未设置，则初始化为 0
6	(setq TOGGLE:24LIMITS (abs (- 1 TOGGLE:24LIMITS)))
	；将 TOGGLE:24LIMITS 的值反转，若为 0 则变为 1，若为 1 则变为 0
7	(if (= TOGGLE:24LIMITS 0)
	；如果 TOGGLE:24LIMITS 等于 0
8	(command "_.'zoom" "_non" (getvar 'limmin) "_non" (getvar 'limmax))
	；执行缩放命令，缩放到定义的图纸限界
9	(command "_.zoom" "_all")
	；否则，执行全图缩放
10	)
	；以上为根据 TOGGLE:24LIMITS 的值来决定执行的缩放命令
11	(setvar 'cmdecho 1)
	；恢复命令回显
12	(princ)
	；结束函数输出，并返回到 AutoCAD 命令行
13	)
	;24-Limits 的函数定义结束

图 14.5-1　24-Limits.lsp

　　将上面的程序取名为 24-Limits.lsp，保存加载后就可以使用 24-Limits 这个自定义的命令了。整个程序结构清晰，最关键的就是第 8 行和第 9 行。通过检查和切换"TOGGLE:24LIMITS"变量的值就可以实现两种不同的缩放模式：一种是缩放到图纸的限界（第 8 行），另一种是缩放以显示所有内容（第 9 行）。

　　但是使用这个程序有一个前提，我们需要用"LIMITS"命令提前将特定的区域范围划分出来。操作方法非常简单，在命令行输入"LIMITS"之后，在自己想划分的特定范围的左下角单击一下，然后再在右上角单击之后（图 14.5-2），范围就设定完成。

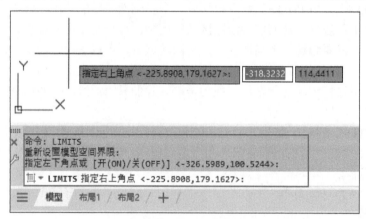

图 14.5-2　LIMITS 范围的设定

　　通过这种方式，可以更有效地管理绘图显示范围，特别是在处理大型或复杂设计时，借用"LIMITS"来划定一个界限，可大大缩短搜索时间。

14.6　打造云线专属图层

　　我们在前文中深入介绍了云线命令"REVCLOUD"。这是一种常用于图纸审查过程中的工具，其主要作用是突出显示重要的修改区域，从而便于与合作伙伴进行快速有效的沟通，并管理修改历史记录。通常，每次处理图层时，设置专用的云线图层都可能显得非常烦琐。为了解决这一问题，我们将展示 3 种使用 AutoLISP 脚本来实现高效管理云线图层的方法。

14.6.1　方法 1：云线功能和图层

　　首先介绍的方法依赖于标准的云线命令。通过这种方式，我们利用 LISP 脚本创建并设置特定图层作为当前操作图层，从而对云线进行有效管理。为了更好地说明这一方法，我们将展示如何创建连续的五个图层。图 14.6-1 是"24-REV-v1.lsp"这个自定义程序的详细代码。

1	(defun MakeLayer (LayName Suffix LayColor LayLineWeight)
	；定义 MakeLayer 函数，图层名称、后缀、颜色和线宽作为参数
2	(if (not (tblsearch "LAYER" (strcat LayName "_" (itoa Suffix))))
	；检查图层是否存在，如果不存在，使用 command-s 创建图层
3	(progn
	；开始 progn 函数
4	(command-s "_.-layer" "_m" (strcat LayName "_" (itoa Suffix))
	"_c" LayColor "" "_lw" LayLineWeight "" "")
	；设置图层颜色和线宽
5	(princ (strcat "\nCreated layer: " LayName "_" (itoa Suffix)))
	；创建图层提示
6	)
	；结束 progn 函数
7	(princ (strcat "Layer " LayName "_" (itoa Suffix) " already exists.\n"))
	；如果图层已经存在，打印消息说明所要创建的图层已经存在
8	)
	；结束 if 函数
9	)
	；结束 MakeLayer 函数定义
10	(defun C:24-REV-v1 ()
	；定义 24-REV-v1 函数
11	(setq input "REV")
	；设置 input 变量为 "REV"
12	(MakeLayer input 1 2 0.09)
	；创建图层 REV_1，颜色 2，线宽 0.09
13	(MakeLayer input 2 3 0.09)
	；创建图层 REV_2，颜色 3，线宽 0.09
14	(MakeLayer input 3 4 0.09)
	；创建图层 REV_3，颜色 4，线宽 0.09
15	(MakeLayer input 4 5 0.09)
	；创建图层 REV_4，颜色 5，线宽 0.09
16	(MakeLayer input 5 6 0.09)
	；创建图层 REV_5，颜色 6，线宽 0.09
17	(command-s "._Clayer" "0")
	；将当前图层设置为 0
18	(princ "\nSuccess!")
	；打印成功消息
19	(princ)
	；清空最后的返回值，避免在命令行中显示
20	)
	；结束 24-REV-v1 函数定义

图 14.6-1　24-REV-v1.lsp

　　程序 "24-REV-v1.lsp" 的核心功能是批量生成具有指定属性的图层，并自动设置当前图层为默认图层（图层 0）。该程序允许用户迅速配置多个图层，每个图层都设定了独特的颜色和线宽，从而优化了云线的绘制和管理过程。这一功能特别适用于技术图纸的多轮审查，能够有效地标识出各个阶段或内容的变更，提高审查效率。

　　图 14.6-2 所示为运行 24-REV-v1.lsp 之后所创建的图层。

图 14.6-2　运行 24-REV-v1.lsp 之后所创建的图层

14.6.2　方法 2：多段线转云线

第 2 种方法涉及将多段线转换为云线，这是一种广泛应用的技术，特别适用于强调图纸中的修改区域。通过使用这种方法，我们可以有效地将现有的多段线图形转变为视觉突出的云线形式，从而清晰标记修订的内容。图 14.6-3 所示为 "24-REV-v2.lsp" 程序的详细代码，该代码展示了如何实现多段线到云线的转换过程。

1	(defun MakeLayer (LayName Suffix LayColor LayLineWeight)
	; 定义 MakeLayer 函数，图层名称、后缀、颜色和线宽作为参数
2	(if (not (tblsearch "LAYER" (strcat LayName "_" (itoa Suffix))))
	; 检查图层是否存在，如果不存在，使用 command-s 创建图层
3	(progn
	; 开始 progn 函数
4	(command-s "_-layer" "_m" (strcat LayName "_" (itoa Suffix))
	"_c" LayColor "" "_lw" LayLineWeight "" "")
	; 设置图层颜色和线宽
5	(princ (strcat "\nCreated layer: " LayName "_" (itoa Suffix)))
	; 创建图层提示
6	)
	; 结束 progn 函数
7	(princ (strcat "Layer " LayName "_" (itoa Suffix) " already exists.\n"))
	; 如果图层已经存在，打印消息说明所要创建的图层已经存在
8	)
	; 结束 if 函数
9	)
	; 结束 MakeLayer 函数定义
10	(defun C:24-REV-v2 ()
	; 定义 C:24-REV-v2 函数
11	(setq input "REV")
	; 设置 input 变量为 "REV"
12	(MakeLayer input 1 2 0.09)
	; 创建图层 REV_1，颜色 2，线宽 0.09
13	(MakeLayer input 2 3 0.09)
	; 创建图层 REV_2，颜色 3，线宽 0.09
14	(MakeLayer input 3 4 0.09)
	; 创建图层 REV_3，颜色 4，线宽 0.09
15	(MakeLayer input 4 5 0.09)
	; 创建图层 REV_4，颜色 5，线宽 0.09
16	(MakeLayer input 5 6 0.09)
	; 创建图层 REV_5，颜色 6，线宽 0.09

图 14.6-3　24-REV-v2.lsp

17	(command-s "._REVCLOUD" "_A" 5 5 "_O" pause "_N")
	;将选择的对象转换为云线
18	(command-s "._CHANGE" (entlast) "" "_P" "_LA" (strcat input "_1") "")
	;将云线放入到指定的图层
19	(command-s "._Clayer" "0")
	;将当前图层设置为 0
20	(princ "\nSuccess!")
	;打印成功消息
21	(princ)
	;清空最后的返回值,避免在命令行中显示
22	)
	;结束 C:24-REV-v2 函数定义

图 14.6-3　24-REV-v2.lsp（续）

除了创建图层的基本功能外,24-REV-v2.lsp 这个程序还能将多段线转换为云线,并自动将生成的云线分配到指定的图层。这提供了一个直观的解决方案,用于将现有的多段线元素转换成更为明显的云线,以突出修订区域。此功能尤其适用于需要在技术图纸的修改和审查过程中,将标准绘图元素转变为明确的修订标记的场合。

14.6.3　方法 3:自建图层转云线

第 3 种方法专注于创建新的图层,并在其上直接生成云线,这种方法非常适合需要快速创建和管理云线的场景。通过这种方式,我们可以确保每个修订标记都在其专属图层上,便于后续的修改和审查。程序"24-REV-v3.lsp"展示了从图层的创建到云线生成的完整流程,具体代码见图 14.6-4。

1	(defun c:24-REV-v3 (/ LayName width)
	;定义一个名为 24-REV-v3 的函数,局部变量 LayName 和 width
2	(defun *error* (msg)
	;定义一个错误处理函数,参数为 msg
3	(princ (strcat "\nError: " msg))
	;打印错误消息,前缀为 "\nError: "
4	(command-s "._Clayer" "0")
	;将当前图层设置为 "0"（默认图层）
5	(princ)
	;清空最后的返回值,避免在命令行中显示
6	)
	;结束错误函数定义
7	(setq LayName "REV_1")
	;将变量 LayName 设置为 "REV_1"
8	(setq width 5)
	;将变量 width 设置为 5
9	(if (not (tblsearch "layer" LayName))
	;if 函数开始,检查 LayName 是否不存在于图层表中
10	(progn
	;progn 函数开始
11	(command-s "-layer" "_make" LayName "c" "2" "" "")
	;如果 LayName 不存在,以颜色 2 创建它

图 14.6-4　24-REV-v3.lsp

12	)
	; progn 函数结束
13	)
	; if 函数结束
14	(command-s "._REVCLOUD" "_A" width width "_O" pause "_N")
	; 以指定的宽度创建修订云，请求点，不闭合折线
15	(command-s "._CHANGE" (entlast) "" "_P" "_LA" LayName "")
	; 更改最后一个创建的实体的属性，将其图层设置为 LayName
16	(command-s "._Clayer" "0" "")
	; 将当前图层重新设置为 "0"
17	(princ "\nSuccess!")
	; 打印 "\nSuccess! 消息
18	(princ)
	; 清空最后的返回值，避免在命令行中显示
19	)
	; 结束 24-REV-v3 函数定义

图 14.6-4　24-REV-v3.lsp（续）

程序"24-REV-v3"可检查并验证指定图层是否存在。如果该图层不存在，则会自动创建它，并直接在新建的图层上绘制云线。此外，该程序包含了错误处理机制，确保在发生操作错误时能提供适当的反馈并恢复到默认设置。这种功能非常适合需要快速进行修订标记同时确保图层唯一性的用户。在多人协作的项目中，它特别有助于维持修订云线的一致性和确保其正确归档。

以上 3 种方法，每一种都拥有其独特的应用价值，大家可以根据具体的需求选择最合适的脚本。

14.7　活用配置切换背景颜色

8.8.2 节探讨了如何使用配置功能来调整绘图区域的背景颜色。每次需要调整颜色时，都必须先访问"选项"对话框，再切换到相应的"配置"选项卡来进行操作，这一过程相当烦琐。为了简化这一操作，本节将介绍如何利用 AutoLISP 编程语言来自定义一个命令"24-MyProfiles"，从而快速切换配置。以下是具体的实现方法（图 14.7-1）。

1	(defun c:24-MyProfiles ()
	; 创建自定义命令 24-MyProfiles
2	(setq currentProfile (getvar "cprofile"))
	; 获取当前活动的配置文件名称
3	(if (= currentProfile "WhiteBack")
	; 判断当前配置文件，如果为 "WhiteBack" 则切换到 "BlackBack"，如果为 "BlackBack" 则切换到 "WhiteBack"
4	(progn
	; 开始 progn 函数，确保下面的表达式按照顺序来执行
5	(vla-put-activeprofile
	(vla-get-profiles (vla-get-preferences (vlax-get-acad-object)))
	"BlackBack"
	)
	; 将活动配置文件切换为 "BlackBack"

图 14.7-1　24-MyProfiles.lsp

6	(princ "\nSwitched to profile: BlackBack")
	; 输出切换后的配置文件名称
7	)
	; 结束 if 的第一个分支
8	(if (= currentProfile "BlackBack")
	; 再次检查配置文件是否为 "BlackBack"
9	(progn
	; 开始 progn 函数，确保下面的表达式按照顺序来执行
10	(vla-put-activeprofile
	(vla-get-profiles (vla-get-preferences (vlax-get-acad-object)))
	; 输出切换后的配置文件名称
11	)
	; 结束 if 的第二个分支
12	(princ "\nNo profile switch needed. Already on the correct profile.")
	; 如果配置文件已经是正确的，不需要切换
13	)
	; 结束外层 if 的第二个分支
14	)
	; 结束外层 if 结构
15	(princ "\n24-MyProfiles.lsp Loaded successfully, use the command '24-MyProfiles' to switch profiles.")
	; 输出命令加载成功的消息
16	(princ)
	; 函数运行结束，确保函数不留下任何多余的命令行输出
17	)
	; 结束 defun 定义

图 14.7-1　24-MyProfiles.lsp（续）

在使用这个自定义命令之前，请参阅 8.8.2 节介绍的步骤，在"选项"对话框中将 "WhiteBack"和"BlackBack"这两个配置提前创建好（图 14.7-2）。

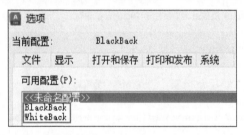

图 14.7-2　创建配置"WhiteBack"和"BlackBack"

在图 14.7-1 所示的程序中，最关键的一行代码是第 5 行，这行代码是执行配置文件切换的核心。它通过调用"vla-put-activeprofile"函数，将活动配置文件设置为"BlackBack"。这个函数是利用 AutoLISP 与 AutoCAD 的接口进行交互、实现配置变更的关键步骤。

另外，运行"24-MyProfiles"这个自定义命令就可以实现背景的切换。这是因为这个程序的逻辑基于一个简单的条件判断，允许我们通过一个命令在两种不同的配置文件之间切换。

当用户运行"24-MyProfiles"命令时，程序通过第 2 行首先获取并检查当前的配置文件名。这一步骤确定了现有的背景颜色配置。

如果当前配置文件名是"WhiteBack"，说明当前的背景颜色是白色。程序会执行第 3 ～ 7 行的代码，将配置切换到"BlackBack"，即黑色背景。

如果当前配置文件名是"BlackBack"，说明当前的背景颜色是黑色。此时，程序会执行第 8 ～ 13 行的代码，将配置切换回"WhiteBack"，即白色背景。

由于程序设计成只根据当前配置进行切换，每次执行"24-MyProfiles"命令时，程序都会根据当前的配置状态决定下一步是切换到黑色背景还是白色背景。通过这样的设计，可以反复运行同一命令来在这两种背景颜色之间进行切换。这是一种非常实用的编程手法，希望大家能体会和活用它。

14.8 布局空间转换为模型空间

在 AutoCAD 工作流程中，效率和自动化的重要性日益增加。本节将继续探索如何通过编程来增强这些工作流程。尤其是布局空间不仅仅是展示设计的场所，也可以转化为独立的 DWG 文件，以便于项目的管理和交付。本节将介绍如何利用 AutoLISP 语言，结合"EXPORTLAYOUT"命令，实现从布局空间到模型空间的自动化转换。这一功能对于需要处理大量布局的专业人士来说尤为重要，因为它大幅降低了文件管理的复杂度，并提高了工作效率。

通过前面 9.2 节的介绍，在理解"EXPORTLAYOUT"命令的使用方法之后，可将其与 AutoLISP 进行结合，将当前文件中所有的布局空间转换为单独的 DWG 文件。

具体的程序见图 14.8-1。

```
1   (defun c:24-Exp (/ Lay LayList)
      ; 定义一个名为 24-Exp 的函数
2     (setvar "FILEDIA" 0)
         ; 设置 FILEDIA 系统变量为 0，以防止文件对话框的弹出
3     (foreach Lay (layoutlist)
         ; 遍历所有布局，layoutlist 函数返回当前图形中的所有布局列表
4       (progn
            ; 对于每个布局执行以下操作
5         (setvar "CTAB" Lay)
            ; 设置当前布局（CTAB 系统变量）为当前循环中的布局 Lay
6         (command "exportlayout" "")
            ; 执行 exportlayout 命令来导出当前布局，"" 表示使用默认设置或路径
7       )
         ; 结束 progn 函数
8     )
      ; 结束 foreach 循环
9     (setvar "FILEDIA" 1)
      ; 恢复 FILEDIA 系统变量为 1，重新启用文件对话框
10  (princ)
      ; 结束函数运行完毕，返回的 AutoCAD 的命令行
11  )
    ; 结束 24-Exp 函数
```

图 14.8-1   24-Exp.lsp

在图 14.8-1 所示的程序中，最核心的一行是第 6 行。这一行执行了 "exportlayout" 命令，转换布局空间到独立的 DWG 文件。该命令实际上执行了导出当前布局的功能，其中使用的 "" 表示导出操作使用默认设置或路径。这是实现批量转换的关键步骤，因为它直接影响到每个布局的处理和输出文件的生成。

另外，第 2 行关闭文件的对话框功能以及第 9 行恢复文件的对话框功能相呼应，既避免在批量处理过程中弹出对话框来干扰代码的自动运行，又使得在程序退出之前恢复正常使用对话框的操作。这种设定在照顾程序高效执行的同时也考虑了用户的操作习惯，是一种非常好的编程习惯。

从第 3 行到第 8 行，我们使用 "foreach" 函数循环，通过 "layoutlist" 函数获取当前图形中的所有布局，并对每一个布局执行指定的操作。这种遍历方法保证了所有布局都被处理，非常适合批量操作。

14.9　创建专属图层

9.7 节深入探索了如何运用 AutoCAD 的功能变量来创建五种特定类型的专属图层（包括文字、标注、图案填充、参照和中心线），以此优化设计流程。本节将进一步展示如何通过 AutoLISP 实现这一流程的自动化，提升图层创建和设定的效率，同时也确保设计的标准化。

具体而言，本节介绍的 LISP 程序分为两个主要部分。

【第一部分：图层的创建】

首先，程序定义了一个列表，列出了需要创建的图层名称和相应的颜色代码。然后，通过遍历这些列表，程序检查每个图层是否已存在。如果不存在，使用 "entmake" 函数创建新图层，并为其分配名称和颜色。

【第二部分：专属图层的指定】

在创建完图层之后，程序将这些新创建的图层设置为各类型对象的默认图层。这样做确保了在绘制文本、标注、填充等时，可以自动使用相应的专属图层。

具体的 LISP 程序和注释见图 14.9-1。

1	(defun c:24-Layers (/ LayerNames LayerColors i)
	; 创建 24-Layers 自定义命令
2	(setq LayerNames '("TXT" "DIM" "HP" "XF" "CEN"))
	; 设置图层名称列表
3	(setq LayerColors '(1 2 3 4 5))
	; 设置图层颜色代码列表
4	(setq i 0)
	; 初始化索引变量 i
5	(foreach lname LayerNames
	; 遍历 LayerNames 列表，为每个图层名称和颜色创建图层

图 14.9-1　24-Layers.lsp

6	(if (not (tblsearch "LAYER" lname))
	; 如果图层不存在，则创建图层
7	(entmake
	;entmake 函数开始
8	(list
	; list 函数开始
9	(cons 0 "LAYER")
	; 创建图层对象
10	(cons 100 "AcDbSymbolTableRecord")
	; 创建符号表记录
11	(cons 100 "AcDbLayerTableRecord")
	; 创建图层表记录
12	(cons 2 lname)
	; 设置图层名称
13	(cons 70 0)
	; 设置图层标志（默认为 0）
14	(cons 62 (nth i LayerColors))
	; 设置图层颜色
15	)
	; 结束 list 函数
16	)
	; 结束 entmake 函数
17	)
	; 结束 if 函数
18	(setq i (1+ i))
	; 增加索引变量 i 以遍历颜色列表
19	)
	; 结束 foreach
20	(setvar "TEXTLAYER" "TXT")
	; 为文本对象设置默认图层
21	(setvar "DIMLAYER" "DIM")
	; 为尺寸对象设置默认图层
22	(setvar "HPLAYER" "HP")
	; 为图案填充对象设置默认图层
23	(setvar "XREFLAYER" "XF")
	; 为外部参照设置默认图层
24	(setvar "CENTERLAYER" "CEN")
	; 为中心线设置默认图层
25	(princ "\nSuccess!")
	; 向用户反馈成功信息
26	(princ)
	; 结束函数输出，并返回到 AutoCAD 命令行
27	)
	; 自定义命令 24-Layers 运行结束

图 14.9-1　24-Layers.lsp（续）

在使用"24-Layers.lsp"这一程序时，可以根据需求进行更改，但是请注意以下几点：

第 2 行：图层名称的设置以列表的形式在这一行显示了出来，总共创建五个图层。大家可以根据各自的需求来修改名称。如果修改了图层的名称，注意与其相对应的第 20 行、21 行、22 行、23 行和 24 行的图层名称也应一并修改。例如，在第 2 行中，我们将"TXT"这个图层名称修改为"TEXT"，所对应的第 20 行中的"TXT"也需要改为"TEXT"。

第 3 行：这一行程序用来设定各个图层的颜色。数值为索引颜色的序号（图 14.9-2）。

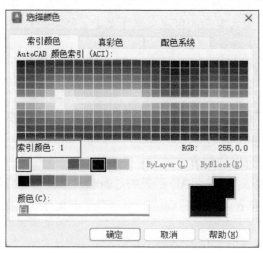

图 14.9-2　索引颜色

第 3 行颜色的顺序与第 2 行图层名称的顺序相呼应。例如，第 2 行图层名称"XF"所对应的颜色就是第 3 行中的索引颜色序号"4"。

另外，第 2 行和第 3 行，通过使用列表来定义图层名称和颜色，将会使得我们对程序的修改和扩展变得简单。若项目需求有变化，只需调整列表内容即可。也希望大家在编辑程序时能够借鉴和活用这种手法。

第 6 行：在创建图层前，该行程序会检查该图层是否已存在，从而避免重复创建带来的潜在问题。

第 7 ～ 16 行：使用"entmake"函数来创建图层，将它模块化，使得代码结构清晰，易于理解和修改。"command"函数也可以用来创建图层，但是其处理速度完全无法和"entmake"函数相提并论。

第 20 ～ 24 行：这一段程序是 LISP 程序的精髓。它对五种特定类型进行了各自专属图层的设置。

前面我们讲到这个程序分为两个部分：第一部分为图层的创建，第二部分为专属图层的指定。其实不用去预先创建图层，仅有第二部分专属图层的设定即可。如果第 20 ～ 24 行中所设定的图层在当前 DWG 文件中不存在，在我们操作这五种特定类型时，AutoCAD 会同时帮助我们创建出这些图层（只有"XREFLAYER"这个命令例外，它需要在我们执行保存文件命令后，才能将图层显示出来）。

但是为什么我们还要预先创建图层呢？尽管 AutoCAD 允许在操作特定类型对象时自动创建不存在的图层，但这种方式创建的图层无法预设颜色。因此，我们提前通过程序创建图层不仅是为了自动化和标准化，更重要的目的是能够自定义图层属性，如颜色，以适应设计需求和提升图纸的可读性。

第 25 行：这一行主要用于反馈信息，待程序结束时通过命令行向我们反馈操作结果。大家可以根据需要修改这一行的内容。

通过上述几种方法的应用，"24-Layers.lsp"这个程序展现了其高效与易维护的显著特点。这种方法不仅显著提升了设计工作的效率，而且通过自动化流程大幅降低了人为错误的可能性，确保了设计标准的严格一致性。此外，还彰显了 AutoLISP 在自动化 AutoCAD 任务处理中的强大功能，为执行更为复杂的自定义操作奠定了坚实的基础。

14.10 改造 EXOFFSET

11.6 节详细介绍了"EXOFFSET"命令的使用方法。但是在使用"切换偏移的形状"这一功能时，如果对 AutoCAD 自带的 AutoLISP 文件"exoffset.lsp"进行一个简单的改造，"EXOFFSET"命令将会更好地服务于我们。

改造之前，需要知道这个 AutoCAD 自带的 AutoLISP 文件的位置。打开计算机，在 C 盘中 AutoCAD 2024 的安装位置，可以找到"Express"这个文件夹（图 14.10-1），在此文件夹中就可以看到 exoffset.lsp 这个文件。

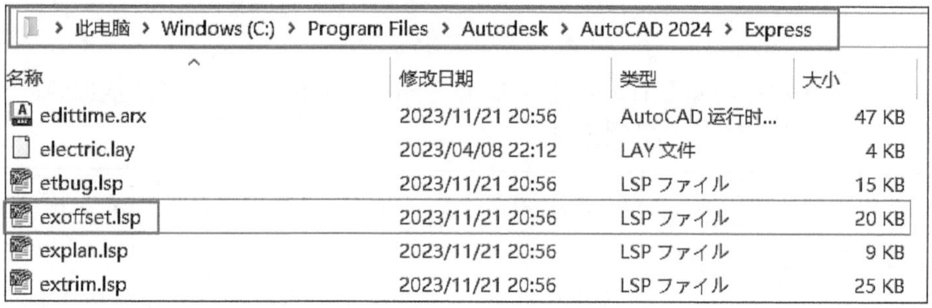

📁 > 此电脑 > Windows (C:) > Program Files > Autodesk > AutoCAD 2024 > Express			
名称 ^	修改日期	类型	大小
🅰 edittime.arx	2023/11/21 20:56	AutoCAD 运行时...	47 KB
📄 electric.lay	2023/04/08 22:12	LAY 文件	4 KB
📄 etbug.lsp	2023/11/21 20:56	LSP ファイル	15 KB
📄 exoffset.lsp	2023/11/21 20:56	LSP ファイル	20 KB
📄 explan.lsp	2023/11/21 20:56	LSP ファイル	9 KB
📄 extrim.lsp	2023/11/21 20:56	LSP ファイル	25 KB

图 14.10-1　exoffset.lsp

首先复制一份 exoffset.lsp 文件放置到桌面上，然后利用文本软件打开它，在第 500 行处有这样两行代码（图 14.10-2）。

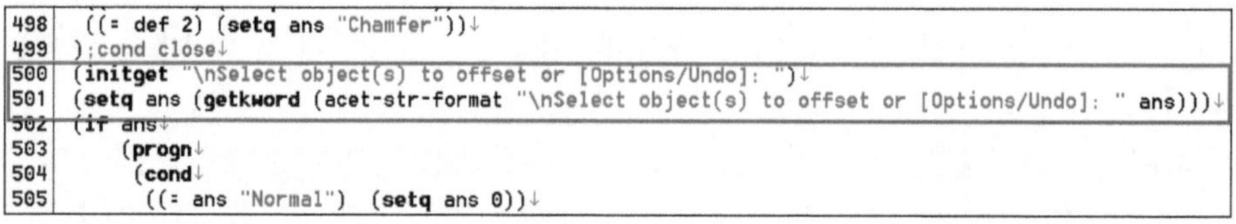

```
498    ((= def 2) (setq ans "Chamfer"))↓
499    );cond close↓
500    (initget "\nSelect object(s) to offset or [Options/Undo]: ")↓
501    (setq ans (getkword (acet-str-format "\nSelect object(s) to offset or [Options/Undo]: " ans)))↓
502    (if ans↓
503        (progn↓
504            (cond↓
505                ((= ans "Normal")  (setq ans 0))↓
```

图 14.10-2　两行代码

首先来看看第 500 行（图 14.10-3）。这行代码用于初始化用户的输入选项。"initget"函数用来设置输入要求，限制用户在接下来的"getkword"或"getstring"调用中的输入类型。

500	(initget "\nSelect object(s) to offset or [Options/Undo]: ")

图 14.10-3　改造前的第 500 行

再看看第 501 行（图 14.10-4）。这行代码首先使用"acet-str-format"函数，它通常用于格式化字符串。它将提示信息与之前可能存储在"ans"变量中的值结合起来，然后显示给我们。接着，"getkword"函数用于获取用户的响应，这个响应必须是一个预定义的关键词。获取到的结果存储在变量"ans"中，这也是"setq"函数的用途，即设置"ans"变量的值。

| 501 | (setq ans (getkword (acet-str-format "\nSelect object(s) to offset or [Options/Undo]: " ans))) |

图 14.10-4　改造前的第 501 行

这两行代码本身没有问题，但是在实际使用的过程中，会发现当选择第 500 行的"Options"时，系统反馈这是"无效的选项关键字"（图 14.10-5）。

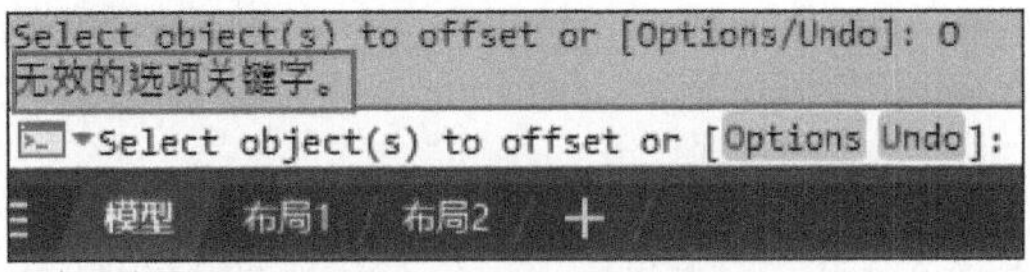

图 14.10-5　无效的选项关键字

这时，对第 500 行进行图 14.10-6 所示的修改。

| 500 | (initget "Normal Fillet Chamfer") |

图 14.10-6　改造后的第 500 行

也就是说，使用"initget"函数来设置用户输入的限制。在这里，"Normal Fillet Chamfer"是指定的有效输入选项，这意味着在接下来的输入中必须选择这三个关键词中的一个。经过这样的设置，就可以防止无效或错误的输入。

另外，对第 501 行进行图 14.10-7 所示的改造。

| 501 | (setq ans (getkword (acet-str-format "\nSpecify gap type [Normal/Fillet/Chamfer] " def))) |

图 14.10-7　改造后的第 501 行

使用"acet-str-format"函数用来格式化信息显示，它结合了一个固定的提示信息"\nSpecify gap type [Normal/Fillet/Chamfer]"和一个变量"def"。接着，结合"getkword"函数将获取用户的输入，它会要求用户输入一个关键词，这个关键词必须是第 500 行"initget"函数先前设定的"Normal""Fillet"或"Chamfer"中的一个，并且输入的结果会被存储到变量"ans"中。

经过这样的改造后，确保了程序输入的准确性和程序的稳定性，就可以准确获得"Normal""Fillet"或"Chamfer"这三个指令了。

以上改造的主要目的是通过更加严格和明确的输入限定，确保程序能正确解析用户命令，避免了由于输入错误或不当引起的程序错误或不稳定行为。这种改造在设计任何需要精确用户输入的软件时都是一个非常重要的操作。

最后以管理员的身份对 AutoCAD 自带的"exoffset.lsp"文件进行备份后，将修改后的"exoffset.lsp"文件放入"Express"这个文件夹即可。

具体改造后的操作方法，请参阅第 11 章 11.6.3 节的内容。

本章深入探讨了如何利用 AutoLISP 改造 AutoCAD 以提升工作效率和绘图效果。学习了如何全部保存和关闭文件，快速设置动态输入与对象捕捉，以及快速切换点的样式。此外，还介绍了反转选择、图形的缩放与全局调整等实用技巧。通过打造云线专属图层、活用配置切换背景颜色、布局空间转换为模型空间和创建专属图层等方法，进一步提升了 AutoCAD 的操作便利性和图纸管理能力。最后探讨了如何改造"EXOFFSET"命令，使其更加符合实际需求。

希望读者通过本章的学习，能够灵活应用这些 AutoLISP 技巧，充分改造和优化 AutoCAD，以实现更高效、更精准的绘图工作。

下面是本章出现的命令和变量一览表。

章节	命令	快捷键	功能
14.1	SAVEALL		保存当前打开的所有图形文件
14.1	CLOSEALL		关闭当前打开的所有图形文件
14.2	DYNMODE		控制动态输入的开关状态
14.2	OSNAP		设置对象捕捉模式以精确选择特定点
14.3	PTYPE		设置点对象的显示样式
14.4	ERASE	E	删除选定的图形对象
14.5	ZOOM	Z	改变视口的显示比例
14.5	LIMITS		设置或显示绘图区域的边界
14.6	REVCLOUD		创建或编辑修订云线
14.8	EXPORTLAYOUT		将布局导出为模型空间中的图形文件
14.10	EXOFFSET		扩展偏移命令，提供更多偏移选项

1．如何使用 AutoLISP 脚本实现"全部保存和关闭"功能？该脚本在大型项目中的应用场景有哪些，以及如何提高工作效率？

2．使用 AutoLISP 进行动态输入与对象捕捉的快速设置有哪些优势？请解释这种设置方式在绘图过程中的具体应用和好处。

3．如何利用 AutoLISP 脚本创建和管理专属图层（如云线专属图层、背景颜色配置切换等）？这些方法如何帮助用户实现更高效的图层管理和绘图过程优化？

第15章
活用 AutoLISP 实现高效化

"龟兔赛跑"的故事告诉我们，稳扎稳打、合理利用资源才能实现最大的效率。在上一章中我们集中讨论了如何利用 AutoCAD 改造现有命令。除了对 AutoCAD 本身的命令进行优化之外，LISP 语言也是一个极佳的工具，能够实现更高的工作效率和批量化操作。

LISP 语言凭借其灵活和强大的数据处理能力，使得自动化设计变得简单而高效。通过编写小巧精致的 LISP 程序，可以轻松实现复杂的重复设计任务，从而显著提高工作流程的效率。无论是批量创建属性编号、一键修改对象物颜色属性，还是复杂的定位移动和对齐，LISP 都能够提供强有力的支持。

在本章中，将深入探讨如何利用 LISP 编程语言简化日常的设计和绘图任务，以及如何通过自定义函数和过程，将常规操作自动化，释放设计师的创造力。正如龟兔赛跑中的乌龟通过稳扎稳打赢得比赛，希望读者通过合理利用 AutoLISP，优化工作流程，为自己的设计工作带来质的飞跃。

另外，本章所有 AutoLISP 程序，扫描前言中的二维码可以下载使用。

15.1 连续三角形的创建

2.5 节已经探讨了基本命令"多边形"（POLYGON）的使用技巧。有效利用"多边形"的功能不仅能提升绘图效率，还能促进许多实用的 AutoLISP 程序的开发。本节将进一步深入探讨如何通过 LISP 语言与 AutoCAD 中的"多边形"命令协同工作，以创建一系列有连续编号的三角形。这种技术不仅提升了图形的绘制精度，也优化了操作流程。

接下来将详细介绍两个示例程序：第 1 个示例是通过固定三角形数据来编写程序，第 2 个示例则涉及根据输入三角形数据来编辑和完成程序。通过比较这两种方法，读者可以选择哪一种更适合自己的需求，哪一种更便于自己的实际图形绘制工作。

15.1.1 示例 1：数据固定方式

第 1 个示例程序为"24_Delta_v1"。该程序将创建的三角形的外接圆半径和其他关键参数等都固定在程序中，无须与程序进行交互对话即可快速生成带编号的三角形，适用于有固定的三角形大小格式、无须反复修改图形的情况。

图 15.1-1 是这个示例的详细程序。

1	`(defun c:24_Delta_v1 (/ n R MH PT )`
	; 定义一个新的自定义函数 24_Delta_v1
2	`(command "._LAYER" "_M" "01_Main" "C" "10" "" "" "")`
	; 设置当前图层为 "01_Main"，颜色为编号 10
3	`(command "Clayer" "01_Main")`
	; 将当前图层更改为 "01_Main"
4	`(setq n 1)`
	; 初始化变量 n 为 1，用于标记三角形的序号
5	`(setq R 10)`
	; 设置三角形的外接圆半径为 10
6	`(setq MH 6)`
	; 设置文字高度为 6
7	`(repeat 20`
	; 循环 20 次，为每个点创建一个三角形和编号
8	`(setq PT (getpoint "\nDO ONE CLICK: "))`
	; 获取用户单击的点，并存储在变量 PT 中
9	`(if PT`
	; 如果成功获取到点 PT
10	`(progn`
	; 执行以下命令序列
11	`(command "polygon" "" "3" PT "I" R "")`
	; 在点 PT 处创建一个内接圆半径为 R 的三边形
12	`(command "text" "J" "MC" PT MH "" n)`
	; 在点 PT 创建文本，内容为变量 n 的值，文本高度为 MH
13	`(setq n (1+ n))`
	; 将变量 n 的值增加 1，为下一个三角形准备
14	`)`
	; progn 函数结束
15	`(progn`
	; 如果没有成功获取点（例如用户取消了操作）
16	`(alert "Operation Cancelled or Failed. Please try again.")`
	; 显示一个警告消息告知用户操作已取消或失败
17	`(exit)`
	; 退出函数执行
18	`)`
	; progn 函数结束
19	`)`
	; if 函数结束
20	`)`
	; repeat 函数结束
21	`(princ "\n Repeat 20 Command completed.")`
	; 循环 20 次结束后的提示信息
22	`(princ)`
	; 结束函数输出，并返回到 AutoCAD 命令行
23	`)`
	; 自定义函数 24_Delta_v1 结束

图 15.1-1   24_Delta_v1.lsp

　　该程序利用了 AutoCAD 的"多边形"命令，结合 AutoLISP 实现了与用户无界面交互，通过单击获取点的位置，即在此位置创建一个内接三角形并自动编号。这样的自动化流程不仅节省了大量的手动绘图时间，也减少了操作过程中的错误。

15.1.2　示例 2：数据输入方式

　　示例 2 的自定义命令为"24_Delta_v2"，它与示例 1 最大的不同在于用户交互方式。此程序允许用户动态输入三角形的外接圆半径和文字高度，提供了更高的灵活性和个性化的选项。这种方式适合需要根据不同项目需求调整图形尺寸的情况，使得每一个图形都能精准地适应其设计环境。

　　图 15.1-2 是示例 2 的详细代码。

1	(defun c:24_Delta_v2 (/ n R MH PT) ; 定义一个新的自定义函数 24_Delta_v2
2	(command "._LAYER" "_M" "01_Main" "C" "10" "" "") ; 设置当前图层为 "01_Main"，颜色为编号 10
3	(command "Clayer" "01_Main") ; 将当前图层更改为 "01_Main"
4	(setq n 1) ; 初始化变量 n 为 1，用于标记三角形的序号
5	(setq R (getreal "Radius=")) ; 从用户获取三角形外接圆半径的值，并存储在变量 R 中
6	(setq MH (getreal "Text Height=")) ; 从用户获取文字高度的值，并存储在变量 MH 中
7	(repeat 20 ; 循环 20 次，为每个点创建一个三角形和编号
8	(setq PT (getpoint "Select Center: ")) ; 获取用户单击的点，并存储在变量 PT 中
9	(if PT ; 如果成功获取到点 PT
10	(progn ; 执行以下命令序列
11	(command "polygon" "3" PT "I" R) ; 在点 PT 处创建一个内接圆半径为 R 的三边形
12	(command "text" "J" "MC" PT MH "" n) ; 在点 PT 创建文本，内容为变量 n 的值，文本高度为 MH
13	(setq n (1+ n)) ; 将变量 n 的值增加 1，为下一个三角形准备
14	) ; progn 函数结束
15	(progn ; 如果没有成功获取点（例如用户取消了操作）
16	(alert "Operation Cancelled or Failed. Please try again.") ; 显示一个警告消息告知用户操作已取消或失败
17	(exit) ; 退出函数执行

图 15.1-2　24_Delta_v2.lsp

18	)
	; progn 函数结束
19	)
	; if 函数结束
20	)
	; repeat 循环结束
21	(princ "\n Repeat 20 Command completed.")
	; 循环 20 次结束后的提示信息
22	(princ)
	; 结束函数输出，并返回到 AutoCAD 命令行
23	)
	; 函数 24_Delta_v2 定义结束

图 15.1-2 24_Delta_v2.lsp（续）

通过对比这两个示例，读者可以根据需要选择最合适的操作方式。无论是追求高效自动化的固定数据方式，还是需要更多灵活性的数据输入方式，这两个示例都会帮助大家创建出连续编号的三角形。

15.2　活用对齐命令"ALIGN"

3.3 节介绍了对齐命令"ALIGN"的详细使用方法。本节将继续深入探讨"ALIGN"这个对齐命令在 AutoLISP 中的应用，它是一个在绘图过程中不可或缺的工具。通过本节的 24-AL-MI.lsp 程序，读者将会了解如何有效地使用这一自定义命令来优化工作流程和提高绘图效率。具体的程序见图 15.2-1。

1	(defun c:24-AL-MI (/ ss pt1 pt2 pt3 pt4)
	; 创建自定义函数 24-AL-MI
2	(if (not (tblsearch "LAYER" "01_Main"))
	; if 函数开始，检查图层 "01_Main" 是否存在
3	(command "_.-layer" "_Make" "01_Main" "")
	; 如果图层 "01_Main" 不存在，则创建此图层
4	)
	; if 函数结束
5	(if (and (setq ss (ssget))
	; if 函数开始，连续设置变量 ss、pt1、pt2、pt3、pt4
6	(setq pt1 (getpoint "\nSpecify first source point: "))
	; 获取第一个源点坐标，并赋值给变量 pt1
7	(setq pt2 (getpoint pt1 "\nSpecify first destination point: "))
	; pt1 为基点获取第一个目标点坐标，并赋值给变量 pt2
8	(setq pt3 (getpoint "\nSpecify second source point: "))
	; 获取第二个源点坐标，并赋值给变量 pt3
9	(setq pt4 (getpoint pt3 "\nSpecify second destination point: ")))
	; pt3 为基点获取第二个目标点坐标，并赋值给变量 pt4
10	(progn
	; progn 函数开始，执行一系列命令

图 15.2-1 24-AL-MI.lsp

11	(command "_.align" ss "" "_non" pt1 "_non" pt2 "_non" pt3 "_non" pt4 "" "_yes")
	; 使用 align 命令根据指定的源点和目标点对齐选择集 ss 中的对象
12	(command "_.change" ss "" "_P" "_LA" "01_Main" "")
	; 使用 change 命令更改选择集 ss 中的对象的图层到 "01_Main"
13	(command "_.mirror" "_p" "" "_non" pt2 "_non" pt4 "_N")
	; 使用 mirror 命令根据指定的两点镜像选择集 ss 中的对象
14	)
	; progn 函数结束
15	)
	; if 函数结束
16	(princ)
	; 结束函数，返回到 AutoCAD 命令行
17	)
	; defun 函数结束

图 15.2-1 24-AL-MI.lsp（续）

从图 15.2-1 可以看出，这个程序的核心功能主要体现在第 11 行代码。在这一行中，使用了对齐命令"ALIGN"对 AutoCAD 中的对象集进行精确对齐。这一自定义命令就会根据指定的源点和目标点（从 pt1 到 pt4），调整选定对象的位置和方向，确保它们按照给定的参数正确对齐。这一行是实现对象精确布局的关键操作，也是这个自定义命令最核心的功能所在。

另外，在第 2～4 行，利用 if 函数来检查是否存在名为"01_Main"的图层。如果不存在，程序会创建这个图层。这样的操作方式是一个典型的图层管理操作，它确保了后续操作有一个正确的图层来存放对象。希望学习 AutoLISP 的读者能理解好这一点。

本书从对齐命令"ALIGN"的基本概念开始，到活用 AutoLISP 程序来逐步展示如何应用这个命令，来确保操作的准确性。相信读者不仅会从中了解对齐命令的技术细节，在实际项目中，还可以使用自定义命令来节省宝贵的时间。无论你是 AutoCAD 的新手还是有经验的用户，24-AL-MI.lsp 这个程序都将为大家提供一个实用的操作技巧，帮助大家将设计提升到新的水平。

15.3 移动对象到原点

在 AutoCAD 的操作中，将图形精确地移动到特定位置是一项常见而基础的操作。尽管 AutoCAD 提供了多种内置命令来实现图形的位置调整，但在处理复杂图形操作时，这些手动操作可能变得烦琐和消耗时间。

7.4 节使用 AutoCAD 默认的命令来操作了"移动图形到原点"这一步骤。本节将展示如何使用 AutoLISP 来优化"移动对象到原点"的操作。具体的程序见图 15.3-1。

1	(defun c:24-MoveToZero (/ ss pp target)
	; 定义名为 24-MoveToZero 的自定义函数，局部变量 ss、pp 和 target
2	(setq ss (ssget))
	; 使用 ssget 函数选择对象，并将选择结果赋值给变量 ss

图 15.3-1 24-MoveToZero.lsp

3	(if ss
	; 如果选择了对象（ss 不为 nil），则执行以下语句
4	(progn
	; 使用 progn 函数开始一系列操作的执行
5	(setq pp (getpoint "\nChoose the base point:"))
	; 请求用户输入基点，并将结果赋值给变量 pp
6	(setq target (getpoint "\nEnter target point or press Enter for default (0,0): "))
	; 请求用户输入目标点，如果直接按 Enter 键，则允许后续逻辑处理为默认值 (0,0)
7	(if (not target)
	; 如果用户没有输入目标点（即 target 为 nil）
8	(setq target '(0 0))
	; 将目标点设置为 (0,0)
9	)
	; 结束 if 条件语句（检查是否有输入目标点）
10	(command "move" ss "" pp "non" target)
	; 使用 AutoCAD 命令 "move" 移动选定的对象，从基点 pp 到目标点 target
11	(princ "\nSuccess!")
	; 输出成功信息给用户
12	)
	; progn 函数结束
13	(princ "\nError: No objects selected.")
	; 输出错误信息，提示用户没有选择任何对象
14	)
	; if 函数结束
15	(princ)
	; 确保函数以正常方式结束，返回 nil，且清理命令行
16	)
	; 结束自定义命令

图 15.3-1　24-MoveToZero.lsp（续）

"24-MoveToZero.lsp" 这个自定义命令允许选择一个或多个对象，并将它们从当前位置移动到坐标原点（0,0）。在第 6 行中，可以根据需要来指定基点和目标点，使得移动操作更加灵活和精确。如果操作过程中没有指定目标点，该程序默认将对象移动到原点（0,0）。此外，程序还包括错误处理机制，以确保在未选择任何对象时给出适当的反馈。

"24-MoveToZero.lsp" 虽然语句不多，但是它大幅简化了在 AutoCAD 中将对象精确地移动到原点的过程。

15.4　替换块

8.2 节介绍了很多块的功能。在 AutoCAD 中，对块的替换和更改是一个常见的场景，特别是在处理大型项目或进行设计变更时。本节所介绍的这个自定义函数命令 "24-BKReplace" 提供了一种便捷的方式来执行这一操作，使用户能够快速有效地替换选定的块，而无须手动逐个更改。通过这样的自动化工具，工作流程变得更加高效，同时减小了出错的可能性。
具体的程序见图 15.4-1。

1	(defun C:24-BKReplace (/ at et bn ss nt count pt sc ang)
	; 自定义函数 24-BKReplace
2	(setq at (getvar "attreq"))
	; 获取当前系统变量 attreq 的值
3	(setvar "attreq" 0)
	; 设置系统变量 attreq 的值为 0
4	(setq *error* (lambda (msg)
	; 定义错误处理函数
5	(setvar "attreq" at)
	; 恢复系统变量 attreq 的原始值
6	(command-s "ucs" "P")
	; 恢复之前的用户坐标系
7	(if (/= msg "function cancelled" "quit / exit abort")
	; if 函数开始
8	(princ (strcat "\nError: " msg))
	; 如果错误不是因取消或退出，显示错误消息
9	)
	;end if
10	(princ)
	; 清空最后的返回值，避免在命令行中显示
11	)
	; end lambda
12	)
	;end setq
13	(if (setq et (entget (car (entsel "\nSelect a Block: "))))
	; 获取用户选择的块
14	(progn
	; progn 函数开始
15	(command-s "ucs" "W")
	; 设置用户坐标系为世界坐标系
16	(if (= (cdr (assoc 0 et)) "INSERT")
	; 检查是否为插入块
17	(progn
	; progn 函数开始
18	(setq bn (cdr (assoc 2 et)))
	; 获取块名称
19	(princ "\nSelect one or more blocks to replace: ")
	; 提示用户选择一个或多个要替换的块
20	(if (setq ss (ssget '((0 . "INSERT"))))
	; 选择插入块
21	(progn
	; progn 函数开始
22	(setq count 0)
	; 初始化计数器
23	(repeat (sslength ss)
	; 遍历所有选择的块

图 15.4-1　24-BKReplace.lsp

24	(setq nt (entget (ssname ss count)))
	; 获取当前块的实体数据
25	(setq pt (cdr (assoc 10 nt)))
	; 获取插入点
26	(setq sc (cdr (assoc 41 nt)))
	; 获取缩放比例
27	(setq ang (cdr (assoc 50 nt)))
	; 获取旋转角度
28	(setq ang (* 180.0 (/ ang pi)))
	; 将弧度转换为度
29	(command-s "-insert" bn "s" sc "r" ang "non" pt)
	; 使用指定的名称、缩放比例、旋转角度和插入点插入块
30	(entdel (ssname ss count))
	; 删除原始块
31	(setq count (1+ count))
	; 增加计数器
32	)
	;end repeat
33	)
	;end progn
34	)
	;end if
35	)
	;end progn
36	)
	;end if
37	)
	;end progn
38	)
	;end if
39	(setvar "attreq" at)
	; 恢复系统变量 attreq 的原始值
40	(command-s "ucs" "P")
	; 恢复之前的用户坐标系
41	(princ "\nSuccessful replacement.")
	; 显示成功消息
42	(princ)
	; 清空最后的返回值，避免在命令行中显示
43	)
	; 结束自定义函数 24-BKReplace 运行

图 15.4-1　24-BKReplace.lsp（续）

　　该程序最核心的部分是第 29 行，使用提前指定好的变量执行块的插入操作，实现了块的批量替换。

　　另外，第 4～11 行定义了一个错误处理函数，它可以确保在程序运行过程出现错误时，能够及时恢复系统变量的原始设置，并通过命令行显示出错误信息。

　　第 16～36 行保留了原始块的位置和属性。也就是说，在替换块的过程中，通过获取原始块的位置、缩放比例和旋转角度，并应用到替换后的块上，从而保证了替换后的块与原始设计完全一致，确保了设计的准确性。

　　总的来说，自定义函数命令"24-BKReplace"提供了一个便捷且高效的工具，用于批量替换和修改选定的块，以帮助我们能够在处理大型项目或设计变更时节省大量时间，并确保替换后的块与原始设计完全一致。同时，错误处理机制的设置也提高了程序的健壮性。

15.5　批量选择

　　第 8 章介绍了使用"FILTER"命令来进行筛选的方法。使用 AutoLISP 同样可高效实现这一功能。本节所介绍的"24-Blockname"自定义命令，可以在图纸中查询和选择特定名称的块（block）。

　　24-Blockname.lsp 具体的程序见图 15.5-1。

1	(defun c:24-Blockname (/ blockname sset)
	; 定义一个名为 c:24-Blockname 的函数，声明局部变量 blockname 和 sset
2	(while
	; 循环直到用户输入一个有效的块名称
3	(progn
	; progn 用于执行一系列表达式，并返回最后一个表达式的值
4	(setq blockname (getstring t "\nEnter Block Name: "))
	; 验证输入是否有效
5	(or
	; 使用 or 函数检查以下任一条件是否满足
6	(not blockname)
	; 检查 blockname 是否为 nil，即用户是否未输入任何内容
7	(< (strlen blockname) 1)
	; 检查输入的字符串长度是否小于 1，即是否为空字符串
8	(> (strlen blockname) 50)
	; 检查输入的字符串长度是否超过 50 个字符
9	(not (tblsearch "block" blockname))
	; 使用 tblsearch 函数检查块名称是否存在于块表中
10	)
	; 结束 or 表达式
11	)
	; 结束 progn 表达式
12	(prompt "\nInvalid or undefined Block name. Try again: ")
	; 如果任一条件满足，提示用户输入无效，并要求重新输入
13	)
	; 当输入有效且块名称存在时，退出循环
14	(if (setq sset (ssget "x" (list (cons 2 blockname))))
	; 使用 ssget 函数尝试选择所有具有用户指定名称的块实例
	; 如果找到，则 setq 将返回选择集，赋值给 sset
15	(progn
	; 如果找到至少一个符合条件的块实例
16	(sssetfirst sset sset)
	; 使用 sssetfirst 函数将找到的选择集设置为首选选择集

图 15.5-1　24-Blockname.lsp

17	(princ (strcat "\nSelected " (itoa (sslength sset)) " instances of block \"" blockname "\"."))
	；使用 princ 函数打印出选择的块实例数量
18	)
19	(prompt "\nNo insertions of that Block in this drawing.")
	；如果未找到任何实例，提示用户当前图纸中没有该块的插入
20	)
21	(princ)
	；使用 princ 函数正常结束函数，确保没有额外的输出
22	)
	；结束函数定义

图 15.5-1　24-Blockname.lsp（续）

"24-Blockname"自定义命令可提示输入的"块"的名称，并对输入进行校验，确保输入的块名称既不为空也不超出字符限制，并且该名称的块在当前图纸中确实存在。一旦输入通过验证，函数则尝试选择所有具有该名称的块实例。如果成功找到相应的块实例，它会将这些实例设为首选选择集，并反馈选择的块实例数量。反之，如果没有找到任何实例，系统会提示当前图纸中不存在该块的插入。

24-Blockname.lsp 中最重要的一行是第 14 行。这一行代码使用了"ssget"函数，尝试选择所有带有用户指定名称的块实例。"ssget"函数是 AutoCAD 中用于选择对象的关键函数，通过传递特定的选择模式"x"和一对关键字（"2"和"blockname"）来定位所有匹配的块实例。如果找到符合条件的块，该函数将返回一个选择集，并将其赋值给"sset"变量。

也就是说，本程序所有的代码都将围绕着第 14 行来工作，此行代码的成功执行决定了之后是否能够对找到的块实例进行进一步的操作，如设置首选选择集和反馈所选块的实例数量等。它直接关系到后续操作的可行性和函数的实用性。

AutoLISP 为 AutoCAD 用户提供了极大的便利，尤其是在批量处理和自动化任务方面。本节介绍的"24-Blockname"自定义命令，正是这一创新的具体体现。通过有效利用这一工具，读者可以更快速、更精确地管理图纸中的块，从而在日益复杂的工程项目中保持竞争力和高效率。

15.6　批量修改颜色为 Bylayer

9.9 节详细介绍了批量修改图形颜色为 ByLayer 的操作步骤。为了进一步提升操作的自动化和效率，本节将引入一个 AutoLISP 程序"24-BYLAYER.lsp"，帮助读者通过一个简单的命令来实现此功能。图 15.6-1 是该程序的详细代码。

1	(defun c:24-BYLAYER (/)
	；定义一个名为 24-BYLAYER 的新函数，不接受任何参数
2	(setq *olderror* *error*)
	；保存当前的错误处理函数
3	(setq *error* myErrorHandler)
	；设置自定义的错误处理函数

图 15.6-1　24-BYLAYER.lsp

4	(setq SETBYLAYERMODE (getvar "SETBYLAYERMODE"))
	; 尝试获取 SETBYLAYERMODE 的当前值并保存
5	(if SETBYLAYERMODE
	; 检查是否成功获取到 SETBYLAYERMODE
6	(progn
	; 如果成功，则继续
7	(setvar "SETBYLAYERMODE" 1)
	; 将 SETBYLAYERMODE 的值临时设置为 1
8	(command "_.SETBYLAYER" "_ALL" "")
	; 应用 SETBYLAYER 命令于所有对象，使其属性与图层一致
9	(setvar "SETBYLAYERMODE" SETBYLAYERMODE)
	; 恢复 SETBYLAYERMODE 的原始值
10	)
	; 结束 progn 块
11	(princ "\nError: Unable to retrieve SETBYLAYERMODE.")
	; 如果获取失败，在这里显示错误信息
12	)
	; 结束 if 表达式
13	(setq *error* *olderror*)
	; 恢复原始错误处理函数
14	(princ)
	; 结束函数，清空最后的返回值，避免在命令行中显示
15	)
	; 结束自定义函数 24-BYLAYER
16	(defun myErrorHandler (msg)
	; 自定义的错误处理函数 myErrorHandler
17	(princ (strcat "\nError encountered: " msg))
	; 显示错误信息
18	(setq *error* *olderror*)
	; 恢复原始错误处理函数
19	(princ)
	; 结束函数，清空最后的返回值，避免在命令行中显示
20	)
	; 结束自定义函数 myErrorHandler

图 15.6-1　24-BYLAYER.lsp（续）

24-BYLAYER.lsp 这个程序使用起来非常简单。在命令行输入"24-BYLAYER"按回车键，系统提示"是否将 ByBlock 更改为 ByLayer？"（图 15.6-2）。

图 15.6-2　是否将 ByBlock 更改为 ByLayer

选择"是（Y）"，系统询问"是否包含块？"（图 15.6-3），继续选择"是（Y）"，程序将自动搜索整个图面中所有的图形并完成修改（图 15.6-4）。

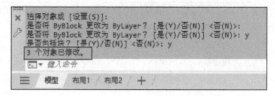

图 15.6-3 是否包含块 图 15.6-4 完成修改

图 15.6-1 所示 LISP 程序最核心的一行是第 8 行。这一行是程序中执行实际操作的关键命令，它调用了 "SETBYLAYER" 命令，并应用于所有对象，使得所有对象的属性（如颜色、线型等）与其所在图层一致。这是实现批量修改图形属性为 "ByLayer" 的核心操作，使得该功能得以实际执行。

在第 2 ~ 13 行，这段命令占用了大部分的程序建立了错误处理机制，涉及错误处理函数的保存和恢复，这是程序的重要安全特性。通过保存当前的错误处理函数并在执行结束后恢复，确保了程序在遇到错误时可以正确地回退到原始状态。第 16 ~ 20 行定义了自定义的错误处理函数 "myErrorHandler"。这个函数在程序执行中遇到错误时将被调用，它会显示具体的错误信息，帮助快速定位问题。花费大篇幅的语句来构建错误处理是 AutoLISP 编写的一个非常好的习惯，它将会使 AutoLISP 交互性更好。

15.7 自动圆球编号

第 11 章详细介绍了如何利用 Auto Number 实现自动编号的方法，而在本节中，将探讨如何利用 AutoLISP 来实现自动圆球编号的操作。AutoLISP 提供了更加灵活和个性化的编程方式，使得用户能够更好地满足特定需求。具体的程序见图 15.7-1。

1	(defun c:24-CCIRCLE(/ n R MH PT)
	; 创建自定义命令 24-CCIRCLE
2	(defun *error* (msg)
	; 定义错误处理函数
3	(command-s "._undo" "_end")
	; 撤销未完成的操作
4	(princ (strcat "\nError: " msg))
	; 输出错误信息
5	(setvar "CLAYER" "0")
	; 将当前图层设为 0 图层
6	(princ)
	; 结束函数运行
7	)
	; 结束错误处理函数
8	(setq n 1)
	; 设置计数器 n 初值为 1
9	(setq R 10)
	; 设置圆的半径 R 为 10
10	(setq MH 8)
	; 设置文本的高度 MH 为 8

图 15.7-1 24-CCIRCLE.lsp

11	(if (tblsearch "layer" "24-SERN")
	; if 函数开始。如果图层存在，则将其设定为当前图层
12	(setvar "CLAYER" "24-SERN")
	; 如果图层不存在，则创建新图层，并将其设定为当前图层
13	(progn
	; Progn 函数开始，确保下面的表达式按照顺序来执行
14	(command "LAYER" "N" "24-SERN" "C" "10" "24-SERN" "")
	; 新建图层名称为 24-SERN，颜色序号为 10
15	(setvar "CLAYER" "24-SERN")
	; 将新建图层设置为当前图层
16	)
	; if 函数结束
17	(repeat 99
	; 重复执行 99 次循环
18	(setq PT (getpoint "DO ONE CLICK"))
	; 获取用户单击的点坐标
19	(command "circle" PT R)
	; 绘制圆形
20	(command "text" "J" "MC" PT MH "" n)
	; 添加文本，文本样式为 "J"，对齐方式为 "MC"，文本位置为 PT，高度为 MH，内容为空，计数器值为 n
21	(setq n (1+ n))
	; 更新计数器 n
22	)
	; repeat 函数结束
23	(setvar "CLAYER" "0")
	; 将当前图层设为 0 图层
24	(princ)
	; 函数运行结束，确保函数不留下任何多余的命令行输出
25	)
	; 自定义命令 24-CCIRCLE 结束

图 15.7-1　24-CCIRCLE.lsp（续）

24-CCIRCLE.lsp 的主要功能是在绘图界面单击位置绘制圆并自动添加序号，但是它还附带实现了以下几个功能：

1. 绘制圆球外框

首先，这个程序最重要的一行就是第 19 行，它是绘制圆球外框的关键。PT 是圆心的坐标，它通过第 18 行鼠标的操作来获得圆心的坐标。R 是圆的半径，它通过第 9 行所设定的数值传递过来。整个程序都将围绕着第 19 行来运行。

另外，除了第 9 行圆的半径以外，第 8 行（编号的起始数值）和第 10 行（文本的高度数值）的数值都可以根据自己想创建的圆球编号来修改对应的数值。

将第 8 行、第 9 行和第 10 行单独列出的原因是方便大家修改数值。

2. 自动返回默认的图层

在整个程序运行完毕后，通过第 23 行的设置，"当前图层"将会自动返回到默认的"0"

图层，以方便后续的绘图操作。如果程序在运行过程中被中止，第 5 行将会被激活运行，同样会保证将"当前图层"返回到"0"图层。大家根据需要，通过对第 23 行和第 5 行的更改，可以让程序结束后返回到自己需要的图层。

3. 错误处理函数

第 2～7 行为整个程序提供了一段错误处理代码。在程序运行过程中如果出现错误，命令行将会反馈错误信息，并且将"当前图层"设定为"0"图层之后才退出程序。错误处理函数的应用在本书中出现的频率非常高，希望初学 AutoLISP 编程的朋友掌握好这一技能。

4. 图层的创建

第 11～16 行通过 if 函数为圆球编号创建了一个专属的图层，名称为"24-SERN"。如果当前的文件已经创建有"24-SERN"这个图层，if 函数将会跳过新图层的创建（以避免新创建的图层内容覆盖已有的图层），只进行"当前图层"设定的操作。

5. 循环执行

第 17～22 行利用 repeat 函数实现圆球编号的循环执行。其中最关键的是第 21 行，它使得在循环过程中实现了数值的递增。

以上就是该程序的主要功能和特点。通过这个示例，读者不仅可以在绘图界面上通过单击来绘制圆形，并自动为其分配一个圆球序号，同时还能够建立专门的图层，从而为后续操作提供极大的便利。此外，程序还为读者提供了高度的自定义空间，可以根据实际需求对程序进行调整和优化，以满足各自独特的设计思路。另外，通过本节所展示的错误处理机制以及图层创建功能，相信大家能够更加得心应手地运用该程序，进而显著提升工作效率。

15.8　一个不一样的偏移操作

第 11 章介绍了偏移命令的强化版命令"EXOFFSET"，本节介绍一个不一样的偏移操作"24-OFFSET.lsp"。

"24-OFFSET"这个自定义命令可增强 AutoCAD 中的偏移功能。与一般的偏移命令相比，该程序可以根据需要自定义偏移间隔。程序会提示输入偏移间隔，而不是采用固定的默认值。这种灵活性使得我们可以根据具体情况调整偏移间隔，从而更好地满足设计要求。

另外，24-OFFSET 支持一次性输入多个偏移距离。可以在输入偏移间隔时使用"，"分隔多个数值，程序会逐个对选择的对象进行偏移操作。这样的功能在需要对多个对象进行批量偏移时尤为实用。具体的程序见图 15.8-1。

1	`(defun c:24-OFFSET ( / pit en ent pt snum flg len dis)`
	; 创建自定义命令 24-OFFSET
2	`(defun *error* (msg)`
	; 定义错误处理函数
3	`(command-s "._undo" "_end")`
	; 撤销未完成的操作
4	`(princ (strcat "\nError: " msg))`
	; 输出错误信息

图 15.8-1　24-OFFSET.lsp

5	(command-s "UCS" "p")
	;恢复到以世界坐标系为基准的 UCS
6	(princ)
	;结束函数运行
7	)
	;结束错误处理函数
8	(if *last-offset*
	;检查并使用全局变量
9	(setq pit (getstring (strcat "\nEnter copy intervals separated by commas [Last: " *last-offset* "]:")))
	;如果存在上一次的偏移值，要求用户输入偏移间隔，并使用上一次的值作为默认值
10	(progn
	;开始 progn 函数，确保下面的表达式按照顺序来执行
11	(setq pit (getstring "\nEnter copy intervals separated by commas:"))
	;让用户输入数值递交给局部变量 pit
12	(if (= pit "")
	;if 函数开始，如果 pit 是空白
13	(setq pit "10")
	;使用默认值 "10"
14	)
	;结束 if 函数
15	)
	;结束 progn 函数
16	)
	;结束 if 函数
17	(if (= pit "") (setq pit *last-offset*)
	;如果用户直接按回车键，使用上次的偏移距离
18	(progn
	;开始 progn 函数，确保下面的表达式按照顺序来执行
19	(setq *last-offset* pit)
	;更新偏移距离的存储
20	(setq pit (strcat pit ","))
	;加逗号处理字符串
21	)
	;结束 progn 函数
22	)
	;结束 if 函数
23	(setq en nil)
	;初始化对象变量 en 为 nil
24	(while (= en nil)
	;进入循环，直到选择了一个对象
25	(setq en (car (entsel "\nSelect the object to offset:")))
	;提示用户选择要偏移的对象
26	(setq ent (entget en))
	;获取对象的信息
27	(if (not (= "LINE" (cdr (assoc 0 ent))))
	;检查是否选择的是线

图 15.8-1　24-OFFSET.lsp（续）

28	(setq en nil)
	; 如果选择的不是线，则重置 en 为 nil，重新选择对象
29	)
	; 结束 if 函数
30	)
	; 结束 while 函数
31	(command-s "UCS" "ob" en)
	; 将坐标转换到当前对象物的空间
32	(setq pt (getpoint "\nSpecify the point on the side to offset:"))
	; 提示用户选择要偏移的侧面的点
33	(setq flg (if (> (cadr pt) 0) 1 -1))
	; 根据点的位置确定偏移方向
34	(setq snum 1)
	; 初始化字符串索引变量 snum 为 1
35	(while (> (strlen pit) 0)
	; 进入循环，直到偏移距离列表为空
36	(setq len (vl-string-search "," pit))
	; 查找逗号的位置
37	(if (= len nil)
	; 如果没有找到逗号
38	(setq len (strlen pit))
	; 使用整个字符串长度
39	)
	; 结束 if 函数
40	(setq dis (atof (substr pit snum len)))
	; 获取偏移距离
41	(if (= dis 0.0)
	; 如果输入的偏移距离为 0
42	(princ "\nError: Invalid distance input.")
	; 显示错误消息
43	(command-s "copy" en "" "non" pt "non" (strcat "@" (rtos dis 2) "<" (itoa (* 90 flg))) "")
	; 复制对象并偏移
44	)
	; 结束 if 函数
45	(setq pit (substr pit (+ len 2)))
	; 去除已处理的部分
46	(setq en (entlast))
	; 获取最后一个创建的实体对象的标识
47	)
	; 结束 while 函数
48	(command-s "UCS" "p")
	; 恢复到以世界坐标系为基准的 UCS
49	(princ)
	; 函数运行结束，确保函数不留下任何多余的命令行输出
50	)
	; 结束自定义命令 24-OFFSET

图 15.8-1 24-OFFSET.lsp（续）

24-OFFSET 的主要功能是批量复制出间隔不同的直线，它同时还可以实现以下几个功能：

1. 程序的核心点

该程序最重要的一行就是第 43 行，它是整个程序执行复制和偏移的关键一行。并且从第 41 行到 44 行，程序利用 if 函数，对用户输入的偏移距离进行了错误处理验证，如果输入的数值为 0，将会提示继续输入正确的数值。

2. UCS 转换和错误处理函数

在第 31 行，为了方便偏移直线，程序对 UCS 坐标进行了相对坐标的转换。在整个程序结束之前，第 48 行会将 UCS 恢复到世界坐标系。另外，在 UCS 是相对坐标的状态下，在操作过程中因按 Esc 键或其他原因退出了程序，第 2 ～ 7 行的错误处理函数也会使 UCS 恢复到世界坐标系（第 5 行）。通过错误处理函数来改进软件的易用性，是一个非常好的手段。

3. 上次偏移值的记忆

从第 8 行到第 16 行，程序使用 if 函数实现了对上次偏移操作所输入的数值的记忆功能。如果想连续实现多个间隔不同的偏移距离，第二次就无须再次输入数值，直接按回车键即可以实现。

另外，在第 13 行中，如果用户没有输入任何数值而按了回车键，则程序会将偏移距离设为默认值 10。可根据需要自行修改这一数值。

4. 动态处理偏移距离

程序的第 40 行实现了动态处理偏移距离。它不但实现了传统的只输入一个数值进行偏移，还允许一次性输入多个偏移值（第 9 行）。例如，输入"20，30，40"三个数值（数值和数值之间需要用逗号隔开），程序将会一次性偏移三条直线，直线和直线之间的间距将按照输入的顺序 20、30、40 隔开。这也是一个非常人性化的处理方式。

15.9 "FLATTEN"命令自动化

11.9 节介绍了 Express Tools 中的展平工具扩展版"FLATTEN"，通过 AutoLISP 功能，可以更有效地完成这一操作。本节所介绍的程序 24-Flatten.lsp，可以将所选的对象批量化快速"压平"，即将其 Z 坐标值全部调整为 0。在展示三维模型时，有时需要将其展平以便更清晰地显示各个部分，LISP 可快速地将所选择的模型全部展平，使其更易于观察和理解。这对于 AutoCAD 在将模型转换为二维平面展示时非常有用。具体的程序内容如图 15.9-1 所示。

1	(defun c:24-Flatten ()
	; 创建一个新的函数 24-Flatten
2	(setq ss (ssget))
	; 提示用户选择对象
3	(if (or ss (not (min_point ss)))
	; 检查是否选择了对象或选择的对象是否为空
4	(progn
	; 如果有选择，执行以下操作

图 15.9-1 24-Flatten.lsp

5	(command "_move" ss "" "" "0,0,1e99")
	; 将选择的对象移动到非常大的 Z 坐标上
6	(command "_move" ss "" "" "0,0,-1e99")
	; 立即将选择的对象移回原始 Z 坐标
7	)
	; progn 表达式结束
8	(prompt "\nNo objects selected.")
	; 如果没有选择对象，则提示用户
9	)
	; if 表达式结束
10	(princ)
	; 清空最后的返回值，避免在命令行中显示
11	)
	; 自定义函数结束

图 15.9-1　24-Flatten.lsp（续）

第 5 行是这个程序最关键的一行。这一行的目的是将当前选择的所有模型对象的 Z 值调整到一个非常大的数值（在这里是 1×10^{99}，即非常接近无穷大），这样做可以将参差不齐的 Z 值数据"统一"化，因为它们在 Z 轴上的高度都变得非常大，实际上已经远离了视图平面，这为第 6 行实现有效的"压平"提供了一个统一的高度保证。

在现实中这样的操作是无法实现的。但是在 AutoCAD 中，通过这种方法来"统一"各种模型的数据将是一个非常好的手段。

本章通过多个实例和实用技巧，深入探讨了如何利用 AutoLISP 实现绘图工作的高效化，内容从连续三角形的创建到活用对齐命令"ALIGN"，以及将对象移动到原点和替换块的方法，并提供了多种实用的 LISP 脚本。此外，还学习了批量选择、批量修改颜色为 ByLayer、自动圆球编号和创新的偏移操作。最后，通过"FLATTEN"命令的自动化，进一步提升了绘图的效率和精度。

希望读者通过本章的学习，能够更加灵活地应用 AutoLISP，实现更高效的绘图操作，为 AutoCAD 的使用带来更多便利和创新。

下面是本章出现的命令和变量一览表。

章节	命令	快捷键	功能
15.1	POLYGON		创建指定边数的等边多边形
15.2	ALIGN	AL	对齐和缩放选定对象以匹配目标对象
15.6	BYLAYER		将对象的特性（如颜色、线型等）设置为由其所属图层控制
15.6	SETBYLAYER		将选定对象的特性重置为由其图层控制
15.8	EXOFFSET		扩展偏移命令，提供更多偏移选项和控制
15.9	EXTRIM		扩展修剪命令，增强修剪功能和操作便利

1．如何使用 AutoLISP 脚本实现连续三角形的创建？请分别解释数据固定方式和数据输入方式的实现方法，以及它们在不同场景中的应用效果。

2．使用 AutoLISP 脚本如何高效运用"ALIGN"命令？请说明"ALIGN"命令在对象对齐和调整中的应用场景，并探讨其在实际工作中提高效率的具体方法。

3．如何通过 AutoLISP 实现批量选择和批量修改颜色为 ByLayer？请结合实际案例说明这些批量操作脚本在提高工作效率和规范图层管理中的作用。

附录

附录 A 本书发布的 AutoLISP 程序一览表

章节	名称	内容
12.2	24-Test.lsp	第一个 LISP
12.3	24-C150.lsp	绘制半径为 150mm 的圆
12.5	24-Copy.lsp	连续绘制直径为 5mm 的圆
13.2	acaddoc.lsp	自动加载 LISP
13.2	24-C150-2.lsp	绘制半径 150mm、250mm 和 350mm 的圆
13.4	24-Myline10.lsp	连续绘制 10 个多边形
13.5	24-Fillet.lsp	批量圆角
13.5	24-dimcol.lsp	强调颜色
14.1	24-SAVECLOSE-v1.lsp	一键实施全部保存和关闭 v1
14.1	24-SAVECLOSE-v2.lsp	一键实施全部保存和关闭 v2
14.2	24-Default.lsp	动态输入和对象捕捉的设置
14.3	24-PD.lsp	切换点的样式
14.4	24-ERASE.lsp	反转选择
14.5	24-Limits.lsp	图形全局缩放的控制
14.6	24-REV-v1.lsp	云线功能和图层
14.6	24-REV-v2.lsp	多段线转云线
14.6	24-REV-v3.lsp	自建图层转云线
14.7	24-MyProfiles.lsp	活用配置切换背景颜色
14.8	24-Exp.lsp	布局空间转换为模型空间
14.9	24-Layers.lsp	创建图层和设定专属图层
14.10	exoffset.lsp	改造 "EXOFFSET" 命令
15.1	24-Delta-v1.lsp	连续三角形数字的创建 v1
15.1	24-Delta-v2.lsp	连续三角形数字的创建 v2
15.2	24-AL-MI.lsp	移动对齐
15.3	24-MoveToZero.lsp	移动对象到原点

（续）

章节	名称	内容
15.4	24-BKReplace.lsp	替换块
15.5	24-Blockname.lsp	批量选择
15.6	24-BYLAYER.lsp	批量修改颜色为 BYLAYER
15.7	24-CCIRCLE.lsp	自动圆球编号
15.8	24-OFFSET.lsp	一个不一样的偏移
15.9	24-Flatten.lsp	展平选择的对象

附录 B　本书配布的图纸一览表

章节	标题	内容
第 3 章	AutoCAD 2024 绘图编辑	
3.7	图形的阵列	24-ARRAYRECT.dwg
第 5 章	AutoCAD 2024 文字和尺寸标注	
5.8	尺寸标注的关联特性	DDA.dwg
第 6 章	AutoCAD 2024 的打印	
6.4	批处理打印：PUBLISH	PUBLISH-1.dwg
		PUBLISH-2.dwg
第 7 章	实践：手把手教你绘制六角头螺栓	
7.2	新建图形	BOLT-V0.dwg
7.3	创建图层	BOLT-V1.dwg
7.4	绘制图框	BOLT-V2.dwg
7.5	创建标题栏	BOLT-V3.dwg
7.6	设置文字样式	BOLT-V4.dwg
7.7	为标题栏添加文字	BOLT-V5.dwg
7.8	绘制螺栓的侧面图	BOLT-V6.dwg
7.9	绘制螺栓的主视图	BOLT-V7.dwg
7.10	主视图螺纹线的绘制	BOLT-V8.dwg
7.11	尺寸样式的设定	BOLT-V9.dwg
7.12	添加标注尺寸	BOLT-V10.dwg
第 8 章	绘图前你需要知道的 AutoCAD	
8.1.1	两点之间的中点：M2P	POINT-MID-Draft.dwg
		POINT-MID-Finish.dwg
		POINT-MID-Explain.dwg
8.1.2	临时追踪点：TT	POINT-TT-Draft.dwg
		POINT-TT-Finish.dwg
		POINT-TT-Explain.dwg

（续）

章节	标题	内容
8.1.3	自：FROM	POINT-FROM-Draft.dwg
		POINT- FROM-Finish.dwg
		POINT-FROM-Explain.dwg
8.1.4	点过滤器	POINT-PT-Draft.dwg
		POINT-PT-Finish.dwg
		POINT-PT-Explain.dwg
8.2.1	创建块：BLOCK	Block-01-Draft.dwg
		Block-01-Finish.dwg
8.4	轴网和图案填充	Grid.dwg
第 9 章	使用布局和图层自由自在表现自己	
9.6	布局空间的旋转	24-BOLT-Layout.dwg
第 11 章	Express Tools 功能活用	
11.6	偏移工具扩展版：EXOFFSET	EXPRESS-Exoffset.dwg
		EXPRESS-Exoffset-Draft.dwg
		EXPRESS-Exoffset-Finish.dwg